U0224326

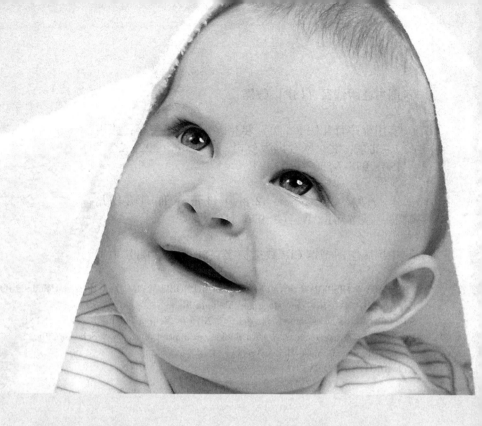

实用程序育儿法

宝宝耳语专家教你解决宝宝喂养、睡眠、情感、教育难题

[美] 特蕾西·霍格 梅林达·布劳 著

张雪兰 译

THE BABY
WHISPERER
SOLVES ALL YOUR PROBLEMS

北京联合出版公司
Beijing United Publishing Co.,Ltd.

图书在版编目（CIP）数据

实用程序育儿法／（美）霍格，（美）布劳著；张雪
兰译．–北京：北京联合出版公司，2015.6（2025.2重印）
ISBN 978-7-5502-5103-8

Ⅰ.①实… Ⅱ.①霍… ②布… ③张… Ⅲ.①婴幼儿
—哺育—基本知识 Ⅳ.①TS976.31

中国版本图书馆 CIP 数据核字（2015）第 080340 号

THE BABY WHISPERER SOLVES ALL YOUR PROBLEMS by Tracy Hogg and Melinda Blau
Copyright © 2005 by Tracy Hogg and Melinda Blau
Simplified Chinese translation copyright © 2015 by Beijing Tianlue Books Co., Ltd.
Published by arrangement with Atria Books, an imprint of Simon & Schuster, Inc.
Through Bardon-Chinese Media Agency
ALL RIGHTS RESERVED

实用程序育儿法

著　者：（美）特蕾西·霍格　梅林达·布劳
译　者：张雪兰
选题策划：北京天略图书有限公司
责任编辑：徐秀琴
特约编辑：高雪鹏
责任校对：杨　娟

北京联合出版公司出版
（北京市西城区德外大街 83 号楼 9 层　100088）
水印书香（唐山）印刷有限公司印刷　　新华书店经销
字数 392 千字　　787 毫米×1092 毫米　　1/16　　27.25 印张
2015 年 12 月第 1 版　　2025 年 2 月第 15 次印刷
ISBN 978-7-5502-5103-8
定价：42.00 元

谨以此书献给我亲爱的女儿莎拉和索菲、我可爱的外孙亨利，以及其他所有允许我们爱他们，允许我们不那么完美的婴幼儿们。

致　谢

首先，我要感谢书中提到的所有婴幼儿的父母，感谢他们的故事、他们的合作，感谢他们在我的网站上源源不断地留下宝贵的信息。

特别感谢梅林达·布劳，以及她的儿子亨利，他不仅是个天使型宝宝，还是我们的特殊吉祥物。千万不要随便说他是一只豚鼠。

最后，感谢我的家人和朋友，特别是我的奶奶，她的慈爱、给我的指导和力量每天都使我异常惊奇。

——特蕾西·霍格

加利福尼亚，洛杉矶

1999 年秋天的洛杉矶，我走下飞机，第一次见到了特蕾西·霍格。她开车带我来到位于谷区的一幢普通房子前，一个邋里邋遢的年轻母亲在门口迎接我们，把一个哭叫着的 3 周大的婴儿几乎是强行塞到了特蕾西的怀里。"我的乳头疼死了，我不知道怎么办。"说着，眼泪从她双颊流了下来。"他每隔一两个小时就想吃奶。"特蕾西抱着婴儿靠近自己的脸颊，对着他的耳朵，温柔地发出"嘘……嘘……嘘……"的声音，几秒钟后，他安静了下来。然后，她转向年轻女人说："好了，现在我告诉你宝宝在对你说什么。"

在过去的五年中，我目睹了许多类似的场景，特蕾西每进入一户人家，都会仔细观察婴幼儿，设法找出问题的症结所在。观察特蕾西的工作，分析如何将其诉诸于纸上，并在整个过程中逐渐了解她，这是一件很愉快的事情，而且能不断地给你带来惊奇。谢谢你，特蕾西，谢谢你邀请我进入你的世界，允许我做你的代言人。写完三本书后，我们已经成为好朋友，我自己也成了一位颇有造诣的宝宝耳语专家——正好运用在我的儿子亨利身上。

如果没有"罗文斯坦文学联合会"艾琳·科普的精明能干，此书就不可能完成，她是我们勇敢的代理人，又一次带领我们从提案到完成此书；还有芭芭拉·罗文斯坦，她总是在一旁给我们指导和提示，有时督促我们所有人要做得更好。

还要感谢阿垂亚图书公司（Atria Books）的编辑特蕾西·比哈尔，她跟我们讨论了此书的措辞，并且加以润色；感谢温迪·沃克和布鲁克·斯泰森，他们帮助我们保持进度。

最后，感谢我的亲朋好友，在整个过程中，他们一直在支持着我。你们知道我说的是谁。

——梅林达·布劳
马萨诸塞州，北安普顿

从宝宝耳语到解决问题

我最重要的秘诀

做 "解决问题太太"

亲爱的爸爸妈妈们，亲爱的婴幼儿们，我很高兴告诉大家从很多方面来说都是我最重要的宝宝耳语秘诀：如何解决遇到的和即将遇到的任何问题。我一直为自己有能力帮助父母们理解和照料他们的小孩子而深感自豪，每当一个家庭请我介入他们的生活时，我也总是深感荣幸。那是一种非常亲密、极有价值的体验。同时，当作家也使我成了一个公众人物。自从我在 2001～2002 年出版了头两本书以来，我经历了许多奇遇，对于一个约克郡的女孩来说，这些奇遇都超出了我的想象。除了日常的私人咨询以外，我还上了电台和电视。我前往全国、世界各地，遇到了一些出色的父母和孩子，他们都愿意敞开心扉和我共同探讨。通过网站，我跟数以千计的人交流，我阅读、回复他们的电子邮件，在聊天室里和他们一起畅谈。

但是不要担心，我还是以前的那个我，依然猫在战壕里艰难地前进着。不过，从某个方面来说，我确实有了一点变化：我不再仅仅是宝宝耳语专家了，我现在还是"解决问题太太"。这都是因为你们的缘故。

在我的旅行中、我的网站上、我的电子邮箱里，我收到许多封采纳我建议的父母给我寄来的感谢信和确认书。当然也有应接不暇的求助信，写这些信的人买晚了我的第一本书。也许你正努力地按照我的建议让宝宝有规律地作息，但是不确定书中应用于新生婴儿的原则是否也同样适用于8个月大的婴儿。也许你很困惑，为什么你的孩子不像其他孩子一样？或者你遇到了宝宝顽固的睡眠问题、喂食困难，或者行为问题——又或者，可怜的你要面对上述所有的问题。不管遇到什么样的难题，你们苦恼的主题几乎总是一样的："我从何处开始？特蕾西——我该先做什么？"你还奇怪为什么我建议的一些措施对你的宝宝似乎不起作用（见"引言"第8~12页）。

类似的问题我已经回答了好几年，也给一些我遇到过的最棘手的案例提出过建议：一个3个月大的孪生子患有严重的胃食管反流，几乎什么也吃不下去，睡觉从不超过20分钟，不管是白天还是晚上；一个19个月大的婴儿不吃固体食物，因为她几乎每隔一小时就会醒来吃奶；一个9个月大的婴儿有严重的分离焦虑，她的妈妈几乎无法把她放下；一个两岁大的孩子频频发脾气撞头，以至于他的父母不敢离开房间。通过解决这样的问题，我变成了"解决问题太太"，也因此明白了我有必要帮助你们寻找我以前的书中提出的基本措施之外的措施。

在这本书中，我想握住你们的手，减轻你们的忧虑，告诉你们如何为人父母。我一辈子从事宝宝耳语工作，回答你们提出的问题，我想把在此过程中学到的东西教给你们，我想教你们如何像我一样思考。当然，即使我努力地把你们可能会遇到的所有问题都罗列出来，每一个小孩子，每一个家庭还是会稍有不同。因此，当父母带着某个问题来找我时，要想真正了解那个家庭、那个孩子是怎么回事，我即使不问一连串问题，也至少会问一个问题，那就是，孩子和父母到目前为止对他们的处境都采取了哪些应对措施。然后，我才能提出适宜的行动方案。我的目标是帮助你们理解我的思考过程，让你们形成自己提问题的习惯。最终，你们也会跟我一样，不仅成为宝宝耳语专家，还会是一流的"解决问题先生"或者"解决问题太太"。在你阅读本书的过程中，我希望你记住下面重要的一点：

> 问题只不过是需要处理的一件事情，或者寻求创造性解决办法的一种状况。正确提问，你就能够找到正确答案。

仔细观察

如果你看过我之前的书，那么你就已经知道宝宝耳语开始于观察、尊重、和宝宝交流，也就是说，你要看到孩子真正的样子——她的个性、她独特的怪癖（这里没有不敬的意思，亲爱的，我们都有自己的小怪癖）——然后，你要对自己的养育方式做出相应的调整。

有人说我是为数不多的几个从婴儿角度考虑问题的育儿专家之一。哦，总得有人这样做，不是吗？当我向一个 4 天大的婴儿介绍自己时，她的父母看着我，就好像我是个疯子。一个 8 个月大的婴儿突然被禁止上父母的床，因为他们——她的父母——突然决定到此为止已经足够了，当我把婴儿的伤心大哭"翻译"出来时，她的父母目瞪口呆地看着我。"嗨，爸爸妈妈，首先，这是你们的想法，现在我哭是因为我甚至不知道婴儿床是什么，更不用说没有两个温暖的身体在旁边我该如何入睡了。"

我还为父母们翻译"儿语"，因为这可以帮助他们记住怀抱中的小婴儿或者在房间里横冲直撞的幼儿也有情绪和看法。换句话说就是，这不仅仅是我们成年人想要什么的问题。我们经常可以看到下面的一幕：一位母亲对她的小男孩说："好了，比利，你不想要亚当的小卡车。"可怜的小比利还不会说话，如果他会说话，我敢打赌他会说："我当然想要了，妈妈，要不你以为我刚才从亚当手里把这该死的卡车抢过来干吗？"但是，妈妈根本就不听他说。她要么把卡车从比利手中拿走，要么哄他放弃卡车。"做个好孩子，把它还给他。"那时，我几乎可以感觉到比利就要发脾气了。

　　这里不要误会我的意思，我并不是说因为比利想要卡车，他就可以欺负亚当——绝非如此。我讨厌欺凌弱小，但是相信我，如果比利变成了一个小恶霸，那也不是他的错（详见第8章），我的意思是说，我们要倾听孩子的心声，即使他们说的事情我们不想听。

　　我教给婴儿的父母们一些方法——观察身体语言，倾听哭声，放轻松，这样你才能真正明白发生了什么事——当婴儿长成幼儿甚至更大时，这些方法同样重要。（我们不要忘了，十几岁的少年实际上是身体长大了的幼儿，因此，我们最好早点做好功课。）在这本书中，我会提醒你我自己总结出来的一些方法，帮助你仔细观察，慢慢来。熟悉我的人当然会记得我喜欢用缩拼词，举几个例子，像第一本书中的 E.A.S.Y.（吃，活动，睡觉，给你自己一些时间）和 S.L.O.W.（停，听，看，判断发生了什么事情），第二本书中的 H.E.L.P.（克制自己，鼓励探索，限制和表扬）。

　　我提出这些并非是为了耍弄小聪明，我也不认为杜撰一些短语或者缩拼词就可以让育儿变得简单易行。我从第一手资料中得知为人父母绝非易事，特别是对于那些刚做父母的人来说，要想预知出现的局面是很困难的，尤其是极度缺乏睡眠的妈妈们，但是所有的父母都需要帮助。我只不过是想教给你们一些方法，当你们在不知所措的时候可以用一用。因此，比如说，缩拼词 E.A.S.Y.（第1章的主题）可以帮助你记住每天常规程序的顺序。

　　我也知道随着婴儿成长为幼儿，以及家庭人口的增加，生活将会变得更加复杂。我的目标是让你的宝宝顺利成长，让你自己的生活也保持在正常水准——或者说在有孩子束手束脚的情况下，尽可能地保持正常。因为在与孩子的争斗中你很容易忘记好的建议，而重拾老方法。我的意思是，当宝宝因为她两岁大的哥哥把她的脸当做新买的记号笔的实验场而放声大哭，而哥哥还在一旁露出得意的微笑时，你的大脑能保持多大程度的清醒？我不能亲自去拜访每一个家庭，但是，如果你记住了我的这些简易缩拼词，那就好像我在你身边一样，提醒你该怎么做。

　　事实上，很多父母告诉过我，我的缩拼词确实能帮助他们集中注意力，牢记各种不同的宝宝耳语方法——至少在大多数情况下是这样。因此，下面告诉你育儿锦囊中的另一个小窍门："P.C."。

做一个 P.C.父母

P.C.指耐心(Patience)和清醒(Consciousness)，不管你的孩子多大，这两种品质都可以很好地帮助你。当我见到那些被某个问题——通常是三大问题之一：吃、睡或者行为——困扰的父母时，我的建议总是包含这两种要素之一，或者兼而有之。不过，并不是仅仅在遇到问题时才需要耐心和清醒，父母和孩子每天的互动中都需要用到。父母们可以通过娱乐、购物、和其他孩子一起以及其他许多日常之事培养这两种品质。

没有哪个父母能始终处于耐心和清醒状态，但是我们越能经常如此，它就越容易成为我们自然的行为方式，勤加练习就会做得更好。在整本书中，我都会提醒你要保持耐心和清醒状态，但在这里先对每个字母作一番解释：

P- 耐心。养育孩子需要有足够的耐心，因为这是一条艰辛的、似乎永无止境的道路，需要长远的眼光。今天的大问题一个月后就变成遥远的记忆了，我们经历之后很容易忘记。亲爱的，下面的情景我已经见过许多次了：一时兴起的父母选择了一条看上去似乎更容易的道路，但是事后却发现这条路把他们带进了死胡同。这就是"无规则养育"的开始（后文会有更多说明）。例如，我最近合作的一位母亲，她一直喂奶来安抚孩子，最后发现孩子15个月大了，却完全不会自己入睡，每个晚上要吃奶4~6次。这位可怜、可爱、筋疲力尽的妈妈声称已经准备好了给孩子断奶，但是光想做什么事情是不够的，你必须要有足够的耐心经受住过渡阶段。

孩子会让家里变得肮脏凌乱，因此你需要有足够的耐心（以及内心的坚韧）来忍受喧闹混乱、打翻东西、到处的指印。没有足够耐心的父母在经历孩子诸多的第一次时会比较艰难。有哪个孩子在设法从真正的杯子里喝东西时，不会先把液体洒到地上呢？渐渐地，只从嘴角流出一点点，最后把大多数液体都喝下去。但这不是一夜之间发生的，而且在整个过程中，肯定还会有反复。让孩子掌握用餐技巧，学习如何洗澡，让他在起居室里到处走动，当然，肯定会伴随着父母许多的"不，不"的告诫——所有这些事情都需要父母有耐心。

缺乏这种重要品质的父母常常会不经意地造成孩子的强迫性行为，哪怕是很年幼的孩子。塔拉，一个我在旅行中遇到的两岁大的孩子，显然从她那有洁癖的母亲辛西娅身上学得很好。你走进这位母亲的房间，很难相信里面还有个幼儿。原因不足为奇，辛西娅总是拿着块湿毛巾跟在女儿后面，给她擦脸、把洒出来的液体抹干，每当塔拉扔掉了玩具，她就马上拾起重新放回玩具盒里。现在，塔拉已经深得母亲的真传，"duhtee（责任）"是她最先会说的词之一。如果不是塔拉不敢一个人走很远，如果不是其他孩子一碰她她就会哭，那么，先会说"责任"一词简直就是一件不可思议的事情。你可能会说，这是一个极端的例子。也许吧，但是如果我们不允许自己的孩子做其他孩子可以做的事情——时不时弄脏自己，时不时淘气一下——这对他们来说是不公平的。我遇到过一个超级耐心和清醒的妈妈，她告诉我，她定期给孩子们来一个"猪之夜"——不用餐具吃晚饭。告诉你一个令人惊奇的戏剧性结果：当我们真正允许孩子撒野的时候，他们出轨的程度常常不会像我们想象的那么离谱。

当你试图改变孩子的坏习惯时，耐心显得尤为重要。孩子年龄越大，所需要花费的时间自然就越长。但是不管孩子年龄大小，你都必须接受这样一个事实——改变需要时间，你不能急于求成。不过我要告诉你：现在耐心地花点儿时间教孩子，告诉他们你希望他们怎么做更加容易做到，也更为明智。毕竟，你更愿意谁来收拾自己的烂摊子呢，是两岁大的幼儿，还是十几岁的少年？

C- 清醒。自从孩子出生那一刻起，你就应该清醒地意识到她是谁，要始终以孩子的眼光来看待问题。我这么说有两层含义，一是字面的意义，一是比喻的意义。你要降低自己的视线，跟孩子的视线保持在同一水平，从孩子的角度来看这个世界是什么样子的。例如第一次带孩子去教堂，要蹲下身来，从婴儿或幼儿的座位上想象当时的场景。吸一口气，想象一下，熏香或者蜡烛以婴儿敏感的鼻子闻来会是什么味道；听！嘈杂的人群，唱诗班的歌声，管风琴的隆隆声有多大？婴儿会不会觉得太吵了点儿？我不是说你应该远离宝宝不熟悉的地方，相反，让孩子接触新的景物、声音和人是有好处的。但是，如果宝宝在陌生的环境里总是哭，那么，意识清醒的你要知道她是在告诉你："太快了，请慢一点"或者"再过一个月再来试这个"。清醒，可以让你用心去理解孩子，最终了解你的孩子，相信你对她的直觉反应。

清醒还表示在做事之前要深思熟虑，提前计划，不要等到灾难发生，特别是如果你以前就经历过。例如，如果你的孩子和你好朋友的孩子玩耍时总是打架，总是以泪水结束上午的游戏，那么几次之后，你就应该安排他跟其他的孩子玩，哪怕你不太喜欢那个孩子的妈妈。当你想要跟自己最要好的朋友出去聊天时，不要强迫自己的孩子跟一个他不喜欢或者相处不来的小孩子玩，去找一个保姆吧。

清醒意味着要注意你对孩子说的话、做的事一定要保持前后一致，否则，就会给孩子造成困扰。如果有一天你说："不要在起居室里吃东西。"而第二天晚上你的儿子在沙发上吃薯片时你却视而不见，那么你的话最终将变得毫无意义，他会对你的话充耳不闻，这能怪他吗？

最后，清醒就是保持警觉，孩子需要你的时候要在他身边。当我看到婴儿或者幼儿哭着没人理睬时，总是感到很心痛。哭是孩子会说的第一种语言，我们不理睬他们，就是在对他们说："你们不重要。"最后，无人关心的婴儿终于停止了哭泣，也停止了健康茁壮的成长。我见过有父母放任孩子们哭，美其名曰是要锻炼孩子坚强的意志（"我不希望他被宠坏"或者"哭一会儿对他有好处"）。我见到过有母亲摊开双手说："她妹妹需要我——她只好等一会儿了。"但是之后，她又让婴儿一直等下去。**没有什么好的理由可以让你去忽略孩子**。

我们的孩子需要我们在他们身边，需要我们坚强、英明，需要我们给他们指示方向。父母是孩子最好的老师，在他们最初三年的生命中，我们是他们惟一的老师，我们要做耐心和清醒的父母，这是对他们应尽的义务——这样他们才能获得最好的发育和成长。

为什么不管用呢？

"为什么不管用呢？"是到目前为止父母最常问的问题之一。如果我问某个妈妈是不是在努力让孩子一次睡觉超过两小时，是不是让她7个月大的孩子吃固体食物了，或者她的孩子是不是不再打其他孩子了，我听到的回答经常是"是的，可是……""是的，我知道你告诉过我白天的时候必须让她醒着，这样晚上她就能睡了，可是……""是的，我知道你告诉过我需要一段时间，可是……""是的，我知道你说过当他打人的时候把他带离房间，可是……"我相信你们已经明白我的意思了。

我的宝宝耳语方法确实有效，我自己在数以千计的婴儿身上使用过，还把它们教给了全世界的父母们。我不是奇迹创造者，我只是了解我的本行，也有切身的体会。当然，我知道有些婴儿比其他婴儿更难应付——就像成年人一样。另外，孩子的某些发展阶段对父母来说更艰辛一点，例如孩子长牙或者快两岁的时候，以及意外生病（不管是你生病还是孩子生病）。但是，几乎所有的问题都可以重新回到起点去解决，如果问题继续存在，通常都是因为父母的行为或者态度有问题。这听起来可能有点苛刻，但请记住，我是你的孩子的辩护人。因此，如果你读这本书是想改变一种不良的模式，使家庭重归和睦，而似乎什么都不管用——即使我的建议也没用——那么真的要问问你自己是不是有下面的情形。如果答案是肯定的，那么你要想运用我的宝宝耳语方法，就需要改变自己的行为或思想。

你顺从你的孩子，没有建立常规程序。如果你读过我的第一本书，那么就应该知道我是多么地坚信和推崇有条理的常规程序。（如果你还没读过，那么我会在第1章里让你跟上进度，第1章的内容都是有关 E.A.S.Y. 常规程序的。）最好是在你把宝宝从医院带回家的第一天起，就开始建立常规程序。当然，如果当时你没有开始，那么也可以从第 8 周或者 3 个月甚至更晚的时候开始。但是，很多父母在这件事上遇到了麻烦，婴儿越大麻烦越大。这个时候，他们就会通过急切的电话或者电子邮件向我求助，像下面这样：

> 这是我第一次做母亲，我的女儿索菲亚八周半大，我在为她制定常规程序时遇到了困难，因为她太不一致了，她毫无规律的进食和睡眠让我担心。特此求教。

这是顺从孩子的典型例子。小索菲亚不是不一致——她还是个婴儿，婴儿知道些什么？他们才刚刚来到这个世界上。我敢打赌，不一致的是母亲，因为她顺从自己八周半大的女儿——一个婴儿对吃和睡懂得多少？只有我们来教他们。这个妈妈说她努力制定常规程序，但是事实上没有掌握主动权。（在第 1 章里我会讨论她应该怎么做。）孩子长大了以后，维持常规程序同样重要，我们要指导孩子，而不是顺从他们，我们要为他们规定合理的进餐时间和就寝时间。

你采取了无规则养育的方法。 我的奶奶总是跟我说，**开始时就要当真**。遗憾的是，手足无措的父母有时候会不惜采取任何手段来让他们的孩子停止哭闹，或者让孩子平静下来。这个"任何手段"通常在以后会演变成一个坏习惯，他们不得不改掉它——这就是无规则养育。例如，10 周大的汤米睡不着，因为妈妈错过了他小睡的最佳时间——妈妈开始抱着他走来走去，轻轻摇晃他。知道吗？竟然有用，汤米在她的怀中睡着了。第二天的小睡时间，他在婴儿床里有点吵，于是她又把他抱起来，说是要抚慰他。她自己可能也因为这个习惯而感到慰藉和放松——感觉到她可爱的小宝宝拥在怀中，多么美好啊。但是，我可以向你保证，3 个月后或者更快，汤米的妈妈一定会变得很绝望，奇怪她的儿子为什么"讨厌婴儿床"，或者"不肯睡觉，除非我摇晃他"。这不是汤米的错，是妈妈无意中使得儿子把摇晃以及妈妈的体温和睡觉联系了起来，从而认为那是正常的，没有她的帮助，他就无法进入梦乡，他不喜欢婴儿床，因为没有人教他如何在婴儿床里放松。

你没有仔细观察孩子的信号。某个妈妈会在绝望中给我打电话："他以前都是按照时间表作息的，现在却不行了。我如何才能让他恢复正常？"任何类似的说法——以前是，现在不——不仅仅意味着父母让孩子掌握了控制权，通常也意味着父母更关注时间表（或者这是他们自己的需要），而不是婴儿（正文第6~8页对此有更多的讨论）。他们没有仔细观察婴儿的身体语言，没有用心倾听宝宝的哭泣。即使孩子开始学习语言时，观察他们的信号也依然很重要。例如，一个有攻击行为倾向的孩子不会一走进房间就开始打他的小伙伴，他的怒气是逐渐增加的，直至最终爆发。聪明的父母应该仔细观察孩子的信号，在孩子怒气爆发之前就及时地疏导他。

你没有考虑小孩子总是在不断变化这个事实。当父母没有意识到应该做出改变的时候，他们也会使用"以前是"的句子。一个4个月大的婴儿如果还按照头3个月时制定的常规程序作息（见第1章），那么他的脾气就会变得很坏。一个精力充沛的6个月大的孩子以前睡眠很好，现在可能会夜醒，除非父母开始喂他固体食物。事实上，在养育过程中，惟一不变的就是变化（更多内容见第10章）。

你在寻找捷径。无规则养育造成的坏习惯，孩子越大，越难改变，不管是夜间醒来要吃的，还是不肯坐到高脚椅上好好吃饭。很多父母都在寻找魔法。例如，伊莱恩曾经咨询过我，如何让她母乳喂养的宝宝改用奶瓶，可是后来坚持说我的方法不管用。我的第一个问题向来是："你试了多久？"伊莱恩承认道："我早上喂奶的时候试了一下，但是后来就放弃了。"她为什么这么快就放弃了？她在期待立竿见影的效果。我提醒她P.C.中的P——要有耐心。

你没有真正坚持改变。伊莱恩的另一个问题是她不愿意坚持，她给我的理由是"但是我担心如果继续下去的话，赛德会挨饿"。事情还不只是如此，她说她希望让丈夫来喂养5个月大的赛德，可自己又不想真的完全放弃。如果你想解决某个问题，那么你必须希望问题得到解决——有决心、有毅力坚持到底。制定一个方案并**坚持执行**。不要回到老路上去，不要总是尝试不同的方法。如果你坚持使用一种方法，那么它会起作用的……只要你坚持下去。我多次强调：**对新方式**

你必须坚持贯彻执行，就像你原来坚持旧的方式一样。显然，有些孩子的脾气使得他们比其他孩子更抵触变化（见第2章），但是当我们改变孩子的常规程序时，几乎所有的孩子都会本能地抗拒。（成年人也一样！）尽管如此，只要我们坚持新的方式，不要老是改变规则，那么孩子会逐渐习惯的。

父母有时候会自欺欺人。他们坚持说自己尝试某个方法已经两个星期了——例如我的"抱起－放下"法（见第6章）——但是不管用。我知道那不可能，因为一个星期或者不到一个星期的"抱起－放下"法对任何一个不管什么脾性的孩子都有效。一番询问之后，果然，我发现他们尝试了"抱起－放下"三四天，有用，但是几天之后，当孩子在凌晨3点醒来时，他们没有坚持原先的方法，恼火之余，他们尝试了其他方法。"我们决定让他哭——有些人这样建议。"我不建议，这会让孩子感觉到被抛弃了。可怜的小家伙不仅感到困惑，因为他们改变了规则，他还会感到害怕。

如果你不能坚持某件事，那么就不要去做。如果你无法自己完成，那就寻求别人的帮助——丈夫、母亲或者婆婆、好朋友。否则，你只会让孩子痛苦，哭得肝肠寸断，最后你只好把他抱到你自己的床上（详见第5~7章）。

你尝试的方法不适用于你的家庭或者你的个性。当我建议一种有条理的常规程序，或者一种打破不良模式的方法时，通常都能分辨出它更适用于爸爸还是妈妈——一个更严格，一个更温和，或者更糟，患有"可怜宝宝"综合症（见第246页）。有些妈妈（或者爸爸）在跟我说话时会无意中透露出自己的心思："我不想让她哭。"实际上，我不是要强迫婴儿怎么样或者做什么事情，我也不赞成让婴儿哭，更不赞成把幼儿扔在那儿独自"暂停（time out）"①的方法，不管时间有多短。孩子需要大人的帮助，我们必须提供这种帮助，特别是在你努力消除无规则养育带来的不良影响时，这很不容易。

_____

①time out：原意指体育比赛中的暂停，或工作中的暂停时间。引申为对孩子的一种管教方法，指让孩子独自待一会儿，以冷静下来，但不是"面壁思过"。——译注

如果你认为某一种方法实施起来会让自己感觉不舒服，那就别做，或者想办法帮助自己，让强硬一点的家长接手一段时间，或者请你的母亲或婆婆或者好朋友来帮忙。

没有问题——你真的不需要解决什么。 最近，我收到一个 4 个月大孩子的父母发来的电子邮件："我的宝宝晚上睡得很好，但是他的食量只有 710 毫升，你的书中说他的食量应该有 946~1065 毫升。我怎样才能让他多吃点儿？"有多少妈妈愿意不惜一切代价让自己的宝宝晚上睡得好啊！她所谓的问题是她的宝宝不符合我书中的描述。跟一般的同龄孩子相比，他可能体格弱小。不是每个人都生长在沙克·奥尼尔[①]家的！如果儿科医生不担心他的体重，那么我建议：别着急，注意观察他。也许几周以后，他可能开始夜醒——这表示父母需要在白天的时候多给他点儿吃的，但是眼下没有任何问题。

你有不切实际的期望。 孩子意味着什么，有些父母的想法很不切实际。他们在工作中常常很成功，是优秀的领导人，聪明、富有创造性，他们把为人父母看成生命中另一个重要的阶段，显然，事实确实如此。但是它也是一个非常特殊的阶段，因为它伴随着巨大的责任：关心另一个人。一旦为人父母，你就再也不能回到过去的生活，好像什么也没有发生似的。有时婴儿晚上确实需要喂食，你不能像追求工作效率一样来对待幼儿，孩子不是你可以编程的小机器，他们需要被照顾，需要随时保持警惕，还需要时常被人疼爱。即使有其他人的帮助，你也需要花费时间和精力来了解你的孩子。此外，还要牢记一点，那就是不管你的孩子现在处于什么阶段——不管是好的，还是不好的——都会过去的。事实上，正如我们在最后一章所说的那样，正当你以为成功时，一切都改变了。

[①]美国篮球明星，身高 2.16 米，体重 154 千克。——译注

关于本书……
以及成长奥运会

本书是对你们的问题的回答。你们曾经要求我对一些问题及其解决办法做出进一步说明。而且，你们中的很多人要求有具体的年龄指导。读过我以前的书的人都知道我不太喜欢年龄表，也从来没有制定过，因为婴儿的问题林林总总，无法分门别类成整整齐齐的文档。当然，一般来说，婴幼儿会在某个年龄段达到某个重要的转折点，但是那些没有发生重要变化的婴幼儿通常也没有任何毛病。尽管如此，既然你们要求更明确的阐述和具体细化，那么我把我的建议细分了一下，根据不同的年龄组——出生到 6 周，6 周到 4 个月，4~6 个月，6~9 个月，9 个月到 1 岁，1~2 岁，2~3 岁——制定了不同的方法。我是想让你们更好地理解你们的孩子是如何思考、如何看待周围的世界的。我无须在每一章里包括所有的年龄组，而是取决于我们讨论的内容。例如，第 1 章讨论的是 E.A.S.Y.(吃，活动，睡觉，给你自己一些时间)常规程序，因此只涉及到头 5 个月，因为这个年龄段孩子的父母才有关于常规程序的问题；而在第 4 章，讨论的是幼儿吃饭的问题，因此我从 6 个月起开始讨论，因为这个时候我们开始喂孩子吃固体食物。

你会注意到年龄跨度比较大，这样可以考虑到不同孩子的不同情况。而且我也不希望我的读者陷入我所谓的“成长奥运会”，把一个孩子的进步或者问题与另一个孩子作比较，或者当他们的孩子与年龄特征分析不相符时变得焦虑起来。我多次看到一群母亲带着她们的孩子一起玩，这些孩子几乎是同时期出生的。事实上，这些妈妈们中的很多人是在产房或者分娩课上认识的。妈妈们坐在一起聊天，但是我看到她们观察着其他人的孩子，好奇地比较着。即使某个妈妈并没有真的说什么，但是我几乎能听到她在想：**我的克莱尔只比伊马利小两个星期，为什么个子比他矮呢？看看伊马利，正在努力站起来——为什么克莱尔还没开始站呢？** 首先，在 3 个月大的孩子的生命中，两个星期意义重大——这可是她已有生命的 1/6！其次，对照年龄表会提高父母的期望值。第三，不同的孩子有不同的力量和能力。克莱尔可能走路比伊马利晚（也许不会晚——此时说这个太早了），但也可能她说话早呢。

我强烈建议你看完*所有的*阶段，因为早先的问题可能会持续下去——孩子五六个月大时突然出现两个月时的问题，这种情况并不少见。而且，你的孩子在某个方面可能会超前，因此最好提前了解一下会发生什么情况。

我还相信有"黄金时段"——教某项特殊技能的最佳年龄——例如整晚安睡，或者让孩子接触新事物，例如让一直吃母乳的孩子改用奶瓶喝奶，或者让她坐高脚椅。特别是随着孩子进入幼儿期，如果你没有在最佳时间开始，那么很可能会陷入权力之争中。你必须提前计划。如果你没有把幼儿的任务——例如穿衣、如厕训练——变成一个游戏或者一次愉快的体验，那么你的孩子很可能会拒绝新的尝试。

我们的目标

本书涉及的问题范围很广，因为我想把你们遇到的问题全部包括进来，这不利于建立明了、简洁的规则。所有章节的重点都是问题，但是每一章各不相同，结构的安排有助于你深入研究，帮助你理解我考虑各种养育困难的方式。

在每一章中，你会发现很多特别花絮：关于养育的错误传言，把零零星星的重要信息概括起来的一览表、方框，以及现实生活中的真实的故事。所有的例子以及我所引述的电子邮件和网上的帖子中，人物姓名及身份细节都作了改动。我先集中讲述父母最常遇到的问题，然后再讲述我为了弄清楚怎么回事而提出的典型问题。就像解决问题专家进入一家公司分析该公司为何经营不善一样，我必须弄明白参与者都是谁，他们的行为如何，某个难题出现之前发生了什么。然后，我必须建议一个会带来不同的结果的不同的行事方式，让你看到我是如何思考婴幼儿的困难、如何提出一个方案的，这样你自己就能逐渐地成为家里的解决问题专家。正如我前面说过的，我的目标是让你像我一样思考，这样你就能自己解决问题。

> 书中我所提的问题会用黑体字——**像这样**——表示出来，这样才醒目。

书中对男孩和女孩的参考建议，我已经尽量争取做到数量大体相同。但是，说到母亲和父亲方面，这就不可能了，因为大多数邮件、帖子和电话都来自母亲，这种不平衡在书中也有所体现。爸爸们，如果你正在读这本书，我可不是故意冷落你的。我了解到（谢天谢地）现在有很多父亲亲自参与养育实践，甚至有 20% 的人为此待在家中。我希望有一天因为你们，我们不会再说父亲不看育儿类的书籍！

你可以从头到尾完整阅读这本书，也可以从你最关心的问题看起。但是，如果你没有看过我之前的书，那么我强烈建议你至少要看完第 1 章和第 2 章，这两章回顾了我关于育儿的基本观点，还能帮助你分析为什么在某些年龄段某些问题会突然出现。第 3~10 章深入探讨了父母最关心的三个领域：吃，睡和行为。

很多人跟我说他们欣赏我的幽默感更甚于我的好建议，我保证这本书中也有大量幽默。毕竟，亲爱的，如果我们忘记了笑，忘记了珍惜平静、亲密的特殊时刻（哪怕一次不超过 5 分钟），那育儿是很难开始的，你会觉得不堪重负。

我的一些建议可能会让你们惊讶，你们可能不相信它们会起作用，但是我有大量实例证明在其他家庭中它们运用得很成功。所以，你为什么不试一试呢？

目 录

引 言

第 1 章　E.A.S.Y.未必容易，但是管用！
——让宝宝按有规律的常规程序作息

　　遵循 E.A.S.Y.常规程序是让你和宝宝顺利度过每一天的好方法，它能给初为父母的人带来信心，让他们知道怎样理解宝宝，更快地学会分辨宝宝的哭声……而缺乏条理、前后不一致常常是造成大多数养育问题的主要原因。常规程序和时间表不是一回事。如果父母老想着"时间表"，把太多的注意力放在看钟表上，而不是"读懂"孩子传递的信号方面，实施 E.A.S.Y.程序就肯定会出现问题……

第2章 即使婴儿也有情感
——孩子第一年的情绪

你不应该低估婴儿的情绪适应能力——必须教会孩子,而且必须尽早开始。培养孩子的情绪适应能力和教会孩子如何睡觉、控制饮食、促进身体发育以及丰富思想一样重要。情感智力是最重要的智力,其他的所有能力都是以此为基础发展而来的……事实上,你对婴儿的啼哭以及其他情感状态如何反应,在某种程度上决定了孩子在婴儿和幼儿时期会出现什么样的情感,你要了解你的宝宝是属于天使型、教科书型、敏感型、活跃型还是坏脾气型,并采取相应措施……

第3章　宝宝的液体食物
——头 6 个月的喂食问题

　　无论是哺乳的妈妈还是使用奶瓶喂奶的妈妈，她们的担心都很相似（特别是开始的时候）：我怎么知道宝宝是不是吃饱了呢？隔多长时间喂一次？我怎么知道宝宝饿了呢？喂多少就够了？如果她吃完一个小时后看起来又饿了，那是什么意思？如果我既哺乳又使用奶瓶喂奶，会不会把她搞糊涂？为什么她吃完后会哭？腹绞痛、胃肠气胀和胃食管反流有什么区别——我如何判断宝宝是否患上了其中的一种？生长突增期是怎么回事？……

第4章　食物不仅仅提供营养
——开始吃固体食物，从此以后一直吃得很开心

到了大约 6 个月时，就在你开始对宝宝的液态饮食感到轻松时，却应该开始喂固体食物了……现在你必须帮助宝宝实现一个重要转变：从被喂到自己吃。你要确保孩子在适当的时间，吃适量的食物，这需要技巧……

第5章　教宝宝如何睡觉
——头 3 个月以及 6 种原因

父母把孩子从医院带回家的那一刻起，睡眠就是头号问题。几乎所有婴儿睡眠困难的案例中，父母大致都存在着同样的问题——他们没有意识到要使婴儿拥有良好的睡眠需要一系列技巧，我们必须教孩子如何自己入睡，半夜醒来时如何重新入睡……在头 3 个月，父母应该采取主动措施，为婴儿养成好的睡眠习惯打好基础……

第6章　抱起－放下法
——睡眠训练工具——4 个月~1 岁

很多婴儿第一年里都会有睡眠问题，这完全是无规则养育的结果。你可能需要采用抱起–放下法来解决宝宝的睡眠问题。抱起–放下法既是一个教孩子睡觉的工具，也是一个解决问题的方法。有了它，你的孩子既不依靠你或者某种道具来入睡，也不会感觉被抛弃……

第7章 "我们依然睡眠不足"

——1 岁以后的睡眠问题

孩子在 1 岁以后仍然会存在睡眠问题，孩子的身体发育和独立意识的增强会导致第二年的一些睡眠问题，而第二年的问题会延续到第三年，并且因为孩子的智力水平更高、对周围发生的事情更敏感，他们更容易受到家庭及周围环境变化的影响……

第8章 教育幼儿

——教给孩子情感适应能力

尽管很多父母给了孩子一切，但有一样重要的东西却没给孩子，那就是——限制。作为家长，我们要少操心一点如何让孩子开心，多操心一点如何培养他们的"情绪适应能力"。这不是要保护孩子不受自己情感的影响，而是要给他们应付日常生活中的烦躁、无聊、失望和挑战的能力……我们要为孩子设定限制，帮助他们理解自己的情绪，并指导他们如何处理自己的情绪……

第9章　E.E.A.S.Y.能办到
——早期如厕训练案例

尽管父母们最担心孩子的睡眠问题，其次是进食问题，但一想到如厕训练时，他们的焦虑似乎达到了新的高峰。什么时候开始？如何开始？如果孩子不肯怎么办？如果出现意外怎么办？实际上，对孩子实行 E.E.A.S.Y.常规程序就会有效……

第10章　正当你以为成功的时候……一切都变了！
——12个基本问题和解决问题的12个基本原则

孩子的成长——每个人都一样——都有平静和不平静的时刻。对于父母来说，日复一日的旅程就像爬山的长途跋涉，你费尽周折地攀爬一个陡峭的山崖，最后来到一块高地上。然后大地平坦，你愉快地走了一段，直到出现另一段上坡路，地势更加难以攀爬。如果你想登上顶峰，除了继续前进之外，别无选择……

第 1 章

E.A.S.Y.未必容易，但是管用!

让宝宝按有规律的常规程序作息

E.A.S.Y.常规程序的好处

你早上可能有一套常规程序：基本上在同一时间起床，可能先冲个澡，或者先喝杯咖啡，或者立刻跳上跑步机跑步，或者带小狗出去遛弯。不管做什么，可能你每一个早晨都遵循差不多相同的程序。如果有什么事情突然打乱了你的常规程序，有可能会破坏你一整天的生活。我肯定你的生活中还有其他惯例：你习惯在某个固定的时间吃晚饭，你还可能在一天结束的时候有一个特别的习惯，例如抚摸最喜欢的枕头（或者伴侣），希望睡个好觉。但是，假设你的晚餐时间被改动了，或者必须睡在外面的床上，你是不是会觉得很不安？醒来的时候是不是有不知身在何处的感觉？

自然，人们对条理的需要不尽相同，有些人一天的生活是可以预测的，而有些人酷爱自由，喜欢跟着感觉走。但即使这些"自由的人"，在生活中通常也有一些固定的习惯。为什么呢？因为人类跟大多数动物一样，当他们知道自己的需求何时得到满足，如何得到满足，以及知道将会发生什么时，才能健康发展。我们都希望生活中有一定的确定性。

婴儿和儿童也是一样的。当新妈妈带着婴儿从医院回家时，我建议马上开始制定有规律的常规程序，我称之为 E.A.S.Y.，这个缩拼词代表了一系列事情的顺序，差不多能够反映出成年人是如何生活的，尽管比较简短：吃（Eat），活动（Activity），睡觉（Sleeping），给自己一点时间（You）。这不是时间表，因为你没法让婴儿遵守时间；这是一套常规程序，让一天的生活井井有条，让家庭生活保持一贯。这很重要，因为所有的人，孩子和大人，包括婴儿和幼儿，都依赖可预测性才能健康生活。每个人都能从中受益：婴儿知道接下来会发生什么。如果有兄弟姐妹，他们就可以有更多的时间跟爸爸、妈妈待在一起。父母也轻松了许多，有了真正属于自己的时间。

在我想出 E.A.S.Y. 这个缩拼词之前很长一段时间，我就已经实际运用这种方法了。二十多年前，我刚开始照顾新生儿及幼儿，有规律的常规程序只是听起来似乎有道理。婴儿需要我们把程序演示给他们看——而且要保持下去。最有效的学习来自于重复。我还向与我合作的父母们解释常规程序的重要性，这样在我离开后，他们便能够继续。我提醒他们喂食后一定要让宝宝玩一会儿，不要立刻让宝宝睡觉。"我的"宝宝们的生活如此稳定和平静，他们大多数都很能吃，学会了自己玩，并且玩的时间越来越长，他们还能自己睡觉，不需要吮吸奶瓶或乳房，也不需要母亲摇晃他们。这些婴儿逐渐长大，我跟很多父母依然保持着联系，他们告诉我，他们的孩子不仅在每日的常规程序中茁壮成长，而且充满自信，相信父母会在自己需要的时候陪伴在他们身边。父母们也很早就学会了用心理解孩子们的信号，仔细观察他们的身体语言，倾听他们的哭泣。他们能够"读懂"孩子，更有信心应付孩子成长道路上可能会遇到的任何障碍。

到我准备写第一本书的时候，我和我的合著者提出了 E.A.S.Y. 这个简单的缩拼词，以帮助父母们记住常规程序的顺序。吃，活动，睡觉——这是生活的自然程序——然后，作为奖励，给你自己一点时间。

有了 E.A.S.Y.，你就不会顺从婴儿，你掌握着主动权。你仔细观察他，用心理解他的信号，但是由你做主，温和地鼓励他顺从你的指导会让他健康成长：吃，适当量的活动，之后再睡个好觉。你是宝宝的领路人，你起着主导作用。

E.A.S.Y.能给父母们，尤其是初为父母的人带来信心，让他们知道怎样理解宝宝，更快地学会分辨宝宝的哭声。正如一位妈妈在给我的信中写道："在分娩教育课上，我的同龄人把我丈夫、我以及我们 6 个月大的女儿莉莉看成一个不可思议的谜，因为我们晚上可以安睡，因为我们的宝宝那么讨人喜欢。"她继续说，

为什么要采取 E.A.S.Y.程序？

E.A.S.Y.程序是让你和宝宝顺利度过一天的好方法，它由每个字母重复循环组成。E，A 和 S 是相互关联的——某一方面的改变通常会影响到其他两个方面。尽管宝宝在以后的几个月中会发生改变，但是每个字母的顺序不会变：

E－吃。婴儿的一天开始于吃，刚开始全喂液体食物，6 个月时开始逐渐加入固体食物。对于按照常规程序作息的婴儿，你喂多或喂少的可能性较小。

A－活动。婴儿对照顾她的人发出叽叽咕咕的声音，盯着餐厅墙纸上的波浪线，以此自娱自乐。但是随着婴儿的发育，她开始更多地和环境互动。有规律的常规程序有助于防止婴儿受到过度的刺激。

S－睡觉。睡觉有助于婴儿成长。而且，白天高质量的小睡可以让婴儿晚上睡得更长久一些，因为人要想睡得香，需要放松。

Y－你自己的时间。如果你的宝宝没有按照有规律的常规程序作息，那么每一天都将不同，都是不可预测的。不仅她会痛苦，你自己也将不得安宁。

他们在莉莉 10 周大的时候开始实施 E.A.S.Y.常规程序，结果，"我们理解她的信号，有了一套常规程序——不是时间表——这让我们的生活稳定、顺利，充满了乐趣"。

这种情况我已经见过很多次了。尽早制定 E.A.S.Y.程序的父母能够更好地理解他们的宝宝在一天中的某个时刻需要什么，想要干什么。

比方说，你喂了宝宝（E），她醒了15分钟了（A），然后她开始有点闹，很可能是想要睡觉了（S）。反过来，如果她睡了一个小时（S），希望你（Y）也偷得一刻闲暇，那么当她醒来时，无须猜测就知道会发生什么，即使她没有哭（不过如果她不到6周，哭的可能性比较大），也很可能已经饿了。于是 E.A.S.Y.循环重新开始。

写下来！

写下每一件事情，把孩子一天的生活制成表格，这样父母在坚持常规程序或者第一次制定常规程序时遇到的困难会少一些。这样的父母是高级的观察者。写下事情，即使当时看起来似乎有些乏味、繁重（天知道，你还有其他很多事情要做！），但是，这样做可以让你更好地观察孩子，你会更容易理解孩子的规律，看到睡觉、吃饭和活动是如何相互关联的。白天，如果你的宝宝吃得好，那么我敢打赌，他醒来后会更乖，晚上也会睡得更香。

当 E.A.S.Y.看起来似乎很难时

在准备写这本书的过程中，我仔细研究了我服务过的数以千计的婴儿的档案，以及最近通过电话、电子邮件或者网站跟我联系的父母的问题，目的是想找出那些用心而认真的父母在努力制定常规程序时遇到的典型障碍。大多数父母的询问不是关于常规程序，而是关注 E.A.S.Y.中的某个字母。他们可能会问："为什么我的宝宝吃饭的时间这么短？"（E），"为什么他的脾气那么坏，对玩具不感兴趣？"（A），或者"为什么晚上她会醒好几次？"（S）。在这本书中，我会涉及很多这样的问题，给出许多解决具体问题的建议——第3章、第4章专门讨论进食的问题，第5~7章讨论睡眠的问题。但是，我们也要看一看这三个方面是如何相互关联的，这就是本章讨论的内容。进食影响睡眠和活动；活动影响进食和睡眠；睡眠影响活动和进食——这三者自然都会影响到你。没有可预测的常规程序，宝宝生活中的每一件事情都可能会失去控制——有时候会很突然。解决办法几乎总是 E.A.S.Y.常规程序。

不过，父母们告诉我，E.A.S.Y.未必容易。下面节选的是一位母亲的来信，这位母亲叫凯西，她有一个 1 个月大的儿子卡尔，还有一个 22 个月大的女儿纳塔莉。信中记录了似乎所有父母都会遇到的困惑和几个难题。

> 我的大女儿纳塔莉睡眠很好（晚 7 点睡到早 7 点，自己入睡，白天小睡也很好）。我不记得我们是怎么让她做到这一点的，现在我们需要一些常规程序的范例来指导卡尔，从现在开始实施，并且接下来的几个月中都要用到。他是母乳喂养的，我担心我疏忽了，一直喂着奶让他睡觉，有时候我分不清他是累了、饿了还是胃肠气胀。我需要一个总的常规程序来帮助我记住该什么时候陪他，因为他的姐姐醒着的时候需要大量关注！特蕾西的第一本书中笼统地讲了关于 E/A/S 的时间长短，但是我发现很难把它跟白天、晚上的具体时刻联系起来。

凯西在某些方面是进步的，至少她意识到了她的问题是前后不一致，以及看不懂卡尔的信号，她相当准确地想到了解决问题的办法就是常规程序。就像很多知道 E.A.S.Y.的父母一样，她只需要一点信心以及进一步搞清楚问题所在就可以了。我们交谈之后没多久，她就取得了明显的效果，因为卡尔只有 1 个月大，能够很快适应新的常规程序。而且，当我发现他出生时大约有 3 千克重时，我就知道每隔 2 个半小时到 3 个小时喂一次不会有任何困难（这个问题稍后还会详细讨论）。一旦妈妈对宝宝采用了 E.A.S.Y.程序，她就能更好地预测宝宝的需要。（为 4 周大宝宝制定的常规程序范例见第 12 页。）

所有宝宝的健康成长都需要遵循常规程序，但是有些宝宝因为基本脾性的缘故，比其他宝宝能更快、更容易地适应。凯西的第一个孩子纳塔莉现在已经会走路了，她就是一个极随和、适应力极强的孩子——我称这样的孩子为"天使型宝宝"，因此她的睡眠那么好，而凯西却不记得是如何让她做到的。但是，小卡尔是个比较敏感的孩子，这样的孩子我称之为"敏感型宝宝"，哪怕只有 1 个月大，也会因为光线太强或者妈妈喂奶时把他的头放置得比平时低而变得不安起来。在第 2 章里，我会详细叙述脾性是如何影响宝宝对生活中每一件事情的反应的。有些宝宝吃东西的时候需要较为安静的环境、刺激较少的活动，睡觉时需要光线较暗的房间。否则的话，他们会变得过度兴奋，会拒绝某个常规程序。

不到 4 个月大的婴儿出现问题，也可能是因为父母没有意识到必须适时调整 E.A.S.Y.程序以适应特别的出生情况，例如早产（见第 14 页方框）、黄疸病（见第 15 页方框）或者体重情况（见第 14~17 页）等。另外，有些父母可能误解了如何实施 E.A.S.Y.程序。例如，他们生硬地套用"每隔 3 小时"，还奇怪如果他们弄醒婴儿吃奶，那么婴儿怎么才能学得会安睡一晚上呢？半夜里该进行什么样的活动呢？（什么也不要做——让婴儿睡，见本页方框。）

如果父母老想着"时间表"，把太多的注意力放在看钟表上，而不放在"读懂"孩子传递的信号上，实施 E.A.S.Y.程序就肯定会出现问题。有规律的常规程序和时间表不是一回事。这句话需要一再重复：**你不能让婴儿遵守时间**。如果你这么做了，那么母亲和婴儿都会受挫。默尔，一个来自俄克拉荷马州的母亲，她在"尝试了 E.A.S.Y.时间表以失败而告终"后，在绝望中给我写了一封信。看了信，我马上就明白了：默尔试图严格遵循我一贯反对的时间表。"好像我们每一天都在按照不同的时间表进行。"她写道，"我

E.A.S.Y.——白天的常规程序

E.A.S.Y.程序不适用于晚上。当你给宝宝洗完澡，把他放到床上后，记得一定要给他的屁股上抹上足够的乳霜，并且千万不要弄醒他来做某个活动。如果他饿醒了，你就喂他，但是，喂完后要立刻放他回去睡觉。甚至不要给他换尿片，除非你听到了他大便或者闻到了气味（对于使用奶瓶喝奶的婴儿来说）。

E.A.S.Y.日志

当父母出院回家开始实施 E.A.S.Y 程序时，通常我会建议她们记日志，就像下面这样（你也可以从从我的网站上下载），这样她们就能够确切地知道宝宝吃了什么，做了什么，睡了多长时间，以及妈妈为宝宝做了什么。对于 4 个月以上的婴儿，你可能需要调整一下表格内容，取消"大便"以及"小便"两栏。

何时？	E—吃				A—活动		S—睡觉	Y—你
	多少（用奶瓶喝奶）或者多久（吮吸母乳）？	右边的乳房？	左边的乳房？	大便	小便	做了什么？多久？	洗澡（上午还是下午？）	多长时间？	休息？差使？领悟？评论？

知道有什么事情我做错了，但是是什么呢?"

有规律的常规程序跟时间表不是一回事。时间表是关于时段的，而 E.A.S.Y.程序是保持同样的日常生活模式——吃，活动和睡觉——每天重复这个模式。我们不是试图控制孩子，而是要指引他们。人类或者其他生物的学习方式是一遍遍地重复某件事情，这正是有规律的常规程序所强化的。

像默尔一样，有些父母误会了我说的"常规程序"的意思，常常是因为他们自己喜欢按照时间表生活。因此，当我在书中建议不到 4 个月的孩子每隔 3 小时喂一次时——比方说 7 点、10 点、1 点、4 点、7 点、10 点——恪守时间表的妈妈看到的却是如同刻在石头上的时间段。她慌了，因为有一天她的宝宝在 10：15 小睡，而第二天却在 10：30 小睡。但是，你不能让婴儿严格遵守时间，特别是在头 6 周。有时候，你一天的生活会过得井井有条，所有的事情都进展得很顺利，而有时候却又会乱糟糟的。如果你忙着看表，而不是看你的宝宝，那么你就会忽略宝宝向你传递的重要信号（例如 6 周大的婴儿第一次打哈欠或者 6 个月大的婴儿揉眼睛，这表示你的宝宝困了——关于最佳睡眠时机的问题详见第 175 页）。最后，宝宝过度疲劳，无法自己入睡，当然会拒绝常规程序了，因为这违反了他的生理需要。

E.A.S.Y.程序最重要的一点，是仔细观察孩子传递出来的信号——饥饿、疲劳、过度兴奋等，这比任何时间段都更为重要。因此，如果有一天他饿得比平时早，或者还没到平时睡觉的时间他就犯困了，那么请你不要被钟表吓着，要灵活运用你掌握的常识正确地处理它。相信我，亲爱的，你越是了解宝宝的哭声和身体语言，就越能够指引他，扫清宝宝成长道路上遇到的任何障碍。

开始：针对不同年龄段婴儿的指导原则

婴儿越大，制定常规程序就越困难，特别是如果你从来就没有条理的话。因为我的第一本书主要关注 E.A.S.Y.程序的头 4 个月，因此有些稍大一点孩子的父母会不知所措。至少有一半的询问来自这些父母，他们要么尝试了另一种条理性较差的方法，例如"有求必应"的喂食，要么依照一种完全不同的常规程序，然后发现不起作用。最后，他们发现了 E.A.S.Y.程序，想知道如何开始。

对稍微大一点的孩子，E.A.S.Y.程序会有所不同，在第 27~34 页，我列出了适用于 4 个月或者更大婴儿的每日计划。当然，对婴儿的难题不一定要严格地分门别类。正如我在引言中说过的，我发现某些问题似乎会在某些年龄段突然出现。从这个方面考虑 E.A.S.Y.程序，我会集中在以下几个年龄段：

出生到 6 周

6 周到 4 个月

4 到 6 个月

6 到 9 个月

9 个月及以上

每一个阶段我都会给出一个概括性的描述，并且列出一些父母最常见的抱怨及抱怨可能产生的原因。即使有些抱怨看起来似乎集中在喂食或者睡眠方面，但解决办法中至少有一部分总是与制定有条理的常规程序有关（如果你还没有制定的话），或者需要调整已经实施的常规程序。"可能的原因"一栏中括号里的数字表示其他章的页

宝宝如何发育

你的宝宝会从完全依赖你逐渐成长为更能控制自己身体的小家伙。他的成长和发育会影响到他的常规程序，这种从头到脚的变化通常按照下面的顺序发生：

出生到 3 个月：头到肩部以上，包括嘴巴，能够支撑、抬起头部，在有支撑的情况下能坐稳。

3 到 6 个月：腰部以上，包括躯干、肩部、头部、手，能够翻身，伸手抓东西，基本上无须支撑自己就能坐稳。

6 个月到 1 年：腿部以上，包括肌肉和协调能力，能自己坐稳，翻身，站立，慢慢挪动，爬，最后，一岁左右或以后能够行走。

数，那里更详细地解释了该怎么做（以免重复）。

不管你的宝宝多大，你最好读完所有的小节，因为正如我会一再提醒你的：**你制定方法不能完全以年龄为基础**。和成年人一样，孩子也是独特的个体。我们有时会在 6 个月大的孩子身上看到 3 个月大的孩子会出现的问题，特别是如果这个孩子从未有过常规程序。（而且，如果我没有反复强调这一点，那么当这本书出版以后，我会收到一些父母的来信，说"但是，我的宝宝 4 个月大了，她没有像你说的那样……"）

头 6 周：调整阶段

头 6 周是开始 E.A.S.Y.程序的最佳时间段，一般这时开始实施"3小时"方案。你的宝宝吃奶，吃完后玩耍，然后你安排让他好好小睡一觉。他休息的时候你也休息，当他醒来时，循环重新开始。但是，头 6 周也是做出重大调整的最佳时机。宝宝原先每天在子宫这样温暖、稳定且相对隔离的环境中 24 小时进食，现在他被领进了一个陌生的家庭里，家里人总是忙忙碌碌；现在他要从你的奶头或者奶瓶中获取营养。对于你来说，生活也发生了巨大的变化。特别是如果你初为人母，你常常会跟婴儿一样感到慌乱！如果这是你的第二胎或第三胎，那么宝宝的哥哥或者姐姐们就会觉得他很碍事，抱怨他的哭闹刹那间霸占了他们的美好时光。

这个阶段的婴儿对任何事情都没有多少控制力，除了他能用嘴巴吮吸、交流之外。他的生活只有吃、吮吸和哭泣，哭是他惟一的表达方式。一般的婴儿 24 小时中哭 1~5 小时，对于大多数新手父母来说，孩子哭泣的每一分钟都像 5 分钟。（我知道这一点，是因为我曾让父母们闭上眼睛听我播放一个婴儿哭泣 2 分钟的录音带，然后我问他们觉得听了多久。大多数人认为的时间都是实际的两三倍长！）

我们绝对不应该对婴儿的哭声置之不理，或者说随他哭去！我们必须设法弄明白他在告诉我们什么。如果幼儿的父母在实施 E.A.S.Y.程序时遇到困难，通常是因为他们误解了婴儿的哭声。这可以理解：

你们中间来了个陌生的小人儿，他惟一的语言只是哭，一种你不懂的方言。这对你——一个外国人——来说，最初很难明白他的意思。

哭常常在6周的时候达到顶峰，细心观察的父母到这个时候通常已经学会了这门语言。他们密切注意婴儿的动作，常常在他开始哭之前就采取行动。但是，他们也知道饥饿的哭声听起来是什么样子——喉咙深处发出的有点像咳嗽的声音，开始的时候很短促，然后是平稳的哇哇声——跟疲劳的哭声相比，后者开始的时候是三声短暂的哀号，接着是大哭，然后两下短促的呼吸，接着是更长、更大声的哭。他们也了解自己的宝宝——毕竟，有些婴儿饿的时候的哭声没有其他孩子那么大；有些婴儿只是有一点点闹，"努嘴"或者卷舌头，还有些婴儿一感到饿就会变得近乎疯狂。

关于哭的问题

当6周大或者更小的婴儿哭的时候，如果你知道这是她一天中的什么时候，那么就比较容易判断她要什么。问问自己：

· 是时候喂食了吗？（饿）

· 尿片湿了或者脏了吗？（不舒服或者冷）

· 她是不是坐在同一个地方或者同一位置太久没换地方了？（无聊）

· 她醒了超过30分钟了吗？（累）

· 是不是她身边有太多人或者你家里是不是有太多活动？（刺激过度）

· 她是不是在扮怪相，抬腿？（胃肠气胀）

· 她是不是哭个不停，无法安抚，进食后差不多要哭1个小时？（胃食管反流）

· 她是不是吐了？（胃食管反流）

· 她的房间是不是太热或者太冷，或者她穿得太少或者太多了？（体温）

4周大婴儿典型的 E.A.S.Y.一天

E	7：00	进食。
A	7：45	换尿片；玩一会儿，说一会儿话；留意睡觉的信号。
S	8：15	用襁褓裹好婴儿，放进婴儿床。第一次上午小睡可能 需要15～20分钟他才能睡着。
Y	8：30	他睡的时候你也睡会儿。
E	10：00	进食。
A	10：45	同上面的7：45。
S	11：15	第二次上午小睡。
Y	11：30	你也小睡会儿，或者至少要休息一下。
E	1：00	进食。
A	1：45	同7：45。
S	2：15	下午的小睡。
Y	2：30	你也小睡一下，或者至少要休息。
E	4：00	进食。
A	4：45	同7：45。
S	5：15	小憩40～45分钟，给他足够的休息，以应付洗澡。
Y	5：30	为自己做点愉快的事情。
E	6：00	第一次"密集进食"。
A	7：00	洗澡，穿上睡衣，给他唱摇篮曲，或者其他就寝程序。
S	7：30	再一次小憩。
Y	7：30	你吃晚饭。
E	8：00	第二次密集进食。
A	无。	
S		立刻放回床上。
Y		享受属于你自己的短暂的夜晚！
E	10：00～11：00	梦中进食，然后祈祷安睡至第二天清晨！

注意：不管你的宝宝是母乳喂养还是用奶瓶喝奶，我都建议遵守上面的程序——允许时不时地有小的变动———直到宝宝4个月大。宝宝越小，A(活动)时段就越短，随着宝宝逐渐长大，A时段也逐渐延长。我还建议到宝宝8周大时，把两次"密集进食"改为一次(5:30或者6点左右)。继续梦中进食直到宝宝7个月大——除非他睡眠很好，能自己度过这一时段。(密集进食和梦中进食在第83页和第86页有解释。)

12

常见抱怨	可能的原因
我无法让宝宝遵守"3小时"程序。我也无法让她活动哪怕20分钟。	如果你的宝宝出生时体重不足3千克，那么刚开始的时候她可能需要每隔2小时进食一次（第16页的"按出生体重制定的E.A.S.Y程序：头3个月"）。不要为了活动而让她醒着。
宝宝常常吃着吃着就睡着了，而1个小时之后似乎又饿了。	这种情况对早产的婴儿和患有黄疸病以及出生时体重偏低的婴儿来说都是很常见的，还有些婴儿只是喜欢睡觉而已。你可能不得不更频繁地喂他，一定要努力让他进食时保持清醒（第89页）。如果是母乳喂养，那么可能是衔乳的姿势不正确，或者妈妈的奶水不足（第91~99页）。
宝宝每隔2小时就想吃奶。	如果你的宝宝体重约3千克或者更多，那么可能他吃奶时效率不高。注意不要让他变成"零食鬼"（第88页）。如果是吃母乳，那么可能是衔乳的姿势不正确，或者妈妈的奶水不足（第91~99页）。
宝宝总是努嘴，我一直以为他饿了，但是每天喂奶他只吃一点点。	宝宝吮吸的时间可能不够长，因此他把奶瓶或者乳房当做安抚奶嘴了（第89~90页）。也许他正在变成"零食鬼"（第88页）。挤一下奶，检查一下你的奶水分泌情况（第94~95页）。
我的宝宝小睡不规律。	他可能因为太多的活动受到了过度的刺激（第196~199页），或者你没有坚持给他裹襁褓，没有在他醒着的时候放下他（第174~181页）。
宝宝白天的小睡很好，但是夜里经常醒。	你的宝宝把晚上当成白天了，她白天的小睡影响了她夜晚的睡眠。
宝宝哭的时候，我从来都不知道他想要干什么。	你的宝宝可能是一个"敏感型宝宝"或者"坏脾气型宝宝"（第2章）或者身体不舒服，例如胃肠气胀、胃食管反流，或者腹绞痛（第99~105页）。但是不管是什么原因，如果遵循E.A.S.Y.程序，他会好转的。

如果你立即对婴儿实施 E.A.S.Y.程序，我向你保证，你会很快了解她传递出来的信号，对她哭泣的原因能更快地作出判断。查看日常表会对你有所帮助。例如，她早上 7 点进食，如果 10 分钟或 15 分钟后她开始哭，而且你无法让她安静下来，那么基本上可以确定不是因为饥饿，而很可能是消化问题（第 99~105 页）。你必须知道你应该做点什么事让她安静下来——不是让她吃更多，这只会让她更加不舒服。第 13 页有常见的抱怨。

按出生体重制定的 E.A.S.Y.程序

特殊情况：早产

大多数医院对早产儿实施两小时喂养一次的程序，直到他们的体重达到约 2.3 千克，这是婴儿允许出院的最低体重。这对父母有好处，因为这样的话，到了出院回家的时候婴儿已经习惯了这种规律。但是，因为他们的身体内部系统还没有完全发育好，早产儿更容易出现其他问题，包括胃食管反流（婴儿胃灼热，见第 101~104 页）和黄疸病（见第 15 页方框）。而且，根据定义，早产儿也更脆弱，甚至比出生时体重较轻的婴儿更容易在吃奶的时候睡着，因此你必须特别留意，让他们在吃奶时保持清醒。你还必须创造一个像子宫一样的外部环境来保障他们的睡眠，包裹好他们，让他们睡在安静、温暖、光线幽暗的房间中。记住，他们这时候本来还不应该来到这个世界上，他们想要睡觉，也需要睡觉。

不到 6 周大的孩子的父母在实施 E.A.S.Y.的过程中遇到困难时，我会问：**你怀孕足月了吗？**即使答案是肯定的，我还会问：**孩子出生时体重是多少？**E.A.S.Y.程序是为平均体重的新生儿制定的——3~3.6 千克——他们在两次进食之间通常能坚持 3 个小时。如果你的宝宝体重高于或者低于 3 千克，那么必须对 E.A.S.Y.程序做出相应的调整。正如第 16 页"按出生体重制定的 E.A.S.Y.程序"表格所显示的，平均体重的宝宝每次进食通常持续 25~40 分钟（取决于是母乳喂养还是用奶瓶喂奶；取决于婴儿是狼吞虎咽，还是细吮慢咽）。活动时间（包括换尿片）是 30~35 分钟。睡 1.5~2 个小时，允许有 15 分钟左右的时间让宝宝慢慢睡着。这样的宝宝会在比方说白天 7 点、10 点、1 点、4 点、7 点以及晚上 9 点和 11 点进食（这个方法有助于取消凌晨 2 点的进食，见第 83 页、第 86 页和第 190~191页的"加餐"）。这些时间只是建议而已。如果你的宝宝在中午 12:30醒来而不是 1:00，也要喂他。

出生时体重超过平均体重的婴儿，比方说约 3.6~4.5 千克的婴儿，他们往往吃奶的效率比较高，每次吃得也比较多。他们是重了点，但是你依然需要按照上面 3 小时的程序来喂养他们。年龄和体重是两码事——一个婴儿可能体重约 3.6 千克，甚至更重，但是他依然只是个新生儿，需要每隔 3 小时进食一次。我喜欢照顾这些婴儿，因为不出 2 周，我就可以让他们晚上睡得更久一些。

有些婴儿因为早产，或者只是因为体型较小，出生时体重会较轻。他们还没准备好接受 3 小时的 E.A.S.Y. 程序。当父母带着他们出院回家，试图对他们实施 E.A.S.Y. 程序时，通常会抱怨："我没法让她活动哪怕 20 分钟"或者"她吃着吃着就睡着了"。他们想知道如何让宝宝醒着。很简单，**不要这样做**——至少不要为了活动把她弄醒，那样会过度刺激到她，她会开始哭。当你让她平静下来之后，她可能马上又饿了，

特殊情况：黄疸病

正如宝宝出生时的体重会影响 E.A.S.Y.程序的制定一样，黄疸病对此也会有影响，患这种病的婴儿是因为体内的胆红素——一种橙黄色的胆汁色素——没有消除，婴儿身体的所有部位都会变成黄色——皮肤、眼睛、手掌以及脚掌等，肝脏就像一个没有完全发动的汽车引擎，需要好几天的时间才能运转起来。同时，宝宝会感觉极为困乏，需要大量睡眠。这时候你不要误以为自己生了个"睡眠好"的宝宝，不要随她去睡，要每隔 2 小时把她弄醒一次，这样她才能获得足够的营养，把黄疸从体内驱逐出去。痊愈通常需要三四天——比起吃奶粉的婴儿，母乳喂养的婴儿所需的时间会长一点。当宝宝的皮肤恢复粉红色时，你就会知道一切安好，最后，宝宝眼睛里的黄色也会逐渐消失。

按出生体重制定的 E.A.S.Y. 程序：头3个月

这个表格显示了出生体重是如何影响宝宝的常规程序的。（4个月后，即使出生时体重最轻的宝宝两次进食之间也能坚持4个小时了。）这里你必须做一些计算，记下大致的时间，注意宝宝通常醒来的时间。根据宝宝的体重及"每隔多久"一栏提供的信息。"每隔多久"的变动——可预测性和顺序比时段更加重要。"多长时间"告诉你每个字母该是什么时间。

为简略起见，我略去了Y——给你自己的时间。如果你的宝宝体重超过3.6千克左右，那么你会比其他体重较轻的宝宝更快重新获得快于自己的晚上的时间。如果你的宝宝体重低于约3千克，那么你自己的时间就没有那么多了，特别是头6周的时候。但是坚持住——当你的宝宝体重达到约3.2千克，这个阶段就结束了。当宝宝开始学习自乐自娱当她醒着的时候，情况会更好，因为即使自乐自娱着的时候，你也可以偷会儿懒。

体重	约2.3~3千克		约3~3.6千克		约3.6千克以上	
	多长时间	每隔多久	多长时间	每隔多久	多长时间	每隔多久
E—吃	30~40分钟	白天每隔2小时重复一次程序，直到体重达到约3千克；体重达到3千克时，可以改成"3小时"方案。刚开始时，这些宝宝夜间只能坚持4小时不吃东西。	25~40分钟	白天每隔2½~3小时重复一次程序（对于平均体重范围内体重较轻的婴儿）；头6周夜间能坚持4~5小时，6周后，应该努力取消凌晨1点的进食，2点的进食。	25~35分钟	白天每隔3小时重复一次程序。6周后，通常就能取消凌晨1点或2点的进食了。晚上能从11点坚持到凌晨四五点，长达5~6个小时。
A—活动	刚开始时5~10分钟；体重达到约3千克时20分钟；体重达到3.2千克，逐渐延长到45分钟。		20~45分钟（包括换尿片，穿衣服，以及一天一次的洗澡）		20~45分钟（包括换尿片，穿衣服以及一天一次的洗澡）	
S—睡觉	1¼~1½小时		1½~2小时		1½~2小时	

因为哭把她的能量都消耗光了。然后，你会对她的哭完全摸不着头脑：她是饿了？累了？还是胃肠气胀？

在夜里，体型较小的婴儿开始时最多只能坚持4个小时，因此头6周的晚上，他们通常需要至少喂两次奶。不过如果他们每次只能坚持3个小时，也没关系，他们需要食物。事实上，开始时你会希望他们吃得多、睡得多，因为你希望他们长得胖嘟嘟的。想象一下猪宝宝，它们吭哧吭哧地吃，然后就睡觉。所有的小动物都是一样的，因为他们需要增加体重，储存能量。

如果你的宝宝体重低于约3千克，那么开始时每隔2小时吃一次奶：喂三四十分钟，把活动时间减少到5或10分钟，然后让她睡一个半小时。当她醒来的时候，不要指望她对你咿咿呀呀——要把刺激减少到最小程度。这样每隔2小时喂一次，给她成长所需要的充足的睡眠时间，那么她的体重一定会有所增加。随着宝宝体重的增加，她两次吃奶的间隔时间会长久一些，你也将能够让她清醒的时间长一些，逐渐延长她的活动时间。她刚出生时只能坚持10分钟的事情，到她长到约3千克时就能坚持20分钟，而长到约3.2千克时就能坚持40分钟了。随着她体重的增加，你逐渐延长2小时程序，这样到她约3千克或者约3.2千克时，她就能够按照3小时E.A.S.Y.程序作息了。

6周~4个月：意料之外的醒

与出院后的头6周——典型的产后阶段——相比，接下来的2个半月左右，每个人的生活都开始变得比以前更加平稳了。你也更有信心了，我们希望你遭受的折磨也会随之减少。宝宝体重增加了——即使出生时体重偏轻的宝宝在这个时候也基本上能恢复到正常，吃奶的时候也不那么容易睡着了。她白天依然每隔3小时进食一次，不过，随着越来越接近4个月这个时间界限（到了这个时候，可以每隔4小时进食一次，见下一节，第20页），进食的间隔时间也在逐渐延长。她活动时可以坚持更长的时间，晚上也可能睡得更久一些，比方说，能够从11点睡到凌晨5、6点。大约6周的时候她哭的次数最多，不

常见抱怨	可能的原因
晚上我无法让宝宝睡 3~4 个小时。	她可能白天的时候没吃饱，睡觉前你可能需要给她"加餐"（第 83 页、第 86 页以及第 190~191 页）。
宝宝以前晚上能睡 5~6 个小时，但是现在醒得更频繁了，而且总是在不同的时间醒来。	你的宝宝可能正经历生长突增期（第 105~110 页以及第 192~194 页），白天的时候需要更多食物。
我没法让宝宝小睡超过半个小时或 45 分钟。	你可能曲解了他发出的信号，可能他第一次表现出疲乏的迹象时你没有让他去睡，也可能是他刚刚动了几下，你就马上进去了，因此他没有机会接着睡（第 184~185 页）。
我的宝宝每晚在同一时间醒来，但是我喂他的时候，他只能吃一点儿奶。	宝宝几乎从来都不会因为饥饿而习惯性夜醒，他可能只是出于惯性而醒过来。

过在接下来的 2 个半月中，开始慢慢减少。

　　你可以看到，婴儿这个阶段出现的问题通常都是常规程序中"S(睡觉)"突然出现令人费解（至少对父母来说）的变化。婴儿白天和夜晚的睡眠可能会很没有规律，令人苦恼，特别当婴儿没有按照有条理的常规程序作息的时候。父母会怀疑自己还有没有睡觉的机会。有时，婴儿夜醒自然是因为饥饿的缘故——当他们腹中空空的时候就会醒过来——但并非总是如此。父母应对婴儿夜醒及白天睡眠问题所采取的一些所谓的好的措施，很可能导致了无规则养育。

　　假如有一天夜里你的宝宝醒了，你喂她吃奶来安抚她，效果显著。于是你想，**哦，这是个好方法**。但是，你无意中使她误以为要想重新睡觉就必须吃奶。相信我，等她 6 个月大、体重有所增加后，依然希望一夜吃好几次时，你就会后悔采取那种快速解决问题的权宜之计了。（如果你那个时候明白了这个道理，还算幸运——我遇到过几个父母，他们的宝宝都快两岁了，依然一晚上醒好几次，在妈妈的乳房上寻找安慰！）

你回去工作了吗？

在头 3~6 个月，很多母亲可能会回去工作，或者开始外出做兼职。有些人是需要工作，有些人是想要工作。不管是哪种情况，这种变化都可能会导致 E.A.S.Y.程序突然失灵。

在你回去工作之前，你的宝宝习惯常规程序了吗？ 有一条很好的经验，那就是绝不能一次做出太多改变。如果你知道自己要回去工作了，就要至少提前一个月建立 E.A.S.Y.程序。如果你已经开始重新工作，那么你可能不得不请两星期的假，让一切都顺利、平稳地过渡。

你不在家的时候谁照顾宝宝？照顾者明白常规程序的重要性吗？他或者她能遵守程序吗？宝宝在日托里的行为，或者照顾者在家照顾他时的行为，跟你在家照顾他时有不同吗？ 如果人们不能坚持 E.A.S.Y.程序，那么它就不起作用。你可能不知道保姆或者日托护理者是否遵循了你嘱咐的程序——除非你接宝宝时，她看起来很不高兴。另一方面，那个人也可能在让宝宝遵循常规程序方面做得更好。有些父母，特别是当他们心生愧疚时，会不遵守常规程序——例如，"哦，让她晚点儿睡吧，这样我能跟她多待一会儿"。

爸爸参与了多少？如果你打算改变宝宝的常规程序，你准备让他参与到什么程度？ 我发现有些母亲告诉我她们希望采取一个新方案，但实际上又很难贯彻到底，倒是他们的伴侣能更好地坚持新方案，尽管他们可能待在家的时间少一些。

你家里发生其他重大变化了吗？ 婴儿是很敏感的，他们会用我们尚未理解的方式观察周围的世界。例如，我们知道如果母亲抑郁，婴儿更容易哭。因此，工作变动、搬家、新的宠物、家人生病等这些破坏家庭平静的任何事情，都可能会扰乱宝宝的常规程序。

4~6个月："4/4"和无规则养育的开始

此时，宝宝的意识开始增强，与几个月前相比，她与周围世界的互动更多了。记住，婴儿的发育是从头往下，先获得对嘴巴的控制，然后是颈部和脊背、手臂和双手，最后是腿和脚（见第9页方框）。在这个阶段，宝宝能轻而易举地抬起头，开始抓东西。她正在学习或者已经学会了翻身。在你的帮助下，她已经能坐得相当挺直，因此她的眼界开阔了，她更能意识到模式和常规程序，她越来越能分辨出声音来自何处，能弄明白因果关系，因此对会动、会对她的触摸作出反应的玩具更加感兴趣。她的记忆力也更好了。

基于宝宝这些发育方面的进步，他们的日常程序自然也必须作出改变——由此开始我的"4/4"经验法则，即"4个月–4个小时的E.A.S.Y.程序"。这个阶段，大多数婴儿已准备好了从"3小时"程序转变到"4小时"程序。这是有道理的：白天宝宝玩耍的时间长了，晚上睡眠时间也长了。以前她早上醒来是因为想吃奶，而现在大多数时候是出于惯性——她自己的生物钟——不一定是因为饿了。很多宝宝会在4~6点之间醒来，不要管他们，他们会自言自语，自己玩会儿，然后重新入睡。更确切地说，如果这时候他们的父母冲进来的话，无规则养育就可能会由此开始。

你的宝宝可能进食的效率也很高，因此喝光一瓶奶或者吸空一个乳房可能只需要20~30分钟，加上换尿片的时间，E（吃）最多45分钟。但是A（活动）就不同了：现在她能醒更长时间，4个月大时通常是1个半小时，6个月大时是2个小时。很多孩子上午小睡2小时，但是即使你的宝宝睡了1个半小时后醒了，多出来的半小时她通常都能保持清醒，你要为她下一次进食做好准备。下午2点或者2点半左右，她会又想睡觉，通常还是睡1个半小时。

下面的这张对照一览表，显示了婴儿4个月大时E.A.S.Y.程序是如何变化的。你可以减少一次喂奶，因为她每一次吃得都比以前多，三次小睡并为两次（两种情况下都要保持傍晚的小憩），因而延长了宝宝醒着的时间。（如果你在让宝宝从 3 小时程序转变到 4 小时程序时遇到困难，那么第 27~34 页有为该转变设计的详细方案。）

3 小时 E.A.S.Y.程序	**4 小时 E.A.S.Y.程序**
E：7：00 起床进食	E：7:00 起床进食
A：7:30 或者 7:45（取决于进食用了多长时间）	A：7:30
S：8:30（小睡 1½ 小时）	S：9:00（小睡 1½~2 小时）
Y：你自己选择	Y：你自己选择
E：10:00	E：11:00
A：10:30 或者 10:45	A：11:30
S：11:30（小睡 1½ 小时）	S：1:00（小睡 1½~2 小时）
Y：你自己选择	Y：你自己选择
E：1:00	E：3:00
A：1:30 或者 1:45	A：3:30
S：2:30（小睡 1½ 小时）	S：5:00 或者 6:00 或者之间：小憩
Y：你自己选择	Y：你自己选择
E：4:00 进食	E：7:00（如果正经历生长突增期，那么在 7:00 以及 9:00 两次密集进食）
	A：洗澡
S：5:00 或者 6:00 或者之间：小憩（大约 40 分钟）以便让宝宝完成下一次进食和洗澡	S：7:30 睡觉
E：7:00（如果正在经历生长突增期，那么在 7:00 以及 9:00 两次密集进食）	
A：洗澡	Y：晚上是你的了！
S：7:30 睡觉	E：11:00 梦中进食（一直到七八个月大，或者到稳定进食固体食物为止）
Y：晚上是你的了！	
E：10:00 或者 11:00 梦中进食	

上面的是理想情况。你的宝宝不一定严格遵守这些时间。她的常规程序可能会受到体重的影响——体重较轻的宝宝4个月大时可能只进行3个半小时的程序，不过到了5个月大，或者最多6个月大时，通常就能赶上了——或者受到性格差异的影响，例如有的宝宝睡得比其他宝宝香，有的宝宝吃得比较快。你的宝宝甚至可能时不时地和自己的时间表相差15分钟。有一天她可能上午的小睡短一点，下午则睡得长一点，或者反过来。重要的是你要坚持吃－活动－睡觉这个模式（现在是间隔4小时）。

在这个阶段，我最常听到的抱怨很多与常规程序有关，这不奇怪（见第23页）。

除了第23页表框列出的情况之外，我们还看到一些没有尽早处理的问题被延续了下来。那些早先无规则养育埋下的种子现在开始开花结果，表现为吃和睡的问题（所以不要忘了看前一节"6周~4个月"）。父母发现自己面临很多问题，在一片混乱中无法看清真相。有时候是因为他们实施的E.A.S.Y.程序跟不上宝宝的发育进程。他们没有意识到必须把每隔3小时的进食过渡到每隔4小时，没有意识到宝宝醒着的时间更长了，没有意识到白天的睡眠和晚上的睡眠同样重要。还有些时候是因为父母前后不一致，他们从书本、朋友、网络或者电视上收集到各种各样的建议（有些还相互冲突），尝试了这样或那样的方法，不断改变婴儿的常规程序，希望某个方法会起作用。而且妈妈可能回去工作了，不管全职或兼职（第19页）。这种以及其他类型的家庭变化都可能会扰乱婴儿的常规程序。不管是什么情况，这个年龄段的问题通常更严重一些，因为持续的时间更长，很多时候是因为婴儿根本就没有过常规程序。实际上，我总是会问4个月大婴儿的父母一个重要问题：**你的宝宝有过常规程序吗?** 如果答案是"没有"，或者"她曾经有过"，我就告诉他们必须开始实施E.A.S.Y.程序。在本章最后（第27~34页），我会给你一个循序渐进的方案，帮助你的宝宝完成转变。

常见抱怨	可能的原因
我的宝宝很快就吃完了，我担心她没吃饱。这也破坏了她的常规程序。	吃可能根本就没有问题——有些婴儿到了这个时候吃的效率很高。正如我前面说过的，你正在实施的 E.A.S.Y.程序很可能原本是为更年幼的婴儿准备的——每隔 3 小时而不是 4 小时（见第 27～34 页，学习如何实现这种转变）。
我的宝宝从来不在同一时间吃或者睡。	日常程序中有一些小变动是正常的，但是如果他吃得很少，睡得很短——两种情况都是无规则养育的后果——那么他永远无法吃一顿好餐，睡一个好觉。他需要适合 4 个月大婴儿的有条理的常规程序。
我的宝宝还是每晚经常醒，我总是不知道是不是该喂他。	如果是无规律地醒，那么他是饿了，白天需要进食更多的食物（见第 190～196 页）；如果是习惯性夜醒，那么是你无意中强化了一个坏习惯（见第 185～186 页）。也有可能是你采取了 3 小时程序，而不是 4 小时程序。
我的宝宝可以睡一晚上，但是早上 5 点就醒了，想要玩。	你可能对他凌晨发出的正常声音反应太快了，无意中让他以为这么早醒来挺好的（见第 184～185 页）。
我没法让宝宝小睡超过半个小时或者 45 分钟——或者她根本不睡。	小睡前她可能受到过度刺激了（见第 248~251 页），或者是因为缺少常规程序，或者不正确的常规程序（见第 221~228 页）——或者两者兼而有之。

6~9个月：经受住前后不一致

此时，E.A.S.Y.方案的情况不同了，尽管我们依然着眼于4小时程序——我听说的很多问题和我在稍小一点的婴儿身上看到的问题是一样的。但是，婴儿到了6个月大的时候，还有一个重要的生长突增期。这是开始进食固体食物的最佳时机，到了7个月左右大的时候，要停止梦中进食（见第114页）。进食时间稍长一些了——也脏乱了许多——因为你的宝宝开始尝试全新的进食方式。父母有许多问题，例如担心婴儿固体食物的摄入（我在第4章回答了这个问题）。你不能怪他们：开始的时候婴儿就像进食机器，但是到了8个月左右时，宝宝的新陈代谢开始发生变化，她失去了她原有的部分婴儿脂肪，常常会变瘦。（而之前其脂肪是增加的，这给了她活动的力量。）在这个阶段，宝宝饮食的质量比数量更重要。

这时，晚上稍早时候的小憩也没有了，大多数婴儿每天小睡2次——理想的情况是每次睡1~2个小时。在这个阶段，小睡不是宝宝最喜欢的娱乐活动。正如一个7个月大的婴儿的妈妈说的："我想这是因为现在塞斯初步认识到了这个社会，能够更多地参与活动，因此他不想睡觉。他想看**每一件事情**！"确实如此，因为身体发育现在进入了中间阶段，你的宝宝现在可以自己直起身子——到了8个月的时候他就能自己坐直了——同时动作也变得更加协调。他将变得越来越独立，特别是如果你允许他自己玩，以培养他的这种能力的话。

这个阶段来自父母的常见抱怨与4~6个月时的差不多——不过，要想改变宝宝已经养成的某些习惯将会更加困难。吃和睡的问题在最初的阶段可能几天之内就能调整好，而此时可能会非常棘手，不过绝非不可能，只是现在解决问题需要更长一点的时间而已。

另外，这个阶段突然出现的最大问题是前后不一致。有时候宝宝在上午小睡很长时间，有时候在下午，还有些时候他似乎决定完全放弃一次小睡。某一天她吃得津津有味，而第二天她宁可不吃。有些妈妈能灵活处理这些突发状况，而有些妈妈则恨不得扯自己的头发。坚持常规程序有两层意思：如果你的宝宝不能坚持常规程序，至少你能。而且，你必须记住养育的一条公理：**正当你以为成功的时候，一切都改变了**（见第10章）。正如那个7个月大的婴儿的妈妈（她从出院一回家就对宝宝实施E.A.S.Y.程序）说的："我明白了一件事，每一个按照此常规程序作息的宝宝在实际中都是不同的——你必须选择适合你们两个人的方式。"

我在网站上看到一些帖子，很显然，某个妈妈的噩梦常常是另一个妈妈的梦想。在一个E.A.S.Y.留言版上，一个来自加拿大的妈妈在抱怨，因为她8个月大的女儿"很离谱"。她说小女孩7点钟醒来吃奶，8点钟吃谷类食品和水果，11点钟喝一瓶奶，然后睡到1:30，再吃点蔬菜和水果，3:30喝一瓶奶，5:30吃晚餐（谷类食品、蔬菜和水果），7:30喝最后一瓶奶，大约8:30钟睡觉。这位母亲的问题是：她的宝宝一天只小睡一次。"我已经控制不了局面。"她在网上求助于其他母亲，"我现在需要帮助！！！"

那个帖子我不得不看两遍，因为我死活看不出有什么问题。是的，她的宝宝长大了，醒着的时间更长了。但是她吃得很好，每晚踏踏实实地睡10个半小时，白天睡2个半小时。我心想，**有些妈妈宁愿打落牙齿换得和你易地相处啊**。事实上，9个月及以上的婴儿能够醒较长时间，对他们来说，取消上午的小睡，下午睡长一点——3个小时——是可能的。他们吃，玩，再吃，再玩，然后去睡觉。换句话说就是，E.A.S.Y.变成了E.A.E.A.S.Y.。少了一次小睡可能是暂时的小问题，也可能是因为你的宝宝白天只睡一次就够了。如果你的宝宝只睡一次，但看起来脾气很坏，那么你可以让他多睡一次，或者采取抱起－放下法（见第248~251页）来延长小睡的时间。

我的网站上还有很多这个阶段的婴儿的父母提出来的问题，他们在婴儿更小的时候已经试过E.A.S.Y.或者其他类型的常规程序，现在决定再试一下。下面就是一个典型的帖子：

> 宝宝两个月大时，我试着对她实施E.A.S.Y.程序，但是睡觉的部分太困难，老是要喂奶，于是我放弃了。现在她长

大一点了，我想再试一下，但是我也想看看其他宝宝的时间
表例子。

纯粹是出于好玩，我查看了 6~9 个月大的婴儿的母亲在网上发
的帖子，把她们的 E.A.S.Y.程序并排放在一起做了比较，结果却发现
了一个异常惊人的相似的模式，基本上如下面的情况：

7:00	醒来进食
7:30	活动
9:00 或 9:30	上午小睡
11:15	吃奶（少量）
11:30	活动
1:00	午餐（固体食物）
1:30	活动
2:00 或 2:30	下午小睡
4:00	吃奶（少量）
4:15	活动
5:30 或 6:00	晚餐（固体食物）
7：00	活动，包括洗澡，然后是晚间的常规程序（包括吃奶，读书，安置于被窝）

上面是典型的情况，当然就这个主题还有很多不同的变化：有些
婴儿到这个阶段依然 5:00 醒来，要含一个安抚奶嘴或者喝一瓶奶。
有些婴儿白天的小睡远远少于理想的 1 个半或者 2 个小时，或者只小
睡一次，这使得在接下来的 A（活动）阶段中父母会非常麻烦，感觉
很疲惫。更糟糕的是，有些婴儿即使到了这个阶段依然一晚上醒好几

次。因此，我们要考虑的不仅仅是白天的时间问题，还要考虑婴儿晚上的睡眠质量问题。正如我要向你们反复强调的：E.A.S.Y.**不是关于时间段的程序**。

9 个月之后的 E.A.S.Y.程序

9 个月到 1 岁之间，你的宝宝在两餐之间将能够坚持 5 个小时。他将和家中其他人一样一日三餐，外加两次少量餐就可以了。他能活动 2 个半到 3 个小时，通常大约 18 个月时——有的孩子早一点，有的孩子晚一点——下午长睡一次就可以了。到了这个时候，从技术层面来讲，我们遵循的程序不是 E.A.S.Y.，而更可能是 E.A.E.A.S.Y.，不过这依然是有条理的常规程序。每一天可能都不完全一样，但是可预测性和重复性这两个要素依然存在。

4 个月或更大的时候开始 E.A.S.Y.程序

如果你的宝宝 4 个月或更大了，而她从来没有过常规程序，那么是时候为她制定一个了。与较小婴儿的程序不同，它有三个重要的理由：

1.现在是 4 小时程序。有些父母没有意识到他们必须调整程序以适应婴儿进一步的发育。他们的宝宝吃的效率比以前提高了，活动时间越来越长，但是他们依然每隔 3 小时喂一次——实际上他们是在开倒车。例如，黛安娜和鲍勃 6 个月大的儿子哈里突然开始夜醒，似乎是饿了，于是他们就给他喂食。他们知道他白天需要更多的食物，于是不再每隔 4 小时喂一次，而是像他更小的时候一样，每隔 3 小时喂一次，他们认为这是相当正确的，因为他们的宝宝正在经历生长突增期。但是这仅仅是 3 个月大孩子的解决方法，而不是 6 个月大孩子的，6 个月大的孩子应该每隔 4 小时进食一次，并且能安睡整晚。（他们需要每次多喂点儿，我会在第 110~113 页做出解释。）

2.运用"抱起－放下法"来实现转变。对于4个月以上的婴儿，睡眠问题始终是无法维持日常程序的原因之一，如果说不是全部原因的话。这时，我就会向烦恼而怀疑的父母介绍抱起－放下法，这个方法我很少介绍给更小的婴儿用（这个重要的睡眠方法在第6章会有详细介绍）。

3.为4个月以上的婴儿制定有条理的常规程序几乎总是因无规则养育而变得复杂。因为父母已经尝试过其他方法，或者不同方法一起混用，他们的宝宝被搞糊涂了。在大多数情况下，宝宝已经养成了坏习惯，例如在母亲怀里吃着吃着就睡着了，或者夜里不断地醒来。所以对年龄大一点的宝宝实施E.A.S.Y.程序总是需要付出和操劳更多，并且一定要注意E.A.S.Y.程序的前后一致性。记住，养成那些坏习惯至少需要4个月的时间。如果你坚持方案，那么摆脱它们就不再需要那么长的时间。很显然，宝宝越大，改变他的常规程序就越困难，特别是如果他依然夜醒、不习惯任何形式的日程安排的话。

因为婴儿是独特的个体，也因为每一个家庭发生的事情都是不一样的，所以我需要知道父母确切地做了什么，这样我才能对策略做出相应的调整。如果你已经读到这儿了，那么，你应该能料到我会问那些从未对宝宝实施过常规程序的父母什么样的问题：

关于E(吃)：你隔多长时间喂一次宝宝？他们进食时间多长？白天他吃多少奶粉或者奶水？如果他快6个月大了，你给他吃固体食物了吗？ 尽管只是指导原则，参考"按出生体重制定的E.A.S.Y.程序"（见第16页）和"进食101"（见第84~85页），看看你的宝宝符合什么标准，如果他每隔3小时甚至更短的时间进食一次，对4个月或者更大的婴儿来说是不适宜的。如果他进食时间太短，他可能是个零食鬼；如果进食时间太长，他可能把你当安抚奶嘴用了。此外，4个月还没有过常规程序的婴儿经常白天吃得太少，晚上起来加餐。特别是如果他们超过6个月，还经常需要补充更多的营养，这时候液态食物已经不能满足他们的需要了。在开始实施E.A.S.Y.程序前，你可能需要读一下第3章。

关于A（活动）：他比以前更活跃了吗？他开始翻身了吗？你的孩子白天都进行什么样的活动——在垫子上玩，参加"妈妈和我"活动小组，坐在电视机前？ 有时候，为活泼一点儿的婴儿制定时间表会更困难一些，特别是如果他从没有过时间表的话。你还必须确保不要给宝宝太多负担，那可能会让他很难平静下来去睡觉，不管是白天的小睡还是晚上的睡眠。另外，这还可能会扰乱他的正常进食。

关于 S（睡觉）：**他晚上能至少睡 6 个小时吗——4 个月时他应该能够做到了——或者他还是会醒来要吃的吗？他早上几点起床？起床后你是立刻去他身边，还是让他在婴儿床上自己玩一会儿？他白天小睡好吗，睡多长时间？你是把他放进婴儿床小睡，还是随他累了，在哪儿睡着就在哪儿睡？**这些关于 S（睡觉）的问题有助于判断你是让宝宝自己学会如何安静下来入睡，还是你负责他的睡眠，或者说让他来指挥你。显然，后者会出问题的。

关于 Y（你自己的时间）：**你比平时压力更大吗？你生病了吗？你是否会情绪低落？你从爱人、家人、朋友那里获得帮助了吗？**如果你的生活乱成一团麻，那么建立常规程序就需要有超强的毅力和献身精神。如果你还不清楚，那就先确保满足自己的需要。如果你觉得自己尚且需要别人照顾，那么你几乎不可能会照顾婴儿，去寻求帮助吧。假如你身边有人可以让你得到充分的休息，这很好，哪怕只是一个让你哭泣时能够倚靠的肩膀也比什么都没有要强很多。

第一次实施常规程序时要记住一件事情：极少有在一夜之间发生的奇迹——3 天，1 个星期，甚至 2 个星期，但是绝不会是一夜之间。当你对不同年龄段的婴儿实施任何一种新的程序时，都会遭遇到反抗。我跟很多父母打过交道，知道你们当中确实有些人在期待奇迹。你可能会说你希望宝宝按照 E.A.S.Y.程序作息，但是要做到这一点，你必须采取一定的行动，你必须密切监督和指导，至少要等到宝宝步入正轨之后。如果你的宝宝从没有过常规程序，那么你可能得花上几个星期的时间来帮助他。很多父母不愿意这样想，有位妈妈就曾信誓旦旦地对我说，她会"做任何事"来让宝宝按照 E.A.S.Y.程序作息，同时又提出一连串的问题："为了让他按照程序作息，我必须每天待在家里吗？或者我能带他一起出去让他在车座上睡觉吗？如果我必须待在家里，我什么时候才能带儿子出去呢？请帮帮我。"

要有点远见，亲爱的！一旦宝宝习惯了 E.A.S.Y.程序，你就不会再感觉自己像个囚犯了。要根据宝宝的作息时间安排自己的事情。你可以先喂了宝宝，然后在 A（活动）时段带他一起坐车出去办事。或者你可以在家喂食、活动，然后让宝宝睡在车里或者婴儿车上。（不过如果熄掉汽车引擎时宝宝会醒，那么他睡得可能没有平时那么长，第 173~174 页有更多关于常规程序破坏因素的内容。）

如果你是第一次尝试建立一个常规程序，最好是你和你的爱人在家待上两个星期，让宝宝有机会去习惯新的程序，至少一星期。**你必须花时间来实现这个转变**。在这个关键的开始阶段，务必让他的进食、活动和睡眠都发生在他熟悉的环境中。注意，就两个星期而已，不会花费你太长的时间。是的，在宝宝适应这个变化的过程中，你可能不得不忍受宝宝的坏脾气，甚至哭闹。最初的几天可能特别困难，因为你已经用一种不同的方式安排了宝宝的日常生活，现在你要废除旧的模式。如果你坚持住，E.A.S.Y.程序会起作用的，就像老话说的那样："如果你用它，它就管用。"

你可以这样想：当你刚开始度假的时候，你还没有进入假日状态。你要花几天时间来改变生活节奏，把工作以及其他责任抛诸脑后。婴儿也是一样的，他们的思维还停留在原有的方式上，当你试图改变时，宝宝会说（用他的哭泣来表示）："你到底在干什么呀？我们不是这么做的！我拼了命地大声哭，你却不听！"

好消息是婴儿的记忆力相对较弱。如果你像坚持旧方式那样坚持新方式，那么他最终会习惯的。在经历了艰难的几天或者几周之后，你会发现情况好多了——进食不再无规律，半夜不会再醒来，"读不懂"他需求的令人沮丧的日子也终于过去了。

我总是建议父母至少留出 5 天时间来开始 E.A.S.Y.程序（具体年龄的估算见下页的方框）。父母其中一人如果可能的话，应该请一星期的假。当你看完整个方案，你可能会奇怪，我让你严格遵守建议的时间，但是我又一再告诉你们不要跟着时钟走。只是在这个再训练阶段，你必须要看时间，而且要比我平时建议的更加坚定些。一旦宝宝开始按照有条理的常规程序作息，那么你是否偏离了半个小时就不重要了。但是刚开始的时候，要努力遵照我建议的时间。

方案

第一天和第二天。这时不要干涉，只要好好地观察两天，注意所有的事情。重新看一下我提出的问题（见第28~29页），试着分析一下没有常规程序的后果。记下什么时候进食，睡了多长时间，等等。

第二天晚上要为第三天做准备，宝宝睡觉时你必须也去睡，以后的每天晚上都要如此。你需要休息好，才能经受得住接下来的几天（可能更长）。理想的情况是，既然你打算这个星期待在家里，那么他白天小睡的时候你也可以去睡一下。你生活中的大多数事情可能要推迟一点。你可能要经历艰难的几天，但是当宝宝按照常规程序作息时，你会觉得他多么了不起，一切付出都是值得的。

第三天。这一天从早上7点钟正式开始。如果他还在睡，就弄醒他——即使他通常要睡到9点。如果你的宝宝5点钟醒，用抱起－放下法（第217~221页）让他重新入睡。如果他习惯这么早起，特别是如果以前你在那个时间会把他抱出来，陪他玩，那么现在他会抗议。你可能要做抱起－放下这样一个动作1个小时或者更长的时间，因为他坚决要起床。不要把他带到你的床上，这是很多早起婴儿的父母都会犯的错误。

把他抱出婴儿床，喂他吃。在这之后是活动时间。4个月大的婴儿通常能玩75分钟到

开始 E.A.S.Y.程序：我会遇到什么？

这些都是估计的时间，有些婴儿需要的时间短一点，有的长一点。

4~9个月：尽管婴儿在这个阶段有很明显的发育，大多数还是需要2天时间观察，3~7天重新安排他们白天和晚上的作息时间。

9个月到1岁：你需要2天时间观察婴儿；当你试图重新安排他的白天、晚上时间时，他会持续2天哭闹；还需要2天时间"哦，上帝，我们成功了"；第5天你可能觉得又回到了起点。坚持下去，到了两周结束的时候，你就胜利在望了。

1个半小时，6个月大的婴儿通常能玩2个小时，9个月大的婴儿通常能玩2~3个小时。你的宝宝应该也在这个范围之内。有些父母坚持说："我的宝宝醒不了那么长时间。"我对他们说，尽量让她醒着——如果有必要的话，跳个舞。此外，还可以通过唱歌、做鬼脸、吹口哨、拍手掌等来让她坐直身体。

按照第21页的4小时E.A.S.Y.程序，把她放下准备上午的小睡，你希望她什么时候睡，那就提前大约20分钟做这件事，比方说8：15左右。如果你很幸运，有一个适应能力强的宝宝，她通常花20分钟适应，然后睡1个半小时或者2小时。但是，大多数没有经历过常规程序的宝宝会不肯躺下，因此你只有采用抱起–放下法来让她入睡。如果你坚持，而且方法正确——她一停止闹就把她放下——那么过20~40分钟，她就会睡着。也许有些婴儿需要更长一些时间，我自己就必须要1个小时或者1个半小时，几乎用光了宝宝的S（睡觉）时段。但是，记住那句老话："黎明前是最黑暗的。"这个方法需要决心、耐心，还需要一点信心：确实有效。

如果你不得不采用抱起–放下法，那么她睡觉的时间恐怕只有40分钟（记住，你花了差不多同样的时间来让她睡下）。如果她提前醒了，要把她放回去，做抱起–放下的动作。你可能认为这很疯狂。她应该睡1个半小时，如果她已经睡了40分钟，而要让她接着睡，你可能不得不花40分钟，那么就只剩下10分钟给她睡了。相信我：你正在改变她的常规程序，而这正是改变所要做的。即使她只睡了10分钟，也要在11点按时叫醒她进食，这样你才不会偏离程序。

进食之后做点儿活动，然后在她下午1点钟小睡之前20分钟，也就是大约12：40进入她的房间。这一次可能只花20分钟就能让她睡着。如果她没有睡够75分钟，那么再次使用抱起–放下法，也可能她会睡得更久一点，但是一定要在3点钟叫醒她，那是进食时间。

错误传言
小憩破坏睡眠

很多4~6个月的婴儿下午会小憩30~40分钟，甚至睡到下午5点钟。父母担心这特别的小憩会破坏宝宝夜间的睡眠。正好相反：婴儿白天休息得越充分，晚上睡得越好。

这一天对你们两个人来说可能都很消耗体力，因此下午的时候她可能会特别累，当她进完食、做完活动后，注意观察她是否想睡觉。如果她打哈欠，让她在5~6点之间睡40分钟。如果她不困，玩得很开心，那么在6点或6:30把她放到床上，不要等到7点。如果她9点醒了，就采用抱起－放下法。在10~11点之间给她一次梦中喂食（关于梦中喂食，第83页、第86页以及第190~191页有详细的解释）。

她很有可能在凌晨1、2点醒来，你再次使用抱起－放下法。你可以待1个半小时，让她能再睡3个小时。如果必要的话，你要整晚都这么做，直到早上7点，这时你就进入第四天了。

第四天。即使7点钟她还在睡，你自己也累得够呛，还是要弄醒她。

你要经历和第三天同样的过程，不过今天的抱起－放下可能不需要45分钟或1个小时，也许半个小时就够了。而且她可能睡得更久。我们的目标是每次至少睡1个半小时。不过要根据情况自己判断。如果她睡了75分钟，醒来的时候看起来很开心，那就把她抱起来。但是如果她只睡了1个小时，那么你最好再一次抱起－放下她，因为大多数婴儿一旦习惯了时间较短的小睡，很快就会倒退回去。如果她累了，记住5点钟让她小睡一会儿。

第五天。到了第五天，你应该已经进展顺利了。也许你还得做一会儿抱起－放下动作，但是时间要短很多。6个月大的婴儿可能总共需要7天时间——2天观察，5天转变。9个月大的婴儿可能需要两周时间（这是我见过的比较麻烦的情况），因为婴儿已经习惯于自己的常规程序，当你试图改变这一切的时候，他会比小婴儿更加难以适应。

父母总是担心这种情况会永远持续下去。萨姆5个月大，妈妈维罗尼卡试图改变他的常规程序，努力了4天之后，她惊叹不已，现在她跟她的丈夫晚餐后可以悠闲地喝上一杯葡萄酒，不用再担心儿子会破坏他们的夜晚了。"我几乎不敢相信只用了这么短的时间。"我把对维罗尼卡说的话再对所有的妈妈说一遍："它起作用是因为你坚持了新方式，就和你坚持旧方式一样。"不过我还是提醒她，有时候特别是小男孩（根据我的观察，而且性别研究也显示出小男孩的睡眠更脆弱）会一个星期睡得好好的，然后突然倒退，半夜会醒，或者白天的小睡时间太短。当这种情况发生时，很多父母误以为我的方案失败了。但是，当你遇到混乱的状况时，必须始终如一地坚持常规程序。如果孩子退步了，重新采用抱起－放下法，我保证，因为宝宝已经经历过这种方式，因此不管你什么时候重新运用它，所需的时间会少很多。

常规程序是关键，我在本书中会不停地提醒你 E.A.S.Y. 程序的重要性。我之所以给予它如此多的关注，是因为缺乏条理、前后不一致常常是大多数常见养育问题的主要原因。这并不是说只要你采取了很好的常规程序，就不会突然出现诸如进食、睡眠和行为等问题（详见第 3~8 章）。但是，如果你生活很有规律，那么解决问题就会变得相当容易。

第2章

即使婴儿也有情感

孩子第一年的情绪

探访一个老朋友

8个月大的特雷弗平躺在客厅的一张垫子上，玩得不亦乐乎，他的妈妈塞丽娜和我在聊天，内容基本上是特雷弗如何如何长大了，6个月造成了多么大的差别啊什么的。我第一次见到他们的时候，特雷弗才出生一天，那时我的工作是让塞丽娜哺乳特雷弗有一个好的开端。让特雷弗立刻进入 E.A.S.Y.程序相对比较简单，因为他是那种"教科书型"的婴儿，很好带，他基本上符合所有书中对不同年龄段婴儿的描述（关于教科书型婴儿以及其他类型的婴儿，详见本书第41~49页）。在接下来的6个月中，特雷弗身体和智力上的发育都按时达到了每一阶段的设定目标。而下面这段小插曲说明他的情感世界也按部就班地发展着。

我和塞丽娜谈话的时候，特雷弗正和悬挂在垫子上方的玩具自娱自乐。10分钟过去了，他开始发出"nyeh，nyeh"的声音——不像是哭，但足以让妈妈知道他需要换一下地方了。"哦，你有点无聊了，是吗，亲爱的？"塞丽娜说，就好像她能读懂孩子的心思一样。（实际上她只是在观察他的信号。）"那你坐到我这儿来。"特雷弗抬头看着妈妈，她的关注让他很开心，换好地方后，他和刚才一样兴致勃勃地玩着另一个玩具。塞丽娜和我继续聊天，特雷弗坐在旁边，腿上放着一个色彩鲜艳的球，球发出嘎吱嘎吱的声音，他很好奇地玩着。

塞丽娜问我要不要喝点茶，对我这样一个地道的英国人来说，这样的提议是从来无法拒绝的：没有任何东西比得上一杯好茶。塞丽娜起身向厨房走去，正走到门口的时候，特雷弗开始号啕大哭。"我指的就是这个，"塞丽娜说，提到了她打电话给我的真正原因。"突然之间，他的整个世界好像都围着我转了，只要我一离开房间他就会不高兴。"她又说了一句，几乎像是在道歉。

对于 7~9 个月大的婴儿来说，他们的世界开始围绕着他们深爱的人发生转变——大多数时候都是妈妈在照顾着他们。大多数婴儿开始害怕妈妈离开，有些程度较轻，有些则很严重。这里的情况恰好就印证了这一点。但是这个小故事不仅仅与分离焦虑有关（这个问题在第 68~73 页上有更详细的讨论），还与一个更重要的现象有关，那就是孩子的情感生活。

我的宝宝有情感生活吗？

当我提到第一年中婴儿情感的重大转折时，很多父母都很惊讶。他们留意孩子吃什么、睡多久，他们了解各阶段孩子在身体和智力发育方面应达到怎样的稳定水平，但有时也会很担心。其实，他们对孩子的情感世界似乎不太了解，也不太关心，对那些能够帮助孩子控制情绪、理解他人、成为社会的一分子、发展和维持良好的人际关系的方法也不太感兴趣。父母不应该低估情绪适应能力——必须教会孩子。**而且必须尽早开始。**

其实，培养孩子的情绪适应能力和教会他如何睡觉、控制饮食、促进身体发育以及丰富思想一样重要。我们说的是孩子的情绪和行为，借用心理学家丹·戈尔曼的术语"情感智力"来表述（他在 1995 年出版了同名书籍）。戈尔曼的书总结了过去几十年的研究成果，在那些年间，科学家探究了不同的智力类型，包括学术专家的智力。无数研究表明，在所有类型的智力中，情感智力可算得上是最重要的智力，其他的所有能力都是以此为基础发展而来的。但是，你无须细看这些研究，无须成为心理学家，你只需要看看你的周围，想想你认识的成年人，难道你不认识这样一个人：他的智力超强，却因"情绪问题"保不住工作？不是有一些才华横溢的艺术家或者优秀的科学家，他们不知道如何与他人打交道吗？

"等等，特蕾西，"你可能一边看着房间里的婴儿，他可能 6 周，4 个月，或者 8 个月，一边自言自语。你肯定想问我："考虑宝宝的情感是不是早了点儿？"

绝对不早，而且多早都不为过。宝宝出生时在产房的第一声嘹亮的啼哭就表现了他的情感。他的情绪适应能力——对事件如何反应、通常的情绪、自我调节和忍受挫折的能力、活动水平、兴奋程度、使其平静的难易程度、社会交往能力、对新情况的反应——将与他的身体和智力发育一样会继续发展下去。

婴儿如何感觉

和我们成年人一样，婴儿的情感世界是由脑边缘系统控制的，那是大脑很小的一部分，也叫"情感脑"。不要担心，亲爱的，我不会在这儿给你上一堂解剖课。老实说，详细的科学解释也会让我眼花！你只需要知道你的宝宝出生时需要大约一半的大脑体验情感。因为边缘系统是从下往上发育的，因此最先发育的是较低的部位。大脑较低的部位包括杏仁体，它像一个作用中心，控制人的情感。杏仁体提醒大脑的其他部位有事情该做出反应了。换句话说就是，它负责产生原始情感——大脑中"战或逃"的自然反应，使得脉搏跳动加快，肾上腺素开始分泌。上部的脑边缘系统在 4~6 个月开始发育，开始有意识地察觉到情感。尽管你的孩子到了十几岁的时候大脑依然在发育成长，不过我们暂且只考虑第一年是怎么回事（第 8 章我们会观察幼儿以及稍大一点的孩子）：

4个月以下。即使你的宝宝还很小,她的原脑也控制着一切。出生时的情感是一种自然而发的情感,不受控制——比方说胃肠气胀的疼痛引起的面部扭曲。但是,几个星期之内,她就学会微笑了,还开始模仿你,这是一个迹象,表示她已经注意到了你的情感表达方式。她会用哭来表示不舒服或者疲劳;高兴或兴奋的时候会微笑,咯咯咯的笑,嘤嘤呢喃。她开始和你对视,时间越来越久,有了社会性的微笑,可以做出简单但重要的联想:如果我哭了就会有人抱我起来。然后,她开始意识到可以用哭和面部表情来让你作出反应,满足她的要求。当你作出回应时,她学会了信任;当你微笑着模仿她时,她学会了吸引你。

记住,亲爱的,哭是宝宝表达情感和需要的惟一方式。当宝宝哭的时候,并不意味着你是不好的父母,她只不过是在说:"我需要你的帮助,因为我太小了,自己做不来。"哭在新父母听来意义相当模糊,在最初的6~8周,宝宝哭得最厉害。可能你要花上几个星期的时间来理解它,不过你很快就能学会正确区分饥饿、无聊、疲劳和疼痛导致的不同哭声了。如果你还仔细观察了她的身体语言,那么你解读这些信号会越来越熟练。正如我在第1章中解释过的,如果她按照常规程序作息就更好了,这样,时间以及她在程序中所处的阶段会告诉你她的很多情感信息。

但是,尽管她那么可爱,那么迷人,会哭,会抱怨,科学家还是怀疑婴儿一开始时内心实际上感觉不到情感。他们做了一个实验,实验对象是一个2天大的婴儿和一个3天大的婴儿,让他们服用少量加了醋的水或者加了糖的水,婴儿的脸部表情明显表示出厌恶(皱鼻,歪眼,伸舌头)或者高兴(张嘴,扬眉)。但是,研究者用脑部扫描仪可以看到脑边缘系统的皮层上——实际感觉情感的大脑区域——只有极少的活动。

如果知道孩子的哭是反射性的,她不会记得疼痛,那么你也许会感到安慰,这并不意味着我提倡让婴儿"哭"。真的不是,这违背了我的护理观。恰恰相反,我相信只要你作出了回应,留意她的"声音",那么她的哭就不会对她造成永久性的伤害。出于同样的考虑,我经常建议给婴儿安抚奶嘴(见第194~196页),因为它能让婴儿自我安慰，这是一种重要的情绪适应能力。但是，最重要的因素是你对孩子哭声的反应。研究表明，如果父母能够熟练地解释宝宝的各种哭声并且作出回应，那么他们的宝宝就能更加顺利地进入研究人员所说的"非哭声交流"阶段，这发生在第12~16周。那时，大多数婴儿的情绪已经稳定下来，一天中哭的时间少了，父母也更容易理解和安慰他们。

4~8个月。当上部的脑边缘系统开始发育时，宝宝的大脑发育也向前跨越了一大步。他开始学会辨认家人的面孔、地点以及物体，与环境的互动更多了，甚至开始享受其他孩子的陪伴。他还会注意到家里的宠物。根据宝宝的脾性——这个我会在后面讨论——这个阶段通常有了更多的欢乐和笑声，而少了忧虑和眼泪。你可以看到他开始感觉到那些情感，并且用脸部表情、咿咿呀呀的声音表达出来，而不仅仅用哭声。

宝宝的情感世界此时变得更加复杂了，有些孩子开始显示出能够控制情感的迹象。举例来说，如果你把宝宝放下让他睡觉，他开始有点闹，自言自语了一会儿，吮着安抚奶嘴，或者抱着最喜欢的玩具或毯子，直到最后自己睡着。对于脾气温和型的宝宝来说，这种情况发生得较早，但是自我安慰与其他能力一样，都是通过后天的学习获得的。就像你牵着宝宝的手帮助他学习走路一样，你也可以帮助他掌握最初的情绪适应能力。

即使你的宝宝现在看起来似乎还不能控制情绪，但是，他可能更容易接受安慰。看到你、听到你的声音就足以让他平静下来。如果在一个地方待的时间太长，他可能会因为无聊而哭起来，或者当心爱的玩具被人拿走，或者从一个地方被挪到另一个地方，这时候他可能会生气。在有些婴儿身上，你还可以看到越来越"出格"的现象：6个月大的婴儿可能会尖叫，挥动拳头击打自己的胸膛。他已经有能力处理自己遇到的一些问题了。他会和大人们嬉闹以获得关注，观察一个人的脸部，看那个人对他的呜咽是否有反应，当最终被抱起来的时候，他看上去一副扬扬得意的神情。

与此同时，你的宝宝在社会及情感方面的特质也会越来越明显。他会让你知道他对食物、活动和人的偏好。他开始不仅模仿你的声音，还模仿你各种变化的语调。他在受到限制的地方表现得越来越局促不安，甚至可能拒绝被束缚在婴儿床里或者高脚椅上。实际上，尽管他现在还没有和其他婴儿一起玩耍，但会比以前更加感兴趣。根据他的脾性，他可能害怕见到更活跃的孩子或者陌生人，他会把头埋在你的怀里（或者用哭）告诉你："带我离开这儿。"他不仅仅感受到了自己的感觉（如果你一直在对他作出回应），而且还希望有人对这些感觉做点什么。

8个月到1岁。这时，婴儿的感觉和理解能力超出了他们的表达能力，如果你仔细观察，就能看到小家伙徒劳无功的努力，看到她的情绪——消极的和积极的——在一天中会不断变化。她是活生生的人，会因为你的陪伴而高兴。你可以在房间的一角叫她，她会回过头来，好像在说："什么事？"她对自己有了新的感觉。她可能喜欢你把她抱到镜子前面——她会冲着镜子中的自己微笑，轻拍或者亲吻自己的影像。她和你以及其他和她亲近的人之间的感情更深了，她可能不愿意与陌生人待在一起，在准备好跟别人亲近之前会把头埋在你的怀里。

她知道小孩和大人之间的区别，宝宝是一个出色的模仿者。她的记忆力更好了，因为脑中的海马状突起在7~10个月几乎完全成形。好消息是她记得生活中以及你给她读过的书中的各色人物；坏消息是如果你现在改变她的常规程序，她会对任何新事物产生强烈的情感反应。另外，有些婴儿会有挫败感，因为他们的交流能力滞后于心理活动，致使他们无法说出自己的真实需要。他们在这个年龄可能会变得好斗或者伤害自己（例如撞头）。哭哭啼啼的情况在这个时候很常见，这不是你想鼓励的事情。

很明显，第一年结束的时候，你的宝宝已经有了丰富的情感世界。但是婴儿来到这个世界时不知道如何应对挫败，如何

你想要什么？

"儿语"阶段对父母和孩子来说可能都充满了挫折感。让孩子告诉你他需要什么，这始终是个好主意。尽管如此，实施常规程序时仍然有很多"意外"。如果他猛敲冰箱的门，而且距离早餐时间已经过了4个小时，那么他很可能饿了！

自我安慰，如何与他人分享，所有这些都属于情绪适应能力发育的范畴，我们必须有意识地教导他们。有些父母等得太久了，等到宝宝养成了坏习惯，比如长期发脾气，这时要想让他改正就更困难了。还有些父母没有意识到自己采用的行为方式导致的结果只会和期待目标相反，他们容易采取孩子最少抵抗的方法，他们让步了，心想："有什么大不了的呀？"这正是无规则养育的开始。

想想巴甫洛夫的狗，每当科学家摇铃的时候，它就会分泌出唾液，因为每次喂食的时候它都会听到铃声。婴儿的情况也差不多，他们会快速地把你的回应和他们的行为联系起来。因此，如果你9个月大的宝宝今天感到无聊，不想再吃东西，把一碗食物倒在地板上，而你却哈哈大笑的话，我向你保证明天他会继续这样做，那时你肯定不会觉得好玩了。或者，假如你正努力让你1岁大的孩子去洗手，当你带他去洗手池的时候，他开始哭。你心想，**哦，管他呢——我们今天不洗了**。你可能没有想到一两天后当你在超市排队结账时，他伸手去拿摆放在附近的糖果，你说"不许"，但是他已经有了诀窍，知道如何让你投降：他会哭。当哭不起作用时，他会哭得更大声，直到最后你大发慈悲为止。

帮助婴儿发展情绪适应能力和鼓励他第一次尝试爬或者第一次说话同样重要。事实上，你对婴儿的哭哭啼啼以及其他情感状态如何反应，在某种程度上决定了孩子幼儿时期会出现什么样的情感，但是不要等到婴儿大发脾气你才采取措施。记住我奶奶的话：**开始时就要当真**。换句话说就是，不要一开始就养成坏习惯。我知道说总比做容易些。有些婴儿比其他婴儿麻烦，但都是可以教的。诀窍是了解你的宝宝，这样你就能够适时地做出调整以适应他的需要。下面，我们看看脾性和教育之间的微妙的平衡关系。

本性：孩子的脾性

每个婴儿的情感组成都是天生的，至少部分是，由他的生物性——基因和大脑化学性质——决定。你可以查一下自己的家谱，看看脾性是如何从上一代传递到下一代的，就像某种情感病毒。你有没有发现自己曾说过你的宝宝"和我一样随和"或者"和他父亲一样脑朊"？或者你的母亲曾说过："格雷琴好斗的行为让我想起了你祖父阿尔"或者"戴维和他的苏阿姨一样，脾气不好"。很显然，婴儿的脾性是天生的——那是本性。但是还不止这样，通过对同卵双胞胎——他们有完全一样的基因，但到了成年个性极少相同——的研究，科学家得出结论：先天的环境和后天的培养具有同样的影响力。下面我们看看本性和培养的作用。

保姆、日托工作者、儿科医生以及其他像我一样见过很多婴儿的人都一致认为，婴儿出生时就是不同的。有些敏感、易哭，有些几乎不受身边事情的影响；有些似乎张开双臂迎接世界，有些则怀疑地看着周围的一切。

我在第一本书中介绍了5种主要脾性类型：天使型，教科书型，敏感型，活跃型以及坏脾气型。有些业内人士及研究人员把婴儿分成3种或4种类型，还有些人从特别的角度观察婴儿，并使用不同的名称来加以区分，将婴儿的主要脾性分为9种，例如从婴儿的适应能力或者活动水平来加以区分。但是，大多数观察者都同意一个底线：脾性——有时候说成"个性"、"本性"或者"性情"——是婴儿来到这个世界上时拥有的原始素质，脾性会影响他们的饮食、睡眠以及对周围世界的反应。

脾性是生活中无法更改的事实。要想应对宝宝的脾性，你必须真正理解它。搜索脑中的档案资料，我想起了5个孩子，每一个正好可以作为每一种类型的例子，我给他们每人起了一个假名：艾丽西娅（天使型）、特雷弗（教科书型）、塔拉（敏感型）、塞谬尔（活跃型）和加布里埃尔（坏脾气型）。下面对每一个孩子作简短的描述。诚然，有些类型的婴儿比其他类型的婴儿更好带。（在下一节中，我会逐一讨论每一类型的婴儿在一天的生活中有什么不同，他们的情绪如何影响他们以及你自己。）记住，着重描写的部分在很大程度上支配着孩子的品质和行为。你可以看得出你的孩子究竟属于哪一种类型，或者在哪两种类型之间：

天使型。艾丽西娅现在 4 岁了，正如她所属类型显示出的那样，她是个让人梦寐以求的孩子，很容易适应身边的环境以及你给她带来的任何变化。在她还是个婴儿时，她就很少哭，哭的时候大人也很容易弄懂她的意思。她妈妈几乎不记得她有过"恼人的两岁"①——简而言之，她很容易带，因为她天生就属于随和、平静的情感类型（有些研究者称之为"轻松型"）。但并不是说她永远不会生气，只是当她不高兴的时候，不需要费多大劲儿就可以分散她的注意力或者让她平静下来。尽管只是个婴儿，但她从来不会因为响声或者亮光感到不安。而且，带她出去也很轻松，例如她的妈妈能够在大商场里从一个店逛到另一个店，无须担心她会发脾气。从她很小的时候起，艾丽西娅就睡得很好。睡觉的时候，你只需要把她放进婴儿床，她就能开心地衔着安抚奶嘴渐渐睡去，几乎不需要任何其他的鼓励。早上，她对着毛绒玩具咿咿呀呀说话，直到有人进来。18 个月大的时候，她很容易就适应了睡大床。即使还是婴儿的时候，她就很友好，谁朝她走过来，她都会冲着对方微笑。到目前为止，遇到任何新环境、新玩伴或者其他社交场合，她都很容易适应。即使去年她弟弟出生，艾丽西娅也能从容对待，她很喜欢做妈妈的小助手。

教科书型。你在本章开头已经见过 7 个月大的特雷弗了，他像时钟一样准时到达每一个发育阶段的重要转折点。他在 6 周的时候经历了一个生长突增期，3 个月时可以睡一整晚，5 个月时会翻身，7 个月时能坐直，我敢打赌，他 1 岁的时候就会走路了。因为他是如此可预测，他的妈妈在理解他的信号方面没有任何困难。大多数时候他性情温和，但是也有不乖的时候——正如书中描述的那样。但是安抚他、让他平静下来相对比较容易。只要他妈妈引入新事物时循序渐进——这是对待任何婴儿的基本原则——特雷弗都能很顺从。到目前为止，他所有的第一次，例如第一次洗澡、第一次尝试固体食物、第一次上日托，都进行得相当顺利。特雷弗入睡需要 20 分钟——婴儿的"平

①terrible twos，英文中的一个常见短语，指小孩两岁左右那段时间，那时的孩子容易行为失控，令父母头疼，因此这里简单译作"恼人的两岁"。——译注

均"时间——如果他不安宁，轻拍他，在他耳边发出"嘘，嘘"的声音来安慰他，他就好了。从 8 周大开始，特雷弗就能够用自己的手指或者一个简单的玩具自娱自乐了，从那时候起，他的独立能力逐月加强，自己玩的时间越来越长。因为他只有 7 个月大，还不会跟其他婴儿"玩"，但是，跟其他婴儿待在一起的时候他也不害怕。到了陌生的地方他也相当乖——他的妈妈已经带他穿越整个国家去看望他的祖父母了。回家后，他花了几天时间重新适应，不过对任何跨越不同时区的婴儿来说，这都是正常的。

敏感型。塔拉现在 2 岁，出生时约重 2.7 千克，稍低于平均体重，刚开始的时候特别敏感。3 个月时，她体重增加了，但是情绪高度紧张，容易激动，经常不明原因地哭。在最初的几个月里，她睡觉时父母必须把她包裹在襁褓里，确保房间里足够温暖、光线足够暗。即使最轻微的声响也会惊扰到她，而且很难让她重新入睡。对塔拉介绍任何新事物都必须异常缓慢，逐步进行。通过对塔拉这样的婴儿的大量研究，将他们定性为"内向"和"高度敏感"的婴儿，约占婴儿总数的 15%。研究表明，这些孩子的内部系统实际上和其他孩子的不一样，他们有更多的应激激素皮质醇和去甲肾上腺素，能够更强烈地体验到恐惧以及其他感觉。塔拉和分析的相吻合，还是婴儿时她就害怕见到陌生人，会把头埋进妈妈的怀里，到了幼儿时期，她害羞、胆小、谨慎，在任何新环境中都会紧紧地抓住妈妈。在玩耍小组中她稍微自在些，因为玩伴都是一些经过精心挑选的性格温和的孩子，但是，她妈妈依然很难离开房间。在大家的帮助下，塔拉开始不再羞怯，但是，父母仍然要付出大量的时间和耐心。塔拉非常擅长玩需要集中注意力的智力玩具和游戏，这个特点可能会一直持续到她开始上学。敏感型的孩子经常成为好学生，可能是因为他们觉得独自学习比和同学在操场上跑来跑去更好应付。

活跃型。4 岁的萨姆是异卵双胞胎之一，认识他兄弟俩的人会用"更野的那个"把萨姆和他的弟弟区分开来。甚至他的出生也预示了他的本性：生产之前的超声波扫描图显示出他的弟弟在较低的位置，但是，萨姆想办法挤过亚历山大，先出生了。从那以后他一直这么做，他争强好胜，有极强的发言欲望。在婴儿及幼儿时期，他的大声尖叫总是让他的父母知道："我需要你……现在！"在社交场合，例如家庭聚会或者玩耍小组中，他一下子就会成为活动的焦点人物。他想要弟弟或者其他小孩正在玩的所有玩具。他喜欢刺激，会被任何砰然作响或者闪现的东西所吸引。他从来不好好睡觉，4 岁时晚上睡觉还要大人哄。他吃饭很香，是个健壮的小家伙，但是不能长时间坐在餐桌旁。萨姆一刻不停地爬来爬去，又很粗心，因此自然会常常陷入危险境地。有时，他会咬或者推其他小孩子。当他想要什么东西而父母没有给或者给得不够及时时，他就会大发脾气。估计有 15% 的孩子像萨姆一样，研究者称他们为"好斗"或者"不受约束"的孩子，是"高度活跃"或者"高度灵敏"的孩子。活跃型孩子听起来就很难应付，事实上也确实如此。但是如果正确对待的话，他们是天生的领导者，会成为高中运动队的队长，成年后会成为探险家和企业家，不怕冒险，敢于冒险。但困难的是要疏导他们旺盛的精力。

坏脾气型。加布里埃尔看上去总是一副要找茬打架的样子，而她只有 3 岁。还是婴儿的时候就很难让她微笑。给她穿衣服、换尿片一向是令父母头疼的大问题。甚至还是婴儿时，她在护理桌上就常常绷直身体，然后变得烦躁、激动。在早先的几个月，她讨厌被裹在襁褓里，只要父母试图这么做，她就会生气地哭很长时间。幸运的是，一从医院回家，父母就让她按照常规程序作息，不过他们做出任何轻微的改动，她都会大哭表示不满。喂她进食也一直很困难。她吃母乳，让她衔住乳头就要费妈妈很大的功夫。妈妈在她 6 个月的时候放弃了，因为太难了。加布里埃尔对进食固体食物适应得也很慢，直到现在她仍然不能好好吃饭。她想要吃饭的时候，如果食物没有马上奉上，或者和她想要的不完全相符的话，她就会很不耐烦。她吃饭很古怪，只喜欢吃某些食物，坚持不吃其他的东西，不管父母怎样哄都不行。如果她愿意，她会变得很友好，但是一遇到新情况，她就往往会克制自己，评估一下新情况。实际上，她喜欢自己玩，不喜欢其他小孩在她的地盘上玩。看着加布里埃尔的眼睛，我仿佛看到了一个熟悉的身影——就好像她以前来过这里，而对于重返这里她并不显得太高兴。不过，加布里埃尔很有个性，她有自己的想法，并且不惜运用它。养育坏脾气型的小孩能够教会父母有耐心，孩子坚持自己的观点和做法，你不能逼迫他们，否则只会让他们以后变得更加固执。不管是孩提时代还是成年以后，他们往往都非常独立，能够照顾自己，自娱自乐。

每天的时刻：5 种类型

脾性是婴幼儿如何度过一整天的关键因素。下面的简短描述及信息来自于我对婴儿的多年观察。我把这些介绍给你们只是当做一个参考，而不是因为你的宝宝的行为举止应该按照某种方式。

天使型

吃：他们通常吃得很香，如果有机会，他们会很乐意尝试新（固体）食物。

活动：中度活跃，从婴儿时期开始就能独自玩耍。这些婴儿有很强的适应性，很容易带出去。他们也很友好，喜欢互动，擅长分享，除非被别的孩子压制住。

睡：很容易放下独自睡觉，6 周大时能睡很长时间，4 个月后上午能好好地小睡 2 小时，下午睡 1 个半小时，8 个月左右时上午能小睡 40 分钟。

情绪：通常很随和、愉快，对刺激或变化不会有过激的反应，情绪稳定，可以预测，父母很容易就能读懂他们，因为他们的情感信号非常明显。因此很少会把饥饿错当成疲劳。

他常常是被这样描述的：非常乖。别人甚至不知道我屋里有个孩子，像他这样的孩子我可以有 5 个。我们真是太幸运了。

教科书型

吃：与天使型宝宝很相似，不过开始喂固体食物的时间可能必须晚一点。

活动：中度活跃。他们做每件事情都很准时，因此很容易选择合适的玩具。有些是真正的实干家，有些则会有少许犹豫。

睡：通常需要整整 20 分钟——婴儿从疲劳到入睡的典型时间。如果刺激过度，可能需要父母更多的安抚。

情绪：与天使型宝宝相似，不会有过激反应——相当镇定，只要有人留意他们的饿、困、兴奋等信号。

她常常是被这样描述的：她做每件事情都很准时。她很和善，除非她需要什么东西。她是一个不需要父母太操心的孩子。

敏感型

吃：很容易受挫，任何事情都可能影响他们的食欲——乳汁的流量、身体的姿势、房间的环境。如果是母乳喂养，在衔乳时可能会遇到麻烦，也很难找到吮吸节奏。任何变化或者你说话太大声都会让他们畏缩。开始的时候，他们会拒绝固体食物，但你必须坚持。

活动：对新玩具、新环境、陌生人非常警惕，在这种情况下或者经历任何变化时需要大量帮助。他们不够活跃，需要鼓励参与。他们上午时敏感度通常较低，与几个孩子一起玩相比，他们更擅长一对一的玩耍。要避免在下午时间约人玩。

睡：用襁褓包裹好，阻挡住一切外界刺激，这非常重要。如果你错过了他们的"最佳睡眠时间"，他们会非常累，以至要花平时两倍的时间才能睡着。上午十点左右他们会小睡很长时间，下午只小睡一会儿。

情绪：在产房他们有时会很容易闹脾气，似乎明亮的光线让他们受不了。他们非常容易激动，对外部的刺激反应大，很容易不高兴。

他常常是这样被描述的：真的很爱哭，微不足道的事情也会让他发脾气。他不擅长和其他人接触，最后总是爬到我腿上，或者紧紧抱住我的腿。

活跃型

吃：在吃这方面与天使型宝宝非常相似，但是母乳喂养的宝宝可能会没有耐心。如果妈妈的奶水流得太慢，他会吐出乳头，似乎要说："嗨，怎么啦？"有时候你需要拿奶瓶来代替，直到顺利分泌奶水。

活动：精力充沛，胆识过人，非常活跃。他们随时准备应对几乎所有的状况，但是缺乏控制冲动的能力，不够谨慎。他们高度活跃，对同龄人可能会有攻击性。他们通常在上午更易与人合作，因此应避免下午以小组为单位玩耍，这样可以使他们放松下来。

睡：婴儿时期他们讨厌被包裹起来，而且你一定要排除一切视觉上的刺激。他们常常抵触白天的小睡或者晚上的就寝程序，因为他们不想错过任何事情。幸运的是，有时尽管他们上午睡得较少，但下午仍会睡较长时间，这对他们晚上睡个好觉非常重要。

情绪：他们想要什么东西的时候，就是立刻就要！他们坚持己见，大声表达，常常很顽固，情绪变化无常，能从开心很快转变为伤心，然后又很快变回来。他们喜欢活动，但是很容易过度，可能导致发脾气。一旦脾气爆发，他们很难停下来。转变也可能变得很困难。

她常常是被这样描述的：难带，总是惹麻烦。我没精力跟上她。她什么都不怕。

坏脾气型

吃：他们非常没有耐心。如果是母乳喂养，他们不喜欢等待妈妈的奶水慢慢分泌，用奶瓶喝奶有时会好一点。但是不管是哪种情况，进食都要花很长时间，这很容易让他们感觉疲劳。他们不会很快就适应固体食物，一旦适应，会经常坚持反复吃同一种食物。

活动：不太活跃，喜欢一个人玩，运用眼睛和耳朵的几率多过身体。他们讨厌在玩玩具或者做某个活动时被打断，很难立即结束一件事情马上开始做另一件事情。

睡：让这些宝宝睡可不大容易，他们非常抵触睡觉，睡觉前往往会闹一会儿，直到玩累了为止。这些孩子睡觉往往就是打一下瞌睡，只睡 40 分钟，这导致了恶性循环（第 248~251 页）。

情绪：就像我们约克郡人说的，这些婴儿常常"闹个没完"。就像炖锅一样，你得看着，小心不要煮过火，对这些孩子你得留意他们的情感信号，常规程序中最微小的变化都可能让他们发脾气，例如：错过了一次小睡，刺激性的活动，太多人。没有常规程序，他们的生活就会乱成一团麻，最终制约你的生活。

他常常是被这样描述的：真是讨人嫌啊，他似乎喜欢一个人玩。我觉得我总是在等着他的下一次发作，他总是要按自己的方式来。

培养：父母如何克服孩子的脾性

脾性不是无期徒刑。尽管本性决定了孩子天生有什么样的脾性，但是孩子的经历——从婴儿时期就得到的培养——也具有同样的影响力。换句话说就是，宝宝的情感世界是由她的脾性（这在她出生几天后就开始显现出来）和她的生活经历以及来自看护人的重要的体验共同决定的。父母可以对孩子的脾性产生有益的影响，或者相反，因为孩子的大脑尚未发育成熟，依然可以塑造。我们知道这一点是因为，许多研究表明，父母的某些行为实际上能够改变婴儿大脑的正常发展轨迹。例如，即使在头一年里，抑郁母亲的孩子比非抑郁母亲的孩子更容易被激怒，更孤僻，不太容易笑。同样，被虐待的婴儿的脑边缘系统和未被虐待的婴儿的脑边缘系统也不尽相同。

从上面这些极端的例子中我们得知脾性会受到环境的影响，大脑的塑造也可能以更隐秘的方式进行。我见过敏感型的孩子在成长过程中不再羞涩，变成沉着、友善的青少年；我也见过坏脾气型的孩子长大后，找到了适合自己的位置；我知道很多活跃型的孩子成长为负责的领导者，而不是爱惹麻烦的人。但是，反过来的情形也同样存在。任何类型的孩子，不管她天生性情有多好，如果父母没有留意她的需求，她就会有危险：天使型的孩子可能会变成坏脾气型的孩子，教科书型的孩子也可能会变成讨人厌的孩子。

我不断收到以这样的话开头的电子邮件："我的孩子以前是个天使型宝宝……"那么发生了什么呢？仔细思考一下杨西的可怜遭遇，

杨西是一个出生时约重 3.6 千克的健康宝宝。那时他的妈妈阿曼达三十几岁，是一个演艺界律师，和当今很多女性一样，她大学毕业后追求事业的成功，一心想成为合伙人，她二三十岁的时候只关心工作。当她实现了梦想，好莱坞一些大明星成了她的客户时，她遇到了一个名叫马特的同行律师，很快他们就结婚了。婚后，两个人都知道"有一天"他们会要孩子，因此，当 37 岁的阿曼达发现自己怀孕时，便抛开了一切顾虑，说："我想要么现在生，要么永远不生。"

阿曼达把为公司处理案子时用到的管理技巧用到了婴儿"工程"上。到杨西出生时，她已经布置好了儿童室，橱柜里也摆满了奶粉和奶瓶。她已经计划好母乳喂养，但是希望有点灵活性……以防万一。她打算休假 6 周后重返工作岗位。

幸运的是，杨西是那种很配合的婴儿，"非常乖"是早期里最常听到的一句话。他睡得好，吃得好，基本上是个快乐的小男孩。当阿曼达按计划回去工作后，她早上给杨西喂奶，白天的时候让保姆喂杨西奶粉，她下班回家后再次给他喂奶。但是，当他 3 个月大时，阿曼达发狂了。"我不知道怎么了，"一天她在电话里哭着对我说，"他睡得没有以前好了。他以前能从 11 点睡到 6 点，但是现在他一晚上要醒两三次。夜里我不得不给他喂奶，因为他看上去好像饿了，而用奶瓶给他喂奶他又不喝。因此现在我筋疲力尽，他则完全失常。"

因为阿曼达太快回去工作，她对没有花更多时间陪儿子感到内疚。她不让孩子保持从一出生就开始的常规程序，而是叫保姆把程序往后推，这样等她回家后就有时间陪他，喂他最后一顿了。大多数晚上不是让他 7 点睡觉，而是拖到 8 点或者 9 点。尽管他们先前已经开始了密集进食和梦中进食，但是随着常规程序的改变，这些"加餐"方法已经半途而废了。他夜间睡眠变得断断续续，因为上床睡觉时过度疲劳。当他夜醒时，阿曼达求助最快捷的解决办法——她的乳房——因为她想不起来还能干什么。开始时只是权宜之计，最后完全变成了无规则养育。突然之间，她的天使型宝宝更像坏脾气型宝宝了，因为他总是哭个不停，无法安慰，他"脱轨"了——脱离了常规程序的轨道。一旦她开始夜间哺乳，杨西就会期待。白天她上班的时候，他也开始拒绝使用奶瓶，他在等着妈妈的乳房。（有些婴儿真的会进行绝食斗争，见第 119 页方框。）

杨西的基本性情很温和，因此不难让他重新回到常规程序。阿曼达同意早点从办公室回家，至少坚持两个星期，这样我们就能消除她无规则养育的副作用。杨西夜醒不规律，我怀疑他可能正在经历生长突增期。不过我不想让他期待夜间进食，我希望增加他白天的热量摄入，因此我们在白天每次给他喂奶时都增加了约 30 毫升奶，恢复 5~7 点之间的密集进食，11 点的梦中进食。我们把杨西的睡眠时间重新调回到 7 点，还确保他白天小睡加起来不超过 2 个半小时，这样就不会影响他晚上的睡眠了。

第一夜有点麻烦，因为我让阿曼达在杨西醒来时不要去喂他。我解释说白天我们已经增加了杨西的食物摄入量，他睡觉时肚子比平时饱，不会饿。他醒了 3 次，每次阿曼达都用安抚奶嘴和我建议的"嘘－拍"法（第 178 页）来安抚他。那天晚上大家都没睡好，但是第二晚，在好吃好睡了一天之后，杨西夜间只醒了 1 次，也不再需要 45 分钟来让他重新入睡了，这次只用了 10 分钟。第三晚，他安睡整晚，真想不到啊。马特和阿曼达的天使宝宝又回来了，家里重归宁静。

当然了，正如父母能"破坏"乖宝宝的脾性一样，反过来令人开心的情形也一样存在。我们做了大量的工作帮助孩子克服羞涩，疏导其攻击性，让他们学会如何自我控制，变得更乐意参加社交活动。例如，贝蒂知道也接受她的第三个孩子伊阿娜的脾性是界于敏感型和坏脾气型之间。当伊阿娜在产房发出她的第一声啼哭时，我看着她的妈妈说："我想我们有了一个坏脾气型的宝宝。"我在很多产房待过，也接过很多宝宝回家，足以知道他们出生时有什么不同：敏感型和坏脾气型宝宝表现得好像他们不愿意出生似的。

随着伊阿娜慢慢长大，她的脾性证实了我的预言。她是个害羞、经常发脾气的孩子，随时都可能会发脾气。贝蒂有了带其他孩子的经验，能够看出伊阿娜可能永远不会成为愉快的、无忧无虑的孩子。但是，贝蒂没有把注意力放在孩子的不足方面，也没有试图去改变孩子的本性，她接受了伊阿娜。她对伊阿娜实施了一个很好的常规程序，守护她的睡眠时间，留心她的情绪起伏。她从来不强迫伊阿娜对陌生人微笑，或者哄她做某件事情。伊阿娜总是最后一个尝试新事物的人，有时甚至根本不去尝试，贝蒂从不担心这一点。她看到伊阿娜一样有创造力，一样聪明伶俐，她努力去培养她的这些特质。她陪她玩很多富有想象力的游戏，坚持读书给她听，结果，伊阿娜拥有了令人震惊的巨大词汇量，贝蒂的耐心终于获得了回报。与认识的人在一起时，只要你给她逐渐活跃起来的机会，伊阿娜可以非常健谈。

伊阿娜马上要上幼儿园了，她性格依然很内向，但是在有些环境中也不再羞怯沉默。她很幸运，她的妈妈依然在想办法让女儿的成长道路更加平坦。贝蒂已经同伊阿娜的新老师交谈过了，提醒老师采用适合她女儿的方法。因为贝蒂了解她的孩子，而且知道在新班级的第一周对伊阿娜来说可能是个重大的调整。但是，有如此关心她的细心的妈妈在一旁，我相信伊阿娜会一切顺利的。

在其他家庭中，我也见过无数这样的父母，他们的耐心和清醒帮助他们克服了孩子可能有的脾性问题。例如，卡莎尚未出生，她的妈妈莉莲就知道她将会有一个非常活跃、固执的孩子。卡莎在子宫里不停地踢来踢去，似乎在对她的妈妈发出一个信息："我在这儿，你最好做好准备。"出世后，卡莎果然如预期的一样。她是典型的活跃型婴儿，她要吃奶，如果等待奶水开始分泌的时间太长，她就会马上大哭起来。比起睡觉，卡莎似乎对醒着更感兴趣——睡觉可能会让她错过什么东西——她不肯上床，通常会想方设法地挣脱出襁褓。幸运的是，莉莲从第一天起就对卡莎实施了很好的常规程序。当这个急性子的小家伙长成幼儿时，莉莲确保她9个月时会走路——在上午有充足的机会可以好好释放她的精力。她们花大量的时间待在户外，必须承认，在阳光明媚的南加州，做到这点比较容易。下午，她们会做一些安静的活动，因为莉莲知道让卡莎放松下来有多难。特别是当卡莎的小妹妹出生后，任务更繁重了。卡莎不喜欢有人和她分享妈妈的关爱，这一点不足为怪。莉莲在家里特意为卡莎腾出了一些"大女孩"专用的空间（那里婴儿是不许去的），并且保证与精力充沛的大女儿有一对一的互动时间。现在卡莎5岁了，依然是一个勇敢的、喜欢冒险的孩子，她很有礼貌，行为端正。当她无法自控时，父母总是会限制她的行为。卡莎还是个比同龄人成熟的运动健将——毫无疑问，这是她妈妈鼓励她攀爬、打球的结果。莉莲从来没有幻想过她的大女儿长大后脾性会改变，而是接受、配合她的天性。我建议所有的父母都采用这个策略。

为什么有些父母看不到

像卡莎这样的孩子天生就比其他孩子更难带，但是像莉莲这样的P.C.（耐心和清醒）父母理解、接受孩子的天性，调整自己的日程活动以适应孩子，必要时给予一定的约束，有了这样的父母，所有的孩子都能做得更好。当然，这是理想的情况。父母不总是能够——有时候是不想——预料未来什么是正确的。

当父母第一次带着他们的小家伙回家时，他们的视野有时因期待而变得模糊不清。几乎每一对准父母以及打算要第二或第三个孩子的父母都会设想他们即将出世的孩子会是什么样子，他或者她都能做些什么。通常我们的幻想反映出的是我们自己。因此，运动健将幻想自己和孩子在足球场上驰骋，或者在打网球；干劲十足的律师想着他的孩子会有多么聪明，想着他要去哪儿上大学，想着他们俩将会有多么愉快的讨论。

但是，现实中的孩子经常与父母幻想中的孩子不一样。父母期盼的可能是个天使般的孩子，但现实中却是一个扭动着的、尖叫着的小恶魔，搞得他们寝食难安。遇到这样的情况，我就提醒他们："你有一个宝宝，宝宝是会哭的，这是他和外界惟一的交流方式。"即使天使型宝宝或者教科书型宝宝也需要一段调整的时间，而不是几天之内就能实现的。

随着宝宝逐渐长大，某些情感特征更加明显——脾气坏、敏感、易怒——肯定会让你想起你自己或者你的爱人或者你的姑婆蒂莉。假设你有一个活跃型的宝宝，如果你是一个精力充沛且积极进取的人，那么你可能会引以为傲："我的查理和我一样充满自信。"但是，如果你有点受不了或者害怕活跃型孩子的那些特征，那么你的反应可能正好相反。"噢，我希望查理不要变得和他爸爸一样好斗。我担心他会变成恶棍。"当然，我们肯定会在孩子身上看到家庭对他们的影响，但是我们无法预知未来。即使你的孩子让你想起了你自己或者你的爱人身上的一部分你不愿意看到的特质，或者让你想起了一个你不喜欢的亲戚，但你依然不知道他最终会变成什么样子。**他是独特的个体，有不同的思想，有着属于自己的道路。**最重要的是，如果你教你活跃型的孩子如何控制情绪，以及如何释放多余的精力，他就不一定会变成恶棍。

担心或者幻想所带来的问题是，当我们按照它们而不是眼前的事实行事时，受罪的是现实中的孩子。因此，首要原则之一就是：

> **着眼于你现实中的孩子，而不是你幻想中的孩子。**

格雷斯是个十分腼腆的女人，她打电话给我，说她很担心马克面对陌生人时会紧张。在电话中，她解释说她7个月大的儿子马克变得就和她自己小时候一样。但是当我见到马克时，我看到的是一个教科书型的宝宝，见到陌生人有一点点忸怩。给他一点时间适应，他很快就开心地坐在我的大腿上了。"我不敢相信他坐在你的腿上。"格雷斯说道，她惊讶地张大嘴巴，"他从来不到其他任何人跟前去。"

我让格雷斯诚实地审视自己的行为后，真相大白了：格雷斯从来不让马克接近其他任何人。她一刻不停地看着儿子，不让任何人靠近，因为她相信只有她才明白过于敏感是多么地痛苦。她认为自己是惟一能够保护儿子、知道如何照顾好他的人，即使爸爸也被排除在外。更糟糕的是，格雷斯做了很多担心的父母会做的事情：当着马克的面说出她的担心。

哦，但是你会说，马克只是个婴儿啊，当格雷斯说"他从来不到其他任何人跟前去"时，他不会真的明白她在说什么。胡说！婴儿是通过聆听和观察来学习的，即使研究人员也不能确定婴儿是从什么时候开始真正有理解能力的。但是，我们确实知道婴儿了解照顾者的感觉，他们在学会说话之前很长时间就能够理解事情了。因此，我们没有理由认为他们听不懂。当马克听到"他从来不到其他任何人跟前去"这句话时，那是在告诉他，其他人对他来说都是不安全的。

当父母不尊重孩子的情感时，另一个常犯的错误就是强迫孩子顺从。随着婴儿越来越独立，这种情况也越来越频繁。我网站上的这个帖子就是一个很好的例子：

> 克洛伊讨厌被抱着。我一抱起她，她就挣扎着要下到地上去探险。她现在爬的技术越来越熟练了，因此总是想试试。有时候，我希望她能拥抱我或者至少坐在我腿上听我唱歌或者读书，但是，她一点兴趣也没有。她非常独立，想做自己的事情。有人有这样讨厌被抱的独立的宝宝吗？

我猜克洛伊的年龄在 9~11 个月之间。很显然，她是一个活跃型婴儿，问题是尽管活跃型婴儿年幼时不介意别人贴身搂抱，但是一旦他们自己能够移动时，就会觉得被人抱着太受限制。这位妈妈必须接受这个事实：她的宝宝不满足于坐在妈妈腿上观望，就像她的一些朋友的宝宝那样。她可能会渴望亲密。但也只有在她的活跃型的宝宝接受能力提高时，或者睡觉前放松下来准备听她讲故事时，或许她能够获得几分钟的亲密时间。但是同时，她必须意识到她的宝宝的能力在增强，特别是当她积极地探索这个世界时。

一位田纳西州的母亲也遇到过类似的问题，她有一个敏感型的宝宝，她给我写信时宝宝才 5 周大。"我丈夫和我非常喜欢社交，喜欢到朋友家去。我们去的时候，基思表现不太好。我们甚至把他带到朋友家的儿童室努力让他安静下来，但他还是哭个不停。有什么好的建议吗？"好吧，亲爱的，可能你的儿子太小了，还无法应付这样一个"重要"日子——从他的角度来看的"重要"：坐车，然后晚上待在陌生人的家里，一晚上那些大人对着他唧唧咕咕。有这样的宝宝有时很倒霉，觉得很碍手碍脚，但是你必须接受他，至少现在他就是那个样子。老天，他才 5 周大呀，给小男孩一点时间去适应吧。然后，慢慢地和他一起努力：培养他的能力，把注意力放在你希望他加强的方面。不过，有些孩子就是比其他孩子更擅长交际，并且始终如此。

有些父母还会认为孩子发脾气是针对他们，继而把自己的情感也掺和进来。我还记得多拉给我打电话是因为每当她打算抱起埃文——一个坏脾气型的宝宝时，他就打她。多拉把这看做排斥，很难过。当类似的情况发生时，有时多拉——她是个相当敏感的人——会更加渴望拥抱她的孩子，但有时却想打这个忘恩负义的小东西（请注意，他只有 7 个月大）。

"我怎么管教他呢？"她问道。事实上，孩子 7 个月大时大脑发育不充分，还不能理解因果关系。埃文的拍打是在说："放我下来。"我不是说多拉应该让埃文继续打，她需要阻止他，说："我们不打。"但是在 6 个月内不要指望他能真的"明白"(详见第 8 章)。

吻合度

埃文和多拉的故事并不罕见。如果孩子的脾性和父母的情感类型冲突的话，父母对孩子情感世界的理解经常会遇到阻碍。以克洛伊的妈妈为例，她自己听上去就好像有点黏人，她对与孩子身体亲密接触的渴望使得她不能看到真正的克洛伊。事实上，你，亲爱的读者，以及其他每一个正在阅读此书的父母，都有自己特有的脾性，你自己也曾经是个婴儿，属于我之前描述过的 5 种类型中的一种，也许你还混合了两种或者两种以上的类型。从那时候起，你经历了很多并受此影响，但是你的脾性、情感类型，依然是你如何与人及环境打交道的一个因素。

斯特拉·切斯和亚历山大·托马斯是两位著名的精神病学专家，早在 1956 年就开始了对婴儿脾性的研究，是该领域的先锋人物，他们共同提出了一个术语"吻合度"，用来描述父母和婴儿的一致程度。换句话说就是，健康发展不仅仅与婴儿的脾性有关，还和你的要求及期望有关——你是否把宝宝当成真正的她来看待，你采用的方法是否符合她的需要。尽管我没有深入地研究过下面列出的父母的情感类型，但是同数以千计的父母打交道的实际经验让我能够大致了解有着某种情感类型的父母和每种类型的婴儿在一起时会发生什么。

自信的父母随和、冷静，因此他们和所有类型的婴儿都配合得很好。当他们第一次有孩子时，面对生活中的改变以及为人父母过程中的各种起伏，他们很容易随机应变。他们应付起来相当轻松愉快——他们是这一行的天才，相信自己的直觉，善于观察孩子发出的信号。他们通常都很随和，很有耐心，能够灵活自如地应对坏脾气型宝宝，乐意为敏感型宝宝付出更多的时间，也有精力和创造力去培养活跃型的孩子。自信的父母会为所有人着想，因此也希望给孩子最好的。尽管他们对各种养育实践有着自己的看法，但是也善于接纳新观念，当他们把自己的动机强加到孩子正在做的某件事情上时，他们能很快意识到。

教条型的父母做每一件事情都完全按照书本。有时候他们会遇到很多挫折，因为他们期望孩子不要偏离标准。当出现问题时，他们翻阅大量书籍和杂志，上网查询，想找到一模一样的情形，以及纠正的秘方。他们到我的网站上抱怨他们的孩子没有做这个、没有做那个，他们试图让孩子与样板一致——不一定是因为要对孩子好，而是因为那样才"正常"。对这种父母来说，理想的婴儿是教科书型的婴儿，能够按照程序准时达到每一处重要转折点。他们和天使型宝宝能愉快相处，这样的宝宝适应性非常强。但是，因为教科书型的父母过于坚持遵照时间表，他们很可能会无视孩子的信号。因此，他们和过度敏感型宝宝或者绝不顺从的活跃型宝宝合不来。教条型父母忙得团团转，尝试各种时间表和方法，具体用哪种取决于哪天他们看了哪本书或者听从了哪个专家。可能最合不来的就是坏脾气型的婴儿，每一个新的变化都可能让这些婴儿变得更加烦躁。教条型父母的长处在于他们有研究和处理问题的能力，尤其擅长接纳各种建议。

神经紧绷的父母自身就非常敏感。他们可能很腼腆，因此很难向其他父母寻求陪伴和帮助。神经紧绷的妈妈们在初为人母的早期经常泪水涟涟，觉得自己是个不合格的母亲。神经紧绷的爸爸们害怕抱孩子。如果是天使型或者教科书型的宝宝，他们通常还行，不过，如果宝宝有一天显得很不高兴——所有的孩子都会有这样的时候——他们会认为肯定是自己做错了什么事情。他们受不了噪音，哭声会让他们非常心烦，因此敏感型或者坏脾气型宝宝与他们极少合得来。他们大多数时候可能会感到沮丧，想哭。如果他们有一个坏脾气型宝宝，他们很可能会认为孩子的情绪是针对他们的。就有父母曾对我说："他从来不笑，因为他恨我们。"神经紧绷的父母很可能会被孩子压制住，尤其是活跃型宝宝，这使得孩子很快意识到自己掌握着控制权。他们的敏感也有积极的一面：他们会特别留意、仔细地观察婴儿。

实干型的父母总是在行动，总是积极地投身于某种方案中。实干型的父母不能一动不动地坐着，他们对孩子拖慢他们的生活可能会有点烦，甚至有点急躁。实干型的父母可能会抵触别人的意见。尽管很多人打电话问我该怎么办，如果我给他们一个计划，他们很可能会重新回来找我，带着一连串"是的，但是……"的句子以及"如果……怎么办"的问题。实干型的父母经常带着宝宝去他们想去的任何地方，甚至可能会把脾气温和的天使型或者教科书型宝宝弄得疲惫不堪，更糟的是，让孩子在一团混乱中感觉不到安全感。在这样的过程中，他们经常错过了眼前的事实：拥有这样的宝宝是多么的快乐，大多数其他父母如果能够拥有这样的宝宝一定会感激不尽的。实干型的父母可能会对敏感型宝宝生气，坏脾气型宝宝的坏脾气或者较差的适应能力可能会让他们觉得受到了冒犯，他们可能会跟活跃型的宝宝发生冲突。他们可能会有点严格，喜欢采取严厉措施，例如随婴儿哭去，而不是采取循序渐进的、更富有同情心的方法来解决困难。他们出于自己的需要，非常严格，因此容易把任何事情看成非黑即白。他们在执行 E.A.S.Y.程序方面做得不好，因为当他们听到"常规程序"时，他们想的是时间表。但是另一方面，这些父母非常有创造性，他们让孩子接触各种各样的事情，鼓励孩子尝试新事物，尝试冒险。

刚愎自用的父母似乎认为他们知晓一切，当婴儿的反应和他们想的不一致时会很不高兴。他们非常固执己见，常常顽固不化，让他们妥协往往很困难。这些父母总是在诉苦、抱怨。即使他们有一个天使型或教科书型宝宝，他们也会发现一件宝宝不会做或者他们认为宝宝做错了的事情。顽固的父母很难忍受敏感型婴儿的哭声，他们不喜欢不停地追着活跃型宝宝让他安静下来，觉得这很麻烦。他们讨厌坏脾气型宝宝那样顽固不化，讨厌他不经常笑，因为这让他们想起了自己的本性。简而言之，不管这些父母有什么样的孩子，他们都会想办法去批评，吹毛求疵。更糟糕的是，他们苛刻地批评孩子，经常当着孩子的面毫无顾忌地向他人抱怨，当他们这样做时，孩子就逐渐变成了他们不断讲述的样子。刚愎自用的父母也有一个好处，那就是他们的忍耐力极强。一旦他们意识到问题，很容易听取建议，并且愿意一直坚持下去，哪怕过程很艰难。

记住，上面提到的情感类型都是极端的情况。没有人正好符合某一类型，我们大多数人在每一类型中都可以看到自己的影子。但是，如果我们诚实的话，那么大多数时候我们都知道自己是什么样子的。而且，我也没有暗示说不允许父母犯错误。父母也是人，有自己的内在需要，除孩子之外也有自己的生活和兴趣（这是好事）。我之所以告诉你可能有"吻合度较差"的时候，是因为这会提醒你，让你更清楚地意识到你的情感类型是如何影响宝宝的情绪适应能力的。不幸的是，当父母不能看透自己的私心时，当他们的要求和期望与孩子的脾性和能力不一致时，他们的态度可能会严重妨碍孩子的情绪适应能力，特别是信任感的形成。

信任：形成良好的情绪适应能力的关键

宝宝情感世界中最初表达的是纯粹的情绪，多数是通过不同的哭声以及与你的互动来表达：这是他最初的交流和接触经历，他的成长依赖于你。宝宝对你咿咿呀呀，实际上是在努力和你联系，和你对话，好让你保持关注，与你沟通（科学家称之为"原对话"）。但是保持交往和情感交流需要两个人，因此你的反应非常重要。当你以微笑回应他的微笑和咿呀之语时，或者安慰他伤心的哭泣时，他知道你在他身边，这是信任的开始。从这个角度看，你就会明白为什么哭是一件好事，它意味着你的宝宝期待你做出回应。反过来，很多研究表明，不理睬婴儿最终会止住他们的哭声。如果没有人过来安慰你或者满足你的需求，哭就没有必要了。

信任为宝宝以后形成良好的情绪适应能力打下了基础，包括她对自己情感的理解能力、自控能力，以及对他人感觉的尊重。因为情感能够增强或者限制孩子智力和特殊天赋的发展，因此信任也是学习能力和社会能力的基础。几项长期的研究表明，有稳定情感关系的孩子在学校时不仅行为问题少，而且很自信，对世界充满好奇，并且愿意积极地去探索未知世界（因为他们有安全感，知道如果跌倒了你会扶起他们）。比起早期缺乏亲密关系的孩子，他们和同龄人及成年人的交流能力也更强，因为他们最初的人际关系告诉他们其他人是可以信任的。

信任的建立开始于理解并接受宝宝的脾性。每个孩子的接受能力和情感反应肯定是不同的。例如，在一个新的环境中，天使型、教科书型或者活跃型的孩子适应得较快，敏感型或者坏脾气型的孩子则可能会不高兴。活跃型、坏脾气型以及敏感型的孩子情感外露，会大声、明确地让你知道他们的感觉。天使型和教科书型的孩子安抚起来就相对比较容易，但是，敏感型、活跃型和坏脾气型宝宝有时似乎根本无法安慰。不管宝宝的情感是如何表现的，千万不要试图迫使她去感觉不同的东西（"哦，这没有什么好怕的"），或者用某种方式哄骗她"克服自己"——我经常听到父母这样说。事实上，是父母对孩子强烈的情感感到不安，因此想说服孩子摆脱那种情感。

不要否定孩子的感觉——哪怕是婴儿——要说出她的情感（"哦，宝贝，你肯定累了，所以你才哭"）。不要担心宝宝是否明白，最终她会明白的。同样重要的是，你的回应要和她当时的需要一致——对敏感型宝宝，你最好用襁褓把她裹好，让她躺下，但是对活跃型或坏脾气型宝宝不要这样做，因为他们讨厌被束缚。在她每次有情绪的时候，你都能做出相应的反应，这样就能逐渐建立起她对你的信任。

所有的婴儿都需要你对他们的哭声和需要做出回应，但是，敏感型、活跃型和坏脾气型婴儿要费劲一些。对这三种婴儿你需要记住一些事情：

敏感型。保护她的空间。检查一下她周围的环境，试着通过她敏感的眼睛、耳朵和皮肤想象这个世界。任何感官上的刺激——一个使人发痒的标签、电视的噪音、耀眼的吊灯——都可能使她紧张不安。在新的环境中需要给她许多帮助，但是，不要一步不离地看护着，因为那样可能会让她更加害怕。详细告诉她你要做的每一件事情——从换尿片到准备坐车——哪怕你认为她听不懂。向她保证在陌生的环境中你会在她的身边，但是要让她唱主角：有时敏感型的宝宝会给你惊喜。开始时，应该只让她和一两个性格比较随和的孩子交往。

活跃型。不要指望他能静静地坐很长时间。哪怕还是婴儿的时候，这些孩子就需要更加频繁地改变位置和场景。多给他机会让他活跃地玩耍，安全地探索，注意不要让他过度兴奋。记住，当他过度疲倦时，很可能会闹情绪。注意观察他过度疲劳的信号，努力避免他发脾气。活跃型孩子发起脾气来最难制止。在他快要发脾气的时候，如果分散注意力的方法无效，那么干脆把他抱走，直到他安静下来。要确保亲属以及其他照顾者理解并且接受他的剧烈情感变化。

坏脾气型。要接受一个事实：她可能不像其他孩子那样爱笑。多给她提供机会，让她能够运用自己的眼睛和耳朵，而不仅仅是身体。在她玩耍的时候适当限制一下，让她自己选择想要玩的玩具。她可能因玩具或不熟悉的环境感到沮丧或者生气，常规程序中过渡的时候要当心。如果她正在玩，而小睡时间到了，要提醒她（"差不多该放下玩具了"），然后给她几分钟时间，让她适应一下。开始时，应该只让她与一两个孩子交往。

打破信任的纽带

一天下午，我被邀请去观察一个玩耍小组，因为最近刚刚决定两周见一次的母亲们担心她们的孩子"似乎合不来"。三位母亲，玛莎、保拉和桑迪是好朋友，她们的儿子布拉德、查理和安东尼年龄都在10~12个月之间。当然了，婴儿并不是真的在一起"玩"，妈妈们在聊天的时候，婴儿更多的是自娱自乐。这样的小组对我来说是迷你实验室，因为我能从中观察孩子是如何互动的，母亲们又是如何处理的。

布拉德，一个10个月大的敏感型婴儿，他的母亲玛莎告诉我他有个"问题"：不想和其他孩子一起玩。他一直哭哭啼啼的，把手伸向玛莎，很显然是想坐到她腿上去。玛莎越是让他不要这样（"哎呀，布拉德，你喜欢查理和安东尼。看看他们正玩得多么开心"），小男孩的哼哼声更大了。玛莎希望他最终停止哭泣，和其他两个男孩子一起玩，于是尽量不理他。她继续跟其他两个妈妈聊天。但是她的方法并

破坏信任的因素

下面是父母对婴儿（以及稍大一些的孩子）最常犯的一些错误，可能会破坏信任。

√不尊重——或者更糟，否定——孩子的感觉（"你喜欢狗狗，别哭了"）。

√婴幼儿已经饱了，还强迫她吃（"再吃一点点"）。

√哄骗婴儿改变主意（"来吧，贝基带比利到这儿跟你们俩来玩了"）。

√不交流（在孩子会说话之前你就应该和她不断地对话）。

√带孩子进入新环境例如一个玩耍小组时，没有提醒他，以为他会没事。

√为避免孩子哭闹而偷偷地溜出家（当你准备出门上班或者晚上出去约会时）。

√说一套（"你不能吃糖果"）做一套（当他哭的时候你却让步了）。

不奏效，布拉德继续哼哼，最后开始大声哭。玛莎只好把他放到腿上，但这个时候他已经没法安慰了。

房间那头，查理，一个活跃型男孩，兴奋得像上了发条一样，从一件玩具玩到另一件玩具。最后他发现一个球，一定要拿到手。他努力从安东尼手里抢夺，安东尼死不撒手。最后，查理猛力地推安东尼，安东尼跌倒了，于是加入了布拉德的哭泣大合唱。桑迪一把抱过儿子，搂在怀里安慰他，并对另一个女人明确投以这样的眼光：**不要再有下一次**。

查理的妈妈保拉觉得很丢脸，显然她以前也遇到过这种情况。她试图把查理拽进怀里，但是他坚决不同意。她越是努力地阻止他，他反抗的尖叫声就越大，越是努力地挣脱她的怀抱。保拉也试图和儿子讲道理，但查理根本不听。

这就是破坏信任！首先，强迫布拉德加入一群孩子当中（对于像布拉德这样的婴儿来说，三个人就像一屋子人一样），就好像把一个不会游泳的孩子扔进游泳池中一样。试图阻止或者和活跃型婴儿讲道理，偏偏还是受到过度刺激的，那就如同火上浇油一样！

这些母亲该如何处理这种情况，同时又能建立信任而不是破坏信任呢？我向玛莎解释说，她首先应该意识到——甚至在她来之前——布拉德的"问题"不会奇迹般地消失。她应该向儿子承认并且保证（"宝贝儿，没事的，在你准备好之前不一定非得玩"），允许他坐在她的腿上**直到他准备好**。我不是说她不应该哄他，而是说不要像她那样强迫或者不理睬他，她应该温和地鼓励他和其他孩子一起玩耍；陪他一起坐在地板上，拿出一件他喜欢的玩具让他玩。哪怕她担心要花6个月时间才能让他和其他人互动，那也要让他按照自己的速度前进。

我也告诉保拉应该提前计划好。既然知道查理很活跃，容易兴奋，那么一注意到他要开始胡闹的时候，她就应该插手阻止。孩子发脾气的预兆通常开始于说话变大声了，手脚乱动，哼哼唧唧。不要让查理完全被自己的情绪所控制，她应该早点把他带离房间，给他一个冷静下来的机会，这样就可能避免一场争吵。一旦孩子发起脾气，尤其是

"暂停（time out）"

永远不要让一个正在闹情绪的婴儿（或者幼儿）单独一个人待着，婴儿无法控制自己的情绪，因此我们必须帮助他们。如果你的宝宝在哭，手脚乱动，打人，或者有其他任何方式的失控表现，改变场所几乎总是有帮助的，特别是有其他孩子在场的时候。这使得他离开了活动中心，分了心，这是减弱婴儿情绪最有效的方法之一。始终要向他解释他的感觉，哪怕你认为他听不懂。他可能今天听不懂你讲的话，但是最终他会听懂的。

活跃型的孩子，试图和他讲道理或者阻止他是没有用的。我要强调的是，把他带出房间不是惩罚——这是帮助他控制情绪的一种方式。在这个年龄段，孩子的大脑发育还不足以搞清楚因果关系，我们不能指望和他们讲道理！如果保拉带他离开房间，温和地牵着他的手而不是制止他，她可以这样说："我们去卧室吧，我给你读一个故事。当你觉得平静一点的时候再回来和其他孩子玩。"

按照他自己的速度，假以时日，敏感型的布拉德可能会变得勇敢些、外向些，最终学会如何与其他人互动——但是，只有在他觉得安全和自在的时候才行。活跃型的查理会明白欺负其他孩子是不可以的，但是在他失控的时候一定要控制住他，否则他就学不会，查理必须再大几个月才能真正明白"平静下来"是什么意思。玛莎和保拉必须成为儿子的"安全网"，而不是警察，即使孩子还太小，还无法控制住自己的反应，当母亲介入帮助他们自控时，他们会感到更安全，他们才会知道当遇到害怕或者危险的情况时，有妈妈可以依靠。

我告诉三位母亲，特别是玛莎和保拉，最重要的是她们需要从这次经历中得知：是什么引发了孩子的情绪反应，什么能够让他们平静下来。希望下一次他们在孩子发脾气之前就介入。不过最重要的经验是她们不能卷入孩子的情绪当中，她们必须弄明白孩子的情绪，向孩子解释，而不要卷入争吵，不要自己也有过激反应。

她们也可以不在下午见面，而考虑在上午小睡之后见面，那时候孩子可能更放松。还可以一周见一次，而不是两次，两次对一岁以下

哦，可怕的医生办公室！

很多婴儿一进医生的门就开始哭。谁能怪他们呢？他们一想到那个地方，就想起在亮晃晃的房间里脱光衣服然后被针扎的情景！不要让你的孩子一见到医生就开始哭，然后你再来道歉。"哦，他平时不是这样的，他真的喜欢您。"这样的谎言否定了婴儿的感觉。更好的方法应该是这样的：

· 注射疫苗之前试着先约见几次。

· 要诚实。"我知道你不喜欢这儿，但是有我跟你在一起呢。"

· 询问护士医生什么时候进来给宝宝做检查，然后在最后一刻给他脱衣服。抱着他直到医生进来。

· 医生给孩子检查的时候站在她旁边，跟她说话。

· 打针时，不要说："哦，多讨厌的医生啊。"而是要告诉他事实："我们必须这么做，因为我们不希望你生病。"

· 如果你觉得医生把你的孩子当做物体对待——不和他说话、没有眼神的交流——那么换医生吧。

的婴儿来说多了点儿。另外，即使母亲们彼此是好朋友，她们也必须注意孩子之间的反应，自问一下："这对我的孩子来说真的是最好的社交场合吗？"查理可能平静下来了，但是他的本性对布拉德这样的婴儿来说可能还是太有压迫性了。即使对于教科书型的安东尼来说，也可能不是最好的组合。就算小组安排在上午可能会让查理安静些，因为他下午的状态不是最好，但是从他的立场考虑，小组里有更多活跃型孩子会比较好——例如小组约在健身房或者公园见面，那样的话，他就不再是惟一的活跃型孩子了，而且那些地方的设施可以让他消耗掉一些多余的精力。

建立信任的 12 条小建议

在第 8 章我讨论了父母如何帮助幼儿及更大一些的孩子避免我所谓的"失控情绪",这种情绪控制了他们,会压制他们所有的优点和天赋。但是,情绪适应能力让孩子能够理解并且控制自己的情绪,这种情绪适应能力开始于安全型依恋。建立信任在婴儿时期就开始了,它有很多不同的方式:

1.注意观察。解读宝宝的哭声和身体语言,这样你就能明白他为什么哭,从而明白他"闹情绪"的真正原因。如果宝宝哭了,问问你自己:"我了解自己的宝宝吗?"她是不是高度活跃、敏感、喜怒无常,动不动就哭,很多时候情绪恶劣?这种反应对她来说是不是不寻常?如果你描述不出你宝宝的基本情绪,那是你对她的信号注意还不够,也可能意味着她的需要没有得到满足。

2.对宝宝实施 E.A.S.Y.方案(见第 1 章)。当生活稳定、平静的时候,所有的婴儿都能茁壮成长,但是,有条理的常规程序对敏感型、活跃型和坏脾气型婴儿特别重要。每天的过渡时间——进食,睡觉,洗澡,放下玩具——要有可预测的固定程序,这样你的宝宝就知道下面会发生什么事情。

3.和宝宝聊天,而不仅仅是对她说话。我喜欢把它看做连续的对话,而不是单方面的谈话。和宝宝说话的时候要有眼神交流,不管她多么小。尽管在一段时间内她不会回答,几个月,一年,甚至更久,但是所有的话她都听进去了,并且以她的咿咿呀呀回答了你。

4.尊重宝宝的实际空间。即使你认为他听不懂你的话,也要跟他解释你要做什么。例如,当你准备为他换上新尿片时,说:"现在我要抬起你的腿,换上新尿片。"当你要出去散步时,说:"我们现在要去公园了,所以我要给你穿上大衣。"特别是当你要去看医生时,告诉他将要发生什么,向他保证:"现在施耐克医生要给你检查一下，我会和你在一起的。"（见第 65 页方框："哦，可怕的医生办公室！"）

5.千万不要对宝宝的哭声不理不睬，在你认为她能够理解之前就要开始描述她的感觉。她在努力地告诉你她对某件事情的感觉。当她发出各种各样的哭声时，你应该对她说相应的话，从而帮助她尽早熟悉情感语言。（"你饿了——你已经 3 小时没吃东西了"或者"你只是累了，想睡觉了"。）

6.让宝宝的情感指导你的行动。例如，如果每次你把敏感型宝宝头顶上的转动玩具打开时，她都会哭，那么她是在告诉你："我受不了了！"那就应该关掉玩具的音乐，让她看着就行了。

7.找出能让宝宝平静下来的方法。对大多数婴儿来说，裹襁褓都是个技术活，但是坏脾气型和活跃型宝宝受到束缚时会更加激动。同样，"嘘－拍"的方法通常都能帮助婴儿睡觉，但是敏感型宝宝可能会觉得太受强迫了。分散注意力几乎对任何类型的婴儿都有效，但对于活跃型、坏脾气型或者敏感型的婴儿，可能不得不带他们离开过于刺

H.E.L.P.你的宝宝苗壮成长

一方面要保护孩子安全，另一方面要放手让孩子去探索，养育就是要保持这两者之间的微妙平衡。为了提醒父母记住保持平衡，我建议"H.E.L.P."。

H－克制（hold back）：不要马上介入。花几分钟时间想想宝宝为什么会哭，或者他为什么会死命地抱住你。

E－鼓励探索（encourage exploration）：让宝宝自己发现手指或者你刚放到他床上的新玩具的奇妙之处。当宝宝需要你介入的时候，他会让你知道的。

L－限制（limit）：你可能知道多少对宝宝来说太多了。限制刺激的量、醒着的时间、她身边玩具的数量，以及给她的选择机会，在她负荷过重前介入。

P－表扬（praise）：当她还是婴儿时，就要开始表扬她的努力，而不是结果（"你真棒，能把手伸进外套里"）。不过不要过度赞扬。（他不是"世界上最聪明的男孩子"，不管你觉得他有多么聪明！）适度的表扬不仅能培养孩子的自尊心，也是一种动力。

激的环境，以便让他们安静下来。

8.从一开始就要采取措施确保宝宝吃得好。如果你母乳喂养有困难，而这本书中的建议对你也没有帮助，那就马上联系哺乳专家。妈妈的学习阶段可能会使天使型或教科书型宝宝变得很不讨人喜欢，使敏感型、活跃型和坏脾气型宝宝特别心烦意乱。

9.坚持他白天小睡和晚上的睡眠时间。睡眠充足的婴儿在情感上更能处理生活中遇到的事情。特别是如果你的宝宝是敏感型的，那么要把婴儿床放在一个安全、安静的地方，白天小睡时把房间里的光线弄暗一些。

10.不要一步不离地护着，让你的宝宝去探索，享受她的独立。你看着宝宝玩耍时，心里要想着我的缩拼词 H.E.L.P.（见上页方框），看她喜欢做什么，尊重她的速度。如果她想要爬回你的腿上，你就让她爬上去。敏感型或者坏脾气型的宝宝如果知道她需要你的时候你肯定会在她身边，那么她会更加愿意自己去冒险。

11.在宝宝状态最好的时候安排活动。过度疲劳或者刺激几乎肯定会让宝宝情绪失控。当你准备出门办事、探望亲戚或者去看望其他母亲时，要考虑脾性和时间的因素。不要把"妈妈和我"这样的活动安排得太接近小睡时间。特别是对会撞、推、走动的稍大一点的孩子，你最好不要把一个敏感型的孩子和一个活跃型的孩子安排在一起。

12.确保任何其他照顾宝宝的人都能理解并接受他的脾性。如果你雇人来照顾宝宝，应先让她跟宝宝在一起待几天，这样你就可以看到宝宝对她的反应。你可能很喜欢一个保姆，但是千万不要指望一个婴儿不需要调整就能马上接受一个陌生人（见第 392 页"陌生人焦虑"）。

延长的分离焦虑：当亲密导致不安全感产生时

逐渐培养信任以及仔细观察孩子的需要是极其重要的技能。但是，很多父母把敏感和高度警惕混为一谈，特别是那些因为宝宝的分离问题来找我的父母。当我问起他们一天都怎么度过时，我明白了问题的症结所在，他们认为要做好的父母就必须一直把孩子带在身边，让孩子睡在他们的床上，从来不让她哭。每次孩子发出咯咯吱吱的声音时，他们立马作出反应，不会等一下看看那是否只是婴儿的正常声音，还是孩子感觉不舒服了。即使他们不抱着孩子的时候，也会寸步不离地守护在孩子身边。只要他们一离开房间，孩子就会发脾气，到他们打电话给我的时候，他们已经失去了睡眠、自由以及朋友。而且，他们还解释说："但是我们相信亲密养育。"就好像在说一门宗教似的。

诚然，婴儿需要感受亲密和安全，需要学习如何倾听自己的感觉，如何读懂他人的脸部表情。但是，这种亲密养育概念有时会失去控制。当婴儿被理解的时候，他们会感觉到亲密。你可以在宝宝醒着的时候抱着她，让她在你怀里入睡，和她睡在一张床上，直到她十几岁。但是，如果你没有意识到她的独特性，不用心理解她，没有满足她的需要，那么无论多少拥抱也没有办法让她感觉到安全。研究证实：事实上，溺爱孩子的母亲比起适时作出恰当反应的母亲更容易让孩子缺乏安全的亲密感。

我们可以看到，孩子在7~9个月时这种情况最为明显，几乎所有的孩子都有**正常的分离焦虑**。在这个发育阶段，她的记忆力让她明白母亲是多么的重要，但是她的大脑发育还不够成熟，意识不到母亲离开并不意味着永远消失。父母用欢快的语调对她作出适当保证（"嗨，没事的——我就在这儿"），再加上一点点耐心，这种正常的分离焦虑在一两个月内就会消失。

但是考虑一下，如果父母过分关心，一步不离地守着的话，孩子会发生什么。他们从来不让孩子受挫，从来没有教过他如何让自己安静下来。孩子没有学会如何自己一个人玩，因为他的父母认为陪他玩是他们的职责。当他开始体验到正常的分离焦虑，哭着要父母时，父母会马上冲过来安慰他，这在不知不觉中加强了他的恐惧感。他们焦急地说道："我在这儿，我在这儿。"语气中反映出了婴儿的慌张。如果这种情况持续超过一周或两周，可能会演变成我所谓的**长期分离**

焦虑。

这个现象最生动的例子是蒂娅，英国一个9个月大的女孩，她的妈妈贝琳达极需要帮助，当我见到这家人时就明白了原因。我帮助许多婴儿的父母很多年了，这是我所见过的婴儿最严重的长期分离焦虑。妈妈说蒂娅黏人，这实在是很保守的说法。"从我醒来的那一刻起，"贝琳达解释说，"我就不得不抱着她。她最多只可以自己玩两三分钟。如果我不抱她，她就会哭到受伤或者生病的程度。"贝琳达回忆起了从奶奶家开车回家的情景，蒂娅觉得失去了亲人，因为她坐在车椅上，而不是妈妈的怀里，于是开始哭。贝琳达努力安慰她，但是蒂娅哭得更大声了。"我下定决心，总不能一直停车吧。但是当我们回到家之后，她吐得满身都是。"

在她几位女性朋友的帮助下，贝琳达有过几次失败的尝试，她离开房间，让朋友抱着蒂娅。即使离开两分钟也会让她的女儿哭得歇斯底里。尽管有朋友帮忙，但贝琳达最后总是屈服，求助于她惯用的方法："只要我一抱起她，她就立马不哭了，就跟关掉水龙头一样。"

更糟的是蒂娅整晚会多次醒来，如果只醒了两次，家人就会认为这晚很好了。蒂娅的爸爸马丁在过去的6个月里一直努力想要分担妻子的重担，但是他安慰不了蒂娅，蒂娅只要贝琳达。白天，贝琳达一直抱着蒂娅，一放下蒂娅就会哭，贝琳达不仅筋疲力尽，而且无法做任何事情，蒂娅有个3岁的姐姐杰斯敏，贝琳达陪她的时间少多了，也忘记了夫妻时间，贝琳达和马丁几乎没有属于他们自己的平静的私人时间。

在与贝琳达谈话的时候，我观察着她和蒂娅的互动，我看到每次贝琳达猛扑向蒂娅以防止她哭时，都无意中加强了蒂娅的恐惧感。她抱蒂娅的时间太长了，那是在告诉蒂娅："你是对的：那儿有可怕的东西。"还有睡眠问题要处理，但是，首先我们必须处理蒂娅严重的分离焦虑问题。

我让贝琳达把蒂娅放下，不过当她站在洗碗槽边做家务时要不停地和蒂娅说话。如果她不得不离开房间，那就大声说话，让蒂娅能够听到她的声音。我还不得不告诫贝琳达千万不要再用她那种可怜宝宝的语调，而要用一种愉快、安慰的语调："这儿，这儿，蒂娅，我哪儿也没去。"当蒂娅哭着要她时，我建议她趴在地上，与蒂娅的视线齐平，而不是抱她起来。她可以安慰她，搂搂她，只要不把她抱在怀里。这是用另外一种方式告诉蒂娅："你没事，我在这儿。"一旦蒂娅安静下来，贝琳达可以用玩具或者唱歌——任何可以让蒂娅忘记害怕的事情——来分散其注意力。

我告诉他们，六天后我再回来。三天后，他们就给我打电话，说我的建议似乎不起作用。贝琳达更加疲惫，很快放弃了分散蒂娅注意力的想法。杰斯敏被忽略的感觉也越发强烈，她开始发脾气，想借此获得妈妈的注意。在我第二次去他们家时，尽管贝琳达和马丁看上去没多大进展，但是我看到蒂娅好点儿了，特别是在起居室的时候。不过在厨房里，贝琳达有很多家务要做，蒂娅依然显得很不开心。我意识到区别在哪儿了：在起居室里的时候，蒂娅在地毯上玩，周围有很多玩具——很多可以分散注意力的东西——而在厨房里的时候，她只能坐在弹力学步车里。对贝琳达来说，让学步车上的女儿分心要困难得多，因为蒂娅已经厌倦了曲柄、滑轮以及其他小配件，她已经不再觉得那些东西好玩了。而且，蒂娅感觉受到了限制，她不仅跟妈妈分开了——虽然大约不超过 1.8 米——而且还不能动。

我的建议是在厨房放一张大垫子，上面放一些蒂娅最喜欢的玩具，让她在上面玩。妈妈还为蒂娅找了一个新的活动站，那里有她喜欢的钢琴键和按钮。这些创新举措使得分散蒂娅的注意力变得容易多了。现在即使妈妈不肯抱起蒂娅，蒂娅也至少能够爬着靠近她。慢慢地，蒂娅集中注意力的时间变长了，自己玩的能力也增强了。

我们还必须解决睡眠问题。蒂娅一直睡不好，和很多妈妈一样，贝琳达几个月来一直采取最省事的方法——让孩子在怀里入睡。现在，这是蒂娅惟一能睡着的方式了。当确定蒂娅睡熟以后，贝琳达会慢慢地起身，把蒂娅放进婴儿床里，婴儿床在……你猜在哪儿？当然是在蒂娅父母的卧室里。正因为如此，这个孩子现在才会白天害怕妈妈离开，晚上在婴儿床里不断醒来。她那小小的脑袋瓜里在想：**我是怎么到这儿的？妈妈呢？妈妈舒服的怀抱呢？我敢打赌她再也不会回**

安慰和分散注意力

如果你的宝宝7~9个月大，当你离开房间时他突然开始呜呜地哭，或者白天的小睡抑或晚上的睡眠有问题，这可能就是正常的分离焦虑开始了。当很多婴儿首次意识到妈妈跟他们分开时，都会发生这种情况。正常的分离焦虑不一定会变成长期分离焦虑，如果你做到下面几点的话：

√当他不高兴时，俯身用言语和拥抱安慰他，不过不要把他抱起来。

√用轻松愉快的态度回应宝宝的哭声。

√注意你的语气——不要反映出他的惊慌。

√宝宝安静一点之后，立即分散他的注意力。

√千万不要用控制哭泣法（有时称之为"费伯法"①）来解决睡眠问题，因为那会破坏孩子对你的信任，告诉他他终究是对的：你确实抛弃了他。

√跟他玩躲猫猫游戏，让他明白即使你离开了一分钟，最终还是会回来的。

√在街区附近走动，让他体验一下你短暂的消失。

√当你离开房间时，让你的爱人或者照顾孩子的人把他带到门口挥手再见，他可能会一直哭——如果他已经过分依赖于你，这是很正常的。但是，你必须建立信任。

来了。

我们把蒂娅的婴儿床放回她自己的房间，让爸爸也参与进来，我教他如何运用"抱起-放下"法（见第217~221页）。我建议马丁在运用"抱起-放下"法时要不停地和女儿说话："没事的，你要去睡觉了。"蒂娅哭了好几个晚上，需要马丁有极大的耐心和毅力，不过他坚持住了。

通过向蒂娅保证，教她如何自己入睡，帮助她在自己床上度过整夜（关于这些第6章有更多内容），几天的努力之后，蒂娅一晚上只醒一次了，有时甚至能安睡整晚，让她的父母

---

①根据美国著名的婴儿睡眠问题专家理查德·费伯（Richard Ferber）的名字命名。他建议在愉快、慈爱的就寝常规程序之后，在宝宝还醒着的时候把他放到床上，然后离开他（哪怕他在哭），离开的时间逐渐延长。费伯说，在孩子醒着的时候把他放到床上对于成功教会他自己入睡很关键。——译注

十分惊喜。她上午和下午的小睡也更好了。由于她不再那么疲倦，因此分离焦虑问题远没有以前严重了。

　　一个月后再去他们家就像进了另一家似的，因为贝琳达不再时时刻刻安慰蒂娅了。她能花更多的时间陪杰斯敏，马丁一度觉得很无助，现在也成为养育团队的成员之一了。更让人高兴的是，他最终开始逐渐了解他的小女儿。

独自玩耍：情绪适应能力的基础

　　经常有父母问我："我如何逗孩子高兴?"对于年幼的孩子来说，世界本身就是一个充满惊奇的地方，孩子极少会天生"无聊"，除非父母无意中教会他们依赖大人来娱乐。现在的孩子被大量会摇晃的、发出嘎嘎声响的、震动的、发出哨音的、唱歌的、跟他说话的玩具包围着，我看到孩子更多的是过度兴奋，而不是无聊。不过，保持平衡还是很重要的。要确保孩子有适量和适当类型的刺激，但是安静和放松的阶段也必不可少。最终，你的孩子会知道自己什么时候负荷过重或者玩得太累了——情绪适应能力的重要方面——不过在刚开始的时候，你必须指导他。

　　要让你的孩子发展情感力量，需要让她自己玩，你必须在帮助和守护之间保持平衡。你要在家里创造一种氛围，让她有机会可以安全地探索和体验，但同时要注意不要一不小心变成了娱乐总监。下面是一些与年龄相关的指南，可以帮助你保持平衡。

　　出生~6周。在这个阶段，你只能期待孩子吃奶、睡觉——他能做的就只有这两件事。在你喂他的时候，温柔地和他说话，让他醒着。进食之后努力让他醒15分钟，这样他就学会了分辨吃和睡的阶段。如果他睡着了，不要大惊小怪。有些婴儿开始的时候只能醒5分钟，但是最终醒的时间会延长。至于玩具，他主要想看到你和其他人的脸。"重大的"活动可以是看望奶奶，或者你四处走动，把屋里屋外的东西指给他看。和他说话，就当他听得懂你说的每一个字：

"看，这是厨房，我要进去做今天的晚餐了。""看看外面漂亮的树。"把你在送礼会上收到的那些可爱的图画书收起来，把他放在靠近窗户的地方，这样他就能看到外面；或者把他放到婴儿床上，让他看床上方的那些转动玩具。

6～12周。现在你的小宝宝可以自己玩 15 分钟甚至更久了，但是要注意，不要过分刺激她。例如，不要让她在婴幼儿游戏毯上待超过 10 或 15 分钟。她会喜欢坐在婴儿椅上，但是不要使用那该死的振动功能，就让她坐在那儿观察周围，不要摇晃，不要发出声响，也不要移动。不要把她放在电视面前，那太刺激了。当你去洗衣服或者做饭或者坐在办公桌前阅读电子邮件时，把她带在身边，让她坐着，和她说话，向她解释你要做什么，同时不要忽视她的存在。（"现在你在干什么呢？我看你有点累了。"）尽早埋下种子，剩下的就好办了。

3～6个月。如果你没有过分干预宝宝，那么他现在应该能醒大约 80 分钟（包括进食时间）。能自己先玩 15 或者 20 分钟，然后才开始有点闹。那时，他差不多需要小睡一下了，因此最好让他在自己的婴儿床上逐渐放松下来。如果他现在还不能够自己玩，通常意味着你采取了某种无规则养育的方式，使得他依赖于你，从你那儿寻求刺激。这不仅会限制你的自由，还会妨碍孩子独立，最终导致他缺乏安全感。

继续避免过度刺激。现在这个时候，你——他的爷爷、奶奶、外公、外婆、姑妈、姨妈、舅妈以及隔壁婶婶也都是一样的——会因他的回应欢欣雀跃。奶奶微笑，做鬼脸，很快地他也开始微笑、大笑了。但是突然间他又哭了起来，他是想说："现在放过我吧，或者把我放到床上吧，我已看够了奶奶的扁桃体！"他对身体的控制能力越来越强，能够控制头部，协调手臂，因此现在他不仅仅是躺在游戏毯上，还会伸手够东西。但是这种身体上的自信也有不利的一面：他可能会试图吃自己的手，引起作呕，或者扯自己的耳朵，抓伤自己。所有的婴儿都会戳自己，父母很容易惊慌，他们会冲过去一把抱起婴儿，使得婴儿不仅戳痛了自己，还因为父母抱得太快而受到惊吓。这对于他来说，就好像以光的速度从地面一下子蹿到了帝国大厦上。所以不要患上"可怜宝宝"综合症（见第 246 页），你要做的是承认疼痛，但是要轻描淡写："小傻瓜！一定很疼——哎唷！"

6~9 个月。你的宝宝现在能够保持两小时不睡觉了，包括进食时间。她应该能够自己玩一个小时或者更长时间，但是要变换她的位置——例如从坐在婴儿椅里到躺在婴儿床的转动玩具下。当她能够坐起来的时候，把她放到学步车里。她喜欢摆弄东西，她也会把任何东西都放进嘴里，包括狗狗的头。现在是拿出图画书的最佳时机，朗诵童谣，唱一些像"公共汽车的轮子"和"小小蜘蛛"这样的歌。

这个年龄段的孩子开始看到自己的行为和后果之间的联系，很容易强化坏习惯。当父母们告诉我，他们 6~9 个月大的孩子在玩了 5 或 10 分钟后开始哭着要求抱起来时，我会说："不要抱她起来。"否则你就是在告诉她"当我发出这种声音时，妈妈就会抱我起来"。你的宝宝并没有在想："哦，我知道如何把妈妈控制在我的手掌心。"她不是有意识地控制你……至少现在还不是。不要冲过去抱起她，而是坐在她身边，向她保证："嗨，嗨，嗨，没事的，我在这儿，你可以自己玩啊。"用吱吱响的玩具或者玩偶盒分散她的注意力。

我还要提醒你，要弄清楚她哭是不是因为累了，或者因为身边的东西太多了——吸尘器、其他兄弟姐妹、电视、游戏机，以及她自己的玩具。如果是前者，把她放下；如果是后者，把她带到自己的房间。如果她没有自己的房间，在起居室或者你的卧室里给她腾出一块安全的地方，这样当她变得过于兴奋时，好让她有个地方能够安静地休息。让她安静的另一个办法是带她走到屋外，温和地和她说话（"看看树，看看它们多么美啊"）。不管天气如何，都要带她到外面呼吸新鲜空气。冬天的时候甚至无须穿外套——裹一条毯子就可以了。

现在应该开始社交生活了。尽管孩子在这个年龄段还不会真正地一起"玩耍"，但还是可以开始上午的玩耍小组的活动了。很多美国母亲在出院的时候已经是"妈妈小组"中的一员，或者在孩子几周大的时候加入了某个小组，不过那些小组更多的是为妈妈们而不是婴儿准备的。孩子喜欢观察彼此，接触人对他们有好处，不过不要指望你的孩子参与或者喜欢交际。这是以后的事。

9~12个月。你的孩子这时应该已经很独立了，能够愉快地自己玩耍至少45分钟，还能够处理更复杂的任务。他的学习能力看上去将会有巨大的飞跃，他能够把圈套在柱子上，或者把一块积木按进孔里。此外，玩水、玩沙也是他现在发泄过剩精力的愉快方式。他会觉得大盒子以及大枕头非常好玩，坛坛罐罐也很有趣。你的孩子自己玩得越多，他就越愿意自己玩，就越信任你就在他身边，如果你不见了，他相信至少你很快会回来。在这个年龄段，孩子没有时间概念，一旦他们觉得安全，就不会管你是离开了5分钟还是10分钟。

当一位母亲给我打电话说"他不愿意自己玩"或者"他非要我坐在他旁边，我没法做家务"或者"他不愿意我靠近另一个孩子"时，我马上怀疑她可能几个月前就开始了无规则养育。婴儿一哭，妈妈就马上把他抱起来，而不是鼓励他自己玩。其实，那位母亲总是在宝宝面前，从来没有真正让他发展过独立能力。她可能没有让孩子参加玩耍小组，因此，他没有离开过家人这个安全的区域到外面的世界去过，害怕与其他孩子相处。也可能妈妈工作了，把孩子交给其他人照顾让她在情感上感觉很矛盾，从而无意中造成了这种状况。当她离开的时候表现得很内疚，说一些类似这样的话："对不起，亲爱的，妈妈不得不去工作了。你会想我吗？"

如果你的孩子已经1岁了，还不能自己玩，那就应该让她参加一个小型的玩耍小组。现在也到了该清除婴儿玩具的时候了。孩子一旦掌握了玩具就不会再喜欢它们。厌倦了玩具的孩子更容易依赖大人寻找乐趣。如果你的孩子还有分离焦虑，那么你就要后撤，并采取措施让她更加独立（见第72页"安慰和分散注意力"）。另外，你还要注意你自己的态度。当你离开并把她交给其他人照顾时，你是把爸爸、保姆或者奶奶当做有趣的人介绍给孩子，还是给孩子留下一种其他大人只是次等替代品的印象？成为孩子眼中的惟一，可能会让你觉得自己很重要，但是长此以往，你们两个人都会为此付出代价（情感上的）。

此外，还要记住，玩耍对婴儿来说是件严肃的事情。学习的种子在健康的情感中萌生和成长。在婴儿时期就埋下种子，当你逐渐增加婴儿的独立玩耍时间时，你也是在磨练她的情感技能——自娱自乐、勇于探索、尝试的能力。玩耍教会小孩子如何操纵物体。通过玩耍，他们明白了因果关系，也学会了如何学习：开始尝试某件事情时未能成功，要忍受这种挫折，要有耐心，反复实践。如果你鼓励孩子，然后退后，看着她逐渐了解这个世界，她会变成一个冒险家和科学家，一个能够自己玩耍、从来不会对你说"我很无聊"的孩子。

第 3 章

宝宝的液体食物

头 6 个月的喂食问题

食物，美味的食物！

在婴儿的头 6 个月里，E.A.S.Y.程序中的 E（吃）是指液体食物——乳汁、奶粉或者两者的混合物。食物对婴儿很重要，这无须赘言。我们都知道所有的生物都需要进食才能够生存。因此，当我检查我的电话记录、电子邮件和网站上的帖子，发现父母对吃的关心仅次于睡眠时，也就一点都不惊讶了。如果你已经读到这里，那么你还知道睡眠问题与进食问题有关——反之亦然。休息好的婴儿吃得更好；吃得好的婴儿睡得更好。

如果你幸运的话，你的孩子从出生几天后就会有一个好的开始。婴儿最初就是一台小小的进食机器，他们总是在吃。基本上大多数婴儿在 6 个月左右时达到稳定状态，摄入的液体食物开始减少。有些父母会对我说："她以前每隔 3 小时就吃一次。"或者"我的宝宝以前要吃约 1065 毫升，现在只吃约 710 毫升或者约 770 毫升了。"哦，亲爱的，她在长大啊！随着成长，常规程序也要发生改变。记住，4/4 的经验法则是指在婴儿 4 个月大的时候 E.A.S.Y.程序中的 E（吃）要变成白天每隔 4 小时进食一次（见第 21 页）。

选择的自由

母亲喂养的方式是一个选择问题。尽管我支持所有想要母乳喂养、相信母乳喂养好处的女性，但是我更支持母亲关于如何喂养要做出仔细的、深思熟虑的决定，并且不会有内疚感，更不会感到不高兴甚至灰心丧气。有些母亲因为糖尿病、使用抗抑郁药以及其他生理上的原因而无法进行母乳喂养，还有些母亲只是不想母乳喂养，因为母乳喂养不适合她们的性格，或者压力太大，或者她们的情况特殊。还有些母亲抚育第一个孩子时有不愉快的经历，因此不想再尝试。不管出于什么原因，都没有关系，因为现在的婴儿奶粉配方有着婴儿所需要的所有营养成分。

话虽如此，母乳喂养确实是最普遍的喂养方式。《儿科杂志》在2001年的一个调查显示，70%的新妈妈出院后采用母乳喂养的方式。大约50%的妈妈在婴儿6个月大时停止哺乳，剩下的哺乳一年甚至更久。（在第98页我还讨论了为什么我觉得两种方式——用奶瓶喂奶和哺乳——一起用会比较好。）

无论是哺乳的妈妈还是使用奶瓶喂奶的妈妈，她们的担心都很相似（特别是开始的时候）：我怎么知道宝宝是不是吃饱了呢？隔多长时间喂一次？我怎么知道宝宝饿了呢？喂多少就够了？如果她吃完一个小时后看起来又饿了，那是什么意思？如果我既哺乳又使用奶瓶喂奶，会不会把她搞糊涂？为什么她吃完后会哭？腹绞痛、胃肠气胀和胃食管反流有什么区别——我如何判断宝宝是否患上了其中的一种？这一章就是要找出这些以及其他进食问题的答案。在这一章（以及下面四章）你会看到很多常见抱怨，就如同我在第1章里提到过的抱怨一样。但是，现在我要教你如何检查故障，找出哪里出了错。然后，我会告诉你很多方法和建议，教你怎么做。

我的宝宝吃饱了吗？多少是正常？

每个人都想要详细的说明书——宝宝应该吃多少？吃多久？第84~85页"进食 101"表格，可以帮助你度过最初的 9 个月，到那个时候，你的宝宝除了液体食物外还应该开始进食各种固体食物了（见第 4 章）。

你刚把宝宝带回家的时候，E.A.S.Y.程序中的 E（吃）往往需要大量实验，有时超前两步，有时又落后一步。如果你采用奶瓶喂奶，可能必须尝试不同形状的奶嘴或者小一点的奶嘴，看看哪种最适合你宝宝的嘴巴。或者如果你的宝宝较小，吃奶时似乎溅了出来或者呛住了，那么你可能必须更换一个流量较慢的奶嘴——由宝宝来控制流量，而不是由地心引力。如果你是母乳喂养，你一定要确保宝宝的衔乳姿势正确，确保乳汁分泌正常。不过不管你怎么做，喂养婴儿都是一个挑战。

新妈妈最关心的是："我的宝宝吃饱了吗？"要找到这个问题的答案，最可靠的方法就是关注宝宝体重是否在增加。在英国，母亲们出院回家时，我们会给她一个秤，建议她每隔 3 天给宝宝称一次体重。一天约 14~57 克是正常的体重增加范围。但是，如果你的宝宝只增加约 7 克，她可能也没事——只是瘦小而已。与儿科医生商量始终是比较好的做法（还要留意各种危险信号，见下页方框内容）。

稍大一些的婴儿体重增加可能会比较复杂。如果你查阅了一个成长表，或者你的儿科医生参考了某个成长表，要记住这些表格只是为平均体重的孩子制定的，有些婴儿个头大一些，有些瘦小些。以前的成长表最早是在 1950 年代制定的，以吃奶粉的婴儿为基础，因此如果你的宝宝吃母乳，与表格不符，也不要担心。根据母亲的健康状况和饮食情况，例如她碳水化合物摄入不足，会使得奶水中脂肪含量较高，她的奶水可能不如奶粉那样能让宝宝长胖，但是，营养价值是一样的。还有，如果你的宝宝出生时体重低于 2.7 千克，那么他的体重曲线会低于出生时体重较重的婴儿。

正如我在第 1 章中说过的，较为瘦小的婴儿自然吃得较少，开始的时候不得不吃得更频繁些。回顾一下第 16 页的"按出生体重制定的 E.A.S.Y. 程序"表，一定要把婴儿的出生体重考虑进去，不要对宝宝的食量有不切实际的期待。早产婴儿或者出生体重低于 3 千克的婴儿只是没有那个容量可以一顿吃很多——他们的小肚子装不下。他们必须每隔 2 小时进食一次。要想让自己对此有更直观的理解，可以装一塑料袋水，容量等同于宝宝通常摄入的乳汁或奶粉的量，可能是约 30 毫升或 60 毫升。把袋子提到宝宝肚子旁边，很容易看出没有地方装更多的食物了。不要指望她能像约 3.2 千克重的婴儿那样吃。

当然了，不管你的宝宝出生时体重是多少，她的食量将逐日增加，你还必须把她的发育生长和活动量考虑进去。因此，不要把你 1 个月大的孩子和你姐姐 4 个月大的孩子做比较！

记住，表格只是一个大致的指南，随时会有其他因素影响宝宝的胃口，例如晚上睡得不好或者刺激过度。婴儿就和我们一样：有时候我们比平时饿，因此就吃得多一些，有时候就吃得少一些——比方说累了或者心情不好的时候。在这些"失常的"日子里，你的宝宝可能也会吃得较少。另一方面，如果你的宝宝正在经历生长突增期（见第 105 页）——第一次通常发生在 6 周或 8 周的时候——那么他可能会吃得多一些。同样，年龄段也只是大致的估算而已，过细的分组有点武断。即使是

何时需要担心新生儿的体重?

如果你担心，那就称一下宝宝的体重，但是不要每天称。在最初的两周婴儿减少 10% 的体重是正常的，因为她之前通过脐带从你身上稳定地汲取食物中的营养，而现在她不得不依赖外界的资源——你——来喂她。不管怎么样，你还是应该征求儿科医生的建议，如果你是母乳喂养，要向哺乳专家咨询，如果你的宝宝……

……比出生时减少了 10% 的体重

……两周内没有恢复到出生时的体重

……两个星期了，还是保持在出生时的体重（典型的"发育不良"）

足月的婴儿，有的6周大时更像8周的，而有的却更像4周的。

看一下我网站上的这个帖子。方括弧中的文字是我的评论！

> 我的儿子哈里6周大，约重5.1千克，他每隔3小时就要吃177毫升配方奶。有人告诉我这太多了。【谁告诉她的啊，我很奇怪——她的朋友、隔壁大婶、超市的收银员？】他们说不考虑体重的话，每天最多应该吃946毫升【你怎么能不考虑宝宝的体重呢？】而他最多能吃1124~1183毫升。我们不知道该如何帮助哈里理解他对食物的需要和自我安抚的需要。

这是个非常聪明的妈妈，就是听取太多其他人的意见了，却没有真正发自内心地聆听自己宝宝的。她不想用食物来安抚儿子，这个担心是对的，但是她需要仔细聆听孩子的心声，而不是朋友的。在我看来，1124~1183毫升对一个个头大的婴儿来说并不太多。我不知道他出生时体重是多少，但根据一般的生长表，我猜大概在75百分位数左右[1]。他吃的只比某人告诉她应该摄入的量多出约177毫升或237毫升。那只是多出了20%，他的身体可以应付。他也不像是在吃零食（见第88页方框）——两顿之间他能坚持3个小时。到他快8周的时候甚至可能每次要吃大约237毫升。他也有可能比其他孩子早一点需要固体食物（见第135页方框）。我对这个妈妈说："你和你的儿子一切都很好——不要再听其他人的了！"

关键是：要着眼于**你的宝宝**。我们总是希望着眼于个人，而不是标准。书籍和图表（包括第84~85页图表）都是以一般情况为基础的。我担心妈妈们有时会太执著于数字以及其他人的想法，这样做有

---

[1]百分位数，统计学术语，将一组数据按照由小到大的顺序排列，分成100等份，以第几百分位数来表示某个数值在整组数据中的分布位置。打个简单的比方，将100个孩子按照体重高低排列，第100百分位数的即体重最高的，第75百分位数的即体重第26高的。——译注

时会违背常识。因为事实上总有太多规则之外的例外——吃得比一般婴儿慢或者快的婴儿，吃得多或者少的婴儿。有些孩子比较强壮，有些孩子比较瘦小。因此，如果孩子看起来很饿，他两顿之间能坚持 3 个小时，体重位于第 75 百分位数，那么多喂他吃点儿难道没有道理吗？我甚至要说，如果孩子两餐之间能坚持三四个小时，那么就没有喂多了这回事。通过了解你的孩子，仔细观察他的信号，学习什么是典型的发育现象，然后运用常识评估宝宝处于什么位置，那样你可能就会知道什么是最好的。相信自己！

加餐

保证宝宝吃够有一个方法，那就是晚上 11 点钟之前增加他的食物摄入量。我把这个方法叫做"加餐"，你给他多吃点儿，就能够让他晚上睡得久一点。加餐对于处在生长突增期的宝宝来说也非常好，在生长突增期那两三天里，你的宝宝吃得比平时多（见第 105~110 页）。

加餐包括两个部分：**密集进食**，晚上早些时候每隔 2 小时喂一次，例如 5 点、7 点，或者 6 点、8 点。**梦中进食**，在 10~11 点之间进行（取决于你或你的爱人能熬多晚）。梦中进食实际上是在宝宝睡着的时候喂他，你不需要和他说话，不需要开灯。用奶瓶喂奶更容易些，因为你只需要把奶嘴塞进他的嘴里，就能引起他条件反射性的吮吸。如果你是母乳喂养，可能稍微困难一些。在你哺乳之前，用手指或奶嘴碰碰他的下嘴唇，让他开始条件反射地吮吸。不管是哪种喂养方式，在梦中进食的最后，你的宝宝会非常放松，你可以把他放下，不需要使其打嗝。

我建议在宝宝从医院回家后马上开始给他加餐，不过也可以在头 8 周的任何时间开始，梦中进食可以持续到七八个月（到了那个时候，你的宝宝每顿能吃 177~237 毫升奶，以及进食相当量的固体食物）。有些婴儿加餐比其他婴儿困难，他们可能只在晚上较早时候进食，没

进食101

这张进食表是为出生体重约为2.7~3千克或更重的婴儿制定的。如果你是母乳喂养，这张表还假定了你没有任何哺乳姿势或者乳汁分泌的问题，宝宝没有消化、生理或神经方面的问题。如果你的宝宝是早产儿，你依然可以参考这张表，但是要根据宝宝相应的发育阶段作出调整。例如，如果你的宝宝预产期是1月1号，但是12月1号他就出生了，那么一个月大时要把他当做刚出生来考虑。或者如果他出生时体重偏轻，就要以他的体重而不是年龄为准。

年龄	如果是喝奶粉，喝多少？	如果是喂母乳，喂多久	每隔多久？	注释
头3天	每隔2小时喂大约60毫升，总量约为473~532毫升	第1天：每次哺乳5分钟 第2天：每次哺乳10分钟 第3天：每次哺乳15分钟	全天，只要宝宝想吃就喂 每隔2小时 每隔2个半小时	母乳喂养的母亲在头3天通常需要喂得更频繁些，好让乳汁分泌以应对第4天的时候哺乳改为单边哺乳（见第92页）。
头6周	每次约60~148毫升，每天喂七八次——总量一般约为532~710毫升	最多45分钟	白天每隔2个半至3个小时，晚上早些时候密集进食（第83页和第86页）宝宝晚上应该能够坚持4~5小时，取决于他的体重和脾性。	开始的时候，喝奶粉的婴儿两餐之间坚持的时间比吃母乳的婴儿长；如果母亲没有任何哺乳姿势或者乳汁分泌的问题的时候坚持平。通常到3~4周的
6周~4个月	约118~177毫升，加上梦中进食一共喂6次，总量通常约为710~946毫升	最多30分钟	每隔3小时；到16周的时候晚上能够坚持6~8小时。过了8周后就不要进行密集进食了。	你的目标应该是延长白天两次进食之间的时间，这样到了宝宝4个月的时候，你能够坚持大约4个小时。但是，如果他在生长发育突增期，而你又是母乳喂养，那么你可能需要给他"加餐"（第83页）或者可回到间隔3

成员 101（续）

年龄	如果是喝奶粉，喝多少？	如果是喂母乳，喂多久？	每隔多久？	注释
4~6个月	每次约148~237毫升，加上梦中进食共喂5次——通常总量约为769~1124毫升	20分钟	每隔4小时；晚上应该能够坚持10小时。	在4~6个月，有的婴儿的胃口会受到长牙以及身体灵活性增强的影响，所以如果宝宝吃得少了，不要慌张。
6~9个月	一天5顿，包括固体食物。通常液体摄入总量约为946~1419毫升。在你开始让宝宝吃固体食物时，液体食物的摄入量会相应减少——例如，宝宝以前摄入约1183毫升的液体，现在摄入约425克的固体食物了，那么液体食物的摄入量就约为739毫升。 注：2茶匙固体食物约等于30毫升液体食物；2茶匙固体水果或捣烂的蔬菜=1/4罐（一罐约118毫升，如果你是自己做的话）	先给固体食物，然后喂奶粉或者哺乳10分钟。这个时候的婴儿会很快地大口吞下液体食物，因此10分钟内他们的摄入量会超过以前半小时的摄入量。	典型的常规程序： 7:00——液体食物（约148~237毫升，奶粉或母乳） 8:30——"早餐"固体食物 11:00——液体食物 12:30——"午餐"固体食物 3:00——液体食物 5:30——"晚餐"固体食物 7:30——睡觉前喝母乳或奶粉	有些婴儿开始适应固体食物时有困难。你的宝宝可能会流鼻涕、脸颊泛红、屁股疼，可能还会腹泻，腹泻可能是食物过敏造成的，应去看儿科医生。 流口水并不一定意味着长牙。婴儿在4个月左右时开始流口水，那个时候唾液腺开始发育，逐渐成熟。 当你开始喂固体食物时，宝宝的液体摄入量会减少。每顿固体，相应减少约57克固体，相应减少约60毫升液体。

有梦中进食。如果你的宝宝就是这样，你必须选择一种，**把精力集中在梦中进食上**，不要管密集进食。例如，你6点钟喂了宝宝，给她洗澡，做睡前的常规程序，然后7点钟的时候再把她喂饱——她可能只喝一点儿。然后，在10点或11点的时候（如果你或你的爱人通常睡得那么晚）设法给她一次梦中进食——千万不要晚于11点。但是，不要在一两个晚上后就放弃。认为能在三天内改变宝宝的习惯，这种想法是不现实的，有些婴儿甚至需要一周的时间。这里没有奇迹，但坚持就会有回报。

头 6 周：食物管理问题

在最初的6周里，即使你的宝宝体重在增加，也会有其他食物问题。下面是这个阶段来自新父母的最常见的抱怨：

·我的宝宝在吃的时候会睡着，一个小时后好像又饿了。

·我的宝宝每隔两小时就要吃了。

·我的宝宝总是努嘴，我一直以为她是饿了，但是每次喂食她又只吃一点点。

·我的宝宝吃的时候会哭，或者吃完后很快就会哭。

我把上面这些问题称为食物管理问题，对宝宝实施适合她出生体重的常规程序通常就能解决以上问题。对你来说，区分清楚饥饿的哭声和其他哭声也很重要，这样你才能让宝宝吃饱而不是吃"零食"（见下文）。更重要的是，如果你的宝宝有诸如胃食管反流、胃肠气胀或者腹绞痛之类的问题，仔细观察他的信号，喂多的可能性就会小一些，喂得过多只会使他的问题更加严重。

对于见过数千个婴儿的我来说这很容易，但对缺乏睡眠的新父母来说可就难多了！为了帮助你弄清楚宝宝发生了什么，以及你该怎么办，我把我向客户提的问题列在下面，同时也列出了详细的纠错方法：

宝宝出生时的体重是多少？ 我总是会把婴儿出生时的体重考虑进去，以及生产时或者生产后其他任何可能会有影响的情况。如果你的宝宝是早产儿，或者出生时体重较低，或者有其他健康问题，那么他可能需要每隔2小时喂一次。另一方面，如果他出生时体重超过约3千克，而两餐之间最多只能坚持2个小时，那么就会发生其他问题。要么是他每顿都没吃饱，要么就是他在寻求抚慰而不是吃，他正在变成"零食鬼"——每次只吃一点，从来没有真正吃饱过（见第88页方框）。

你是喂奶粉还是哺乳？ 喂奶粉比哺乳的猜测要少一点，因为你可以亲眼看到宝宝吃了多少。如果她体重约3千克或以上，喝大约60~148毫升配方奶，但是吃完1小时似乎又饿了，那么你是误解了她饥饿的哭声。她真正需要的十有八九是吮吸，应该给她一个安抚奶嘴。如果她看上去还是饿，那么可能她每次都没吃饱。

如果你哺乳，必须估量宝宝吃了多少，估量时要考虑喂了多长时间。大多数6周大的婴儿每次吃奶至少持续15或20分钟——如果时间少了，那他很可能是在吃零食。但是，你还必须确保宝宝的衔乳姿势正确，奶水充足。（关于母乳喂养的详细信息参见第91~99页。）

你隔多长时间喂一次宝宝？ 平均体型以及稍大一点的婴儿开始的时候需要每隔2个半至3个小时吃一次，不能短，也不能长——即使个头大一点的宝宝也不能。（我还喜欢在晚上的时候加餐，见第83页。）

如果你有这样的抱怨："我的宝宝每隔1小时就饿了。"那就是你喂的时间可能太短了（见下文）或者你的宝宝每次都没吃饱，因此你必须多给她一点食物。如果你是喂奶粉，方法很简单：每次喂食增加约30毫升。如果是母

***

喂奶粉的妈妈们：阅读说明书！

我认识有些妈妈往孩子的奶瓶里放过多奶粉，希望孩子长胖些，或者给他们双份营养。因此，她们不是一茶匙奶粉兑约60毫升水，而是放2茶匙。奶粉的用量是非常精准的，如果你水用得少，宝宝可能会脱水或者便秘，所以要按照说明书来。

你的宝宝是零食鬼吗?

婴儿可能会养成一种进食习惯,从来不好好吃一顿固体食物,每顿只能吃一点点。

如何发生的: 如果婴儿没有常规程序,父母会把婴儿吮吸的需要和饥饿弄混淆。他们在两餐之间不是给她安抚奶嘴以作安慰,而是给她乳房或者奶瓶。这开始于头 6 周,但是可能持续几个月,最终使孩子养成吃零食的习惯。

你怎么知道: 宝宝体重约 3 千克或者更重,但是两餐之间不能坚持 2 个半小时至 3 个小时,或者向来只能吃一点儿奶粉,或者每次哺乳只能持续 10 分钟。

该怎么办: 如果是母乳喂养,适当检查一下哺喂姿势,挤一下奶(见第 94 页),以排除这些方面出问题。确保每次哺乳时只喂一边的乳房,这保证了宝宝能够吃到后面较为浓稠的乳汁(第 92 页)。如果 2 小时后宝宝开始哭,可以用安抚奶嘴制止她——第一天 10 分钟,第二天 15 分钟,这样她在两餐之间能坚持得久一点,这样做还能增加你的乳汁量。如果不能制止她哭,就给她少吃一点儿——如果是哺乳的话,就时间短一点;如果喝配方奶的话,就减少约 30 毫升——下次进食时她会把少吃的补上。这可能需要三四天,但是,如果你坚持住的话,她会渐渐吃得又多又快的……特别是如果你能坚持最初 6 周的话。

乳喂养,可能是因为你分泌的奶水不够宝宝的需要,或者宝宝衔乳姿势不正确,因此没能吃到很多奶水。这种情况持续两三周还会导致你的奶水分泌减少。当宝宝每次只吃 10 分钟的时候,你的身体会以为你不需要分泌那么多奶水,因此你的奶水量会不断减少,最终枯竭(关于更多乳汁分泌的内容见第 91~99 页)。也可能是因为宝宝正在经历生长突增期,不过这种情况通常不会发生在头 6 周(见第 105~110 页)。

进食一次通常持续多长时间? 在最初 6~8 周期间,平均体重的宝宝每次进食通常持续 20~40 分钟。所以,举例来说,如果他 10 点开始吃，10：45 结束，到 11：15 他应该睡下，睡 1 个半小时。尽管喝奶粉的婴儿也会在吃的时候睡着，但是一旦他们体重达到约 3 千克或 3 千克以上，那么他们在吃的时候睡着的可能性就小于母乳喂养的婴儿。母乳喂养的婴儿容易在吃了约 10 分钟后变得昏昏欲睡，因为他们吃了一些"消渴乳"，前面分泌出的乳汁中含有丰富的催产素，那是一种激素，作用很像安眠药（见第 93 页方框"如果乳汁有标签……"）。早产儿和黄疸病婴儿也容易在还没吃完的时候睡着。在这两种情况中，宝宝肯定是需要睡觉的，但是他们也需要醒来进食。

偶尔吃着吃着就睡着并非世界末日。但是，如果这种情况持续超过 3 次，那就表明你可能在无意中让宝宝变成了零食鬼。而且，如果宝宝把吮吸和睡觉联系在一起，教他自己入睡会更困难。那个时候，要建立任何常规程序，即使不是不可能，也会相当困难。（关于这种恶性循环的更多内容见第 96~97 页。）

宝宝吃完后，要设法让她醒着，哪怕只有 5 分钟。你可以轻轻地碾压她的手掌（千万不要挠她的脚底心），或者让她直立起来（就像玩偶一样，她的眼睛会马上睁开）。你还可以把她放在护理桌上，给她换尿片，或者只是跟她说几分钟话。当你把她放下时，握住她的手臂做转圈动作，握住她的腿做蹬自行车动作。设法让她醒着，只要 10~15 分钟就可以了，因为那个时候催产素应该已经进入她的身体系统。之后，她就应该进入了 E.A.S.Y.中的 S（睡觉）部分。下次喂食的时候再如此尝试，要坚持下去。我们必须要教宝宝吃得有效率。

这里的问题是父母对弄醒宝宝有很矛盾的心理。他们会说："哦，她累了，我们要让她去睡觉了，她一晚上没睡了，可怜的小东西。"你以为她为什么一整晚醒着要吃东西呢？因为她在补上白天没有得到的食物。如果你让这种模式继续下去，那么你就是在教她吃零食，而不是吃饭，当她 4 个月大时，你会怀疑自己是否能让她安睡整晚。

给宝宝喂食时你给他充分的吮吸时间了吗？ 婴儿需要吮吸时间，特别是头 3 个月，所以这个问题可以帮助我分析宝宝是否得到了充分的吮吸时间。我知道有很多妈妈不"相信"安抚奶嘴。如果看到一个

2 岁大的孩子叼着安抚奶嘴走来走去，我肯定也会厌烦。但是，我们现在说的是婴儿。使用安抚奶嘴（见第 194 页）可以阻止婴儿不停地吮吸你的乳头（或者奶瓶）。所以，在两次喂食之间试着用用安抚奶嘴，可以逐渐延长两餐之间的间隔时间，这样你的宝宝就不会变成零食鬼。对母乳喂养的宝宝也有好处，他们很容易在吸光了乳汁后继续懒洋洋地吸着，因为他们想要更多的吮吸时间。

你的宝宝吃完后哭得厉害吗？或者至少会在吃的时候哭？饥饿的婴儿吃饱了之后就会停止哭泣，他告诉了你他的需要——食物——而你也给了他食物。婴儿进食时哭或者进食后马上就哭不是因为他们还饿，而是有其他原因。首先，要排除你自身的问题，例如奶水不足或者乳管堵塞，这可能会使宝宝吮吸的努力落空。如果这方面没有问题，那就可能意味着宝宝疼痛、胃肠气胀或者胃食管反流，也就是婴儿胃灼热（见第 100~104 页）。

你的宝宝活动时间有多长？记住我们说的是 6 周及以下的婴儿。E(吃)之后的 A（活动）不是要做追赶游戏。有些婴儿，特别是瘦小的婴儿，进食后只能醒 5 分钟或 10 分钟。看一下 3 周大的婴儿劳伦的例子，她出生时体重约 2.7 千克，只比平均体重轻一点。"现在我们已经对她试了几天 E.A.S.Y.常规程序，"她忧心的父母写道："下面是我们的困境：她 10 分钟内吃完奶，活动 30 分钟，这时她开始变得极度兴奋，然后我们去睡觉。她只小睡 20~30 分钟。这时离上次进食才 1 个半小时，重新开始 E.A.S.Y.中吃的部分太早了。在这段时间里我们该拿她怎么办呢？"

检验一下你自己在这方面观察宝宝的能力。看了上面的例子你会发现小劳伦没有吃到真正的一餐。因为劳伦妈妈喂母乳，我还想知道她的乳汁分泌是否足够，所以我还要挤一次奶（见第 94 页）看看每个乳房劳伦能吃多少。而且 30 分钟的活动对于一个 3 周大的小婴儿来说太长了，她兴奋过度也就不足为奇了。她只睡了 20~30 分钟，因为她饿了。从大人的角度想：如果我只吃了一片面包和黄油，然后到跑步机上跑步，小睡片刻，你可以肯定我会饿得醒过来。劳伦的情况也是如此——她吃的量不足以维持她的活动，小睡也睡不香，因为肚子是空的。她的父母必须回到起点，延长劳伦的进食时间，缩短她醒着的时间。然后，她才可能吃得更好，并且白天小睡时间更长。

对哺乳妈妈的提醒：如何避免（或纠正）错误的衔乳姿势和奶水不足

女人的身体是神奇的创造。如果你身体健康，当你怀孕的时候，身体会为分泌乳汁而加速运转，婴儿出生后，所有的身体机制都已各就各位满足宝宝的进食需要。这是一个自然的过程，但是不管那些夸夸其谈的母乳喂养书籍上说什么，不是每个女人或者孩子一定会马上适应的。很多女人都有困难，即使那些在医院里咨询过哺乳顾问的女性，一旦她们回到家，有时也会遇到麻烦。如果你需要帮助，并不意味着你做错了或者做得不好。

当新妈妈在最初 6 周——正式的产后阶段，每个人都在调整适应（宝宝适应这个世界，新妈妈适应宝宝）——遇到所谓的哺乳问题来找我时，通常可以归结为要么是**错误的衔乳姿势**，宝宝的嘴巴位置不对，无法获得最多的乳汁；要么是**乳汁分泌不足**。当然了，这两个问题可能是相互关联的。当婴儿衔乳姿势正确，开始吮吸时，母亲的身体给大脑传达出这样的信息："宝宝饿了，快点分泌更多的乳汁。"显然，如果信息没有传达到，你的乳汁分泌就会不足。

正如我在"进食 101"表中所表明的，对母乳喂养的婴儿来说，最初几天是不同的，因为妈妈的乳房在乳汁正式分泌前要先分泌初乳（见第 93 页边框）。为了最充分地利用初乳，第一天的时候你要全天候喂宝宝，每边乳房各喂 5 分钟。第二天每隔 2 小时喂一次，每边乳房喂 10 分钟。第三天每隔 2 个半小时喂一次，每边乳房各喂 15~20 分钟。宝宝摄入初乳时必须花更大力气来吮吸。初乳很稠，就好像从针眼里挤蜂蜜一样。对于体重低于约 2.7 千克的婴儿来说可能特别困难。但是，开始时这种频繁的吮吸特别重要，因为你的奶水来得越快，乳房肿胀的可能性就越低。

一旦开始分泌乳汁，就要采用单边乳房哺乳的方式。简而言之，不要更换乳房，除非一边的乳房已经被吃空了。有些专家会告诉你 10 分钟后更换乳房，但是我不同意。看看旁边的边框的内容就会明白原因。母乳包含三种组分。如果装一瓶乳汁，放置半小时，你就会发现有一种水状的液体沉入瓶底，一种发蓝的白色液体在中间，最上面是一层黏稠的淡黄色乳状物质。水状部分是消渴乳——来自哺乳最初的 10 分钟。所以，如果你 10 分钟后更换乳房的话，不仅会让宝宝睡着，而且还给了她双剂量的消渴乳，没有一点营养；消渴乳之后分泌出来的更似乳脂的那部分乳汁才有营养。我认为换乳房吃奶的婴儿喝了很多"汤"，但是从来没有吃到营养丰富的甜点。这些宝宝经常吃完后一个小时似乎又饿了，变成了零食鬼。这些婴儿还有可能出现消化问题，因为前面的奶水富含乳糖，太多乳糖会导致肚子痛。

确保宝宝衔乳姿势正确。给自己买一盒小小的、圆圆的弹性绷带——邦迪。它们直径约为 1.3~1.9 厘米，看起来很像打靶时用的靶心，对，这就是我现在推荐的东西。在你哺乳前，在乳头上、下方约 2.5 厘米的地方各贴上一块作为靶心，在宝宝身下放一个硬枕头或者"趴趴枕"———种特制的哺乳专用的垫子——来托住宝宝，双臂交叉抱住他，放置于与乳房齐平的位置，这样他就不会扭着脖子了。把大拇指放在上面的靶心上，食指放在下面的靶心上，开始挤。然后，轻轻地托住宝宝的头，把乳头塞进他的嘴里。要想确保宝宝衔乳姿势正确，可在镜子前观察自己，或者让你的爱人、妈妈（哪怕她自己从来没有喂过奶）或者好朋友观察宝宝的嘴唇是如何衔住你的乳头的。下面是要注意的：确保宝宝的嘴巴张大，正好衔住乳头。宝宝的嘴唇会形成一个紧紧的套筒，套在乳头和乳晕之上。如果宝宝的衔乳姿势不正确，他的下嘴唇可能会缩进去。或者宝宝可能只含住了乳头尖，而不是全部。如果你的手指不在靶心上，也就是乳头上、下方各约2.5厘米的地方，可能会妨碍宝宝含进整个乳头。

哺喂姿势不正确最可靠的信号是你的身体。我见过很多母亲经受了巨大的痛苦——疼痛甚至流血的乳头。她想，**哦，我这是为了宝宝啊**。

如果乳汁有标签……

当你买奶粉时，阅读上面的标签就可以知道里面含有什么成分。但是乳汁会随着你身体的改变而改变。下面是乳汁的成分：

初乳：头三四天你的宝宝会得到初乳的滋养，初乳是一种黏稠、淡黄色的物质，像压缩饼干一样，里面含有保证婴儿健康所需的所有抗体。

消渴乳：你的乳汁开始分泌后，最初的5~10分钟包含一种水状的物质，富含乳糖，可以给宝宝消渴。而且含有大量的催产素，作用很像安眠药——这就是为什么进食10分钟后有时宝宝甚至还有妈妈会睡着的原因。

前乳：接下来的5~10分钟会分泌出富含高蛋白的液体，这对骨头和大脑的发育都很有好处。

后乳：15~18分钟后分泌出富含脂肪的乳脂状奶水，高热量，黏稠，能够帮助宝宝增加体重。

她可能想做世界上最好的妈妈，但是不幸的是她喂宝宝的姿势不正确。如果哺乳时觉得不对劲，要相信你身体传递的信号。头两三天乳头有点痛是正常的，但是如果不适持续更久或者疼得更厉害，那就可能是出现了问题。如果宝宝吮吸时你感觉乳头疼痛，那就是你的哺喂姿势不正确。如果乳头起水疱，那就是你的手放错了地方。如果你觉得身体不舒服——发烧、打冷战、盗汗——乳房有疼痛或者发胀的感觉，这些都是出问题的症状，例如乳房充血或者乳管堵塞，都可能导致乳房炎或者乳腺炎。如果你发烧了或者有其他症状超过了一星期，要马上去看医生；或者给哺乳顾问医生打电话，让她教

如何增加乳汁量

关键是刺激乳窦，可以用吸奶器吸，也可以让宝宝吮吸。

不使用吸奶器的方法：如果你不想用吸奶器，就每隔 2 小时让宝宝吮吸乳房，持续几天，就会让你的乳汁持续分泌。宝宝衔乳刺激了乳窦，乳窦给大脑发出信号：分泌乳汁。然后你的宝宝两次进食之间就能坚持 2 个半至 3 个小时，因为他吃到了适量的奶水。如果哺乳时间在接下来的 4 天中没有自动延长，就要确保他没有变成零食鬼（见第 88 页）。

使用吸奶器的方法：哺乳之后立刻吸，或者一个小时之后吸。如果宝宝每隔 2 小时进食一次，随后挤奶可能看起来有些奇怪，但是通过挤奶你清空了乳房中的乳汁，下一次哺乳的时候，宝宝的吮吸会给身体传达出分泌更多乳汁的信号，而不是喝上一次哺乳剩下的。

不管用哪种方法，三天之后你的奶水量就应该增加了。

会你正确的哺喂姿势，可能对你会有所帮助。

如果宝宝出生体重低于约 2.7 千克，就要喂得频繁些，即使过了最初的 4 天。乳汁分泌量少的问题常见于瘦小的婴儿身上，因为你的身体是为体重约 3 千克或 3 千克以上的婴儿设计的。当婴儿吮吸不够有力，或者吃得没有个头较大的婴儿多时，妈妈的身体会作出相应的反应，减少乳汁的分泌量。解决方法是每隔 2 小时哺乳一次，这样不仅能让宝宝体重持续增加，还能保持母亲奶水的持续分泌。在一些特殊情况下，例如早产儿，体重约低于 2.3 千克的足月婴儿，或者因为某种健康原因留在医院的婴儿，我还会让母亲在哺乳间隙用吸奶器把奶水吸出来，好让奶水持续分泌（见该页边框）。这对妈妈来说是一项辛苦的工作，但是，如果她打算母乳喂养婴儿，这种辛苦是值得的。

如果你担心奶水量，就挤一次奶看看你分泌了多少。当妈妈不确定宝宝是吃得少还是自己分泌的奶水不够时，我建议做一次"挤奶"，这是我们在约克夏郡农场的一种做法。一天一次，在哺乳前 15 分钟用吸奶器吸一下乳房，看看分泌了多少奶水。比方说有约 60 毫升——你可以算出宝宝可能会吃到大约 90 毫升奶水（婴儿吮吸的效率比任何吸奶器都高），然后把那些奶水装入奶瓶喂她。如果你还没有开始使用奶瓶，可以用注射器或者吸液管代替。你还可以先让宝宝把乳房中剩下的奶水吃完，然后再把你挤出来的奶水喂给他。

要保证自己睡得香，吃得好。奶粉与母乳相比有一个优势，那就是成分始终是一样的。你得到的总是你所看到的。母乳会因为母亲生活方式的变化而变化。睡眠太少会减少你的乳汁量，甚至减少乳汁中的热值。显然，饮食也会产生同样的影响。你必须摄入双倍的液体——每天喝 16 杯水或者相当量的饮料。你每天的饮食中需要多加 500 卡路里——50% 来自碳水化合物，25%~30% 来自脂肪，25%~30% 来自蛋白质——以补充身体的能量来制造和分泌乳汁。要把你的年龄、正常体重和身高考虑进去，你可能比平常人需要得多或者少。如果你有所怀疑，应向产科医生或者营养师咨询。最近，我接到一个 35 岁女人的来电，她叫玛丽亚，刚刚当上母亲，她宝宝 8 周大，之前就已经开始了很稳定的 3 小时常规程序，但现在宝宝却又每隔 1 个半小时就要吃一次，她很奇怪。最后发现是因为妈妈的饮食中没有碳水化合物，而且她还每天锻炼 2 小时。当我告诉她她的乳汁分泌量可能减少了的时候，她想要一些"速效法"来增加乳汁量。但是，我跟她说她需要的不仅仅是增加乳汁量，作为一个哺乳期的母亲，她的活动量太大了。即使她采取措施增加了乳汁量，依然需要更多的休息，增加饮食中的碳水化合物，从而提高乳汁的质量。

如果需要，就补充奶粉。我有一个客户叫帕特丽夏，她的医生告诉她小安德鲁体重没有增加，而且他还嗜睡，反应迟钝。不过医生没有询问帕特丽夏的奶水分泌情况，因此我们挤了一次奶（见第 94 页），她用吸奶器只吸出了约 30 毫升奶水。帕特丽夏非常难过，"但是，我想让他吃母乳。"她坚持道。好吧，不要紧——她必须给安德鲁补充奶粉，至少要持续到她的乳汁量增加为止。我们往安德鲁的液体饮食中加入了奶粉，让帕特丽夏用吸奶器，尽管她不想用。不到一周，她的乳汁量增加了，于是我们减少了安德鲁饮食中的奶粉量，增加了乳汁量。到了第二周，她重新开始哺乳，不过按照我的建议，她继续把吸出来的乳汁装入奶瓶喂安德鲁，这样爸爸也可以喂宝宝了。（我总是会建议这一点，见第98页。）

> **重要提示：** 有些使用吸奶器的妈妈喜欢"储存"吸出来的奶"以备不时之需"。除非你要做手术，或者你没法亲自喂宝宝，否则吸出来的奶不要超过3天的量。随着宝宝的生长和变化，乳汁的成分也在发生变化，上个月的乳汁可能不适合这个月的宝宝！

如果进食时间总是少于10或15分钟，就要当心了。 当喂母乳的妈妈告诉我"我6周大的宝宝吃奶只吃10分钟"时，我就会警觉。但是，在下结论之前，我会先排除哺喂姿势错误或者乳汁量不足的原因，我会问妈妈：**你哺乳前是否挤过奶看看有多少奶水？你的乳头痛吗？你的乳房胀吗？** 如果第二或第三个问题的答案是"是的"，就可能意味着宝宝衔乳姿势不正确。她龇牙咧嘴地忍受着，但是，也有可能是她的乳管堵塞，我会建议她去咨询哺乳顾问医生，或者我亲自去看看。

但是，在这个问题上，我见过很多哺乳的母亲在最初6周犯了错误：她们没有让宝宝醒足够长的时间来吃饱。对年幼的婴儿特别是瘦小的婴儿来说，如果这种情况持续下去会引发严重的问题。以亚斯敏为例，她的儿子林肯4周大，她打电话给我，因为林肯有各种各样的问题。他的体重没有增加，他最长的小睡是45分钟——多数只有20或25分钟——更不必说常规程序了，亚斯敏甚至无法开始考虑如何对林肯实施常规程序。"我觉得像骑在一头弓背跳跃的野马上，特蕾西，我随时都会摔下去，我控制不了啦。"

我和亚斯敏一起待了一上午，我建议她继续常规程序，就当我不存在。不到一个小时，我就明白了她的问题所在。哺乳约10分钟，林肯开始闭眼睛，亚斯敏以为他吃完了，进入了常规程序的S（睡觉）部分，于是把他放下。她没有意识到林肯吃的只是前乳，他还没吃到含有脂肪的后乳，后乳要在哺乳15分钟后才会开始分泌。

他陷入了催产素造成的昏睡中！10分钟后他就醒了，不仅仅是因为催产素已经在他体内消失，还因为肚子里几乎没东西可以支撑住，就好像他只喝了一杯脱脂乳。然后，亚斯敏就大声质疑："呀，我刚刚喂了你——怎么回事？"于是她检查尿片，裹襁褓，轻拍他，哄他，设法让他重新入睡。但是，林肯继续哭，过了二三十分钟，他还在哭。为什么呢？因为他饿了。亚斯敏一边走动一边摇晃他，想让他安静下来。但在哭了二三十分钟之后，任何小婴儿都会累的，不管你做什么，他都会重新睡着，林肯也正是如此。但是，正是这一点让他的妈妈抓狂——他睡不长。果真，大约20分钟后林肯又醒了，他可怜的妈妈完全不知道接下来该怎么办。

"哎呀，我1个小时前刚喂了他，他应该能坚持3小时，至少要2个半小时吧，"她悲叹道，"特蕾西，你得帮帮我。"我为她重新描述了一下她的做法，解释说，之所以产生问题，是因为她没有意识到林肯没有吃饱。一旦她明白了怎么回事，就决定采用我的"唤醒法"（见第88~90页），当林肯吃着奶打瞌睡时，她就唤醒他，这样林肯才真正吃好，体重增加了，当然，睡得也更好了。

这件事情的教训在于要留意进食的时间长度。但是，我要再次提醒你，所有的婴儿都是不同的。有些婴儿从一开始吃的效率就比较高。例如，密歇根州的苏写道：

> 我的女儿3周大，每次吃奶只吃5分钟（每边乳房），每隔3小时左右吃一次，但是我听说她应该至少吃10分钟。她应该吃多长时间，有何建议吗？

苏，你亲爱的女儿可能吃的效率比较高。我见过有的孩子吃奶像吮棒棒糖一样，要吃45分钟，也见过像你的宝宝一样的孩子，他们大口地吞食。关键是她能坚持3小时的进食间隔，因此，我知道她不是在吃零食，除非她的体重低得反常，否则我们应该认为她吃够了。（不过，我还是建议苏哺乳时不要更换乳房，见第92页。）

无须多说，头6周对所有的婴儿都至关重要，不过，如果你选择

宝宝耳语专家的最好建议：乳房和奶瓶

我总是让母乳喂养的妈妈也要给宝宝用奶瓶。我建议一旦宝宝衔乳正确，你的乳汁分泌流畅——对大多数妈妈来说大约在第2或第3周——就开始给宝宝用奶瓶。一天至少喂一瓶，一直坚持下去。例如让爸爸在睡觉前喂一瓶，或者让奶奶下午喂一瓶。这个时候，你的宝宝适应能力依然很强。我知道我的建议可能会和其他人的建议相反。有些妈妈被劝告只能哺乳，或者至少等到宝宝6个月大时再开始用奶瓶喂奶。她们被警告不要提早开始，因为所谓的乳头混淆，或者因为乳汁可能枯竭。胡说八道！我自己带孩子从未出现过这样的问题。

这不仅关系到宝宝的健康，你还必须考虑你自己的需要和生活方式。有些妈妈非常乐意只哺乳——也许你就是其中一员——但是至少要事先思考一下。下面是一些很重要的问题，问问你自己。如果你对其中任何一个问题的答案是肯定的，那就要考虑在最初几周就开始用奶瓶给宝宝喂奶。（如果你已经错过了这段时间，见第115~120页"从乳房到奶瓶"。）

你愿意其他人——爸爸、奶奶、保姆喂宝宝吗？ 既吃奶也喝配方奶的婴儿可以让妈妈得到休息；同样重要的是，让其他人喂，他们才有机会拥抱宝宝，和他说话，建立亲密关系。

你打算宝宝一岁之前就回去工作或者做兼职吗？ 如果你准备回去工作，而宝宝还不习惯既吃奶又喝配方奶，那么你很可能面临宝宝绝食的危险（见第119页方框）。

你打算宝宝一岁之前送他去日托吗？ 大多数日托机构拒收不使用奶瓶喝奶的婴儿。

既然你已经开始了母乳喂养，那你确定想继续下去吗？ 我收到无数妈妈发来的电子邮件，请求我"允许"她们到了某个时候停止哺乳，比方说6周、3个月或者6个月。但是，给宝宝断奶没有最佳时间，不会有魔术般神奇的一天。不管你决定什么时候断奶，如果宝宝已经习惯了喝配方奶，那么过渡就会平稳一些。

你打算哺乳一年或少于一年吗？ 如果你不想宝宝抵抗的话，就不要在8个月或10个月的时候才开始使用奶瓶喂奶。

母乳喂养，就需要特别小心谨慎。尽管这些问题可能持续到以后，或者以后才会突然出现，但是，你现在就应该采取正确的措施来加以预防。

痛苦的喂食：胃部不适

婴儿出生时还不是发育完全的人——有时他们消化系统的发育还需要一点时间。胃肠问题中最糟糕的情况是引发了一系列事件和情感问题，从而让问题更加严重，更难以处理。妈妈和爸爸经常觉得无助、无能，因为他们看不出问题所在。他们开始质疑自己的能力，这种不安全感反过来又会影响他们的行为，他们因此变得紧张，喂奶的时候充满担心和焦虑。

哭泣游戏

要判断宝宝是否不适，我会详细询问关于哭的问题。当然，这只是一部分信息，我还需要询问宝宝出生时的体重、进食方式、活动、睡眠习惯，看看是不是有饥饿、疲劳、兴奋过度的因素，或者更可能的是三种因素都有。

他通常什么时候哭？ 如果他吃奶后哭，可能是因为胃肠气胀或者胃食管反流。如果他每天同一时间哭，像闹钟一样准时，那么可能是因为腹绞痛（如果其他两种病情都被排除了）。如果他的哭没有规律可循，可能是因为他的脾性如此——某些类型的婴儿就是哭得比其他婴儿多。

他哭的时候身体呈现出什么样子？ 如果他把腿抬向胸部，可能是胃肠气胀。如果他身体僵硬，弓背，可能是胃食管反流，也有可能是他拒绝世界的方式。

当他哭的时候怎样才能安慰他？ 如果让他打嗝或者让他的腿做蹬自行车的动作可以止住哭，你可能帮助他排除了一个气泡。如果让他坐直，比方说坐在车椅上或者秋千椅上能够管用的话，他可能是胃食管反流。移动、流水的声音、吸尘器可能会使患有腹绞痛的婴儿分心，但是，要想安抚他，基本上是无计可施。

当父母们告诉我他们的宝宝"总是哭"时，我怀疑的第一件事就是胃肠问题：胃肠气胀、胃食管反流（婴儿胃灼热），或者腹绞痛（和前面两种病情完全不同，有时候前两种病会被错当成腹绞痛）。婴儿的消化系统发育还很不成熟，他们通过静脉进食了9个月，而现在不得不自己吃，因此头6周可能会很不稳定。

胃肠气胀、胃食管反流以及腹绞痛是不同的病情，但对新父母来说可能很容易弄混淆。更糟糕的是，儿科医生有时会用一个笼统的术语"腹绞痛"来描述上述三种病情，除了其他原因外，研究人员对什么是腹绞痛也意见不一。下面的内容应该可以帮助你了解其他人所知道的信息。

胃肠气胀

什么是胃肠气胀：胃肠气胀就是宝宝进食时吞下了空气。有些婴儿喜欢吞咽的感觉，因此有时即使他们在不吃奶时，也会吞下空气。对婴儿来说，胃肠气胀可能会非常痛，就和成年人一样。当空气困在肠内时，就会感到疼痛，因为身体没办法弄破它，宝宝只有通过放屁或者打嗝来排出空气。

要留意些什么：想想自己的身体，回忆一下自己得胃肠气胀时是什么感觉。宝宝可能会把腿抬向胸部，皱起眉头。他的哭声调子稳定——是一种断断续续的哭泣，看上去像是在气喘——就好像他就要打嗝似的。他还可能会翻眼睛，表情（在哭的间隙）几乎像是在微笑（这就是为什么奶奶经常坚持说宝宝的第一次微笑"其实"只是胃肠气胀）。

该怎么办：当你让宝宝打嗝时，应该用手掌根部沿着左边向上摩擦（左边肋骨下方柔软的部分正是胃所在的地方）。如果这样做没用，就把他抱起来，让他的双手悬垂在你肩后，腿向下伸直，这样就给了空气一个直线通路。向上摩擦，就好像在抚平一张墙纸一样，让气泡出来。你还可以放下宝宝，让他面朝上平躺，拉住他的腿，轻柔地做蹬自行车的动作，以帮助他排除气泡。还有一个帮助他通气的方法，就是抱住他，轻拍他的臀部，让他感觉到往哪里使劲。要想减轻他腹部的疼痛，可以让他躺在你的一只前臂上，用手掌轻压他的肚子。还可以用一条婴儿浴巾折叠成约 10 厘米宽的临时腹带贴身裹在他的腹部，不过，不要裹得太紧。

胃食管反流

什么是胃食管反流：婴儿胃灼热，有时候伴随着呕吐。在一些极端的情况下，可能会有并发症，婴儿可能会吐出带血的液体。胃灼热对成年人来说特别疼，婴儿的情况就更糟糕了，因为他们不知道发生了什么事。宝宝进食的时候，食物进入嘴里，然后进入食道。如果消化系统运转正常，括约肌（打开和关闭胃的肌肉）让食物进入胃里，并留在那里。如果肠胃道已经充分发育，就会先是有节奏地吞咽，之后括约肌打开，然后再关闭。但是，出现胃食管反流是因为括约肌没有发育成熟，打开之后没有完全关闭。食物不能留在胃里，而使情况更糟糕的是胃酸随之出现，灼烧婴儿的食道。

该留意些什么：一两次呕吐之后你就应该当心了。所有的婴儿都会发生胃食管反流的情况，不是这个时候就是那个时候，特别容易在吃完之后发生。有些发生得频繁些，有些只是对消化问题更加敏感而已。当我怀疑是胃食管反流时首先会问：**他是否胎位不正？生产时脐带是否绕在他脖子上？他是早产儿吗？他患过黄疸病吗？他出生体重偏低吗？妈妈是不是剖腹产？家里其他成年人或者孩子有过胃食管反流吗？** 如果有任何一个问题的答案是肯定的话，那么很可能就是胃食管反流。

如果你的宝宝患有胃食管反流，她进食会有困难。她可能会呛奶，因为她的括约肌关闭着，使她从一开始就无法咽下食物。或者她可能吃完奶后几分钟就吐出来，甚至喷出来。有时吃完奶后一个小时，你还可以看到她吐出稀薄的乳酪状物质，因为胃部痉挛，不管上层是什么东西，都从食道涌了上来。她可能会放响屁。像患胃肠气胀的婴儿一样，她可能也会吞咽下空气，但是因为胃食管反流的缘故，吞咽会伴随着一声短促的响声。胃食管反流的婴儿常常打嗝很困难。另外，惟一让他们觉得舒服的姿势是坐直或者是被你抱在怀里，身体向上挺直靠在你的肩膀上。任何把他们放下的企图都会导致他们歇斯底里地大哭，因此，当父母们对我说"坐在秋千椅里时她最快乐"或者"他只有坐在他的车椅里时才能睡着"时，我就会警觉。

胃食管反流的恶性循环是婴儿越紧张、哭得越厉害，胃痉挛的可能性就越大，胃酸会涌上食道，使他更不舒服。你尝试了书中的各种方法，都不能使他安静下来，那么你很可能是尝试了错误的方法。你可能会轻轻地上下颠他，想以此安抚他，但这只会帮助胃酸上移到食道。或者你会想："问题是他需要打嗝。"于是你轻拍他的背部，这个动作也使得胃酸上移，通过发育不完全的括约肌。你可能会把他的哭和他的不舒服归咎于这个或那个的原因——通常是腹绞痛或者胃肠气胀——而没有意识到他得了胃灼热，需要特别处理。你糊涂了，放弃了常规程序，因为你看不懂他的信号。同时，你的宝宝也累惨了。他因为哭得太多（这需要很多能量）又饿了，于是你试着再喂他。但是，很快他又不舒服了，可能会吐，继续恶性循环。

该怎么办：如果你的儿科医生说那是腹绞痛，应该再征询一下肠胃病专家的意见，特别是在家里成年人或者其他孩子有过胃肠系统的毛病时，因为胃食管反流会遗传。家族史和彻底的检查通常足以诊断病情，大多数婴儿不需要实验室检验就可以诊断出来。在一些极端情

错误传言

如果宝宝没有吐，那就不是胃食管反流

过去诊断胃食管反流的症状包括持续吐奶以及/或者喷奶。但是，现在我们知道有些婴儿会痛，不舒服，但没有上面的那些症状。因为有这种混淆，胃食管反流依然可能会被误诊为腹绞痛。现在很多儿科医生可能会把婴儿不明原因的哭诊断为胃食管反流或腹绞痛，但是一些老派的医生会说是"腹绞痛"（见第104页）。还有些人主张胃食管反流是腹绞痛的一种，这可能解释了为什么有些案例中的婴儿在大约4个月大的时候腹绞痛就"魔幻般地"消失了。到了那个时候，发育不成熟的括约肌的力量开始增强——用得越多力量越强——婴儿吃东西、消化比以前更容易了。

况下，或者当你的医生认为宝宝的胃食管反流可能有并发症时，可能需要进行各种检验——X 光钡餐、超声波、内窥镜、食道 pH 值检查。专家会判断你的宝宝是否患有胃食管反流，病情是否严重，通常也能推测出宝宝的胃食管反流会持续多长时间。专家还会给你药物和指导来控制病情。

对胃食管反流的最常见治疗是药物治疗：婴儿抗酸剂和驰缓剂，这由医生决定。但是，你除了开车带他出去或者让他沉迷于那该死的机械秋千椅之外，还是可以做点事情的：

抬高婴儿床垫。把床垫抬高 45°，用婴儿楔形垫或者几本书——任何东西都可以，只要把头部垫高就行。患有胃食管反流的婴儿被支撑住、被包裹着时感觉最舒服。

在他打嗝的时候不要拍他。如果他正在打嗝，不要拍他，否则他就会呕吐或者哭，从而形成恶性循环。要用画圈的方式按摩他左边的背部。之所以要按摩，是因为背部恰好是食道所在的地方，如果你轻拍，会刺激原本就已经发炎的区域。让宝宝的手臂伸直越过你的肩部，然后向上按摩他，这样食道里就有一个畅通的通道。如果 3 分钟后他没有打嗝，那就停止动作。如果他的身体里面有空气，他会开始闹，这时需要轻轻地把他朝前方举起，使空气尽可能地排出来。

注意喂食。避免给宝宝喂得太多或者太快（用奶瓶喂奶时发生这种情况的可能性更大）。如果用奶瓶喂一次的时间少于 20 分钟，那就说明奶嘴顶端的开口可能太大了，应该换一个流量较小的奶嘴。如果吃完后他开始闹，就用安抚奶嘴安慰他，而不是再次喂他，后者只会让他更加不舒服。

不要急着给他吃固体食物。有些专家建议，如果婴儿患有胃食管反流，不要等到 6 个月就给他吃固体食物，不过我不同意这种说法（见第 133 页"可靠的建议"）。如果你喂得他太饱，会导致更严重的胃灼热。如果他感到疼，会停止进食。

努力使自己保持冷静。宝宝 8 个月左右时胃食管反流会好转，那时括约肌发育更加成熟，宝宝吃的固体食物也更多了。大多数婴儿在第一年里胃食管反流会自行好转，最严重的情况可能会持续到 2 岁，但那只是少数。至于那些情况严重的，你只需要接受一个事实：你的宝宝不会遵照一个正常的进食模式——至少此时不会。同时，要尽量采取措施让他感觉舒服，要知道到了某个时候他就会好了。

腹绞痛

什么是腹绞痛：如何定义腹绞痛，即使医生也没有统一的说法。大多数人认为它是一种综合症，表现为长时间的、无法安慰的大声哭闹，看上去似乎伴随着疼痛和刺激。有些人把它看做是一种笼统的称呼，包括：消化问题（食物过敏、胃肠气胀或者胃食管反流），神经问题（过度敏感或者高度活跃），不利的环境（父母的紧张或疏忽、家里的紧张气氛）。被诊断患有腹绞痛的婴儿可能会有上述任何一种不适，或者全部都有，但并非所有的不适都一定是腹绞痛。有些儿科医生依然使用过去的3/3/3原则：3个小时不停歇地哭闹，一周3天，连续3个星期，加起来大约涵盖了20%的婴儿。儿科医生兼腹绞痛研究员巴里·莱斯特，是《大声哭出来》的作者，他把腹绞痛说成是"一种哭病"。他简单解释道："有些事情让孩子哭得很不寻常，不管是什么事，也影响到了家里的其他人。"莱斯特认为只有10%的婴儿患过真正的腹绞痛——激烈的大声哭闹，每次持续几个小时，经常发生在一天中的同一时刻，没有明显的原因。第一个出生的婴儿比后出生的婴儿似乎更易患上腹绞痛，通常开始于出生后10天至3周，一直持续到三四个月大时自行消失。

该留意些什么：当妈妈怀疑宝宝患有腹绞痛时，我会先排除是否是胃肠气胀和胃食管反流，即使它们被认为是腹绞痛的分支，至少你也可以采取措施减轻它们带来的痛苦，而如果是腹绞痛的话，你是办不到的。腹绞痛和胃食管反流之间有一个重要的区别，那就是患病的婴儿尽管都哭闹，但患有腹绞痛的婴儿体重会增加；而很多患有胃食管反流的婴儿体重则会减轻。另外，患有胃食管反流的婴儿在哭闹时经常向后仰，患有胃肠气胀的婴儿会抬腿，这两种病情的发作通常都是在进食后一个小时或不到一小时，而腹绞痛不一定与进食有关。现在有研究显示，腹绞痛和肚子痛根本毫无关系（尽管"腹绞痛 colic"

一词来自希腊文 colon，"结肠"的意思），而是因为各种各样的突发事情冲击宝宝的感觉，使他无法应付、无法自我安慰而导致的。

该怎么办：有一个麻烦是所有的婴儿都会哭。他们饿的时候会哭，不高兴的时候会哭，或者当你改变他们的常规程序时，他们也会哭。我帮助"治愈"过所谓的患腹绞痛的婴儿，我对他们实施常规程序，教父母如何观察宝宝的信号，如果需要的话纠正喂食方法（如果宝宝喝奶瓶，就换安抚奶嘴；或者喂奶的时候改变宝宝的身体姿势；或者换一种让宝宝打嗝的方法），排除食物过敏（换奶粉）。但是在这些情况下，我们处理的都并非真正意义上的腹绞痛。

你的儿科医生可能会开一种药性温和的镇静剂（让宝宝昏睡的药水），建议你避免过分刺激宝宝，或者建议使用各种各样的小窍门，例如利用流水、吸尘器或者吹风机来分散宝宝的注意力。有些还会建议你更频繁地哺乳，这个方法我绝对不会推荐，因为如果问题出在宝宝的胃肠系统，喂得过多只会加重病情。不管什么建议，你都要记住，真正的腹绞痛是没有"疗法"的，你不得不等它自愈。有些父母对此准备得比较充分。如果你不是"自信的"父母（见第56~59页），那么婴儿患了腹绞痛可能会让你很不适应。如果是那样，就要召集后援，竭尽所能地寻求帮助；多休息，不要让自己崩溃。

6 周~4 个月：生长突增期

此时，很多早期的喂食妙计都不能再用了。你的宝宝可能稳定了一点，进食和睡眠都更好了——当然，除非她受到胃肠疾病的困扰，或者她对环境非常敏感。如果是那样的话，希望你现在已经学会了接受她的脾性，更善于观察她的信号。你还知道了喂她以及喂完后让她保持舒服的最佳方法，你已经知道了如何运用你的常识让她生活得更加轻松。在这个阶段，我主要听到下面两种抱怨：

· 我没法让宝宝晚上睡超过 3 或 4 个小时。

· 我的宝宝以前晚上睡 5~6 个小时，但是，现在醒得更频繁了，而且总是在不同的时间醒。

父母以为他们打电话是问我睡眠问题，但是，让他们惊讶的是，这个阶段的两个问题都与食物有关。到 8 周大的时候，很多婴儿晚上如果睡不足 6 个小时，那也至少能睡 5 个小时。当然了，这也取决于他出生时的体重和脾性，但是，6 周以后，我们至少应该朝那个方向努力，帮助他们晚上睡得更久、更香。对于那些已经开始睡得更久的婴儿来说，夜醒通常是因为生长突增期——这是一个阶段，通常持续一两天，此时宝宝的身体发育需要进食更多的食物。不管是哪种情况，我都有一些应急的小窍门。

如果你的宝宝是平均体重或者稍重一些，并且睡眠从来不超过三四个小时，我首先会问：**白天宝宝小睡几次？睡多长时间？**可能是因为白天的小睡影响了晚上的睡眠（第 170~173 页我也谈到了这个问题，我建议白天的时候宝宝的每次小睡不要超过两个小时）。但是，如果她的小睡时间不太长，晚上还是睡不到三四个小时，可能意味着她白天需要更多的食物，当你放她上床睡觉前，她想要吃得饱饱的。如果你还没有这么做，我会建议你给宝宝加餐（见第 83 页和第 190 页）。

在第二种情况中，宝宝原先晚上已经能够睡五六个小时，但是现在开始在不同的时间醒来，这通常意味着她正在经历生长突增期。生长突增第一次发生于 6~8 周，之后大约一个月或者每隔 6 周发生一次。在 5 或 6 个月时发生的那次通常是一个信号，意味着该喂固体食物了。

生长突增在个头稍大一点的婴儿身上可能会较早发生，这可能会引起混淆。妈妈会打电话给我说："我的宝宝 4 个月大了，约重 8 千克，每顿约吃 237 毫升，但是晚上还是会醒 1~2 次。而晚上是不应该给他吃固体食物的。"如果是那样的话，你必须运用自己的判断力。你不能给他更多的液体食物，而他又显然需要更多的食物来维持身体发育。

至于母乳喂养的婴儿，不要把生长突增和哺喂姿势不正确或者乳汁分泌的问题搞混淆，后两者也会导致夜醒，但是通常发生于 6 周之前。下面这个问题能够帮助我判断婴儿是否正在经历生长突增期：**她每晚同一时间醒，还是醒得没有规律？**如果没有规律，通常就是生长突增的缘故，下面这封电子邮件就是一个典型的例子：

> 我已经开始对我 7 周大的奥莉维亚实施 E.A.S.Y.程序，她适应得很好。但是，自从我们开始后，她晚上的睡眠就变得越来越不规律了。以前她都是在凌晨 2：45 醒来，但是后来就不一定了，不过白天她的吃和睡都是在相对固定的时间。我们一直坚持记日志，真的没发现做了什么不同的事情导致她有时 1 点醒，有时又会睡到 4：30 才醒。我们该做些什么让她能够像过去那样至少睡到 2：45 呢？

像奥莉维亚这样的例子，我知道肯定是生长突增的缘故，因为她一直吃得好，睡得好，她的父母似乎原先已经对宝宝实施了一个程序。还有一个重要的提示，那就是尽管她通常在凌晨 2：45 醒来，但是她妈妈写道："自从我们开始后，她晚上的睡眠就变得*越来越不规律了*【重点】。"因为她的夜醒恰巧与她的父母开始实施 E.A.S.Y.程序在时间上一致，他们很自然地以为她突如其来的睡眠紊乱与新的常规程序有关。但事实上，他们的宝宝只是饿了。爸爸妈妈对此实在是琢磨不透，因为他们不知道奥莉维亚的身体需要进食更多的食物！

假设我们谈的是一个从来都睡不好的婴儿，她也一晚上醒两次，她可能也正在经历生长突增期，但是，也有可能是养成了不良的睡眠习惯，每次她一醒来，爸爸妈妈就喂她吃，强化了这种不良的习惯。那么你如何区分这两种情况呢？一个依据是夜醒的模式：习惯性夜醒的婴儿通常每晚都差不多在同一时间醒来——你几乎可以以此来准确对时。夜醒不规律的婴儿通常是饿了，最明显的依据是食物的摄入：当妈妈试图喂她的时候，如果她正在经历生长突增期，那么她会吃得饱饱的，因为她的身体需要进食更多的食物。如果她只吃一点儿，那么几乎可以确定宝宝是睡眠习惯不好，而不是饿了（更多关于习惯性夜醒的内容见第 185~186 页）。

　　对于生长突增期的建议总是相同的：白天增加食物，如果你还没有这样做，那就晚上增加梦中进食。对于喝配方奶的婴儿，白天增加约 30 毫升。母乳喂养的婴儿稍微有点麻烦，因为你要增加的是喂食的**时间**而不是喂食量。因此，如果你的宝宝是按照 3 小时的常规程序作息，那就应该改成每隔 2 个半小时喂一次。对于按照"4/4"常规程序（第 20 页）作息的稍大一点的婴儿，你必须重新回到每隔 3 小时或者 3 个半小时喂一次。有些妈妈发现这个建议让她们糊涂，例如一位来自佛罗里达、名字叫琼妮的妈妈对我说："我们好像在退步，我好不容易才让他按照 4 小时常规程序作息。"我解释说，这只是**暂时性的**措施。通过更频繁地喂食，她是在告诉自己的身体需要为 4 个月大的马修制造更多的乳汁，几天后，她就能够分泌足够的乳汁满足他的新需要了。

　　生长突增可能会打乱宝宝的就寝程序、夜间程序，或者白天你放下他让他小睡时的常规程序。即使那些知道生长突增会定期发生的父母，可能也没有意识到所谓的睡眠问题或者婴儿床恐惧症问题实际上是关于食物的问题。有一个母亲，她的儿子戴维 6 周大，已经实施了 3 天的 E.A.S.Y. 程序。头 2 天，她写道："进展特别顺利，我们按照常规程序做，在安抚奶嘴的帮助下，他能够在婴儿床里入睡，这让我很骄傲。但是今天（第三天），从我们进入他的卧室那一刻起，以及小睡前我们开始常规程序时，他就一直哭得很厉害。而且从昨晚起，他更频繁地要吃的，我怀疑他正在经历生长突增期。他这种对卧室的抵触情绪与生长突增有关系吗？"

　　绝对有关系。小戴维眼泪汪汪地说："我不想睡觉，我想吃更多的食物，快喂我吃吧。"如果你没有喂他，他就会把饥饿与睡觉联系在一起。婴儿虽然是原始生物，但是他们会通过联系学习得很快。换位思考一下，如果你晚饭还没有吃完就被送回到自己的房间，那么你很可能也不会想回房间的！因为你把那儿看成了一个不好的地方。

　　如果你的宝宝拒绝梦中进食，那么你可能还需要重新考虑一下白天你是如何喂食的。我照顾过一个名叫克里斯蒂安的孩子，那个时候

典型事例

梦中喂食太晚

珍妮特打电话给我，因为她的儿子每天凌晨4:30或5点会醒来。"不过我在实施梦中喂食。"她强调说。问题是，她在午夜12点到凌晨1点之间喂她4个月大的宝宝凯文。以他的年龄和个头（他出生时约重3.6千克），他晚上睡觉就算坚持不到6个小时，也应该至少能睡5个小时。但是，因为珍妮特的梦中喂食太晚，无意中破坏了他的睡眠模式，使得他的睡眠断断续续。毕竟，婴儿和我们一样，如果受到干扰或者太疲倦，睡眠就会受到影响，如果情况继续下去，我们不仅睡不香，还可能会翻来覆去睡不着。然而让情况变得更糟的是，每当他凌晨醒来时，珍妮特都会喂他吃，这只会强化他的夜醒习惯。（记住：定时醒是一种模式，无规则地醒是因为饥饿。）我建议她把梦中喂食的时间渐渐改到10点或10:30，当他夜里醒来时，不要喂他（如何做，详见第193~194页）。此外，白天多喂他一点，每瓶奶约增加30毫升的量。

他9周大，不管我和他妈妈如何努力，晚上11点他就是不吃。几个星期以来，他的妈妈一直在下午5点和晚上8点喂他，然后设法在11点再喂一次，离上一次进食才3个小时。克里斯蒂安那个时候体重快4.1千克了，因此，他在11点不饿也不奇怪，但是凌晨1点他会饿得醒过来，我们决定调整他的进食时间。下午5点，我们只喂他大约60毫升，而不是平时的207毫升，把晚上8点的喂食提前到7点，只喂约177毫升，而不是平时的237毫升。换句话说就是，我们把他晚上进食的总量减少了大约207毫升。之后是活动、洗澡，到了按摩、裹襁褓、放到床上的时候，他已经很累了。然后，我们在11点给他梦中进食，这样离他晚上较早时候的进食已经4个小时了，你瞧——11点钟克里斯蒂安吃了足足237毫升。那个时候我们也明白了他白天需要进食更多的食物，于是我们每瓶奶增加了约30毫升的量。梦中进食之后，他能睡一个晚上，直到第二天早上6点醒来。

记住，梦中喂食千万不要晚于11点，否则你就缩短了晚上的时间，这是我们要努力避免的，因为晚上吃多少就意味着白天他会少吃多少，这会使他养成夜里饿醒的习惯。那是一种退步，我们不希望让宝宝按照应该运用于 6 个月婴儿的常规程序作息。

4~6 个月：更稳定的进食

在这个阶段，如果你已经让宝宝按照有条理的常规程序作息的话，在吃方面会相对较为平稳一些。如果没有，那么你可能还会遇到一些在较早阶段会出现的问题，只不过现在更难处理了。她依然会哭着要吃的，但是，根据她的脾性以及你对她的反应，她可能不会哭得那么厉害。有些婴儿甚至在早晨的时候会自己玩，不会用"喂我！"的号啕大哭来唤醒父母。

下面是这个阶段我常常听到的父母担心的三个问题，它们看上去可能各不相同，但是，都可以通过建立或者调整常规程序来解决，这有助于父母明白他们的小家伙在成长，在改变。

·我的宝宝从来不在一天中的同一时间进食。

·我的宝宝很快就吃完了，我担心她没吃饱。这也使得她不按照时间表作息。

·我的宝宝似乎对吃不再感兴趣了，进餐变成了令人讨厌的事情。

当客户带着上述任何一种担心来找我时，你一定猜得到我的第一个问题：**你的宝宝按照常规程序作息吗？** 如果回答是"没有"——当父母说他们的宝宝每天都不在同一时间进食时，通常就是否定的答案了——那么你不能把进食问题怪罪到宝宝头上，是大人必须得有条理。当然，每天的常规程序中有一些变化是正常的。但是，如果你的宝宝进食总是没有规律，那么我敢肯定他也从来睡不好，他需要有条理的常规程序。（见第 27~34 页"4 个月或更大的时候开始 E.A.S.Y.程序"。）

如果客户坚持说她的宝宝已经有了常规程序，我的下一个问题会是：**两次进食之间你的宝宝能坚持多久？**如果每隔 2 小时进食一次，那就是吃零食的问题，因为 4 个月或 4 个月以上的婴儿不需要吃得那么频繁。小莫拉的问题正是这样，她快 5 个月大了，还是每隔 2 小时进食一次，甚至晚上也是如此。一个朋友建议往莫拉的奶瓶里加入谷类食品"帮助她度过夜晚"——就算我听过这种说法，那也是无稽之谈（见第 134 页"错误传言"）。因为莫拉从未吃过固体食物，那样做只会让她便秘，她还是会夜醒寻找妈妈的乳房。我建议她的父母，杰西卡和比尔，在晚上 6 点、8 点和 10 点喂莫拉，然后夜间不要喂——什么都不要喂。毕竟莫拉已经不再是新生儿，她长大了一些，她的父母无意中教会了她如何吃零食。第一天，在晚上 10 点到凌晨 5 点间，她自然醒了好几次，大声哭叫着，但是杰西卡和比尔没有让步。她爸爸每次都运用我的"抱起－放下"法（见第 6 章）让莫拉重新入睡。但是，这一晚对三个人来说都很难熬，特别是妈妈，她觉得自己在让孩子挨饿。不过到了第二天早上，杰西卡看出不同来了，因为 5 点的时候莫拉吃了整整半个小时，这是她很长时间以来（甚至可能是自出生以来）的第一次。在一天中余下的时间里，莫拉每隔 4 小时进食一次，每次进食效率都很高。第二天晚上，情况就好点了。莫拉只醒了两次，每次都是爸爸让她重新入睡，她睡到了第二天早上 6 点才醒来。从此以后她作息正常了。我建议她的父母把梦中喂食持续到 6 个月，那时再开始向固体食物过渡。

如果婴儿在这个阶段依然需要每隔 3 小时进食一次，那么，她就不一定是在吃零食。我怀疑父母采用了原本应该是为更小的婴儿准备的喂食方案，他们需要把进食间隙延长到 4 小时，不过必须要循序渐进。突然让这么小的孩子在两次进食之间多等 1 个小时是不公平的。所以，你应该每天延长 15 分钟，4 天完成这个计划。不过这个年龄段的孩子有个好处，那就是延长起来相对来说比较容易一些。你可以用玩具或者做鬼脸逗他们，或者带他们到公园散步，而对于年幼的婴儿，你只能用安抚奶嘴来拖延时间。

与此类似，担心宝宝吃得"太快"的父母可能也忘了他们的宝宝

太瘦——或者只是更加活跃了？

随着婴儿活动能力的增强，他们对吃的兴趣往往会减少。还有很多婴儿因为活动量增加而开始变瘦。随着婴儿脂肪开始消失，他们变得越来越像幼童。根据宝宝的体型——遗传自你——她可爱的小肚子可能会变得不那么明显了。只要她健康，就不要着急。如果你担心，可以带她去看儿科医生。

正在长身体。婴儿在这个阶段进食的效率越来越高。所以你的宝宝可能吃得很多，只是花的时间少了。当然，这要取决于他是吃母乳——这个我们用时间来衡量——还是喝配方奶——这个我们用毫升来衡量。

如果他喝配方奶，那么很容易判断他是否吃够了，因为你可以明确地量一下他喝了多少毫升。观察几天。他应该每隔 4 小时吃一顿，每顿吃 148~237 毫升。算上晚上的梦中进食，他每天摄入的总量应该在 769~1124 毫升之间。

如果他是母乳喂养，这个阶段的进食应该只需约 20 分钟，因为现在他能够在很短的时间内咕嘟咕嘟地吞下约 150 毫升或 180 毫升乳汁，这在以前他要花 40 分钟才能吃完。不过，如果你想确定一下，就挤一次奶（见第 94 页）。到了现在，乳汁量通常应该不是问题了。

不管是哪种情况，如果你的宝宝快 6 个月了，那么也该开始喂固体食物了，因为随着宝宝开始四处移动，他需要进食更多的食物来维持活动，而不仅仅是液体食物（见第 4 章）。

至于那些对食物"似乎不再感兴趣"的婴儿，我想那只是这个阶段的自然现象。4~6 个月之间，婴儿发育会有一个飞跃，你的宝宝在这个阶段可能更好奇、更灵活。尽管她可能吃的效率高了，但是，一动不动地坐着进食与身边的花花世界相比太无聊了。以前，宝宝只需要吃一次奶就满足了。进食的时候她可能会看一眼婴儿床顶上移动的小物体，但是，那些东西现在都已经不再新鲜了。她能够转头，伸手够东西，因此吃不一定是优先考虑的事情了。甚至可能会有一两个星期她完全不合作，使你无法喂她。你可以主动采取一些措施，例如，在让她分心较少的地方喂食，把她的手臂夹在你的腋下，这样她就无法乱动了。如果宝宝非常活跃，你可以用襁褓把她半包裹起来，减少她身体的蠕动，在你肩膀上放一块色彩鲜艳、有各种装饰的布，这样宝宝就有新奇的东西可以看了。有时候我不得不承认，最好的做法就是顺其自然——敬畏地看着你的宝宝逐渐变成一个小人儿。

6~9 个月及以上：无规则养育的危险

说说巨大的进步！现在你的宝宝要进入现实世界了，至少在食物方面是如此。哦，几乎如此。尽管这个阶段关于食物的一些担心集中在婴儿液体食物的摄入上——很多问题在较早阶段没有处理好——但是现在的焦点是大人的食物。婴儿不再完全以液体食物为主食。现在她要学会如何吃下糊状食物，然后是小块食物，最后能吃下所有你吃的食物。（在下一章中你会看到关于这种过渡的所有信息。）

我建议在宝宝约 7 个月大时停止梦中喂食（见下页方框），因为这时你的宝宝开始吃固体食物了。如果你继续梦中喂食，会对固体食物的摄入产生消极的影响，因为宝宝每多摄入约 30 毫升的液体食物，他就不会因觉得饥饿而再吃 28 克的固体食物。但是，正如下页方框中所显示的，当你的宝宝停止了梦中进食时，你必须在白天的喂食中增加相同的食物量。如果没有，宝宝晚上就会醒。

这个阶段最常见的其他担心有：

·我的宝宝晚上还是会饿醒。
·我设法用奶瓶给宝宝喂奶，但是她一点儿也不吃。
·我的宝宝用吸杯，但是她不用它喝奶，只喝水或橙汁。

和很多 6 个月之后会出现的问题一样，这些问题的产生很大程度上是无规则养育的后果，父母开始时没有当真，或者他们只是没有考虑清楚。

先说第一种抱怨。如果婴儿 6 个月大时——天知道我曾见过 19 个月大的此类婴儿——晚上依然会醒来要吃的，那是因为父母早先对

如何停止梦中进食?

停止梦中进食——通常在 7 个月左右——的过程必须以 3 天为一个增量,确保宝宝白天补上了你晚上要减少的量。

第 1 天:白天的第一顿中约增加 30 毫升,当天晚上的梦中进食约减少 30 毫升。如果你是乳母喂养,重新采取密集喂食的方式,因此你要多摄入热量。提前半小时也就是 10:30 进行梦中进食,而不是 11 点(现在要减少约 28 克的量)。

第 4 天:第一顿约增加 30 毫升,第二顿也增加约 30 毫升,梦中进食约减少 60 毫升。10 点钟进行梦中进食(约减少 60 毫升)。

第 7 天:前三顿都约增加 30 毫升,梦中进食约减少 90 毫升,9:30 进行。

第 10 天(9:00 进行梦中进食),**第 14 天**(8:30),**第 17 天**(8:00)以及**第 20 天**(7:30):继续每隔 3 天增加一次白天的进食量,晚上的梦中进食减少相应的量,最后你只需要在 7:30 的时候喂一些就行了。

夜醒的回应就是喂食,哪怕婴儿只吃一点儿。我之前已经说过,如果婴儿夜醒在不同时刻,那通常是饿了。婴儿到 6 个月大时,我很少见到这种情况,除了生长突增期,或者该开始喂固体食物的时候。但是,如果他们是有规律地醒,就通常是因为无规则养育的缘故。如果 6 个月大或者更大的婴儿开始在半夜醒来,而你喂他喝配方奶或者母乳,就很容易把他变成一个零食鬼。在这些情况下,由于父母的疏忽,孩子学会了夜间吃零食,这自然会影响他们白天的胃口,这实际上是睡眠问题,而不是食物问题。你不要喂他,要用我的"抱起 – 放下"法拖住他们(见第 6 章)。有好消息吗?让稍大一点的婴儿改变这种习惯需要的时间会少一些,因为他们体内有足够的脂肪,能够为他们提供在两餐之间的时间间隔内身体所需的能量消耗。

第二种和第三种抱怨也是因为无规则养育。你知道,我建议父母们在宝宝 2 周大的时候就开始使用奶瓶给宝宝喂奶(见第 98 页方框)。因为某种原因——朋友建议或阅读所得——有些人认为"太早了"。然后，在 3、6 或 10 个月后，我接到抓狂的电话，像这样：
"我成囚犯了，因为没有其他人能喂她。"或者"一周后我就必须回去
上班了，我担心她会挨饿。"或者"我丈夫认为我们的孩子讨厌他，
因为他每次试着用奶瓶喂宝宝喝奶时，宝宝都会尖叫。"这正是我奶
奶说"开始时就要当真"时我脑子里闪现出的画面。如果新妈妈们不
花点时间问问自己："唔……我希望我几个月后的生活会是什么样子
的？我是否愿意成为家里惟一能够喂她的人，直到她渐渐学会喝吸
杯？"那么，这个新妈妈很可能在养育之路上为自己出了一道大难题。

过渡到吸杯也是一样的。下面是一种很常见的情景：一个妈妈
要向她的宝宝介绍这种更成熟的吮吸方式，给了她母乳或配方奶之
外的东西，通常是果汁。因为她认为宝宝会更愿意从杯子里喝甜的、
味道新奇的液体，而不是令人厌烦的牛奶。有些妈妈也用水，因为
她们担心往宝宝的饮食里加入太多的糖不好（我同意）。啊，婴儿就
像巴甫洛夫的狗。因此尝了几个月其他液体后，当妈妈试图给他喝
奶时，他会做一个鬼脸，意思是说："嗨，妈妈，这是什么呀？这个
东西不应该出现在这儿。"他直接拒绝喝。（该怎么办？见第 122~123
页。）

如果你在这两条道路中的任何一条道路上尚未走得太远之前就读
到了这本书，很好。让其他妈妈也了解一下这些隐患。如果不是这
样，那就继续往下读。你可能会遇到困难，但是，所有的努力都不会
是徒劳的。

从乳房到奶瓶：断奶的第一步

当你试着用奶瓶给宝宝喂奶时会发生什么样的情形，会受到两个
因素的影响：一是宝宝和你的反应；二是断奶对你精神和身体的影
响。你想要用奶瓶喂奶，可能是因为你已经准备好了给宝宝彻底断
奶；或者是因为你想用奶瓶喂奶代替哺乳，让自己的生活轻松点儿。
不管是哪种情况，你都必须应付这两种因素。如果你的宝宝以前只吃

母乳，那么年龄越大，开始时让她习惯奶瓶就会越困难。但是，宝宝越大，你的身体就越容易适应变化，因为你的乳汁会更快干涸（见下页方框）。但是，也有很多妈妈对减少哺乳次数会有强烈的情感反应，特别是完全停止哺乳时。

那么我们先考虑婴儿。对于从来没有用奶瓶喝过奶的婴儿，以及几个月前喝过但现在似乎忘了怎样从奶瓶中喝奶的婴儿来说，程序都是一样的。我收到过无数个在两个问题中苦苦挣扎的母亲的电子邮件和电话。下面是我网站上的一个帖子：

> 嗨，我有一个 6 个月大的儿子，如何开始用奶瓶喂奶，有什么建议吗？我不想停止哺乳，但是我需要休息。他不喜欢用奶瓶喝奶，在过去的 12 个星期中我们一直在努力，几乎尝试了所有的办法，杯子、瓶子、母乳、奶粉等等。

12 个星期！那得多少哄，多少骗，多少挫折啊——你以及你的宝宝。显然，这位妈妈不着急。想象一下，如果她像许多妈妈一样，必须回去工作！例如，我记得巴特的妈妈盖尔，头 3 个月里给儿子喂母乳，有一天突然打电话给我："3 周后我就要回去工作了，希望早上、傍晚和晚上喂母乳，其他时间用奶瓶喂奶粉。"

不管你是打算改用奶瓶喂奶而停止哺乳，还是打算一天只使用奶瓶喂几次奶，我的建议是要确保你自己已经准备好了，不管遇到什么困难都要坚持到底。当然了，如果你的宝宝 6 个月大或者更大，你可以考虑直接用吸杯，跳过奶瓶。但是，如果你决定了用奶瓶，那就要……

找一个外形上最像你自己乳头的奶嘴型号。有些热心的哺乳专家提出"乳头混淆"的警告，因此建议在孩子 3 个月或 6 个月前（取决于你读了哪本书）不给孩子使用奶瓶。即使有混淆的话，婴儿可能会被流量而不是奶嘴搞糊涂。挑选一种型号的奶嘴，如果宝宝适应了，不要老是更换，因为这时候她不需要你对奶嘴做实验——除非她开始窒息、呛奶或者作呕。如果这样，那就买一种特制的流速较慢的奶

逐渐减少哺乳次数
妈妈如何做？

不管是想完全停止还是逐渐减少，很多妈妈都会担心第一次省略一餐不喂时乳房会有什么感觉。下面的方案假定你的宝宝愿意用奶瓶喝奶，你希望一天只哺乳2次：早上和下班后。如果你想完全停止，只需要不断地缩减喂食次数即可。你的身体会合作，但是你必须帮助它。

用挤奶代替省略不喂。 为了避免乳房肿胀，在接下来的12天里，早上继续让宝宝吃奶，第二餐你想什么时候喂都行。白天，在你觉得正常喂他的时候挤奶。头3天每次挤15分钟，第4~6天每次只挤10分钟，第7~9天5分钟，第10~12天2~3分钟。到了那个时候你的乳房只会在第二次喂食前是满的，你就不再需要挤奶了。

不喂食的时候穿紧身胸罩。 舒适的运动胸罩可以帮助身体重新吸收乳汁。

每天做3~5套伸臂运动。 动作就好像在扔球一样，这也可以帮助身体重新吸收乳汁。如果有必要，每隔4~6小时服用羟苯基乙酰胺止痛。婴儿8个月或更大时，乳房胀的情况就很少发生了，乳汁分泌比婴儿3个月大时停止得更快。

嘴，这种奶嘴能够根据她的吮吸动作适时作出改变，而标准奶嘴即使在她停止了吮吸动作后还是会滴出液体。

第一次使用奶瓶喂奶应选择在宝宝最饿的时候。 有些人建议在宝宝不是很饿的时候开始使用奶瓶喂奶，我不同意。如果她不饿，那么她接受奶瓶的动机是什么？只会让你自己着急，让你的宝宝抵触以及不安。

千万不要强迫婴儿用奶瓶喝奶。 从婴儿的角度考虑这一点，想象一下，在温暖的人体上吮吸了几个月后，第一次尝到冷冷的橡皮乳头会是什么感觉。把它弄得更诱人（或者至少差不多接近你的体温），用温水浇一下。轻轻地推进他的嘴里，用奶瓶轻触他的下嘴唇，这个动作会刺激他反射性地吮吸。如果5分钟之内他还不接受它，那就停

用奶瓶喂奶年龄太大了?

母亲们经常听到建议让她们的孩子1岁或者最迟18个月时停止使用奶瓶,但是我认为2年时间才足够。如果你的宝宝在就寝时依偎在妈妈或爸爸的膝头,用奶瓶喝了几分钟奶,也不要大惊小怪,毕竟这不是世界末日。

如果让幼儿自己选择的话,很多幼儿会在2岁的时候自愿放弃使用奶瓶。如果他们想要坚持更长时间,通常是因为父母允许他们把奶瓶当做安慰物——例如在商场里,妈妈会用奶瓶来使他安静,以作权宜之计;或者爸爸在朋友面前把安抚奶嘴塞进他嘴里,避免他发脾气;或者父母用奶瓶来让他入睡,不管是白天还是晚上。有些父母在婴儿床里放一个奶瓶,希望自己能多睡一个小时,这不仅会使孩子养成坏习惯,也是相当危险的,因为孩子有可能会窒息。而且,如果允许孩子整天吮着奶瓶,那么他喝饱了液体,吃的食物就少了。

如果你的宝宝已经2岁或者更大,还叼着奶瓶走来走去,那么你就该介入了:

·制定一些关于奶瓶的基本规定——只能在就寝时用,或者只能在卧室里用。

·随身带点儿吃的,不要依赖奶瓶,要用不同的方式处理婴儿发脾气(见第8章)。

·把奶瓶做得难看点儿。在奶嘴上划一道约0.64~0.95厘米的口子,4天之后再划一道,与之前那道形成X状。再过一个星期,剪掉2个三角形,然后剪掉所有的4个三角形,最后奶嘴上就有一个四方形的大口子,你的宝宝会对它完全失去兴趣。

下来,否则你会让他对奶瓶产生反感。等1个小时后再试。

第一天每隔1小时试一下。要坚持。任何说已经试了12周或者哪怕只试了4周的妈妈都没有真正做到坚持,她们很可能只试了一两天,或者就试了几分钟,然后就忘了。后来她觉得受到限制,或者担

典型事例

转变

加娜，我的一个电视制片合伙人，每天上班时都要中途开车约48千米回家喂她7个月大的儿子贾斯汀，她现在已经忍无可忍了，她真的想要用奶瓶来调剂一下。在我的建议下，她在离家上班前喂贾斯汀一顿，留下一瓶吸出来的奶水交给保姆白天喂。但是，贾斯汀不吃，开始绝食。每次加娜打电话回家询问情况时，都会从电话中听到贾斯汀的哭声。"我想他在挨饿，我从未经历过那样痛苦的一天。"那天当加娜4点钟走进家门时，贾斯汀还在哭着要奶吃。她给了他一个奶瓶，他拒绝了，她平静地对他说："好了，你现在不饿了。"到了6点钟，他愿意喝奶瓶中的奶了。之后，加娜给我打电话说："我今晚想喂他吃奶。""不行。"我强调说，"除非你想他明天再来一次绝食。"我叫她坚持用奶瓶喂两天奶，48小时后，她可以重新开始在就寝时喂他吃奶。

心把宝宝留给保姆会不适应，于是再试。如果她没有每天坚持，成功的可能性就会较小。

让爸爸、奶奶、朋友或者保姆试一下，但是只能在你第一次使用奶瓶喂奶时。有些婴儿在别人用奶瓶给她喂奶时，她喝，但在妈妈喂的时候，她坚决不喝。这对宝宝开始用奶瓶喝奶有好处，但不是你所希望的。用奶瓶喂奶是想要有灵活性，比方说你带婴儿出门，又不想自己哺乳；或者你不想每次都给孩子的爸爸或者奶奶打电话。一旦她习惯了使用奶瓶，你就可以喂她。

预料到——并且愿意经受——绝食。如果你的宝宝完全不接受奶瓶，不要马上撩开你的衣服。我保证，你的孩子不会饿坏的，而这正是所有妈妈担心的问题。大多数婴儿3~4个小时没喂奶后，至少会吃约30~60毫升配方奶。我也见过有婴儿一整天都不肯用奶瓶喝奶，一直坚持到妈妈回家，但是这些只是例外（他们也不会被饿坏）。如果你坚持住，那么，你的孩子会在24小时内接受奶瓶。有些稍大一些的婴儿——通常是坏脾气型婴儿——可能要两三天。

之后要一直坚持用奶瓶喂奶，至少一天一次。妈妈们常犯的一个错误就是不坚持至少一天一次用奶瓶喂奶，婴儿总是会回到他们原来的进食方式中去。所以，如果一个婴儿开始时是母乳喂养的，后来他的妈妈住院了一个星期，在那段时间里，他接受了用奶瓶喝奶，妈妈出院后他会知道如何重新开始吃奶。如果一个婴儿开始时就使用奶瓶喝奶，后来妈妈决定喂母乳，那么婴儿可能用奶瓶喝奶也会一直喝得很好，不过这种情况没有上一种情况普遍。但是，如果你不坚持到底，那么他们不会记得你教他们的第二种方法。总是会有妈妈来对我说："我的宝宝以前用奶瓶喝过奶，但是现在她好像忘了。"她当然忘了——那是很久以前的事了。在这样的情况下，妈妈必须重新开始，用上面提到的方法重新开始用奶瓶喂奶。

"但是我的宝宝……"：
妈妈对断奶的失落感和内疚感

关于采取措施开始断奶程序我还有一条建议：确保你自己真正想开始使用奶瓶喂奶。例如，在加娜的例子中（见上页方框），她担心贾斯汀挨饿，不仅仅只是担心他身体上的健康，她还因为让他"受苦"而感到内疚，我敢打赌，在整个断奶过程中，她的心情会一直很矛盾。很多喂母乳的妈妈对改用奶瓶给孩子喂奶都有类似的复杂情感。

母乳喂养对妈妈们来说可能是一种非常情绪化的体验，特别是当她们决定想恢复自己原有的生活时。现在因为母乳喂养的巨大压力，很多女性哪怕只是想到断奶，都会觉得自己是个坏妈妈。这是双重打击：一方面她们觉得内疚；另一方面，当她们放弃时会有一种失落感。

最近，我浏览网站时，看到一个9个月大婴儿的母亲在保持乳汁量、给婴儿哺乳上遇到了麻烦，下面有很多回复。这位母亲决定"至少哺乳一年"，因此为自己"想要一点自由"而感到内疚，想知道"其他人是否也曾有过这样的感觉？"可怜的宝贝儿！要是她知道有多少母亲受到同样问题的折磨就好了。我很高兴地看到回复的妈妈给出的评论与我曾作出的评论一致。下面就是一些例子：

> 归根到底由你来决定。你知道什么对自己最好，什么对你的孩子最好。

> 9个月的时候真是美妙极了。继续哺乳不管多长时间都是巨大的奉献，向那些努力了哪怕很短时间的妈妈们致敬！

> 我也有过这样复杂的感觉。一方面，我想继续喂奶，能喂多长时间就喂多长时间。另一方面，我想要我的自由，想做回真正的自己，我想做罗莎，而不只是玛丽娜的"奶妈"。断奶的时候，我非常怀念我们之间的那种亲密。但是我的乳房恢复了正常，我无须再担心会漏奶，晚上睡觉的时候无须再戴着胸罩。而且，老公也不再受到这件事情的限制了！

哺乳对有些妈妈来说是一种美妙的体验，我完全支持。但是，总要有结束的时间。要知道断奶不仅仅是因为你厌倦了乳房漏奶，厌倦了工作时挤奶，也是为了宝宝的健康着想，让他成长到下一个阶段，这样想可能会减轻你的内疚感。一个妈妈承认道："我第一次用奶瓶给女儿喂奶的时候——而她吃了——心都碎了。"她的女儿9个月大的时候断了奶。"事实证明，对断奶的忧心忡忡实际上带来的伤害比断奶本身更大。"她得出这样的结论。"一旦我承认了奶瓶是健康的替代品，而且不是要取代我，一切都顺利了。"

吸杯：我现在是个大孩子了！

在你开始想着要喂宝宝固体食物的时候，也应该考虑让宝宝用吸杯，这样他才能从用奶嘴吮吸液体过渡到像大孩子一样喝东西。这也是允许孩子成长的一部分——从被别人喂，到自己吃。我之前提过，有些喂母乳的妈妈直接从乳房过渡到吸杯，还有些妈妈较早的时候或者后来使用奶瓶，同时也给孩子一个吸杯。

当一个妈妈对我说"我就是没法让孩子用吸杯"时，我想知道她究竟有多努力，在她教孩子如何使用吸杯的过程中犯了什么错误，她是否期待着一夜之间就有结果。像往常一样，我问了一些问题：

你第一次尝试用吸杯时他多大了？ 即使是既用奶瓶喂奶也母乳喂养的婴儿，到了 6 个月大时，也要尝试吸杯了，这很重要。你也可以给她一个纸杯或者大口杯，但是吸杯更好，因为吸杯上有一个出水嘴，可以控制流量。你的宝宝也可以自己拿着它，这能提高她的独立性。（永远不要给婴儿或者小孩玻璃杯，即使是四五岁的孩子也不能给。我见过太多孩子嘴唇里、舌头里带着玻璃渣冲进急诊室。）

你尝试给孩子吸杯的频率如何？ 你必须给孩子 3 周至 1 个月的时间，每天练习，让他习惯吸杯。如果你不是每天都尝试，那么所花费的时间会更长。

你尝试不同类型的吸杯了吗？ 很少有婴儿能马上适应吸杯。如果你的宝宝开始的时候不喜欢吸杯，你要记住，对他来讲，那是新奇、陌生的东西。现在市场上有很多种吸杯——有些有出水嘴，有些有吸管。母乳喂养的婴儿通常更适应带吸管的吸杯。不管你开始时买的是什么类型的吸杯，至少要坚持尝试一个月，不要总是频繁地更换。

当你用吸杯喂宝宝的时候，你用什么样的姿势抱着他？ 很多父母在孩子坐在高脚椅或辅助座椅时把吸杯递给他，希望他知道怎么做。这种做法是不合适的。当你用吸杯喂宝宝的时候，你应该让宝宝坐在你的膝盖上，让他面朝外，引导他的小手握住杯子把手，帮助他把杯子抬到嘴边。动作要轻，要在他心情好的时候做。

你往杯子里倒多少——以及什么种类的——液体？ 我见过很多父母犯下面这个错误：他们往吸杯里倒太多液体，结果太重了，宝宝拿不住。我建议开始时往吸杯里倒水、乳汁或者配方奶的量不要超过 30 毫升。不要倒果汁，因为你的宝宝不需要太多的糖，而且还有可能让她把吸杯和甜的液体联系起来，而拒绝其他所有食物。

好了，你会说这个错误你已经犯了！她现在喝起吸杯来就像匹马似的，但是如果里面是奶的话就不肯喝了。你不能让她一下子完全改过来——她会难过，可能会把吸杯和消极的体验联系起来，甚至可能会脱水（特别是如果已经停止哺乳，又不使用奶瓶喝奶）。开始时给她两杯液体，一杯是你已经给过她的液体，例如果汁或者水，另一杯倒 60 毫升奶。在她喝了一口水之后把杯子拿开，给她奶让她喝。如果她不喝，放下杯子，1 小时后再试。即使她已经很熟练，试的时候还是要让她坐在你的膝盖上。和大多数事情一样，如果你坚持，并且努力使之变成一件好玩、充满爱意的事情，而不是把它看做一个你必须马上教会她的技巧，那么你成功的可能性会更大。

一天需要多少液体？

一旦你的宝宝一天吃三次固体食物，那么他一天应该摄入至少 473 毫升的乳汁或配方奶（个头大的婴儿要吃大约 946 毫升）。大多数妈妈会分开来喂，吃饭后给他一点液体食物，好把食物冲下去，在他们跑动之后给一些液体止渴。如果你的宝宝原先只吃母乳，那么，在他学会正确使用吸杯之前不要断奶，或者至少要等到他愿意使用奶瓶喝奶为止。

与断奶一样，当你看到宝宝喝着吸杯时，可能会产生复杂的情感，因为他看上去大了一些。那没关系，大多数妈妈都会有这种感觉。你要顺其自然，享受过程。

第 4 章

食物不仅仅提供营养

开始吃固体食物，从此以后一直吃得很开心

从被别人喂到自己吃的伟大旅程

婴儿是令人惊异的生物，观察他们的生长发育有时会让我大为惊讶。花些时间欣赏一下婴儿在吃方面是如何进步的吧。（参考第 126~128 页的表格可能对你会有帮助，那个表格显示了孩子在头 3 年里是如何从喂进步到吃的。）最初，你的宝宝在你舒适的子宫里时刻汲取着营养。她通过脐带从你身上获取她所需要的一切，无需担心她要多么费劲地吃奶。还有你，妈妈，无需担心奶水是不是来了，拿奶瓶的角度是否正确。不过你的轻松之旅在孩子出生时就结束了，你们两个都必须开始更加努力，确保她能在正确的时间吃到足够的食物，确保她脆弱的消化系统不会负担过重。

在出生后的头几个月里，婴儿的味蕾还没有形成，他们的液态饮食相当温和，包括配方奶或者乳汁，不管是哪一种都为他们提供了身体所需的全部营养。这是一段令人惊奇的时期。正如我之前说过的，新生婴儿就像小猪崽，他们吃，吃，吃。这段时间是宝宝这辈子体重增加速度最快的时期。这也是一件好事：试想一下，如果你体重约 68 千克，以与宝宝同样的速度增加的话，那么 12 个月后你的体重会在 204 千克左右！

父母要花一段时间才能最终步入正轨，但是，大多数父母最后发现给宝宝喂食相对来说没有那么复杂。然后，到了约 6 个月时，就在你开始对宝宝的液态饮食感到轻松时，却应该开始喂固体食物了。现在，你必须帮助宝宝实现发育上的一个重要转变：从被别人喂到她自己吃。这不会在一夜之间就发生，而且在这个过程中，你可能会遇到重重困难。在这一章中，我们着眼于该旅程中会经历到的各种各样的欢乐以及可能会遇到的困难。宝宝的味蕾会苏醒，她会从嘴里体验到新的感觉，让她的生活更加有趣。你也是，如果你以积极的态度和极大的耐心迎接这个阶段，那么观察你的宝宝会很有趣，看她尝试你给她的每一种新食物，努力地自己吃饭，不管开始时是如何的磕磕绊绊。

在英国，我们把这个过渡称之为"断奶"，意思是指让宝宝断了母乳或者奶瓶，开始吃固体食物。但是在美国，我听说"断奶"只是指断了母乳或者奶瓶——可能与"引入"固体食物差不多同时，也可能不同时。因此，现在我们要把这两个过程分开来讨论。当然，它们是有关联的，因为随着你的宝宝学会了吃固体食物，液体食物的摄入量就会减少。

断奶和开始喂固体食物还在另一个重要方面有关联：它们都是婴儿成长的信号。再次考虑一下宝宝的进步：开始的时候，你必须抱着宝宝来喂她；她几乎是以平躺的、易受伤害的姿势进食。然后，随着她的身体逐渐强壮，协调性更好，她可以蠕动，转头，推开乳房或者奶瓶。简而言之，她能维护自己的权利。到了 6 个月大的时候，她可以坐直，开始抓东西——调羹、奶瓶、你的乳房，显然她希望在吃这件事情上自己有更多的参与。

这些变化可能会让你高兴，也可能会让你伤心。我见过很多妈妈

从被别人喂到自己吃：冒险继续

这个一览表显示了宝宝从被别人喂到自己吃的进步的过程，完成此过程的基础，以及父母们常见的担心（除了通常的问题之外，还有"我的孩子吃饱了吗？"这样的问题）。纵览全章，你会发现更多干加入固体食物的详细信息，以及如何解决该过程中出现的问题。

年龄	摄入量	建议进度	常见担心
从出生到6周（详见第84页）	约90毫升液体	每隔2~3小时，取决于婴儿出生时的体重	·进食时睡着，1个小时后又饿了。 ·每隔2小时就要吃。 ·经常努嘴，但是每次只吃一点点。 ·进食期间哭闹，或者吃完之后不久就哭闹。
6周~4个月（详见第84页）	118~148毫升液体	液体每隔3~3½小时	夜间会醒来要吃（看起来似乎是睡眠问题，但是可以通过正确的食物管理来解决）。
4~6个月（详见第85页）	177~237毫升液体 如果你这么早就开始喂宝宝固体食物，那么喂宝宝时把她放在婴儿椅上或者你的膝盖上。这个阶段的固体食物应该是细腻的泥状食物或近乎水状的食物。把固体食物限制在泥状的梨子、苹果泥（不是小麦）之内，这些都是最容易消化的食品。在使用奶瓶喂奶或者哺乳前喂1~2茶匙。	每隔4小时 如果你这么早就开始喂宝宝固体食物——通常我不建议这么早——宝宝的膳食仍应以液体食物为主。	·很快就吃完了——她吃饱了吗？ ·什么时候开始喂固体食物？ ·我们应该尝试什么食物？ ·我们如何才能让宝宝咀嚼食物？ ·喂她的正确方法是什么？

年龄	摄入量	建议进度	常见担心
6~12个月	刚开始的时候所有食物都应该是泥状的。开始时喂1~2茶匙；第1周只在早餐时喂；第2周早餐和午餐；第3周增加一顿早餐——每周增加一种新食物——总是在早餐时增加一把已检验过的食物哪到午餐和晚餐。在孩子活跃、完全清醒的时候喂固体食物。如果开始的时候不成功，可以喂一点儿母乳或奶粉以减轻她的饥饿。一旦她熟练了之后，总是先喂她固体食物。随着宝宝逐渐适应，似乎能够咀嚼了，增加一些有口感的食物，逐渐增加到每顿约28~43克固体食物，这取决于她的胃口和消化能力。约9个月时增加手指食物，那个时候她可以自己坐直了。 6~9个月期间建议食物：味道较淡的水果和蔬菜（苹果、梨、桃、李、香蕉、南瓜、甘薯、胡萝卜、青豆、豌豆）；单一谷类食物，煮白鱼（例如鲽鱼、罐装金枪鱼）。到9个月时开始喂手指食物。你还可以增加意大利面食、味道较浓的水果（李子、猕猴桃、葡萄柚）和蔬菜（牛油果、芦笋、西葫芦、花椰菜、甜菜根、马铃薯、欧洲防风根、菠菜、刺马豆、茄子）、牛肉汤、羊肉。如果你或你的爱人有过敏史，那么开始喂宝宝新食物前要咨询儿科医生。	逐渐加入固体食物需要2个月，最多4个月，到9个月时，大多数婴儿都会在早餐（大约上午9点）、午餐（大约12点或1点）和晚餐（大约下午5~6点）吃固体食物了。清晨，两餐之间（作为零食）以及睡觉前可以喂母乳或者奶粉。到了1岁时，随着固体食物的增加，液体食物的摄入量将会减半，这样固体食物将成为饮食的主体。你的宝宝每天要喝大约473~946毫升液体，这取决于他的个头。一旦他能够吃手指食物，那么每餐开始时总是先给他手指食物，然后再用茶匙喂其他食物。9个月左右时，你可以在两餐之间给他一些小零食——百吉饼、薄脆饼干、一点点奶酪——但是注意不要让他吃饱（见第147~150页）。	•开始时喂什么固体食物？如何开始？ •与液体食物相比喂多少固体食物合适？ •不适应固体食物（他会闭紧嘴唇、妈妈没法把茶匙伸进去；作呕、窒息）。 •担心食物过敏。

年龄	摄入量	建议进度	常见担心
1~2 岁	食物不再是泥状的，这时你的孩子应该能够吃很多手指食物，开始学会自己吃。你也可以开始每周引进一种我列在"小心进行"单子上的食物，像乳制品，包括酸奶，奶酪以及牛奶（见第153页方框），还有鸡蛋，蜂蜜，牛肉，瓜，浆果，葡萄柚之外的柑橘类水果，小扁豆，猪肉和小牛肉。我依然会极为小心，甚至避开坚果，因为它难以消化，容易引起窒息；同样还要避开贝类和巧克力，因为它们可能会引起过敏。	一日三餐：早上和晚上要喂奶或奶粉，直到你的宝宝完全断奶，通常足18个月时，或者更早。你可以在两餐之间给宝宝一点儿健康的零食，只要不影响宝宝吃其他食物的胃口。 至少为自己准备一顿饭，和孩子一起吃，把他放进餐桌旁的高脚椅上，好让他有与家人一起用餐的概念。	• 吃得没有以前多。 • 还是更喜欢用奶瓶喝奶，不喜欢吃固体食物。 • 不肯吃_____，[填入食物的名称，例如胡萝卜] • 不肯戴围兜。 • 不肯坐在高脚椅上，或者想方设法爬出来。 • 甚至不肯自己会试吃东西。 • 吃饭就是灾难——一团乱。 • 会撒得满地都是或者倒掉样食物。
2~3 岁	到18个月时，你的孩子就应该能吃所有的食物了，2岁时肯定能行，除非她有其他问题。她吃多少取决于她的个头和胃口——有些孩子比其他孩子吃得少，需要少，你的家人吃什么，你的孩子就应该学会吃什么，不要为她准备不同的晚餐。	一日三餐，两餐间隙吃些小零食。现在你的孩子非常有明确的喜恶，可能喜欢好甜的食，两餐之间不要给她太多零食，或者营养价值不高，或者含糖量大高的零食，那会影响她正餐的摄入。 一天中有一顿要家人一起吃，一星期至少有几天这样做，这会让你的孩子变成一个善于社交、有教养的人。	• 挑食——"吃饭不乖" • 偏食（有些食物反复吃）。 • 古怪习惯（如果食物碎了会哭，豌豆和土豆不能碰到一块儿，等等）。 • 只吃零食。 • 不肯坐在餐桌旁。 • 态度恶劣。 • 故意捣乱。 • 吃饭时发脾气。

对断奶感觉复杂，或者彻底抓狂。她们不希望宝宝成长得"太"快。有些妈妈在宝宝 9 个月或 10 个月大的时候才开始喂宝宝固体食物，因为她们不想"仓促"行事。这些情感都是可以理解的，但也正是这些妈妈会给我打电话，说她们 15 个月大的孩子（甚至更大的幼儿）似乎遇到了"吃饭问题"。她们告诉我，她们的孩子仍然不肯吃固体食物，或者"吃得少"。还有些妈妈难过是因为她们的宝宝不肯坐在高脚椅上，或者在吃饭的时候和她们有其他权力之争。我会在这一章告诉你们，这些问题中有些是幼儿时期自然出现的，有些问题则源自我所谓的"食物管理不善"———种特别的无规则养育类型———当父母没有意识到一个特别的习惯需要纠正，或者不知道该怎么办时就会出现这种情况。但是，出现问题也有可能是因为父母并不真的希望看到他们的孩子长大。

所以醒醒吧，亲爱的，你需要放手，让宝宝自己吃饭。诚然，她必须比小时候付出更多的努力去把这件事做对——你也必须更有耐心。但是，回报是你有了一个吃饭有滋有味、乐意尝试、把食物和好的感觉联系起来的孩子。

食物管理：
你是在牲口棚里长大的吗？

食物管理是指确保你的孩子在适当的时间，吃适量的食物——从他出生的那天起就非常重要。我在上一章中解释了早在最初的 6 周，食物管理可能会导致孩子饮食不规律、哭闹、胃肠气胀以及其他肠道疾病。尽管如此，大多数父母发现（在一些帮助下）一旦他们进入好的常规程序，那么早期阶段还算是简单的。当饮食中增加了固体食物时，食物管理再次变得非常棘手，并需要技巧。

对于稍大一点的孩子，食物管理有四个关键：（孩子的）行为（Behavior），（你的）态度（Attitude），常规程序（Routine）和营养

(Nourishmen)。令我惊讶的是，首字母正好拼成一个单词 BARN①，当父母对孩子的餐桌礼仪大为震惊时，经常会问孩子一个问题："你是在牲口棚里长大的吗？"我想起来了，你还可以把它变作一种健康的富含纤维的食物——麸。总之，我遇到的吃饭问题大都和上面提到的一个或多个因素有关。下面我将详细讨论每一个因素：

行为（Behavior）：每个家庭都有一套与吃相关的价值标准，每一套标准都有自己明确的定义，什么是正确的。**当涉及到吃的问题时，你觉得什么是可以接受的，什么是你不能接受的？**你必须明确你的限度，然后立即告诉孩子——不要等到他十几岁时才告诉他。应当从你第一次把宝宝放进高脚椅里时就开始。例如，卡特一家对餐桌礼仪要求很不严格，孩子玩食物的时候他们从来不训斥。而在马蒂尼家，如果孩子这么做，父母会让他们离开餐桌，包括 9 个月大的彼得洛，如果他开始挤压或者涂抹食物，就会被抱出高脚椅。爸爸妈妈把他的不端行为看做吃完了的信号，告诉他："不要，我们不玩食物。我们坐在桌边吃饭。"他可能并不完全理解父母所说的话（也有可能理解），但是彼得洛很快就会联想到高脚椅是用来吃饭的，不是用来玩的。礼貌也是一样。如果你和我一样认为它很重要，那么在你的孩子太小，还不能说"请"、"谢谢"、"我能离开餐桌吗？"之前，你要替她说出来。相信我，如果孩子理解了家里的行为规矩，那么带她去餐馆吃饭将是一件很开心的事情。反过来，如果在家的时候，你允许她爬出自己的椅子，或者把脚伸到餐盘上，那么你能指望她在外面的时候会做什么呢？

态度（Attitude）：一方面，孩子总是会模仿我们。如果你对食物挑三拣四，或者你总是边走边吃，那么你的孩子也不会珍惜食物。反问一下自己：**你觉得食物重要吗？你在意你准备好的食物吗？喜欢吃吗？**如果不是，那么很可能你准备的食物勾不起人的食欲，可能你把所有的东西放在一起煮成一团糊，或者做的食物非常乏味。或者你自己一直在节食，对自己吃的东西非常谨慎。可能你像孩子一样肥嘟嘟

---

①barn，谷仓，牲口棚。——译注

的，甚至因此受到过嘲笑。我见过有些妈妈忧心忡忡，对婴儿采用低脂饮食法，因为她们认为自己的孩子"吃太多碳水化合物了"。两种情况从营养学的角度来看，都不利于健康，要知道，婴幼儿对食物的需求和成年人是不一样的。而且你（尤其是某些体型不好的妈妈）限制食物或者断定某些食物是"不好的"，就会传达给孩子一个信息，这可能会导致孩子以后严重的进食问题。

另一方面，家长应该大力支持孩子从经验中学习。遗憾的是，有些父母没有耐心，而且不愿意让孩子尝试，在孩子学习的时候，他们会手忙脚乱。如果你总是给孩子擦嘴，说什么他弄得多么"脏"啊，你的孩子很快就会开始把吃看成一件很不愉快的事情。

常规程序（Routine）：我知道你已经听烦了"常规程序"这个词，但是，这里又来了：孩子吃饭的时间和地点要保持一致，不要边走边吃，要告诉孩子不仅吃饭重要，他也很重要。要把吃饭当做优先考虑的事情，而不是在电话和约会之间挤出时间来做的事情。如果可能的话，一星期要至少两天全家人一起吃晚餐。如果你只有一个孩子，那么你就是他的行为老师。如果他有兄弟姐妹，那更好——有更多可以学习的人。你使用的语言也要保持前后一致。举例来说，如果他去拿一片面包，你阻止了他，并告诉他应该说："我可以拿那个吗？"如果你每次都这么做，到了他自己能说话的时候，他就会知道该怎么做了。

营养（Nourishment）：尽管我们无法左右孩子的能力或者胃口（除了遗传的影响之外），但是在食物选择方面，父母还是可以控制的，至少在最初几年里可以。你的孩子可能会有特别甚至奇怪的口味，但最终还是要由你来确保他有健康的选择。如果你是一个注重饮食健康的人，那么你应该知道该给宝宝吃什么。但是如果你自己不是，那么请你学习有关营养学的知识，在孩子还是婴儿的时候你就要这么做。当孩子到了一定时候（通常两岁左右），他能吃你吃的所有食物的时候，你可能会带他到那种赠送免费玩具、提供快乐餐的快餐食品店，这在你看来似乎轻松了许多。但是，如果你经常这么做，你可能在危害孩子的健康。记食物日志可能会有所帮助，因为那会让你更清楚地意识到自己给孩子提供了什么食物。和儿科医生谈谈。你也可以听听对食物颇有研究的朋友的想法，或者去图书馆查阅相关书籍。

适当的营养是最重要的，B.A.R.N.是个很好的提醒，我还要强调，当你的孩子不在乎食物时吃得很好。他可能会很喜欢某种食物，可是一个月后突然就不肯吃了。或者他可能会开始吃某种食物，让你大吃一惊，因为这种食物你已经努力了几个月想让他尝一尝。但是不要坚持让他吃，当他不吃的时候也不要心烦，你只要不断地给他选择，就像下面这位妈妈对她 19 个月大的孩子做的那样：

> 不管我煮什么，或者不管去哪家餐馆，德克斯特都很高兴。他一顿吃不了多少，就是什么都吃——我知道这是因为我们从一开始的时候就给他吃各种各样的食物。我们从来不强迫他吃任何东西，只是我们吃什么就给他吃什么，他可以选择吃或者不吃。花椰菜就是一个例子：他讨厌吃婴儿花椰菜罐头，我把花椰菜放到他的盘子里，头 20 次他都讨厌（有时他会试着咬一小口，有时连试都不试），然后突然有一天，他就开始吃了，现在德克斯特非常喜欢吃花椰菜。
>
> 我们也不会对他吃了什么东西小题大做。我们不会说"你吃了黄瓜啦，真是好孩子"，或者"如果你吃卷心菜，就给你一块饼干"，因为这样的说法暗示了吃卷心菜有什么不对或者令人讨厌的地方，就好像做家务要得到奖励一样。
>
> 我的建议是请……提供新食物！孩子的喜好会让你吃惊的。红葱头、柿子椒、豆腐、辣酱、印度食物、卷心菜、鲑鱼、蛋卷、粗面包、茄子、芒果、寿司卷，以及德克斯特在过去几天里吃的所有东西！

当你阅读后面的章节时，请记住 B.A.R.N.四个要点——行为、态度、常规程序和营养。首先是 4~6 个月，然后是 6 个月~1 岁，1~2 岁，2~3 岁。我会讨论每一个阶段的典型情况和常见抱怨。和往常一样，我建议你读完所有的章节，因为一个孩子 6 个月大时出现的一些问题在另一个孩子身上可能要到 1 岁时才会出现。

4~6 个月：做好准备

4 个月左右时，很多父母开始考虑给孩子吃固体食物。他们不一定将此当做这个阶段的难题，但会有更多的担心：

我们应该什么时候开始喂宝宝固体食物？
我们应该尝试什么食物？
我们如何才能让宝宝咀嚼？
喂他的正确方法是什么？

这些问题多数是准备工作的问题。婴儿天生具有伸舌头的本能，从一开始这能帮助他们衔住乳头，有效地吮吸乳汁。4~6 个月的时候，这种本能的伸舌动作会消失，这时婴儿能够咽下浓稠的糊状食物，例如谷类食品和水果泥、蔬菜泥。在有些国家，父母刚开始喂孩子固体食物时，会帮孩子把食物嚼烂。不过我们是幸运的——我们有搅拌机，也可以购买经过加工的婴儿食品。

你的宝宝 4 个月时可能还没准备好。我和许多儿科医生都认为最好保守一些，在宝宝 6 个月左右时开始喂固体食物。理由很简单：此前，婴儿的消化系统发育得还不够成熟，还不能对固体食物进行正常的新陈代谢。而且多数宝宝还不能坐直，斜躺着吃固体食物对他们来说难度更大。食道的蠕动这个物理过程使食物进入食道，在你坐直的时候会运行得更

可靠的建议

有时候，儿科医生提倡给患胃食管反流的婴儿增加固体食物，理由是较重的食物停留在胃里的可能性较大。在这种情况下，我建议你寻求肠胃病学专家的帮助，因为他们能够判断宝宝的肠道系统是否足够成熟到可以处理固体食物。否则，宝宝可能会便秘，而你只是把一种肠胃疾病变成了另一种肠胃疾病。

好。想想你自己：坐在椅子上吃土豆泥是不是比躺着吃更容易点？另外，年幼的婴儿更容易过敏，因此谨慎行事是有道理的。

不管怎么样，开始考虑喂固体食物是可以的，要注意观察孩子准备好吃固体食物的信号。问问自己下面这些问题：

我的宝宝是不是看起来比平时饿？ 除非他病了或者在长牙（见第150页方框），进食增加通常表示婴儿需要饮食中有更多的食物，而不全是液体。4~6个月大的普通婴儿摄入946~1065毫升的乳汁或奶粉。对于个头较大、活跃的婴儿，特别是身体发育速度较快的婴儿，只有液体食物可能不足以维持他的身体需要。根据我的经验，平均体重的婴儿到了五六个月大时，活动会成为一个影响因素；而之前通常则不需要考虑。但是，如果你的宝宝的体重高于平均体重——比方说4个月大时约重7.3千克或7.7千克——每顿都吃得饱饱的，但是看上去似乎还是需要更多的食物，那就可能是时候考虑喂固体食物了。

你的宝宝会不会半夜醒来要喝奶？ 如果你的宝宝醒来后喝了满满一瓶奶，那么他夜醒就是因为饥饿。但是4个月大的婴儿不应该在半夜吃东西，所以首先你要采取措施停止夜间喂食（见第111页莫拉的例子）。你增加了她白天的液体摄入量后，如果她看上去还是饿，想吃更多，那么也可能意味着她需要进食固体食物了。

你的宝宝失去了伸舌头的本能动作了吗？ 当婴儿努嘴的时候，或者把舌头伸到外面要吃的时候，伸舌头的本能动作最明显。这个动作能够帮助婴儿吮吸，但是，伸舌头与消化固体食物相抵触。要想知道你的宝宝发育到什么阶段了，可以拿一把茶匙伸进他的嘴里，看他会有什么反应。如果他伸舌头的本能动作还没有消失，那么他的小舌头会自动把茶匙吐出来。即使这个本能动作消失了，你的宝宝也还需要时间来习惯从茶匙里吃东西。开始的时

错误传言

有一个很盛行的说法，说固体食物可以帮助婴儿睡得更久，没有科学研究支持这个说法。吃饱肚子确实有助于婴儿睡眠，但是不一定非得是谷类食品。乳汁或奶粉也一样有效，而且没有消化问题或者过敏的危险。

典型事例

6个月前能喂固体食物吗？

我很少建议在宝宝4个月时就开始喂固体食物，不过我突然想起了一个特殊的案例：杰克4个月时体重约8.2千克，他父母也都是大块头——他的妈妈身高约175厘米，爸爸身高约196厘米。杰克每隔4小时就狼吞虎咽下大约237毫升配方奶，最近还开始夜醒，每次醒来总是吃满满一奶瓶。尽管他每天差不多喝1183毫升——他的肚子只能装这么多液体了——但是显然还满足不了他的需要。在我看来，很明显，杰克需要进食固体食物。

我也在其他孩子身上见到过这种情况，不过不是夜醒，而是吃饱后过3个小时似乎又饿了。不要对这些宝宝实施3小时常规程序，那对4个月大的婴儿来说不合适，与杰克的情况一样，我们开始喂固体食物。

不管是哪种情况，如果你在宝宝4个月大的时候就开始喂固体食物，那么食物必须是被研磨得极细的泥状物。最重要的是，固体食物只是增加物，而不能像对待6个月以上的孩子那样，用它替代乳汁或奶粉。

候，他可能会努力地吮吸茶匙，就像吮吸乳头那样。

你吃饭的时候宝宝会看着你吗？就好像在说："嗨，我怎么没有那个吃？" 有些婴儿4个月大时就开始注意我们吃东西，大多数婴儿要到6个月大时才会这样，有些甚至还会模仿我们的咀嚼动作。通常，父母这时候就应该认真对待这些信号，喂孩子一些糊状食物。

你的宝宝可以无需支撑自己坐直了吗？ 婴儿开始吃固体食物之前最好已经能够很好地控制自己的脖子和背部的肌肉。开始时先让孩子坐在婴儿椅里，然后逐步移到高脚椅里。

你的宝宝会不会伸手够东西，然后放进嘴里？ 这正是他吃手指食物所需要的技巧。

6~12个月：救命！我们需要固体食物顾问！

大多数婴儿在这个阶段都开始很乐意吃固体食物了。尽管有些婴儿开始得早一点，有些迟一点，不过6个月是最佳时机。因为他们现在更活跃了，即使946毫升或更多乳汁或奶粉也不够他们维持的。这个过程需要几个月，但是，你的孩子会逐渐养成一日三餐吃固体食物的习惯。他在早上、两餐之间以及晚上要继续吃乳汁和奶粉。到八九个月时，你应该在他的饮食中加入了好几种食物——谷类食品、水果和蔬菜、鸡肉、鱼肉——你的宝宝在吃固体食物方面应该进展顺利，吃得很好。到了一岁的时候，固体食物将取代一半的液体食物。

差不多同时，宝宝的手的灵活性也会大大增加，这意味着他可以协调他的手指，用它们像钳子一样拿起小物体。他最喜欢做的事可能是扯地毯上的绒毛。不过，最好是鼓励他运用这个新发现的技能去拿手指食物（见第143页方框）。

6个月可能是最激动人心的阶段，而对有些妈妈来说，也可能是最令她们沮丧的阶段，因为这个阶段充满了反反复复的尝试和失败。你的宝宝开始尝试新的食物，学习咀嚼它们——嗯，至少是在用牙床拼命地咀嚼东西。一旦他会拿起手指食物，他就需要发展协调能力，找到自己的嘴巴，把食物放进去。开始的时候，食物更多的是被送到了耳朵里、头发里、围裙上的小口袋里，或者地板上，你的狗倒是会很感激他的。而你必须既要有创意，又要有耐心，还要动作迅速（接住飞舞的物体）。这时候，你可能需要买一件雨衣，或者一件橡胶制成的捕鱼服，让自己保持干爽！

好了，不开玩笑了。通常这时候苦恼的父母会给我打电话，询问一系列问题。正如一个7个月大孩子的妈妈说的："有很多哺乳顾问，但是，我的朋友和我现在需要的是固体食物顾问。"我听到的常见担心通常来自对喂固体食物感到焦虑的父母，或者那些似乎从一开始就遇到麻烦的父母。典型问题如下：

·我不知道从哪儿开始——开始喂什么食物，如何喂。

·与液体食物相比，我现在该喂多少固体食物？

·当我查看各种书中的表格时，我担心我的宝宝没吃饱。

·我的宝宝适应固体食物有困难（这个问题有很多不同的形式，包括婴儿闭紧嘴巴，妈妈甚至没法把茶匙伸进去；作呕；窒息）。

·我担心食物过敏，我记得婴儿吃固体食物时这个问题很常见。

如果你有以上任何一个问题，让我来帮你，做你的固体食物顾问。和通常一样，我们开始先问一系列的问题。回答这些问题可以帮助你看到你需要从哪里开始，或者什么地方你可能必须做出改变。重要的是，要记住在这个阶段，几乎所有的人就算没有真正的难题，也会有某种困惑。所以，并不是只有你一个人这样。而且，在坏习惯——宝宝的和你的——形成以前纠正错误要容易多了。

孩子多大时你开始喂固体食物？ 我前面已经说过，我建议父母在孩子 6 个月大时开始喂固体食物。我之所以觉得应该在这个时候开始，有一个原因，那就是我经常接到 6 个月、7 个月、甚至 8 个月大孩子的父母的求助电话，他们较早开始了喂固体食物——比方说 4 个月时，有一段时间事情进展顺利，但是，后来宝宝遇到了障碍，拒绝吃固体食物。这种情况经常与长牙、感冒或者婴儿生活中其他脆弱的时候同时发生，不过也不总是如此。到了父母给我打电话的时候，他们会说："他之前似乎吃得很好，我们喂了谷类食品和一些水果蔬菜。但现在他几乎不吃任何固体食物。"多数情况下事情是这样的：随着父母开始喂固体食物，他们也开始减少宝宝的吮吸时间，他们逼得宝宝太紧、太快了。这样就剥夺了婴儿的吮吸时间，实际上是断奶太早，宝宝很可能想要弥补，要求更多的奶粉或乳汁。

要有耐心，坚持喂固体食物，同时继续喂他奶粉或哺乳。如果你放轻松，宝宝的抵抗应该不会超过一星期或者 10 天。千万不要强迫孩子吃固体食物，但是，如果宝宝看上去还是饿，晚上不要喂他，宁可白天喂他固体食物。不要惊慌，如果他饿了，他最终会尝试的。

你的宝宝是早产儿吗？ 如果是，那么即使是在宝宝 6 个月大时开始喂固体食物也可能太早了。记住，宝宝的实足年龄是从她出生的那一天算起，与她的发育年龄不一样，而后者才决定了她是否准备好了。例如，如果宝宝提前 2 个月出生，那么按照日历当她 6 个月大时，发育年龄实际上只有 4 个月。还可以从另外一个角度看待这个问题，那就是你的宝宝头 2 个月本应该在你的子宫里生活，而不是世界上，现在她需要时间来赶上。尽管她可能像大多数早产儿一样，到 18 个月时可能看上去和足月婴儿差不多，到 2 岁时肯定就没什么不同了，而 6 个月时她的消化系统可能还不足以接受固体食物。那么，你要回到液体饮食，到 7 个半月或者 8 个月时再试。

你的宝宝是什么脾性？ 想想你的宝宝是如何应付其他新情况和变化的。脾性总是会影响到宝宝对环境的反应，包括对新食物的适应。你要对加入固体食物做出相应的调整：

天使型宝宝通常很容易接受新事物。逐步引进新食物，你不会遇到麻烦的。

教科书型宝宝可能需要长一点的时间来适应，但是，大多数都能按时进行。

敏感型宝宝开始时经常拒绝固体食物。如果这些婴儿对光线和触摸很敏感，那么，他们的嘴巴需要更多的时间来习惯新的感觉也是理所当然的。你必须进行得非常缓慢，千万不要强迫他们，要有耐心，要坚持。

活跃型宝宝很容易失去耐心，但是他们勇于冒险。在你把他们放进高脚椅中之前，要确保所有的东西都已准备就绪，一旦他们吃完，当心他们乱扔东西。

坏脾气型宝宝不会很容易就适应固体食物，他们试了一下不熟悉的食物，之后就不肯再尝试了。当他们发现喜欢的食物时，经常一次又一次地要吃。

你尝试喂固体食物多久了？ 问题可能不在你的宝宝身上，是你的期望值太高了。吃固体食物与吮吸完一瓶奶或者吃空妈妈的一个乳房不一样。想象一下，以前只吃奶粉或者乳汁，现在吃这个，嘴里肯定觉得黏糊糊的一团。有些婴儿可能需要两三个月的时间才能习惯咀嚼吞下固体食物。你必须坚持住，要冷静。

你喂了宝宝什么？ 让宝宝吃固体食物是一个循序渐进的过程，从开始时稀薄的流质食物到手指食物。首先，你的宝宝斜倚了6个月了，现在她的食道必须习惯以一种不同的姿势进食。我建议开始时先喂水果，例如梨，最容易消化。有些专家建议先喂谷类食品，但是我更倾向于水果，因为水果的营养价值高。很少有婴儿马上就接受各种固体食物。开始时你只能一茶匙一茶匙地喂，可能要尝试很多次。

正如第126~128页上"从喂到吃"那张表格所显示的，这个过程非常缓慢，要一步步地来。当你开始让宝宝吃固体食物时，头2周你只能在早餐和晚餐时喂1~2茶匙梨，宝宝醒来时，午餐和睡觉前你要继续喂奶粉或哺乳。假设你的宝宝没有不好的反应，那么你可以加入第二种食物，例如南瓜，也是在早餐的时候喂，把梨移到晚餐喂。第三周早上再尝试新的蔬菜或水果——甘薯或者苹果。现在，你的宝宝吃三种新食物了。到了第四周的时候，你可以加入燕麦糊，午餐的时候也可以喂宝宝固体食物了，把每顿的量增加到3~4茶匙，具体多少取决于宝宝的体重和接受能力。在接下来的四周里，你可以增加米饭或者大麦粥、桃、香蕉、胡萝卜、豌豆、青豆、甘薯、李子的用量。

你可以买精制婴儿食品或者自己做。当你给全家人烹饪土豆和蔬菜时，别忘了给孩子做土豆泥和蔬菜泥。不要把所有的东西搁一块儿，弄成黏糊糊的一团。记住，你正在努力帮助宝宝发展味蕾。如果所有的东西都混在一块儿，他怎么能知道自己喜欢吃什么呢？这并不是说你不应该往他的谷类食品中加入一点苹果酱使之更诱人。我见过有些妈妈给家人烹饪鸡肉、米饭和蔬菜时分开来做，而给婴儿做时就把所有的东西全都扔进搅拌机里。他们每天都给宝宝同样的混合物。我们是在喂孩子，而不是在喂狗。

如果你想自己做婴儿食品，一定要问问自己："我愿意——以及我需要——花多长时间？"如果你没有时间，不要慌，吃糊状食物的阶段只持续几个月而已。况且，让宝宝吃一些罐头食品对他不会有多少害处的。而且，现在有大公司在做有机婴儿食品，添加剂更少，你只需要看好标签购买就好了。

如果你担心孩子有没有吃"够"，可以仔细观察一星期。诚然，通过增加她喝的液体的量，比较容易算出她液体的摄入量。但是4茶匙苹果酱和燕麦糊一共有多少营养呢？你需要计算。如果你自己做婴儿食品，把食物冰冻在冰格里，这样容易计算（1格约等于30毫升，见下框），也更方便。（如果你用微波炉来解冻和加热食物，要小心；要一直搅动，在喂给孩子之前要检查食物温度。）买来的婴儿食品计算起来也很容易。如果你的宝宝吃了一整罐，只需要看看标签就知道她吃了多少。如果她只吃了一半或者1/4，注意她吃了多少茶匙，然后换算成毫升。

对手指食物你也可以这么做。比方说，如果你买了一只约113克的火鸡，分成4块包装，那么你知道每块约28克（如果分成更多块，那么很显然每块要比28克轻一些！）。你可以用这种方法计算奶酪以及其他大多数手指食物的重量，或者至少估得八九不离十。现在这听起来好像很麻烦，甚至太复杂了（如果你的算术和我一样糟糕）。我通常把这个方法提供给那些因为孩子体重减轻超过15%~20%（一点点体重的起伏是正常的）或者孩子精力不如平时（在这种情况下，我还会建议父母去和儿科医生或者营养学家谈谈）而担心的父母采用。

重要的是给孩子平衡的饮食，包括水果、蔬菜、乳制品、蛋白质和全麦谷类食品。记住我们在此谈的是宝宝的小肚肚。可以这样考虑一份食物的量：孩子每增加1岁就增加1~2大匙食物——1岁时1~2大匙；2岁时2~4大匙；3岁时3~6大匙。一"餐"通常是2份或3份的量。你的孩子可能吃得少很多，也可能多很多，这取决于他的个头和胃口。

你的宝宝抵触调羹吗？ 当开始用调羹喂食时，你要小心地把食物放在宝宝的嘴唇上，

多少固体食物约等于30毫升液体？

· 1冰格约等于30毫升。

· 3茶匙=1大匙，约等于15毫升。

· 2大匙约等于30毫升。

· 1罐婴儿食品约等于74毫升或118毫升，或依标签说明。

只放进嘴巴里一点点。如果你把调羹伸得太深，可能会使她作呕。这样的情况发生一两次，就足以让你的宝宝把调羹和不愉快的体验联系在一起。如果你想知道那是什么感觉，让你的爱人或者朋友也那样喂喂你!

如果你的宝宝接受调羹没问题，很快她就会设法把它从你手里抢走。不要指望她在这个阶段能正确地使用调羹。但是，就算只是拿着玩，也可以帮助她为学会自己吃饭做好准备。当然了，也可能会让人抓狂，因为她总是想把调羹拿在自己的手里。所以，我总是建议父母准备3~4把调羹。你用一把喂她，允许她抓，然后从备用的调羹里再拿一把用。

你的宝宝经常作呕或窒息吗? 如果你刚开始给宝宝喂固体食物，那可能是因为你把调羹伸得太深了（见第140页）；或者调羹里的食物太多了；或者你喂得太急了——他还没咀嚼完、咽下上一口呢，你又舀了满满一口；还可能是因为食物磨得不够细。不管是什么原因，用不了多久，你的宝宝就会得出这样的结论："这不好玩，我宁愿要奶瓶。"作呕也可能与你的不耐烦或者喂食技巧有关。有些婴儿，特别是敏感型婴儿，需要更多的时间来习惯固体食物，这需要父母有更多的耐心（见第47页）。如果你的宝宝作呕，或者第一次尝试固体食物时看起来似乎不喜欢，那就不要喂了。几天后再试。要坚持试，但永远不要强迫他做这件事。

如果你的宝宝已经度过了开始阶段，你已经开始让她吃手指食物，她还是有可能偶尔窒息或者作呕，特别是吃不熟悉的食物时。如果你喂她手指食物不是太早，如果你谨慎对待喂她吃的东西，那就可以把窒息或作呕的发生频率降至最低。例如，有个妈妈在我的网站上这样写道：

> 埃莉快6个月大了，所以我准备给她吃手指食物。我听说要喂她吃容易成糊状的东西，像干的烤面包片，或者婴儿脆饼干（一种硬的，有点像蛋白酥皮卷的英式饼干，一遇液体即变松软）。

好吧，不管是谁建议她喂埃莉吃容易成糊状的东西，"容易成糊状的东西"都是对的，但是6个月大的婴儿吃干的烤面包很容易噎着。首先，烤面包里有碎屑，埃莉可能会吸入气管，或者卡在喉咙里。其次，6个月吃手指食物，对大多数婴儿来说都太早了。他们需要能够在没有帮助的情况下坐直，而这通常要到八九个月时才会发生。还有，我已经说过婴儿在尝试其他质地的食物之前，需要一两个月的时间来习惯糊状食物在他们嘴里的感觉。他们必须不断练习把食物挤到口腔根部，用舌头把食物压碎，直到食物变成糊状（见第143页方框）。

你喂宝宝固体食物保持前后一致了吗？还是有时候会哺乳（或者用奶瓶喂奶），因为方便，或者享受哺乳的体验，或者觉得内疚？ 如果是这样，那么你可能无意中妨碍了宝宝接受固体食物。考虑到现代人紧张的生活节奏，撩起衣服喂奶或者往奶瓶里倒入奶粉肯定比准备一餐饭要来得容易。而且，我在前面一章中已经指出，有些哺乳的妈妈不太情愿给孩子断奶，她们乐意享受那段和宝宝在一起的特殊的亲

典型事例
一个不情愿开始喂宝宝固体食物的妈妈

莉莎，一位28岁的社会工作者，珍娜的母亲，在女儿6个月大时就回去工作了。她找了一个出色的保姆代替她照顾珍娜，尽管如此，她还是为离开女儿而深感内疚。保姆最初建议开始喂珍娜固体食物，没想到却遭到了一贯主张母乳喂养的莉莎的强烈反对："我想她太小了，奶水对她更好，我打算挤奶，而且午餐时回家喂她。"3个星期后，珍娜开始夜醒要吃的，莉莎抱怨说白天的时候保姆肯定让她"睡太久了"。保姆解释说孩子白天的睡眠和平时一样。"但是，问题是，"保姆又补充道，"光吃奶水不能够满足她了。"和儿科医生交谈之后，莉莎让步了，勉强允许保姆开始喂珍娜固体食物。珍娜是个天使型宝宝，很快就适应了固体食物，几个星期后，她就能吃好几种食物了，也能安睡整晚了。莉莎非常怀念哺乳的感觉，不过她想办法克服了那种失落感：一大早以及晚上睡觉前继续喂女儿吃奶——属于她们俩的特殊时刻。

手指食物的要点

什么时候： 八九个月时，或者宝宝能在高脚椅里自己坐直的时候。

怎么做： 开始的时候把食物放在他高脚椅上的托盘中。他可能只是把食物压碎，拨弄开，这没关系，这是学习的一部分。不要替他把食物丢到他嘴里——这样目标就落空了。你自己吃些东西，孩子会模仿你。他很快就能明白，特别是如果东西很好吃。在你开始喂他之前先给他吃手指食物。如果他不吃，你不要担心。只要坚持在每顿饭开始的时候给他手指食物，最终他会吃的。

喂什么： 如果你担心手指食物里含有什么东西，可以自己先试一下。食物在你嘴里应该很容易分解，没有渣子、谷粒或者碎屑——这些东西可能会让你的宝宝噎着。假装自己没有牙齿，用舌头把食物顶到口腔根部，并且不断地用力挤压食物。要有创意。即使燕麦糊（煮到黏稠的状态）、甘薯泥或普通土豆泥，或者含有大块凝乳的奶酪都可以作手指食物，这取决于你对脏乱的忍受程度。熟水果是非常棒的手指食物，但有时候容易滑，最好切成较大的块状或条状。如果你是在餐馆里，并从家里带好了食物，但你的宝宝看起来很渴望吃你吃的东西（而且已经通过了上面的测试），那就让他试试。我就见过有婴儿吃各种食物。你越是经常让孩子自己吃，他就学得越快，也更享受吃的乐趣。下面是另外一些建议：

· 厚的块状干谷类食品（开始时要避免片状的）

· 各种形状的意大利面食（通心面，纽纹意粉，意式饺子——用蔬菜泥搅拌以增添风味和营养

· 婴儿鸡肉肠

· 鸡肉片或火鸡肉片

· 罐装金枪鱼或者其他种类煮熟的鱼（从你的饭中剩下的）

· 牛油果块

· 半软干酪，例如乳酪条，美国黄干酪，软切达干酪

· "疯狂三明治"——去掉面包皮（或者用切饼干的刀切出你要的形状），涂抹上无糖果酱、鹰嘴豆沙、奶油干酪或者脱脂凝乳奶酪。也可以烤一下。

· 百吉饼，单吃，或者涂上上面任何一种辅料

牛奶
大孩子的饮料

宝宝 1 岁的时候，大多数儿科医生会建议妈妈们把乳汁或者奶粉换成牛奶。过程要慢，就像开始喂固体食物一样，要确保宝宝没有不良反应。开始时用全脂奶代替早上的食物。几天到 1 周后（这取决于你的孩子的敏感性），如果你的孩子没有不良反应——腹泻、疹子、呕吐——那么下午和晚上也给他喝牛奶。有些人喜欢把牛奶混在乳汁或奶粉里给孩子喝。我反对这种做法，因为这改变了乳汁或奶粉的成分。如果你的宝宝有反应，你怎么知道是因为混合物的缘故，还是牛奶的原因呢？

密时光。特别是如果妈妈回去工作了，对丢下孩子觉得内疚，她可能会一回家就给孩子喂奶，想要以此对孩子做出补偿。不管妈妈行为前后不一致出于什么原因，问题是孩子从重复中学习，由此知道接下来会发生什么。如果有时给宝宝三餐固体食物，而有时候给一或两餐，她就会糊涂，进而退回到她已经知道的、能够给她带来安慰的事情上——吮吸。

吃完后你的宝宝呕吐吗？有没有出疹子？有没有腹泻或者大便异常？如果是，你喂了他什么固体食物？隔多久喂一次？ 他可能对某种食物有不良反应，甚至过敏。尽管他不会把吃固体食物和感觉不舒服联系起来，但是，他将不再愿意尝试新食物。因此，我总是告诉父母们在开始喂宝宝固体食物时要非常缓慢，开始时只喂一种食物。第一个星期（或者最初 10 天，如果你的宝宝较为敏感的话）在早餐时喂。一种食物坚持喂一个星期，之后你可以把这种食物挪到午餐时喂，而早餐时开始喂另一种食物。每当一种新食物通过了这样的测试，你就可以把它和已经加入饮食中的食物一起喂了。

我向来建议要在早餐的时候给宝宝尝试新食物，这样即使出现问题，也不至于扰乱宝宝以及你自己的夜间睡眠。像这样把食物隔开来喂，比较容易判断宝宝不适的原因。

当然，如果你的宝宝是敏感型体质，或者家人有过敏史，那么你应该特别注意，因为你的孩子可能更容易过敏。小儿过敏在过去的 20 年里大幅增加，专家估计有 5%~8% 的孩子患过过敏。给孩子吃更多易引发过敏的食物只会加重过敏。因此要坚持记日志，详细记下你喂的食物以及时间，以便在你的宝宝反应频繁或者严重去看医生时提供详细的信息。

1~2 岁：食物管理不善和食物奥运会

在孩子 1 岁左右时，"我的孩子应该吃多少"这个问题变得有点复杂，不仅因为孩子体型各异，有不同的需要，还因为他们的生长速度在这个时候开始减慢。他们的胃口通常会减小，不再需要那么多食物来维持第一年已经完成的惊人生长。一个 1 岁孩子的母亲在我的网站上这样写道："这是布兰妮现在吃的——不过两星期前她可是什么都不吃，有一个饮食计划真是不一般啊！"布兰妮的妈妈能够笑对女儿的前后不一致，态度从容。但是，很多父母会惊慌："为什么我的宝宝吃得没有以前多了？"我解释说宝宝有其他事情要做，不需要吃那么多。而且孩子 1 岁时长牙也会影响到吃（见第 150 页方框）。关键是几乎所有的婴儿在这个年龄段饭量都会减少。

与此同时，你的孩子所吃的食物范围应该扩大了，她应该已经尝试了——现在已经能吃各种固体食物，包括手指食物。有些孩子 9 个月大时就已经能吃固体食物了，而有些孩子要到 1 岁。不过，到了 1 岁时，大多数孩子都进展顺利。大多数儿科医生会鼓励父母在孩子 1 岁时的饮食中加入牛奶（见第 144 页方框），还有其他很多需要"小心进行"的食物，像鸡蛋和牛肉，因为这时过敏的可能性降低了（除非家人有过敏史）。

你的宝宝现在应该一天吃五顿，三顿以固体食物为主，两顿液体食物，每顿约 237 毫升，总共约 473 毫升。换句话说就是，一半的液体摄入量应该由固体食物代替。但是，如果他依然只吃大约 946 毫升乳汁、奶粉或牛奶（儿科医生允许 1 岁时喝牛奶），那么你必须做出

适当的加油＝适当的体重增加

孩子定期去看医生，医生会检查他的健康状况，称体重，确保他体重的增加和年龄及个头相符。你需要把孩子活力程度的任何变化都报告给医生。如果你的孩子在 1 岁至 18 个月之间，不活跃可能预示着他没有得到足够的固体食物，或者没有吃到能够补充能量的食物。如果他更大一些，可能意味着他的蛋白质——为其活跃的生活方式补充能量的食物——摄入量不够。

调整，以保持饮食平衡，减少液体摄入量，增加更多的固体食物。如果一切都照计划进行，到约 14 个月时，他就会开始发展协调能力，在你的帮助下，喂自己吃饭的技能也在继续发展。当然，事情并非总是按照计划一成不变地进行的，这个阶段也有一些问题，大体可以归为两类：食物管理不善以及我所谓的"食物奥运会"。关于后者，我将在这一节的后面解释（见第 150~155 页）。

食物管理不善。当一个 1 岁以上的孩子还喜欢使用奶瓶喝奶，而不喜欢吃固体食物时，通常表明某种形式的食物管理不善，往往可以追溯到之前某个从未提出或没有得到彻底解决的问题。所以，我要提的很多问题和我对年纪较小的孩子的父母提的问题是一样的：**孩子多大时你开始喂固体食物？你喂孩子吃什么？你尝试喂固体食物多长时间了？在给孩子固体食物这件事上你前后一致吗？**

如果你开始得太早，可能会遇到我在第 137 页上提到的激烈反应。如果你是最近才开始的，或者如果你没有保持前后一致，那么你可能只需要一点耐心就够了。尽管宝宝 6 个月大时是最佳时机，但是，你的宝宝可能需要长一点的时间来适应固体食物。因此，你要把孩子通常在早、中、晚三餐喝的液体加起来，合计多少毫升，然后转换成固体食物。例如，如果小多米尼克早餐通常喝大约 177 毫升液体，那么就要让他吃相当数量的固体食物——比方说约 57 克谷类食品、约 57 克水果和约 57 克婴儿酸奶（量的计算见第 140 页方框）。

开始时，要在一天中的主要三餐中先给孩子固体食物。在他断奶前（大多数孩子大约 18 个月大时），奶粉或哺乳可以当做两餐之间的

"零食"。一旦他习惯了吃固体食物，你也可以在吃饭时给他一吸杯水或奶，好让他餐后止渴。

有时候出问题的不是所有的固体食物，而是某一种食物——比方说桃。如果你的孩子不太勇于尝试新食物，或者这个阶段似乎有点"挑食"，不肯吃某些食物，那是因为此时孩子开始显示出对某些食物明显的偏好，也有

> ### 仓鼠小花招
>
> 有些孩子，当你给他们吃不喜欢的食物时，会把食物含在嘴里。我把这种行为称之为"仓鼠小花招"，这经常会引起作呕。如果你看到孩子两颊因口中含有食物而鼓鼓的，要叫他吐出来。应停止喂那种食物，一个星期后再试。

可能是表示他需要更长一点的时间来习惯这种新口味以及嘴里的新感觉，你必须要坚持（但要放轻松）给他吃不熟悉的食物。

有些孩子实际上就是挑食——在这个阶段，有很多食物他们不喜欢吃，也绝不肯吃。他们吃得比其他孩子少。对某个孩子看起来似乎正常的量，可能对另一个孩子就太少或太多了。如果孩子不愿意吃完所有的食物，你应该随他去。否则他就无法知道什么时候算吃饱了。根据我的经验，如果孩子有一个好的常规程序，最后他会吃的。甚至挑食的孩子也会尝试新的固体食物。你可以将一种新食物试着只喂给宝宝 2 茶匙——这样，至少你是在把新食物推荐给他。

我的经验是连续 4 天给孩子提供新食物。如果你的孩子不吃，暂停，一星期后再试。如果你的孩子不喜欢吃很多食物（见第 158~159 页"食物偏好"），也不要担心——有些大人也是这样。我发现如果父母吃很多不同种类的食物，在孩子完全自愿的情况下也让其接触到各种口味，那么他们的孩子最后在吃东西上通常都会勇于尝试。而且，如果你的孩子津津有味地吃了 2 个月甘薯，突然之间又不喜欢吃了，也不要惊讶，顺其自然就好。

当孩子不肯吃固体食物时，我还会问：**你的孩子夜间起来吃奶吗？** 液体摄入，特别是夜间的进食会影响孩子吃固体食物的胃口（正因为如此，我才反对让幼儿嘴里叼着奶瓶四处走动）。遗憾的是，我见过无数父母让他们 1 岁或者更大的孩子在夜间进食——更糟的情况

不要撬嘴！

试图撬开一个9~11个月大的孩子的嘴巴就好像从鲨鱼嘴里取鱼一样，如果你的孩子不肯张嘴多吃一口，请你就当她已经吃完了，不想再多吃了。

是整晚如此。他们奇怪为什么他们的孩子不吃固体食物，这不难理解：如果你孩子的肚子里装满了乳汁或奶粉，那么就没地方装固体食物了！所以到了吃饭的时候他不觉得饿，或者对固体食物不是特别感兴趣，他吃饱了。而且，半夜用奶瓶给孩子喂奶或哺乳，即使是因为孩子饿了，你也在无意中倒退到了24小时常规程序（要想停止稍大婴幼儿的夜间进食，你必须采取"抱起－放下"法，见第6章）。

你的孩子吃很多零食吗？ 如果是，那么他很可能在两餐之间把自己喂饱了。这个问题可能出现在第一年或第二年。可能是吃太多零食的问题，也可能是零食种类不对的问题。我不反对时不时地给孩子吃块饼干，但是我确实喜欢更健康的食物，像水果或少量奶酪。孩子不肯吃的时候不要找借口（"她累了"，"她今天过得不大顺"，"她长新牙了"，"她平时不是这样的"），要主动，不要给她那么多零食，特别是那些不含热量的零食。

也许你还记得，我谈论过婴儿特别是母乳喂养的婴儿是如何变成"零食鬼"的——每隔3~4小时吃10分钟，而不是饱饱地吃一顿（见第88页方框）。如果孩子整天嚼着薯条或者饼干，那么幼儿时期也可能发生同样的情况。如果你的孩子是个零食鬼，而不是一日三餐吃固体食物，那么你要给自己3天时间来改变她的习惯。要想让她恢复正常，你必须做好充足准备，坚持有规律的进餐时间，两餐之间不要给她零食（见下页方框）。

这倒不是说零食是不好的东西。实际上对有些个头较小的孩子来说，零食比正餐能够提供更多的热量【见第157页方框"挑食孩子（以及父母）的福音"】。有些小孩子需要吃得更频繁一些，在这样的情况下，零食（有营养的那些）更像小份的一餐。仔细观察孩子的进食模式，如果他总是吃不完，而且体重偏低，那就说明吃不完对他来说

零食攻略！

这是一个 3 天的方案，让爱吃零食的孩子变成爱吃饭的孩子：

当孩子在早上 7 点醒来时，她需要一瓶奶或者一次哺乳。早餐在 9 点左右，她会只吃一点点，而不是和平常一样饱饱地吃顿饭。但是今天不同了，因为她的能量在 10：30 开始逐渐减弱，你不要给她饼干、水果或者任何你平时给她的食物，而要分散她的注意力。可以带她到外面玩。我保证午餐她会吃得更多，因为那时她会非常饿。如果她实在不高兴，你也可以早一点做午餐。

下午，也不要给她睡醒后通常会吃的零食。如果她醒来后正常情况下要喝一瓶奶，现在分量要减半。当我这样建议时，很多父母会担心："她不是需要更多食物来保持能量吗？我是不是在剥夺她的食物啊？"绝对不是。记住，我们这么做最多 3 天而已。你不会把她饿坏的。你在她应该吃饭的时候提供给她食物。

相信我，这样做对她来说没你那么难熬。时刻记住你的目标：你不是希望等一小时后让她吃一顿完整的饭，而不是继续做零食鬼吗？如果你不放弃，那么 3 天后——大多数情况下更快——你的孩子就会吃饱饭而不是吃零食了。

可能是正常的。尽管如此，再给他一些高热量的零食也不会有坏处，像牛油果、奶酪、冰激凌。要经常和儿科医生谈谈宝宝的进食情况。选对食物（非常好的能量推进器），每次只给少量。一旦你的孩子开始社会化，吃零食就会变成他的一种生活习惯。所以母亲身上最好都带着零食。这样做是因为即使你很注意只给孩子好的东西，但是，他越社会化，就会越多地接触各种零食，包括垃圾食品。随身带着你自己的零食，你就可以控制他吃什么，而且，你的孩子也不会到其他妈妈那里去要！

这个阶段还有一个问题，那就是：**你会不会认为他不吃是针对你的？** 孩子 1 岁之前不吃东西很少是因为任性或者敌意，孩子不会用吃

长牙：破坏胃口的一个因素

信号：孩子可能有下面任何一种（或者全部）症状：双颊发红，尿疹，流口水，啃手指，流鼻涕以及后鼻滴注的其他症状，发烧，尿液很浓。你把奶瓶或乳头送到他嘴里，他会马上避开，因为他的齿龈很痛。他可能胃口减弱，因为吃起来太不舒服了。如果你摸一下那个地方，可能会感觉到肿块或者看到一个红点。如果你是母乳喂养，那么可能会感觉到他的牙齿长出来了。

持续时间：长牙有 3 个阶段，每个阶段 3 天——长牙之前，牙齿真正破龈而出，以及长牙之后。最糟的 3 天是牙齿真正穿破齿龈的时候。

该怎么办：按照标签用一份预防剂量的 Motrin①，用婴儿 Orajel②或者其他长牙药膏麻醉齿龈。你的宝宝需要咀嚼。他可能愿意也可能不愿意吮吸冷冰冰的出牙嚼器、百吉饼或者毛巾。

来操纵父母的行为，所以通常是另有原因，例如长牙（见左侧方框）、睡眠不足、生病或者今天就是不想吃。但是 1 岁以后，不吃的行为可能就是一种武器，你的孩子发现可以用它来对付你。如果你对他吃什么显得很紧张，那么我向你保证，到了 15 个月甚至更早，他就会明白你的感觉，知道你希望他完成某项任务，进而以此来"控制"你，这样就不利于创造愉快的进食氛围。在这种情况下，我见过有孩子不肯尝试新食物，或者完全不吃。

食物奥运会。你的孩子在用餐时经常行为不端吗？ 父母们对这个问题的回答可以告诉我他们的孩子是否是我所谓的"食物奥运会"中的参赛者。这方面的担心包括如下问题：

· 我不得不在厨房里追着孩子让他吃饭。
· 我的孩子不肯坐在高脚椅里，或者总是想办法爬出来。

---

①药名，中文一般译作"美林"，用于镇热解痛。——译注
②药名，一种快速舒缓婴儿长牙疼痛的药膏。——译注

·我的孩子连试一下自己吃都不愿意。

·我的孩子不肯戴围兜。

·我的孩子总是把食物掉在地板上，或者倒在自己的头上。

你的孩子会在餐桌上新发现一些技能，这正巧和她发育中的巨大进步差不多同时发生。很多孩子这时候已经会走路了，至少已经会爬了。所有的孩子天生都有着无比强烈的好奇心。对大多数幼儿来说，吃不是最好玩的事情。当外面有一个世界可以探险的时候，谁还愿意坐在椅子里啊，哪怕只坐 10 分钟？当扔食物、涂抹食物那么好玩时，谁还想吃啊？在很多有一两岁孩子的家中，用餐即使不是灾难的话，也非常费事——乱得一塌糊涂。一些父母忧心忡忡地来找我，说他们无法在用餐时约束孩子，这反映出了孩子的独立性和某些能力在增长，随着他们离 2 岁越来越近，他们也会越来越任性。实际上有时孩子不肯尝试某种食物是因为他需要实验自己的控制力，而不是食物味道的缘故。你还是放弃这种食物比较好，以避免权力之争。（下一顿，可以用其他营养价值相当的食物来代替。）

即使对 1 岁的孩子，你也可以制定严格的规矩。我可以听到你的抗议："但是，教规矩他还太小了。"不是这样，亲爱的。你现在就开始教，否则到了"恼人的 2 岁"阶段，所有的事情都可能变成一

不要游戏！不要哄骗！

有些父母把用餐时间变成了游戏时间，他们还奇怪为什么他们的孩子会拿食物捣乱。例如，如果你玩"飞机"，把食物放在调羹里，然后拿调羹在空中做"飞行"的动作，那么你的孩子以后不用调羹吃东西，你也不要感到惊讶。

而且，永远不要哄骗孩子吃饭。你只需要把孩子喜欢吃的食物摆在他们面前，他们饿了自然会吃。但是，他们绝对不会因为我们骗他们而吃。当我们试图哄骗甚至强迫孩子多吃点时，无意中让他们对吃产生了负面的感觉。一旦孩子看到我们因为他们不吃饭而生气，过不了多久他们就会意识到："哦，我能用这个作为武器来对付父母。"

场权力之争。

当你在阅读与食物奥运会有关的一些常见担心时，记住我的缩写词 B.A.R.N.（行为、态度、常规程序和营养）——至少记住头 3 个字母。B 代表在这个阶段发生的各种不端行为，如果你现在不干预，这些行为就会持续下去。

你的态度（A）非常重要。在上面父母担心孩子行为的每一条描述中，你都可以注意到其中暗示了孩子主导着局面，因为爸爸妈妈会用诸如这样的话来作为陈述的开端："我的孩子拒绝……""我的孩子不肯……"诚然，我们现在正要进入"恼人的 2 岁"阶段，不要想当然地以为用餐时间就一定要在孩子的掌握之中，你必须取得控制权（如果你这么做了，2 岁并不一定会是一场噩梦，见第 8 章）。

要想应付这些问题，制定行为指南，我们就必须着眼于用餐常规程序（R）——它给我们提供了一个着手处理问题的方式，能够指导我们采取不同的措施真正地去做一些事情。设置程序和限制都很重要，特别是在孩子 18 个月前，因为那时候孩子真正意义上的固执行为常常已经开始了。

这个阶段的关键在于权衡哪些是真正对孩子的健康有益的，并且允许孩子进行各种尝试，知道对她的期待哪些是现实的。例如，如果你的孩子不肯戴围兜，就要让她产生"在这个问题上她有说话权"这样一种感觉。给她两个围兜，说："你想戴哪个？"而另一方面，如果你必须在厨房里追着孩子让她吃饭，那么你可能给她的选择太多了。不要问："你想吃吗？"我就听到很多父母这样问他们的孩子，你应该简单地说："该吃饭了。"在吃这个问题上不要给孩子选择的余地，你只需要简单地说："吃饭了。"如果他们说不吃，你还是要让他们坐在餐桌边。如果他们饿了，他们就会吃的。但是，一旦他们有任何方式的调皮捣蛋，就应该立即把他们抱出高脚椅，带离餐桌。给他们两次机会，然后就等到下一顿用餐时他们肯定饿了的时候。

吃饭不安分，不肯坐进高脚椅里，或者想要从椅子里站起来，这些行为从某种程度上来说都是婴儿生活的一部分，这些问题很多几乎是不可避免的。不过，我注意到那些经常和孩子交流、对话的妈妈在这方面遇到的麻烦要少一些，对话可以帮助你把孩子的注意力转移到食物上。试着问宝宝："土豆在哪里？"或者指出："豌豆是绿色的。"微笑，对她说话，告诉她她做得很棒。当她不再吃或者看起来想要站起来的时候，你要采取主动，抢先一步把她抱出高脚椅，说："好了，午饭吃完了，该洗手去了。"

当孩子在高脚椅里扭动得特别厉害或者看上去很不舒服时，我怀疑父母可能对孩子要求太高了。**你是不是把他放进高脚椅里，让他等你把饭做好？如果是，他要等多久？**对一个异常活跃的孩子来说，即使5分钟也是漫长的等待。在你把他放进高脚椅之前，要把一切准备好。**他吃完后你依然把他留在高脚椅里吗？**如果他吃完后你还是让他待在高脚椅里，那么他会开始感觉到高脚椅像个监狱。我最近遇到一个妈妈，她试图让自己18个月大的孩子一直坐在高脚椅里，直到他吃完，但是让她不解的是，她的儿子却不肯坐进高脚椅里。更糟的是他不好好吃饭，每当有人试图把他放进高脚椅里时，他都会死命地尖叫。

有些孩子从一开始就不肯坐进高脚椅里，每次都会使妈妈筋疲力尽，或者非常生气。她可能会强迫孩子，这只会让孩子更加抗拒；或者她可能会放弃，跑来跑去地喂他，后面一种情况我见过很多次了：一个妈妈端着一勺粥满屋子追着孩子跑，希望喂到小男孩的嘴里。这个妈妈是在自找麻烦，她最好先弄明白为什么她的孩子如此厌恶高脚椅，然后再慢慢引导他坐进去。于是，我问她，她第一次把孩子放进高脚椅里时孩子多大了？那个时候他能否自己坐直了？如果你在孩子能自己坐直之前把他放进高脚椅里至少20分钟，那么他很可能会感到不舒服、很累，那就难怪他会对高脚椅有不好的联想。

承认孩子的不情愿或者恐惧很重要。如果你把孩子放进高脚椅里时他踢脚、后仰，或者扭动身体挣扎着要出来，就应该马上抱他出来，并且说："我明白，你还没准备好吃饭。"你可以15分钟后再试。有时候，问题在于父母不给孩子一个过渡的过程——这里说的是从玩到吃的过程。在孩子玩的时候突然把他带走，扑通放进高脚椅里，这是很不尊重孩子的行为。正如他需要时间适应睡觉一样（就寝时间过渡详见下一章），他也需要时间进入吃饭这个程式，要多运用理解性的语言（"该吃午饭了！你饿吗？我们把这些积木清理一下，洗一下手"），给孩子一点时间让他理解你说的话，尊重地接近他，然后采取行动——把积木拿走，帮助他洗手。在你把他放进高脚椅里之前，说："好了，现在我要把你放进你的高脚椅里了。"

大多数孩子只需要这样就可以了。但是，如果你的孩子因为对高脚椅有负面联想，对它几乎有一种病态性的恐惧，那就要退回去几步，再次让用餐变成一件令人愉快的事情。开始时，让她坐在你的膝盖上喂她，然后逐渐过渡，用一张儿童尺寸的餐桌，或者在大餐桌旁放一把辅助餐座椅，和她并排坐在一起。几个星期之后，你可以再次尝试高脚椅，但如果她还是抗拒，你可能必须接着用辅助餐座椅。1岁至18个月时，很多孩子更愿意坐辅助餐座椅，和家人一块儿坐在餐桌旁就餐。

让孩子与其他家庭成员一起用餐大有好处，这样做不仅能提高孩子行为的配合度，而且孩子也会更愿意自己吃饭。如果你的孩子似乎不愿意自己吃饭，你要自查一下：**你对她自己吃饭这件事持什么态度？或者，你吃饭时匆忙吗？** 你担心她搞得又脏又乱吗？2岁的孩子能够自己用叉子叉住食物，但是他们的父母太匆忙或者过于吹毛求疵而不让他们自己来，看到这样的情形我总是很难过。如果你没有耐心，总是在孩子还正吃着的时候就不停地给她收拾，或者擦拭高脚椅，用不了多久她就会意识到这不好玩。她怎么还会想自己吃呢？

这也是一个准备的问题。因此，当父母担心孩子不会自己吃饭时，我会问：**你说的"自己吃饭"是指什么意思？** 你可能必须调整自己的期望值。大多数1岁孩子能够自己用手吃饭，但不会使用调羹。如果你的孩子还没开始用手吃饭，你就把手指食物放在她的餐盘上，最后她会明白是什么意思。用调羹或者叉子的情况要复杂得多，想一下要牵扯到的事情：手要有灵活性，能握住调羹，伸到食物下，抬起来，而且还不能翻转，最后，送到嘴里。大多数婴儿14个月前甚至无法开始尝试这些动作。在此之前，你可以给她一把调羹玩。尽管她还不会使用调羹，但还是会竭力地从你手中抢走调羹。最终，她会把调羹送到嘴里。当你看到这个动作后，应该开始替她把调羹装满食物——黏糊糊的燕麦糊比较理想，可以粘在调羹上。多数时候，这会弄到她的头发里（还有你的头发里），但是，你必须给她时间来尝试，允许她完全没对准自己的嘴巴。14~18个月之间的某个时候，她会开始把食物送到嘴里。

当然了，不管你的孩子准备得多么充分，不管你多么放松，所有的孩子在幼儿阶段的某个时候都会把麦片或者意大利面当做帽子戴在头上。当这种古怪行为频繁发生，父母开始担心时，我总是问：**你的孩子第一次这么做时，你笑了吗？** 我知道那是一个难忘的时刻，他绝对可爱，让你无法抗拒。你怎么能不笑呢？问题是，你的反应比把麦片弄到头上这个动作更让他高兴。他想，**噢！太好了。我那么做时妈妈真的喜欢**。于是他再做一次，只不过第二次、第三次和第四次时你不觉得那么好玩了，你越来越恼火，他越来越糊涂。**两天前我这么做时是很好玩的——现在妈妈怎么不笑了呢？**

这是一个很简单的事实：小孩子喜欢扔东西——这个动作本身对孩子很有吸引力。他不知道扔球和朝你扔热狗有什么区别。如果他还不到1岁，你对此不要小题大做，但是要向他明确表示扔东西是不可接受的行为。就像下面这位妈妈一样，她7个月大的孩子把奶酪块扔到地上时，她对他说："哦，我猜你想让它在地上。"

如果你很幸运，还没看到把食物扔到头上的行为，那就做好准备吧，就要来了。当它发生时，你要努力忍住，不要笑，只需要说："不行，你不能把食物放到头上，食物是用来吃的。"然后拿掉。而另一方面，如果你已经做了他的忠实观众，也要这样说，不过要做好思想准备，可能要好几次才能改变孩子的这种行为。如果你此时不采取行动，我保证到了下一个阶段——到孩子2~3岁大的时候，在餐桌上你就要应付他更为严重的行为问题。

> **掰碎面包，不是打碎盘子！**
>
> 我们都很清楚不要给幼儿易打碎的盘子。不过完全不用盘子可能也是个好主意，特别是如果盘子最后总是掉到地上的话。另一个选择是用一种底部有吸盘的塑料盘子。如果你的孩子力气足够大（也足够聪明）可以拿起它，就要重新把食物直接放到他的托盘里。

2~3 岁：食物偏好以及其他恼人特征

现在，你的孩子能够吃——也应该吃——差不多所有成年人吃的食物了。他能够在餐桌边吃，坐在他的高脚椅或者辅助餐座椅里，应该也能够带他去餐馆了。最大的问题出现在 2 岁左右，那时所有的事情、任何东西都可能会导致权力之争。你的孩子在这个时候可能会非常令人讨厌甚至可怕，这很大程度上取决于孩子的天性，以及之前出现问题时你的处理方式。不过幸运的是，随着孩子越来越接近 3 岁，事情通常会变得越来越容易。

这个阶段的常见担心有两类：糟糕或者古怪的进食习惯，以及进餐时行为不端，这是"食物奥运会"的延续，在之前阶段它没有能够得到阻止。下面我们看一下这两类担心：

"糟糕或古怪的进食习惯"这一类中我经常听到：

·我的孩子不好好吃饭。
·我的孩子几乎不吃任何东西。
·我的孩子在绝食。
·我的孩子坚持以某种特别的顺序吃东西。
·我的孩子一遍又一遍地吃同一种食物。
·如果豌豆碰到了土豆，我的孩子就会发脾气。

我总是让父母解释他们所说的"好好吃饭"是什么意思。是说孩子吃得多吗？还是孩子什么都吃？"好好吃饭"就像美一样，只存在于旁观者的内心。因此，如果父母担心孩子的食物摄入会出什么问题，我会让他们仔细观察，问问自己究竟是怎么回事。

是新情况还是他一向如此？正如有形形色色的人、各种各样的脾性和体型一样，人们在吃东西时的表现也是各式各样的。脾性、家庭环境以及对待食物的态度的个体差异，都会影响到孩子的吃饭习惯。

有些孩子吃得比其他孩子少，有些孩子对重口味比较敏感，或者不喜欢尝试新食物，有些孩子吃起东西来比其他孩子香，有些孩子体型较小，不需要那么多食物，有些孩子只是比其他孩子更经常不好好吃饭。

到了孩子2~3岁的时候，你应该很了解自己的孩子是什么样子，对他来讲什么是正常的。如果他吃饭总是勉强，或者吃得比同龄人少，那么对他的吃你要持现实的态度：他就是这样。一个孩子吃得没有前一天多也是完全正常的——可能第二天就补回来了。只要你的儿科医生给孩子开出了健康证明书，那就让孩子自己解决吧。如果你不断提供好的食物，保证用餐时间内很愉快、有趣，自己也表现出对好食物的兴趣，那么孩子可能会吃得更好；而如果他知道自己每吃一口你都一阵担心，他就更没法好好吃了。几十年前，研究婴幼儿食物偏好的儿科医生克莱拉·戴维斯做了一个经典的研究，结果显示，在有选择的情况下，即使婴儿也会精准地选择平衡饮食所需的食物。（你可能有兴趣知道在那些早期研究所列举的婴儿最喜欢的食物当中，就有当今21世纪婴儿可能也会喜欢的食物：牛奶、蛋、香蕉、苹果、橙子以及燕麦粥；最不喜欢的食物有蔬菜、桃、菠

挑食孩子（以及父母）的福音

研究发现，4~5岁的孩子当中有30%挑食或者吃得不多。最近在芬兰有一个研究得出结论，父母没有"非常担心的理由"。研究者调查了500多个孩子的父母，他们从7个月起就开始密切观察这些孩子。在这个研究中，吃饭不佳的孩子被定义为"常常"或"有时"吃得太少的孩子，这个"常常"或"有时"是依照父母所说。5个月的时候，吃饭不佳的孩子比起其他孩子常常个头较矮或者体重较轻，但是，他们出生时就体重偏轻，这表明他们用以维持自身的食物需要向来较少。换句话说就是，相对于他们的体积来讲，吃饭不佳的孩子并不真的吃得比同龄人少。只不过确实有一个区别：吃饭不佳的孩子从零食而不是正餐中获取更多的热量，因此，对他们的父母来说，确保手头有足够多健康的零食就显得尤为重要。

萝、动物的肝脏和肾脏——都一样！）

如果你的孩子之前吃得很好，现在却不行，那么还有什么情况？他学会爬了吗？他生病了吗？长牙了？有压力？以上任何一种因素都可能让原先吃饭很好的婴儿降低对食物的兴趣。

对你的孩子来说吃饭是社交经历吗？只要没有人对孩子不停地唠叨"吃！吃！吃！"，那么，和家人一块儿吃饭对一个不太情愿吃饭的孩子来说就是一种很好的体验。如果她有机会和同龄人一块儿吃那就更好了。当你计划带孩子出去玩儿时，你需要花点时间做份小吃或者简便午餐，这很有必要。令人惊讶的是，在看到另一个孩子吃饭时，即使吃饭不佳的孩子也会吃得更专心。（这两种情况也是加强礼貌的好机会。）

他真的什么也不吃吗？父母经常把两餐之间孩子吃的液体食物或者零食不计算在内。记录孩子吃到嘴里的任何东西，记录一两天，结果可能会让你惊讶。孩子可能是个零食鬼，如果是，那么他也是在吃——只是不吃你在用餐时间给他的食物而已。你可以采取措施来纠正这种行为（见第149页方框）。父母经常会说："他只吃零食。"而我想说："那么，是谁给他零食的呢——善良的仙女吗？"我们必须对孩子的吃负责任，这点需要注意。

即使一开始吃固体食物吃得很好的幼儿，到这个时候有时也会养成我所谓的"食物偏好"。有些孩子一次又一次地吃同一种食物；还有些孩子不仅挑食，而且挑得古怪。两种情况都会让父母担心。

小孩子特别容易偏食，既表现在行为意识上，也表现在对食物的选择上。他们会选择某种或某些喜欢的食物，吃很长时间，而拒绝吃其他任何食物。正因为如此，我们要给孩子健康的食物才显得如此重要，至少要保证给孩子的食物对她有好处。还要记住，一旦孩子吃够了某种食物，那么，她往往在很长一段时间里再也不肯吃这种食物。我最小的孩子索菲亚以前——现在依然——很偏食。她大多数的暴饮暴食通常不会超过10天。接下来的一段时间她会正常吃饭，正当我以为她已经好了的时候，她会又爱上另一种食物。18个月大的索菲亚一直如此，我想起来了，有其母必有其女。我自己小时候往往也会更喜欢某些食物，但是我已经长大了，我的妈妈无须再为此担心。偏食可能有遗传的因素，不过，我从未见过有科学研究证明这一点！

有关食物的怪癖比起重复吃的行为来更让父母紧张。下面是网站上一个帖子的部分内容，来自一位叫凯莉的母亲——她2岁半的孩子正是这样。这位妈妈说，尽管她的"好儿子"德文"可爱、温柔、有趣"，但是，她对他古怪的饮食行为"越来越沮丧"。

> 德文吃饭的时候，只要他的食物碎开了——例如香蕉或者谷类饼干碎成两半——他就不肯再吃剩下的部分了。我不知道为什么会这样，除非是因为他看到大人吃饭的样子，不希望食物碎开。有其他孩子也会这样做吗？或者有类似的古怪行为？

还有人这样吗？实际上很多幼儿会这样。回复她帖子的妈妈们提到一个孩子，如果他的妈妈给他碎了的饼干，他就会大发脾气，还有一个孩子不吃任何"混合的"菜，像炖菜或者砂锅炖肉，第三个孩子只吃烤面包最上面的一层，不吃下面的。有些孩子坚持按照自己的顺序吃东西——例如，有个小男孩每顿饭一开始必须先吃一根香蕉。或者他们对于摆在面前的食物有严格的规矩，食物不能碰在一起，或者食物必须装在某种盘子或者碗里。各种例子举不胜举，而且独一无二。为什么会这样，谁都说不清。我们是人，所有的人都有自己的怪癖，古怪的饮食习惯可能也会遗传。我惟一能肯定地告诉你的是：大多数孩子长大后就没有那种怪癖了。

在这个阶段，我听到的其他问题主要是关于用餐时行为不端的，包括以下担心：

· 我的孩子的举止糟透了——这个年龄的好举止是什么？
· 我的孩子不能静静地坐在餐桌旁（我称之为"扭动综合症"）。
· 我的孩子不想再吃或者不喜欢吃的时候就会扔食物。
· 我的孩子吃饭时会发脾气——最小的事情也可能会让她发作。

·我的孩子故意把食物搞得乱七八糟，例如，把意大利面酱涂抹在餐桌上或者新生婴儿的身上。

我们在用餐时看到的这些行为问题很多是白天出现的类似问题的延续，但是父母在晚餐时注意得更多一些，特别是在餐馆就餐时，因为其他人可以看到。要想弄清这是否是更大问题的一部分，我会问：**这种行为是新出现的，还是已经持续一段时间了？如果是后者，还在其他什么情况下会发生？通常是什么引发的？** 通常这些行为都不是新近出现的，它们是无规则养育的后果：孩子胡闹了，父母要么仓促行事，要么过于尴尬，因而随它去或者让步，孩子要什么就给什么（更详细的内容见第 8 章"教育幼儿"）。

那么，假如你的孩子用手指蘸意大利面酱在餐桌上画画，你该怎么办？如果你对自己说：*没什么大不了的——我会收拾的*，对孩子什么也不说，你这样无视她的不端行为其实是在告诉她那样做没关系。但是，几个星期之后，当你们在奶奶家时，她开始"装饰"你婆婆的祖传桌布，结果会怎样？我不得不说，这不是你孩子的错，是你的错。你必须教她意大利面酱不是拿来用手指画画的。她第一次这么做时，你应该说："食物是吃的，不要拿它来玩。吃完后，把盘子送到洗碗槽里。"

倘若你的女儿有点活跃，喜欢把脚放到餐桌上，还敲打出歌曲的节奏。这对她来说很新奇，但是，想象一下同样的行为发生在餐馆里，你可能恨不得把头埋到桌子底下去。你的态度要保持一致，并且要坚持下去。不管你的孩子在做什么让你不能接受的事情——把脚放到桌上，把叉子放到鼻子上，乱扔食物——要直接告诉她那是不对的："不要，我们吃饭时不【描述她正在做的事情】。"如果她还不停止，就带她离开餐桌。你可以在 5 分钟后让她再回来，再给她一次机会。如果你坚持这样做，孩子不仅知道了结果会怎样，也知道了我们期望他们怎样做。

对待乱扔食物也是一样的。看到一个 14 个月大的婴儿尝试做动作、扔东西，最好轻松对待（见第 155 页），因为那是另外一回事。

但是，当一个两三岁的孩子这么做来招惹你时，你必须告诉他他的行为是错误的，让他自己收拾干净。比方说，你在你 2 岁大的孩子面前放了一盘鸡肉，他大声地说"不"，然后猛力地把鸡肉扔到地板上。你要把盘子拿开，说："不许扔食物。"让他离开椅子，5 分钟后再试。给他两次机会，如果他还是那样，那就什么也不要给他吃。

这听起来可能有点严厉，但是，请相信我，这个年龄段的孩子知道如何操控父母，我见过有些母亲就像外场手一样，捕捉着飞舞的食物，但从来不告诉孩子那是错误的，而是说："哦，你想吃奶酪吗？"后来这变成了一个更长期的问题，你遇到了一个投球手，他不仅扔食物，还扔玩具，以及其他可能有危险的物品（见第 330 页"鲍勃的故事"）。你必须在他每次吃饭时采取同样的措施直到他停止。问题是，父母会筋疲力尽而最终放弃。他们只是把脏乱的环境收拾干净。这是一个很常见的问题，但最终可能会变成一个严重的问题，因为父母没法带孩子去外面任何地方。我讨厌去餐馆的时候看到有孩子不懂规矩，他们压碎面包，把食物四处扔，而父母看上去却似乎并不在乎——他们让服务员收拾。他们不尊重自己的就餐时间。

父母会说："他才 2 岁，什么也不懂。"但是，谁来教他尊重呢——什么时候教？会有某个会施魔法的仙女飞来教他吗？不，父母必须承担起孩子启蒙老师的职责，我建议必须尽早开始（详见第 8 章）。

有时，父母只要更加仔细地留意孩子的信号，就可以解决孩子就餐时行为不端的问题。例如，当父母说他的孩子会发脾气时，我会问：**你注意孩子吃饱时的信号了吗？**父母们有时会设法让孩子"多吃一口"，哪怕孩子在呜呜地抗议、把头扭开、小脚乱踢。父母们会一直试，一直试，最后终于弄得孩子发脾气了。他们需要做的是马上把孩子带离餐桌。

父母们可能在无意中埋下了种子，导致孩子以后发展成更加严重的进食问题。因此，要时刻小心无意中传达给孩子的关于食物的信息。她吃饱了还逼她再多吃点儿，她就没有机会控制自己的身体，或者不知道自己何时饱了。很多超重的成年人回顾自己的童年，想起了父母给自己很多好吃的美食以及甜点，还因为吃干净了盘子而受到称赞。他们的父母会说这样的话："你都吃完了，真是个乖女孩。"他们马上把吃和父母的称赞联系在一起。特别是如果你自己有进食问题，例如长期节食或厌食，那么一定要承认并且寻求帮助，这样才不会影响到你的孩子。

即使我们自己没有饮食问题，喂食对于我们来说也确实有很多情感上的压力。我们希望孩子健康，当孩子不吃饭时，我们自然会担心。有时候我们可以做点什么，而有时候我们什么也做不了。不管怎样，父母必须保持主导地位。吃得好的婴幼儿也会玩得好，睡得好。给孩子需要的营养是我们应尽的义务；同时，我们也要尊重孩子的个体差异，哪怕是怪癖。要想对会出现什么事情有一个正确的认识，看看下面的"幼儿神奇饮食方案"吧。当你担心自己的孩子是吃多了还是吃少了时，读一读这个出现在好几个育儿网站上的幽默方案。这位匿名的作者——毫无疑问是一个刚刚学走路的幼儿的家长——认为这个饮食方案正是为什么大多数蹒跚学步的孩子都那么瘦的原因！

幼儿神奇饮食方案	
在执行这个饮食方案前先咨询医生	
第一天	
早餐	1个炒蛋，1片涂了葡萄果冻的烤面包。借助你的手指吃两口鸡蛋，把剩下的扔到地上。咬一口面包，然后把果冻涂在你的脸上和衣服上。
午餐	四支彩色粉笔，一把薯条，一杯奶（只喝三口，剩下的倒掉）。
晚餐	一根干树枝，两个一分硬币和一个五分硬币，喝四口跑了气的雪碧。
夜宵	把一片烤面包扔在厨房地板上。
第二天	
早餐	从厨房的地上捡起变了味儿的面包吃掉。喝半瓶香草精或一小瓶植物染料。

下午茶	吮吸棒棒糖直到它变得黏糊糊的，走到屋外，把它扔到泥地上。找回来继续喷喷吮吸，直到它又变干净。然后拿回屋里扔到地毯上。
午餐	半管 Pulsating Pink①唇膏，一把 Purina②狗粮（任何口味）。外加一块冰，如果想要的话。
晚餐	一块石头或者未煮过的豆子，塞进你左边的鼻孔里。把葡萄口味的 Kool-Aid③倒在土豆泥上，用调羹吃。
第三天	
早餐	两个薄煎饼，加很多糖浆，用手拿着吃一个，抹在头发上。一杯奶，喝半杯，把另一个煎饼塞到杯子里。早餐后，从地毯上捡起昨天的棒棒糖，舔掉绒毛，把它放在最好的椅子垫上。
午餐	三根火柴，花生酱和果冻三明治。吐几口到地板上。把牛奶倒在桌上，喷喷吸掉。
晚餐	一碟冰激凌，一把薯条，一些红潘趣酒。如果可能的话，试着大笑让红潘趣酒从你鼻子里喷出来。
最后一天	
早餐	1/4 管牙膏（任何口味），一点肥皂，一个橄榄果。把一杯奶倒在一碗玉米片里，再加半杯糖。等玉米片浸透了，把奶喝掉，拿玉米片喂狗。
午餐	吃掉在厨房地板和客厅地毯上的面包屑。找到那根棒棒糖，把它吃完。
晚餐	把意大利面条扔到狗的背上，把肉丸塞到耳朵里。把布丁扔进 Kool-Aid，然后用吸管吸。
按需要重复每日步骤！	

①Pulsating Pink，商品品牌。——译注

② Purina，狗粮品牌，中文一般译作"普瑞那"。——译注

③Kool-Aid，固体饮料品牌。——译注

第 5 章

教宝宝如何睡觉
头 3 个月以及 6 种原因

睡得像个婴儿？

"我没法让我 5 周大的孩子在她的婴儿床里睡觉。"

"我 6 周大的孩子白天不肯小睡。"

"我的孩子 3 个月大了，晚上还是会醒。"

"我 10 周大的孩子不肯睡觉，除非躺在我的怀里。"

"我的孩子 5 周大了，我注意观察他的信号，当他看起来似乎累了时，我试着把他放进婴儿床里，但我一把他放下他就开始哭。"

"我 8 周大的孩子只肯在车里睡觉，所以我们把他的辅助车座椅放进了婴儿床里。"

每天，我的电子邮箱里都塞满了像上面这样的邮件，大多数来自约 3 个月大的婴儿的父母。他们的主题栏上写着"救命！"或者"我绝望了"或者"寄自一位缺乏睡眠的妈妈"。这不奇怪：父母把孩子从医院带回家的那一刻起，睡眠就是头号问题。即使幸运的父母，他们的孩子天生睡得很好，他们也会想："我的宝宝什么时候能睡一整晚啊？"睡眠也是最重要的问题，因为婴儿护理的其他所有方面都与睡眠有关，睡觉就是长身体。如果你的孩子疲劳，那么他就不愿意吃或者不愿意玩，容易发脾气，还容易患消化疾病或者其他疾病。

在几乎所有婴儿睡眠困难的案例中，父母大致都存在着同样的问题：他们没有意识到要使婴儿拥有良好的睡眠需要一系列技巧，我们必须教孩子如何自己入睡，以及半夜醒来时如何重新入睡。头3个月，父母应该主动采取措施，为婴儿养成良好的睡眠习惯打好基础。但是，遇到困难的父母都没有这样做，而是顺从婴儿，他们没有意识到这样会导致婴儿形成各种各样的坏习惯。

睡眠问题在某种程度上还可归咎于对婴儿如何睡觉的一个普遍误解。当一个成年人说："我昨晚睡得像个婴儿一样。"他的意思是说他昨晚睡得很好——他的眼睛紧闭，整夜都睡得很安稳，醒来时，觉得精神振奋，活力充沛。多么难得的享受啊！确实难得。我们大多数人夜晚翻来覆去，起来上卫生间，看钟表，想着是否能获得足够的休息以应付明天。那么，猜猜怎么着？婴儿也是一样的。如果我们的语言是精确的，那么"睡得像个婴儿"就会是指"我每隔45分钟醒一次"。不，婴儿不会为开发新的客户资源而烦恼，或者为背诵明天要做的报告而发愁，但是，他们有类似的睡眠模式。就和成年人一样，婴儿也有45分钟睡眠循环，几乎是昏迷状的深度睡眠和较浅的眼球速动期睡眠交相更替，当处于眼球速动期时，大脑较为活跃，此时我们容易做梦。以前，人们一度以为婴儿不会做梦，但最新的研究证明，婴儿的睡眠时间平均50%~66%是处于眼球速动期，远远超过我们成年人（成年人是平均15%~20%）。因此，婴儿晚上也经常醒，就和我们一样。如果没有人教他们如何使自己平静下来，他们就会哭，实际上是在说："快来帮我，我不知道如何重新睡着。"如果他们的父母也不知道，那么无规则养育的种子就此埋下了。

头3个月出现的各种睡眠问题可以归纳为下面两大类：**不想睡**（包括不肯进婴儿床），**睡不着**——或者两者兼而有之。下面，我将着眼于最常见的睡眠难题以及可能的原因，就每一种情况提出一个切实的解决问题的行动方案。诚然，父母对孩子睡眠问题的担心都是惟一的，有其独特之处，因为它属于你的家庭、你的孩子，所以我没办法涵盖所有的可能性，一本书不行，十本书也不行。实际上，如果有百万个婴儿，就会有百万种不同的情况。

但是，至少我可以帮助你解决问题，带你更深入地看待问题，让你看到我的真实想法。我的目标是帮助你理解我是如何判断头 3 个月发生在婴儿身上的各种睡眠问题的，这样你自己就能找到问题所在。（记住，这些问题有很多也同样存在于年龄稍大一点的孩子身上，但是，在孩子 4 个月大之前，问题要容易解决得多。）我希望这些信息可以帮助你不走弯路，让你的孩子顺利进入梦乡。

六种原因

宝宝在任何年龄的睡眠问题都可能有多种原因，不仅仅是受到晚上发生的事的影响，而是受到全天的影响。此外，还受到婴儿脾性和父母行为的影响。例如，一个孩子晚上多次醒来，可能是因为白天睡得太多而吃得太少，或者活动太多了。同时，宝宝频繁地夜醒也可能是无规则养育的结果。可能是在他凌晨 4 点哭闹时，妈妈急于找到一个解决问题的办法——给他哺乳。或者她把他抱到自己的床上，晚上余下的时间就让他睡在那儿。他可能只有 4 周大，但是，婴儿不需要多长时间就能习惯某个常规程序，因此，他

其他文化中的"睡一整晚"

睡眠习惯反映了养成该习惯的文化。我们可能太执著于要让婴儿安睡整晚了，因为我们第二天要出去工作，我们需要婴儿合作。不过在其他文化中，婴儿更多的是成年人生活中必不可少的一部分。例如，喀拉哈里沙漠有一个原始狩猎部落，婴儿出生后始终与妈妈保持肌肤接触，晚上和妈妈一起睡，白天被妈妈一直带在身边。妈妈每隔大约 15 分钟就少量地哺乳一次。如果婴儿闹了，在他大哭之前，妈妈会立即做出反应，自然也就没有人太在乎婴儿是否能够安睡整晚。

这时就把睡觉与吮吸妈妈的乳头或者睡到父母的床上联系起来了。

而且，今晚的睡眠"问题"和昨晚的睡眠问题可能原因不一样。你的宝宝某个晚上夜醒，可能是因为房间里太冷了，第二个晚上可能是因为饿了，而几天后的晚上可能是因为疼痛。

你应该明白我的意思。解决睡眠问题就像解谜团一样——我们必须像侦探一样，收集所有的线索，然后再提出一个切实的行动方案。

不要一个人做！

缺乏睡眠是父母的问题，而不是孩子的问题。你的新生宝宝并不在乎他晚上睡了多少觉，他不必顾家或者去上班。在他看来，一天24小时的生活没什么不对劲的。特别是头6周，你需要大量帮助。和你的爱人轮流照顾婴儿，确保半夜喂食的重担不只落在你一个人的肩上。不要采取一人一个晚上的轮换方法。每个人应该负责两个晚上，休息两个晚上，这样你才能真正补上睡眠。如果你是单身母亲，请你的妈妈或者好朋友来做点贡献。如果没人可以过夜，至少请他们白天来几个小时，让你有机会小睡一下。

"睡一整晚"这种说法让很多父母感到困惑，这让问题更加复杂了。实际上，有时候父母们给我打电话时，我发现他们的宝宝并没有睡眠问题，而是他们对宝宝的要求太多，过于着急了。最近，一个新生儿的母亲对我说："她睡觉从来不超过2小时，我时时刻刻都得醒着……她什么时候才能睡一整晚啊？"

欢迎为人父母！缺乏睡眠（你）才是问题的开始呢。还有一个8周大婴儿的母亲写道："我希望他晚上7点睡，早上7点起。你有什么建议吗？"我的建议是，需要帮助的是妈妈，而不是她的孩子。

让我们面对现实吧：在出生的头几个月里，婴儿不会真的安睡整晚。在头6周里，大多数婴儿一晚上要醒两次——凌晨2点或3点一次，然后是早上5点或6点——因为他们的胃不足以维持更长的时间。他们也需要卡路里来长身体。我们首先要一起努力摆脱凌晨2点的喂食。当然，从婴儿出院回家的那一刻起，你就应该教他睡觉的技巧，但是，你可能要等4周，最多6周时才能达到目标，何时达到目

六种原因

如果婴儿不肯睡觉，或者睡不安稳，要么是因为父母做了（或者没做）什么事情，要么是因为孩子出了问题。

父母可能

……没有建立每天的常规程序
……采取了不适当的睡眠程式
……采取了无规则养育

孩子可能

……饿了
……刺激过度或者太累了或者两者兼而有之
……疼痛，不舒服或者病了

标取决于婴儿的脾性和个头，以及其他方面的因素。你必须要面对现实。即使你的宝宝已经超过6周大，并且能够睡较长一段时间，开始的时候你也可能仍需要在早上4点或5点或6点的时候起来。对一个成年人来说，五六个小时的睡眠几乎算不上安睡整晚！对此你没有办法，只能早点上床，记住，这几个月很快就会过去的。

这一章的目标是帮助你实事求是地看待婴儿的睡眠能力，理解各种睡眠情况，训练自己像我一样思考。如果你的孩子很难入睡，或者半夜突然醒来，要考虑所有可能的原因，观察你的孩子，还要回想一下自己采取的措施。

为了简化问题，我分离出了会影响婴儿头3个月睡眠的六种原因（见上框）。所有这六种原因都是相互关联的，有时相互交织，在过了4个月之后会继续影响婴儿的睡眠，直到幼年，甚至更久，因此不管你的孩子现在多大，还是弄明白这六种原因比较好。其中三种原因与你做了什么（或者没做什么）来提高婴儿的睡眠有关：缺少常规程序，睡眠准备不足，无规则养育；另外三种与婴儿有关：饥饿，刺激或劳累过度，疼痛、不舒服或生病。

特别是在半夜的时候，此时成年人状态最差，想要找出是哪种原因可不是一件简单的事情——更要命的是，如果有不止一种因素在起作用！即使我自己作为一个宝宝耳语专家，在帮助一个家庭走上正轨时也必须问一系列问题，否则我也是一无所知。然后，根据他们的回答，我会把所有的线索集中起来，这样我才能找出干扰睡眠的一个或多个原因，提出教孩子如何睡觉的方案。我相信，一旦你理解了婴儿睡眠的性质，明白了影响婴儿睡眠的各种因素，你就会成为像我一样的好侦探。

在下面的每一节中我会解释这六种原因，每一种原因都会附上一个"问题"框，列出我经常听到的、与每一种原因相关的各种抱怨以及解决方案。

重要的读者须知

如果你有某个睡眠问题急需帮助，可以先浏览一下接下来的 34 页的内容，只看与每一种原因相对应的"问题"框就可以。（尽管我给每一种原因编了号，但是，它们并没有特定的先后顺序。）找到与你宝宝的行为最相近的情况（一种或多种），然后阅读。不过，你会看到很少有问题只和一种原因相关。例如，当一个家长告诉我"我的宝宝不肯睡婴儿床"时，我马上就知道发生了某种类型的无规则养育。不管怎样，鉴于睡眠问题经常是由多方面原因造成的，因此大多数问题，像"很难安静下来睡觉"，都列举了不止一次。所以，读完并理解所有六种原因很重要，你最好把它当做处理睡眠问题的速成课程来看待。

这些话题有些在其他章中也有涉及——第 1 章，常规程序的重要性；第 3 章，了解并处理饥饿或者疼痛。在有些情况下，我宁愿你去看相关页数，而不愿意重复。不过，这里我们要再次考虑这些话题，因为每一个都与睡眠有关。

原因 1：缺乏常规程序

当父母就宝宝的睡眠问题来找我的时候，我通常会问的第一个问题是：**你留意宝宝的进食、小睡、就寝时间和醒来的时间了吗？** 如果没有，我会怀疑这些父母从未建立有条理的常规程序，或者他们从未坚持过。

没有常规程序。 高质量的睡眠是 E.A.S.Y. 程序中的 S（睡觉）部分。在宝宝的头 3 个月里，本质上常常不是睡眠问题，而是要设法让宝宝按照 E.A.S.Y. 程序来作息。对于平均出生体重、不超过 4 个月大的婴儿来说，保持 3 小时常规程序是成功的关键。我不是说按照常规程序作息的婴儿永远不会有睡眠问题——毕竟，还有其他五种原因呢。但是，从第一天起就按照常规程序作息的婴儿通常都有一个好的开始。

解决方案： 如果你没有实施有条理的常规程序，请重新阅读一下第 1 章，努力给孩子一个可预测的事件顺序。或者，如果你不知怎么偏离了 E.A.S.Y. 的轨道，那么你可能必须重建。在每次你把宝宝放下时，要采用我的"4S"渐进程序（见第 175~181 页"渐进程序"）。记住，常规程序与时间表不是一回事，它与观察孩子相关，而不是取决于时钟。你的宝宝可能某天上午 10 点小睡，而第二天可能在 10：15睡。只要保持次序不变——进食，活动，睡觉——每一件事差不多在同一时间发生，那么你就可以改善孩子的睡眠质量。

黑白颠倒的困境： 缺少常规程序导致的最常见麻烦是黑白颠倒。宝宝出生时，她的生物钟是按照 24 小时运转的，不知道白天和晚上的区别。我们必须唤醒她定时进食，以此教她分辨白天和夜晚。当我听说一个婴儿晚上有很长时间不睡或者经常醒时，我常常怀疑其父母没有保持白天的常规程序，特别是在婴儿 8 周大或更小时。为了确定这是否是黑白颠倒的问题，我会问：**她一天小睡几次，每次睡多长时间？白天她总共睡多长时间？** 宝宝出生后头几个星期，睡眠训练的最大障碍是父母让婴儿在白天一觉睡超过 5 个半小时，这使得 3 小时常规程序失去平衡，导致婴儿整晚不睡。实际上，宝宝是把白天当成了夜晚。我把它叫做"拆东墙（晚上的睡眠时间）补西墙（白天的睡眠时间）"。

问题 1

下面这些抱怨往往表明缺乏常规程序至少是造成婴儿睡眠问题的部分原因：

· 我的宝宝很难安静下来睡觉。

· 我的宝宝晚上每隔 1 小时醒一次。

· 我的宝宝白天睡得很好，但是晚上整晚都醒着。

解决方案：如果你的宝宝黑白颠倒，就应该延长她白天醒着的时间。如果她白天一觉睡得超过了2小时，就唤醒她。如果你不唤醒她，让她睡过头，并错过了进食时间，那么她到了晚上必须进补错失的营养。还有，我总是听说"但是，唤醒正在睡觉的婴儿太残忍了"。不，亲爱的，并不残忍——这是教你的宝宝分辨白天和夜晚的一种方法。如果你相信以前的这种错误传言，那么现在则必须放弃。

错误传言

永远不要唤醒正在睡觉的婴儿

我们大多数人在生活中的某时某地都听到过"永远不要唤醒正在睡觉的婴儿"这种说法。胡说八道！婴儿出生时，他的生物钟是按照24小时运转的，他们不知道如何睡觉，不知道夜晚和白天的区别，我们必须教他们。唤醒婴儿不仅是可接受的，而且有时候是必需的，因为最终会让他按照有条理的常规程序作息。

开始时先观察几天。如果你的宝宝白天连续睡5个小时以上，或者一天睡2~3次，每次3个小时，那她很可能是把白天当做晚上了。因此，你必须重新开始E.A.S.Y.程序，要这样做：在头3天，白天时不要让宝宝一觉睡得超过45分钟至1个小时。这会让她摆脱长时间小睡的习惯，确保她从定期的进食中获得所需的能量。要唤醒她，可以解开她的襁褓，抱起她，按摩她的小手或者小脚，把她抱出卧室，来到活动区域。有一个简单的窍门可以让她马上睁开眼睛（大多数时候），那就是让她坐直。如果她很难醒来，那也没关系，继续尝试就好了，除非她对世界毫无感觉，否则你还是可能成功的。

一旦你减少了宝宝白天的睡眠时间，她就会开始在晚上弥补，你可以逐渐——每隔3天——把她白天的每次小睡延长15分钟。但千万不要让她在白天的任何一次小睡超过1个半小时至2个小时，对4个月及更小的婴儿来说，每次小睡1个半小时至2个小时就可以了。

这里惟一的特例是早产儿（见下页边框）或者个头小的婴儿。有些个头较小的婴儿开始时白天要睡5个半小时，两次小睡之间只能醒几分钟，很快就又睡着了，直到下次进食。他们还没准备好两餐之间坚持更长的时间，你必须顺其自然，坚持几个星期。尽管如此，一旦你的宝宝到了他原本的预产期，你就一定要逐渐延长他白天醒着的时间，这很重要。下面是典型的情况：

> 我的孩子兰迪是提前 5 周出生的早产儿，现在 5 周大，3 周大时开始采用你的方法，但是就在这周，午夜进食后他开始不睡，一直闹到凌晨 3 点才进食。白天大多数时候他还是在睡觉，时不时地醒 15 分钟。他把白天和夜晚弄混了吗？我该怎么办？我整个星期就像行尸走肉一样！

妈妈是对的：兰迪把白天和晚上弄混了。尽管她没有告诉我宝宝白天的常规程序，但是，她说了"白天大多数时候他还是在睡觉"，这是个明确的线索，表示他在"拆东墙补西墙"。因为他一次只能醒 15 分钟，这告诉我们，他在进食过程中会睡着。他也可能是吃的效率不高，或者妈妈的乳汁分泌不足，不管是哪种情况，都会让他夜醒。即使兰迪是早产儿，发育上比足月婴儿需要更多睡眠（见第 14 页和本页边框），但我们还是希望鼓励他到晚上再好好睡。我不知道他现在的体重是多少，但是，我知道

早产儿

睡眠，睡眠，更多的睡眠

正如我在前一章中所说的（第 138 页），如果你的宝宝是早产儿，那么，在这个阶段他的实足年龄——从他出生的那一天算起——和他的发育年龄是不一样的。早产儿需要大量的睡眠。实际上，大多数时候你希望孩子睡觉。即使是提前 4 周出生的早产儿，在他生命的头 4 周也是不应该来到这个世界上的。所以，如果你把 8 周大的早产儿和他的姐姐相比——她到 8 周时晚上已经能够坚持睡 5~6 个小时了——还设法让他醒 20 分钟来活动，就要调整你的期望值。你的宝宝是不同的，他必须按照 2 小时常规程序来作息，至少要等他到了预产期，也就是原先应该出生的日子。他惟一的"工作"就是吃和睡。你一天的工作包括喂他，包裹他，把他放回安静、光线幽暗的房间里睡觉。当他到了或者过了原先的预产期，体重至少达到约 3 千克时，你就可以对他实施 3 小时常规程序了。

他现在到了他原本的预产期，因此我想已经可以采取白天至少2个半小时的常规程序了。妈妈现在需要努力做的是尽量延长他白天醒着的时间，哪怕每次进食后只能让他醒10分钟。我建议她坚持3天至1周，当看到兰迪能醒着的时候，她应该开始延长他醒着的时间，可以先延长到15分钟，然后延长到20分钟。最终，兰迪会开始"拆西墙（白天睡眠时间）补东墙（晚上睡眠时间）"，从此晚上会睡得更好。他的体重也会开始增加，饭量加大，这也可以帮助他延长晚上的睡眠时间。

破坏常规程序的因素。有时候，父母会出于自己的需要，改变对婴儿的常规程序。**你白天出门办事时会把婴儿带在身边吗？**出生后的头几个月坚持常规程序很重要，因为你在训练宝宝睡觉。一致性至关重要。

解决方案：我不是说你不应该离开屋子，而是说如果你的宝宝很难安静下来，那么可能是因为她还跟不上你的节奏。你至少要花2个星期致力于常规程序，仔细观察她的信号，建立良好的睡眠程式。如果孩子的睡眠困难开始减少或者完全消失，你就会知道你以前在一致性方面做得不够：她需要更多的一贯性。

如果你离家工作，不管是兼职还是全职，那么坚持常规程序就不只是你一个人的事情了。当你下班回到家时，或者当你在日托中心抱起孩子时，你可能会发现她不高兴，会发脾气。**即使你采取了很好的常规程序，但你能否肯定照顾你孩子的其他人——你的爱人、奶奶、保姆，或者日托工作人员——也按照那个常规程序来做吗？你花时间向他们解释你的常规程序了吗？**如果你有一个保姆，你要在家待一个星期，向她演示你的常规程序，包括渐进程序。如果你把孩子送到日托中心，你应该在那儿多待会儿，告诉工作人员你是如何对待宝宝的，宝宝小睡的时候你都会做些什么。给照料宝宝的工作人员一本笔记本，让她记录婴儿的作息情况。她可以记下："小睡不好"或者"进食有困难"。不过，大多数日托机构都是这么做的——如果你选的机构没有这么做或者你要求这么做时遭到了拒绝，那就是你选错了日托中心。不管你是请一个保姆还是把孩子送到日托中心，都要时不时

如果你坚持 E.A.S.Y. 程序……就会发生下面的情况

下面的情况适用于从出生第一天起就按照 E.A.S.Y. 程序作息的健康婴儿。你的宝宝可能不一定完全符合，这取决于她的体重、脾性，以及你是否采取一贯措施来提高她的睡眠质量。

1 周：
白天：每隔 3 小时进食一次；每隔 3 小时睡 1 个半小时。
晚上：5 点和 7 点密集进食，晚上 11 点梦中进食。
醒来：凌晨 4：30 或 5 点。

1 个月：
白天：每隔 3 小时进食；每隔 3 小时睡 1 个半小时。
晚上：5 点和 7 点密集进食，晚上 11 点梦中进食。
醒来：凌晨 5 点或 6 点。

4 个月：
白天：每隔 4 小时进食；白天 3 次小睡，每次 1 个半至 2 小时，外加傍晚 45 分钟小憩。
晚上：7 点晚餐，11 点梦中进食。
醒来：早上 7 点。

地来一次突击拜访。（更多会影响你每天常规程序的事件详见第 375~377 页。）

原因 2：不充分的睡眠程式

"去睡觉" 不只是一个事件，而更像是一段旅程，以宝宝打呵欠为开端，以宝宝最终进入深度睡眠为结束。你必须帮助宝宝完成这个过程。要想帮助她，你必须弄清楚她的最佳睡眠时机，帮助她渐渐睡着。

最佳睡眠时机。要想提高宝宝的睡眠质量，你必须弄清楚她什么时候准备睡觉。**你知不知道你的宝宝疲倦时是什么样子？你马上采取行动了吗？**如果你错过了宝宝的最佳睡眠时机，那么让她睡觉会困难得多。

解决方案：有些婴儿天生比其他婴儿更喜好睡觉，特别是天使型宝宝和教科书型宝宝。但是，他们也需要父母仔细观察，因为每一个宝宝都是独一无二的个体。所以，要注意弄清楚你的宝宝疲倦时会做什么。新生儿对任何事情都没有控制力，除了嘴巴之外，因此，一个呵欠常是他发出的最大的信号。不过你的宝宝可能会闹（坏脾气型宝宝经常这么干），坐立不安（活跃型），或者做出其他不自觉的动作。有些宝宝会把眼睛睁得大大的（也常见于活跃型宝宝），有些会发出像门吱嘎作响的声音，还有些发出吱吱的尖叫声。到6周大的时候，随着你的宝宝对头部控制力的增强，他还可能会掉过头不看你或者玩具，或者当你抱起他时他把头埋进你的脖子里。不管他发出什么样的信号，你都要马上采取措施。如果你错过了宝宝的最佳睡眠时机，或者为了让他睡得更久而特意延长他醒着的时间（又一个谬论），让他平静下来会变得相当困难。

渐进程序。即使你能够分辨宝宝何时疲倦了，也不能直接把她放进婴儿床里，而不给她一点时间使其从活动状态过渡到睡眠（哪怕她的活动只是盯着墙

问题2

下面这些抱怨往往表明不适当的睡眠程式至少是造成宝宝睡眠问题的部分原因：

· 我的宝宝很难安静下来睡觉。

· 我的宝宝睡着了很快又会突然醒来（10分钟到半个小时后）。

做记录！

对于那些理解宝宝的信号有困难的父母，我经常建议他们记睡眠日记。记日记可以帮助训练他们的观察能力。接连记录4天，不仅要记下宝宝何时睡觉、睡多长时间，还要记下宝宝每次睡觉前你自己都做些什么，宝宝在做些什么，他看上去什么样子。我保证你很快就会看出宝宝的信号，如果宝宝睡得不好，你可能还会发现问题出在哪里。

看）。**你以前都用什么方法把宝宝放到床上或者放下让她小睡？你给她裹襁褓吗？**如果她很难适应，你会陪着她吗？一个渐进程序——可预测的、重复的顺序——能让婴儿知道接下来会发生什么，而裹襁褓有助于婴儿感觉到温暖和舒适。这两种行为实际上是在告诉宝宝："该换一种活动了，我们要准备睡觉了。"宝宝很小的时候就开始渐进程序，不仅可以教会她所需要的睡眠技巧，而且还会为几个月后出现分离焦虑奠定信任的基础。

对于不足 3 个月大的宝宝，睡觉的准备工作通常不会超过 15 分钟。有些妈妈只需要走进房间、拉上窗帘、裹上襁褓、把孩子放下就可以了，孩子会唧唧咕咕、咿咿呀呀等等，然后就会睡着。不过根据我的经验，大多数宝宝躺下前需要父母在身边，这样他们才会安静下来，从活动状态过渡到睡眠。有些婴儿，特别是敏感型和活跃型宝宝，可能需要更多。

解决方案：我的"4S"程序包括布置环境（Setting the stage，准备好睡觉环境），裹襁褓（Swaddling，让宝宝做好睡觉的准备），坐着（Sitting，安静地坐着，不要有任何身体上的刺激），在必要的时候采取"嘘－拍"法（Shush–pat method，几分钟身体上的介入，帮助哭闹或不安的宝宝进入深度睡眠）。

布置环境（Setting the stage）。不管是晚上就寝时，还是白天的小睡时间，你都要布置好宝宝睡觉的场所，把宝宝从刺激性的地方转移到更加安静的地方。走进他的房间，拉下窗帘，如果你喜欢的话，还可以播放轻音乐。你要保证宝宝睡前最后的几分钟要非常安静。

裹襁褓（Swaddling）。不仅古人给婴儿裹襁褓，大多数原始文化中都有给婴儿裹襁褓的传统习俗。在医院，护士给你的孩子裹襁褓，出院回家后你也要继续这样做，最好是在把宝宝放进婴儿床里之前给她裹。

裹襁褓有那么重要吗？不足 3 个月大的婴儿控制不了自己的手臂或者腿。婴儿不像成年人那样，在过度劳累时会昏昏欲睡，婴儿只会变得更兴奋，手脚抽动，或者在空中挥舞。这时，婴儿甚至意识不到四肢是自己身体的一部分。在她看来，这些移动的物体是环境的一部分——这会让她分心，让她不安。从某种意义上来说，裹襁褓是消除环境刺激的另一种方式。我建议裹襁褓要一直坚持到宝宝至少三四个月大的时候，有些婴儿可以持续到七八个月大时。

尽管大多数母亲在医院都学习过裹襁褓的技术，但有些妈妈回家后就放弃了。如果你放弃了这个想法（或者不注意），下面就复习一下：把一块婴儿浴巾（正方形的最好）平放在地上，使之呈菱形。把菱形的一角往下折（朝你这边），形成一条直边。把宝宝放在浴巾上，让他的脖子与折边一般齐，头部处于浴巾之外。把他的左臂呈45°角放在胸前，让浴巾的右角越过婴儿的胸部，塞在他左侧身体的下面。拉起浴巾底部盖住他伸出的腿。最后，拉住襁褓的左角越过婴儿的胸部，塞在他右侧的身体底下。注意一定要把襁褓弄得漂亮又紧密。有些父母害怕把婴儿裹起来会限制他的呼吸或者腿部的运动。研究表明，包裹正确的襁褓不会给婴儿带来任何危险。恰好相反，这种古老的方法可以帮助婴儿睡得更香。

到了某个时候，你已经习惯了给宝宝裹襁褓，习惯了她被裹在一个漂亮的包裹里，而这时她的手臂伸出来了，开始探索，动来动去。有时候，父母看到这样会说："她不再喜欢被裹在襁褓里了——她在挣扎着要出来。"我会问：**如果她出了襁褓，你会怎么办？**一位母亲居然在宝宝从襁褓中挣

"我的宝宝讨厌襁褓！"

养成给宝宝裹襁褓的习惯非常必要。遗憾的是，有些父母不肯给宝宝裹襁褓，他们觉得这会束缚婴儿。他们可能自己有幽闭恐怖症，所以把自己的感觉投射到了孩子身上。你可能会说："我的女儿讨厌被裹在襁褓里——她手脚乱动，和我对抗。"但是，婴儿手脚胡乱摆动不是有意识的行为，通常是因为她太累了或者太兴奋了，而很难安静下来睡觉的缘故。通过裹襁褓你可以帮助宝宝平静下来。3个月左右时，我们不再给有些婴儿裹襁褓，这是因为，到3个月大时，多数婴儿都会有意识地发现并学着使用自己的手指。但是，有些婴儿要等到5个月时才会这样做，甚至更晚！（这也是你需要了解自己宝宝的另一个理由。）

扎出来时用上了电线胶布！不过，更多母亲的回答是："我就不再裹了。"爸爸妈妈必须要意识到，一旦宝宝变得更灵活，她就会动来动去，不管是不是被裹在襁褓里。有些婴儿4周大的时候就会这么做了，他们对颈部和手臂的控制力更强了。如果你的宝宝出了襁褓，你就重新裹上（请不要用胶布）。到宝宝4个月左右时，你可以试着把她的一条手臂露在襁褓外面，这样她就能去找自己的拳头或者手指了。

坐着（Sitting）。把宝宝裹好后，要抱着他静坐约5分钟，让他保持身体垂直的姿势。以这样的姿势抱小孩最好，因为他的脸埋进了你的颈部或肩部，从而挡住了任何视觉上的刺激。不要摇晃他，不要走动。我知道，你们大多数人就是这么做的。我们看到电影里这么做，看到朋友这么做，但是，面对面地摇晃多半会刺激到婴儿，而不是让他安静下来。而且，你摇晃婴儿或者移动太快，很可能会惊吓到他。你应该能够感觉到宝宝的小身体放松下来，然后可能会突然地抽动一下，那是宝宝正在试图进入深度睡眠。你当然想在宝宝睡着之前把他放进婴儿床里。不是对每个婴儿都可以这样做，但这必须是你努力的目标。在你要把他放下时，说："你现在要睡觉了，你起来的时候我会来看你。"吻他一下，然后把他放进婴儿床里。他可能听得懂你的话，也可能听不懂，但他会明确无误地体会到这种感觉。如果宝宝看起来很平静，你就离开房间，让他自己慢慢睡着。你不必等他睡着，除非他很难平静下来。如果你的宝宝被裹在襁褓里，很平静，你要相信他能自己入睡。2004年，美国睡眠基金会做了一个"美国人的睡眠"的调查（详见第7章），证明一个人睡可以促进更好的睡眠。醒着被放到床上的婴幼儿比起睡着后再被放到床上的婴幼儿来，更容易睡得长久，而晚上醒两三次的可能性要小3倍。

嘘－拍法(Shush-pat)。如果你的宝宝有点闹，或者当你试图把他放下时他开始哭，说明他可能已经做好了睡觉的准备，但需要你的介入来帮助他平静下来。这最容易使父母采取无规则养育的方法。他们会摇晃婴儿或者用某种道具来让婴儿平静下来。这里，我有另一个建议，那就是嘘－拍法：你一边在婴儿耳边发出"嘘，嘘，嘘……"的声音，一边轻拍他的背部。我对所有不到3个月大、很难自己平静下来的婴儿都使用这种方法。这样做之所以能让他们安静下来，是因为在这个发育阶段，婴儿的脑子里不能同时有3种想法。他们在被拍、听到嘘声的同时，就无法再把注意力集中在哭上面。因此，你的宝宝会把注意力放在你的嘘声和轻拍动作上，最终停止哭闹。但是，你必须按照下面的描述来做嘘－拍动作，这非常重要：

当他躺在婴儿床里时，你采取嘘－拍法，如果这样也不能让他安静，你就抱起他，让他的头放在你的肩膀上，用稳定、有节奏的动作拍他的后背中间——就像闹钟滴答、滴答的声音。要结结实实地拍在背部中间，而不是边上或其他地方，当然更不要拍到他的小屁股上，因为太往下的话，你会拍到他的肾脏。

当你拍他的时候，把嘴移到他的耳朵边上，发出缓慢、清晰的"嘘……嘘……"声。要延长嘘的声音，让它听起来更像空气嗖嗖流动的声音，或者水龙头开到最大发出的声音，而不是火车发出的缓慢的轧轧声。这样做是要给孩子传达一种自信的感觉，就好像在说："嗨，我知道我在干嘛。"重要的是，拍的动作或者声音不能犹豫不决，不能软弱无力。你不是在打他，不是在吼他，而只是在控制局面。另外要小心，不要直接对着宝宝的耳朵发出嘘声，因为你不希望声音穿过他的耳膜。更确切地说，要确保嘘声在他耳旁拂过。

当你感觉到他的呼吸更沉了，并且身体开始放松时，就轻轻地把他放下，让他的身体侧着躺，以便你依然能接触到他的背部。有些父母抱怨宝宝躺下时很难拍到他的背部，所以当宝宝躺进婴儿床里时，他们会改拍肩部或者胸部。但我不认为那样会有效。如果宝宝是被裹在襁褓里的，那让他翻身很容易，可以用一个楔形垫或者卷起来的毛巾帮助他固定位置。（毛巾两端都缠上胶布，粘牢，这样毛巾就不会散开了。这倒是电线胶布的一个好用处，只要你不用它来把毛巾粘在婴儿身上！）我还喜欢把一只手放在宝宝胸部，另一只手轻拍其背部。然后，你还可以弯下腰，在他耳边发出"嘘"的声音，无须抱他起来。如果房间里光线不够暗，你还可能必须把你的手放在他的眼睛上方（不要有接触），阻挡视觉上的刺激。

一旦你的宝宝进入婴儿床，要用嘘－拍法让他待在婴儿床里，除非他开始哭。宝宝平静下来后，我可能还会继续拍7~10分钟。即使宝宝安静了，我也不会停止。我会一直这么做，直到我确信宝宝已经把注意力完全集中在这上面，然后我开始逐渐放慢轻拍的动作，最后停止嘘声。如果你的宝宝还是静不下来，继续嘘－拍法，直到他静下来为止。如果他哭，再把他抱起来，放在你的肩上，继续嘘－拍法。当你再次把他放下时，要继续拍他，看他是否还要起来，如果是，就抱他起来，再次安抚他。

当宝宝安静下来后，你要后退着离开婴儿床几步，待几分钟看他是否会进入深度睡眠，还是像有些婴儿那样又醒过来。记住，婴儿需要20分钟经历睡眠的三个阶段——最佳入睡时机（这时你注意他的睡眠信号，布置睡眠环境）、临睡阶段（这时他眼神呆滞，你应该已经裹好他了）、入睡阶段（他开始打盹）。"入睡"阶段是最棘手的——你必须了解你的宝宝。如果他是那种睡眠断断续续的孩子，那么他需要更多的嘘－拍才能安静下来。

但经常出现的情况是：你看到宝宝闭上眼睛了，心想："太好了，他睡着了。"于是，你停止了拍他，偷偷溜出房间，但是，就在你这么做的时候，他的身体猛地一动，眼睛倏地睁开了——你瞧，他又醒过来了。如果你离开得太快，那么你可能在一个半小时之内每隔10分钟就要进出一次。每一次你都必须重新开始，这会需要整整20分钟。（如果你的宝宝是敏感型或者活跃型或者坏脾气型，这样的孩子疲倦得较快，往往需要更长的时间才能放松下来，那么你可能也要花更长的时间。）

我总是力劝父母们不要过早停止嘘－拍法——这是父母们常犯的错误。例如，我收到一位母亲的电子邮件，她的孩子5周大，她写道："一旦肯特进入第三阶段，他的眼睛会突然睁开，然后就醒了。我们现在惟一能让他睡着的方法就是轻拍他的背部，在他耳边发出嘘声。我不知道如何让肯特学会自己度过第三阶段。开始的时候他不会哭，但是，当我们离开他，让他一个人睡时，最终他会哭起来。"哎呀，亲爱的，肯特还没准备好自己睡呢，但是，嘘－拍法是一种睡眠手段，最终会教会他如何自己睡的。

你要慢慢来，对自己说："我会成功的。"当宝宝的眼睛在眼皮底下停止左右移动，呼吸变慢、变轻时，你就会知道他已经进入了深度睡眠，他的身体完全放松，就好像已经融进了床垫里。如果你花了整整20分钟（或者更久，这取决于你的宝宝），那么现在你可以有你自己的时间了，即E.A.S.Y.中的Y部分。你不必不停地进进出出，这比待在那儿还要碍事。陪着宝宝，在他经历三个阶段时观察他，可以让你更加了解他，你的育儿本领中又多了一条技巧。

原因3：无规则养育

在引言中，我强调了P.C.养育的重要性，P.C.代表耐心和清醒。无规则养育是P.C.养育的反面，这是你匆忙间所能抓住的最方便的解决办法，因为你没有耐心找到一个长期有效的解决办法，但这只能是权宜之计。你也可能会因此感觉到内疚，就好像你的宝宝睡眠紊乱意味着你不是个好家长一样。于是你采取了行动，或者在绝望中开始了实践，没有经过仔细

问题3

下面这些抱怨往往表示无规则养育是造成婴儿睡眠问题的部分原因：

· 我的宝宝不肯睡，除非我……摇她，喂她，让她躺在我的胸前，等等。

· 我的宝宝看上去似乎累了，但是我一把她放下，她就开始哭。

· 我的宝宝每晚同一时刻醒来。

· 当我的宝宝晚上醒来的时候，我会喂她，但是她很少吃得多。

· 我没法让宝宝白天的小睡超过半个小时或者45分钟。

· 我的宝宝每天早上5点就醒了。

· 我的宝宝不肯睡在她自己的婴儿床上。

· 当奶嘴从嘴里掉出来的时候，我的宝宝会醒。

思考，因为你没有技巧或者知识让你可以采取其他方式。面对现实吧，亲爱的，婴儿出生到这个世界上可没有带着手册来。

道具与慰藉物

道具和慰藉物是不一样的——取决于谁控制，是父母还是婴儿。道具是父母选择和控制的东西；慰藉物，例如一块儿毯子或者宝宝最喜欢的毛绒玩具，是婴儿选定的东西。道具经常是在婴儿出生后头几个星期给婴儿；婴儿要到 6 个月或更大时才会选择慰藉物。

奶嘴可以两者皆是：如果奶嘴掉下来时婴儿总是会醒来，要父母把它重新放回去，那么它就是道具。如果婴儿不叼着奶嘴也能睡着，或者能自己衔回去，那么它就是慰藉物。

道具依赖。"道具"是指父母用来辅助哄孩子睡觉的、不受孩子控制的任何物体或者动作。它们是无规则养育的重要主题之一。当我问父母做了什么来让孩子睡觉时，我会问下列问题：**你总是做抱、摇、走动或者晃动的动作来让宝宝睡觉吗？用喂奶来让她平静下来？允许她在你胸前、秋千椅上或者车座椅里睡觉吗？当她睡得不安稳时，你会带她上你的床吗？**如果上面任何问题的答案是肯定的，那么你就是在利用道具，我保证这会反复出现。摇晃、走动、开车是动作道具。如果你给婴儿乳房以帮助她睡觉，让她躺在你的肚子上，把她抱在臂弯处，或者带她上你的床，允许她跟你一起睡，那么你也就变成了道具。

道具依赖往往是在绝望中采取的应急措施。宝宝过于疲劳，凌晨 3 点开始哭，于是爸爸抱着她在房间里走来走去，如有魔法一般，小家伙安静下来，睡着了。哪怕你只是连着几个晚上采用了道具，很快地，没有道具她就不能安静下来，或者不能入睡。差不多一个月后，即使爸爸对走来走去感到厌烦，可能还很恼火，但是，却不得不继续，因为正如他自己说的："不这样她不肯睡。"

我遇到过一个名叫泽维尔的小男孩，从各个方面来看他都是个快乐、健康的孩子，只有一点，就是他觉得客厅的沙发才是他的床。他的父母养成了抱着他边走边摇来让他睡觉的习惯，或者就抱着他。当他睡着之后，他们把他放在沙发上，担心如果自己走得太远，或者把他放进婴儿床里他会醒来。他确实会醒，一个晚上醒几次。那是因为当他醒来的时候，他不知道自己在哪儿——记住，他开始睡觉时是在妈妈或爸爸的臂弯中。他也不知道如何让自己重新睡着。当我见到他的时候，他 14 周大了，爸爸妈妈已经有一百多天没有好好睡觉了！他们也没有一个秩序井然的生活。他们晚上不敢开洗碗机或者洗衣机，不能让朋友过来过夜，当然了，也没有时间过二人世界。

有时候，父母是出于自己的需要给孩子道具。一个享受拥抱孩子或者给孩子喂奶的妈妈，为了帮助自己坏脾气的新生宝宝平静下来，她会给他所谓的"特别关心"，却看不到这样做的弊端。我完全赞成拥抱、安抚、热爱你的宝宝，但是，你必须注意你在做什么，什么时候做，你在无意中"告诉"了你的宝宝什么信息。问题是当爸爸抱着

典型事例

即使奶嘴也可能会变成道具……

……如果你依赖它的另一个作用！一个 7 周大婴儿的妈妈给我写信道："当我看到希瑟的'睡眠信号'时，像你书中所说的那样安抚她，之后我试着把她放下。但是，好像只要我一把她放下或者奶嘴一掉出来她就会醒，会哭……她不想再要奶嘴。我没有随她哭，而是把她抱起来，安慰她，检查一下，确定没什么不对，然后重新把她放下。然后她又开始哭……这个模式我们会重复好几个小时，特别是白天的小睡时间。我该怎么办？我应该随她哭吗？或者那很残忍，就像你书中说的那样。"

当宝宝能够在没有父母的帮助下找到并使用奶嘴，那么它就是慰藉物。但是，在希瑟的例子中，它是道具。提示出它是道具的那句话是"……这个模式我们会重复好几个小时"。倒不是说希瑟有意识地在想：太好了，我只要把奶嘴吐出来，妈妈就会跑过来，我就可以得到一个拥抱了。而是希瑟的妈妈无意中让希瑟习惯了期待奶嘴和拥抱来重新入睡。事实上，研究显示婴儿出生时给他们看一个屏幕，屏幕上有可预测的模式，婴儿看了后就会开始期待下面会看到什么。在这个例子中，妈妈不仅提供了视觉上的刺激，而且还提供了触觉上的刺激，希瑟在期待下面会发生什么。我建议希瑟的妈妈完全放弃奶嘴。她必须坚持 4S 程序，多花点时间陪着希瑟，等她慢慢睡着。

宝宝走来走去时，或者当妈妈给宝宝喂奶让宝宝睡觉时，宝宝都得到这样的信息："哦，我就是这样睡觉的。"如果你对新生儿采用道具，他会马上习惯它。到他三四个月大时，如果你不继续使用你已经让他习惯的道具，那么他会哭着让你回到他的房间把道具放回原处。

解决方案：在为时已晚之前，要仔细考虑你采取的做法。你希望宝宝5个月大时还要抱着他来回走或者给他喂奶吗？11个月大呢？2岁呢？你是否希望半夜把他带到你的床上，直到他自己决定不再需要了？现在避免使用道具要比以后拿走好，后者要困难得多。

如果你已经使用了道具，好消息是坏习惯在早期的这几个月可以很快得到改正。不要依赖道具，请采用4S程序（见第176~181页）。如果宝宝需要特别的安抚，要采用嘘-拍法。可能需要3天，6天，甚至超过一周的时间，但是，如果你坚持下去，你就可以让宝宝改掉由你引起的坏习惯。

冲进去的危害。婴儿的睡眠模式，不管是每晚频繁地醒以及（或者）同一时刻醒，经常给我重要的线索，告诉我父母无意中哪里做错了。如果你的宝宝频繁地醒，我需要知道，**晚上她醒几次？**按照良好的常规程序作息的新生儿一晚上醒不超过2次。在排除了饥饿和疼痛的原因之外，如果你的宝宝每隔1小时醒一次，或者哪怕每隔2小时醒一次，那么很可能是你做了什么事情使得晚上的时间对她很有吸引力。特别是当你的宝宝过6周大关时，她的大脑发育更加成熟，开始会联想。所以，如果你用某种特别的方式应对她的夜醒，例如，把她带到你的床上，那么她会期待，当你不这么做时她就会大声抗议。

不要误解我的意思。你的宝宝并没有有意识地想要操纵你——不管怎么说，目前这个阶段还没有（更多关于操纵的内容详见第7章）。但是，现在，也就是早期的这几个月，正是无规则养育的开始阶段。当父母说："她不让我……"或者"她不肯……"时，通常意味着他们已经失去了对局面的控制权，顺从婴儿，而不是指导她。然后，另一个关键问题是，**当她半夜醒来时你会怎么做？或者白天小睡提前醒来时你会怎么做？你会马上冲进去吗？陪她玩？把她带到你的床上？**

现在你知道了我不赞成让婴儿哭。但是，有时候父母意识不到动几下和醒不是一回事。如果你对上面任何一个问题的回答是肯定的，那么你可能太早进入孩子的房间了，实际上打搅了她的睡眠，或者缩短了她的睡眠时间。如果你随她去，她可能会重新睡着，她"太短的小睡"可能会延长，或者她"频繁的夜醒"可能会减少甚至完全消失。早晨醒来也是一样的，父母这时经常犯的一个错误就是径直冲进孩子的房间，说："早上好！我一晚上都在想你。"才5点钟啊！

解决方案：听，对哭声作出反应，但不要马上冲进去帮助婴儿。当婴儿从深度睡眠中苏醒过来时，都会发出一点声音，你要去了解你的宝宝的声音是什么样子。我把它叫做"儿语"，听起来就好像宝宝在跟自己说话。与哭不同，他们经常会渐渐地重新睡着。如果半夜或者下午小睡时你听到宝宝发出声音，不要匆忙冲进去。当她早上5点或5：30醒来时，你知道（因为我们假定你实施了良好的常规程序，监控着她白天的进食）她饿了，那么就喂她，用襁褓裹好她，然后5：30重新把她放回床上。如果有必要的话，采用嘘-拍法，你不要给她"醒醒"的时间。早上稍后，当你最终走进她的房间时，要注意你的语气，不要表现得好像她是个被你抛弃的可怜的小东西似的，而是要说："看看你，自己躺在那儿玩得那么开心，做得真棒啊！"

习惯性夜醒。正如成年人会形成夜醒的习惯一样，婴儿也是如此。区别是，我们看钟表，然后发出痛苦的呻吟声："唉，天哪，才凌晨4：30——和昨晚一样。"然后我们翻个身，继续睡。有些婴儿也会这样做，但有些孩子会哭出声来，于是他们的父母就跑过去。当父母这么做时，无意中强化了这种习惯。为了搞清楚婴儿是否形成了习惯性的模式，我会问，**她每晚同一时间醒来吗？**如果是，如果她连续两天以上都在同一时间醒来，那么要承认一种模式正在形成。你很可能进入了孩子的房间，采用了某种道具，比方说你晃动她或者给她吃奶。那样做可能会让她睡着，但这只是权宜之计，你需要的是一个最终能解决问题的办法。

解决方案：会习惯性夜醒的孩子90%不需要进食更多的食物（除非她在经历生长突增期，见第105~110页，以及第192~193页）。如果有必要的话，重新裹一下襁褓，给她一个奶嘴让她安静下来，用

唤醒去睡？特蕾西，你肯定是在开玩笑吧！

当我建议采取"唤醒去睡"的方法来解决习惯性夜醒的问题时，父母们常常感到震惊。把闹钟定时在宝宝通常醒来的前一个小时，进入他的房间，轻轻地推他，揉他的肚子，把一个奶嘴推进他的嘴里——所有这些动作都有助于惊动他进入半清醒状态。然后，你就离开，他会重新睡着。这给了你控制权，而不是坐在那儿希望你宝宝原有的习惯会魔术般地消失。（它不会的。）通过提前一小时唤醒他，你就打破了他的固有睡眠模式。

嘘-拍法安慰她。（注意：除非婴儿依赖奶嘴：见第183页方框，否则我建议给3个月以下的婴儿使用奶嘴，因为他们大多数都不依赖奶嘴：见第194页。）把刺激尽可能地降低到最小。不要摇晃，不要推她，不要换尿片（除非尿片脏了或者湿了）。采取4S程序(见第176～181页)，陪着她，直到她进入深度睡眠。你还需要采取措施打破她夜醒的习惯。所以，假设你已经排除了其他因素，例如疼痛或者不适。你也排除了饥饿的因素，因为你白天增加了她的食物量，晚上还给她加了餐（也可参见第190～196页关于饿的章节）。下面是我所谓的"唤醒去睡"的技巧：不要躺在那儿等她醒来，要把闹钟调到她习惯性醒来的时间的前一个小时，然后唤醒她（见本页上框）。她可能不会完全醒，但是，她的眼睛可能会在眼皮下快速地动来动去，她会发出含糊不清的声音，会动几下，就和一个成年人的深度睡眠被打扰时一样。要连续这样做3个晚上。

我几乎可以听见你的反应："你一定疯了！"我知道"唤醒去睡"是一个令人震惊的、与直觉相悖的建议，但是，它确实有效啊！事实上，有时候只需要一个晚上就可以打破宝宝夜醒的习惯，但是，尽管如此，我还是建议你坚持3个晚上。如果不起作用，你就必须重新判断她的夜醒是否是因为别的原因。如果你已经排除了其他所有因素，那么至少要再坚持3天"唤醒去睡"的方法。

打破信任的纽带。 许多带着宝宝的睡眠问题跑来找我的父母已经尝试了这样那样的方法。前后不一致是无规则养育的一种形式。不断改变宝宝的常规程序对宝宝来说是不公平的。我把我的睡眠策略称之为"好好睡眠"——一种中庸的哲学，既尊重婴儿的需要，也尊重父母的需要。它不浮华或者极端，它只需要你保持前后一致。其他婴儿专家提倡更极端的睡眠手段，一种极端是孩子和父母一起睡，另一种极端是延缓回应的方法，有时候也称之为"费伯法"①或者"控制哭泣法"（让婴儿哭越来越长的时间）。当然了，每种方法都有其应用价值，你可以找到信赖这个方法或那个方法的众多支持者。如果其中一种方法对你有效，那么很好。不过，如果你正在阅读这一章，那么我怀疑你的宝宝依然有睡眠问题。如果你开始时让宝宝待在你的床上或者房间里，然后又转向另一个极端，那么你可能还是要应付信任危机。

当一位家长告诉我她的宝宝"不喜欢睡觉"或者"讨厌婴儿床"时，我总是会问以下问题：**他在哪儿睡觉？摇篮？婴儿床？婴儿床是在他自己的房间里，还是和兄弟姐妹共享一个房间，还是在你的房间里？**如果孩子不肯睡婴儿床，几乎总是因为父母开始时没有当真，然后我会问一系列问题：**宝宝出生时，你赞成"家庭床"的想法吗？**如果你的答案是肯定的，那么我的直觉是你没有从实际出发仔细思考该观点，你也没有决定什么时候把宝宝从你的床上转移到他自己的摇篮或婴儿床里。如果他之前睡自己的床，但是，现在你为了晚上更方便而把他带到你自己的床上，那么你肯定确立了一种无规则养育的模式。

两种极端的做法我都不提倡。我不相信和孩子一起睡能培养孩子独自睡觉的能力（再者，为此你自己也失去了和爱人之间的那种亲密关系），但是，如果我们让孩子一个人哭，那会破坏孩子和父母之间信任的纽带。我还是赞成教孩子睡在她自己的床上，不管是摇篮还是婴儿床，从出生第一天起就鼓励她一个人睡是非常重要的。

①根据美国著名的婴儿睡眠问题专家理查德·费伯（Richard Ferber）的名字命名。他建议在愉快、慈爱的就寝常规程序之后，在宝宝还醒着的时候把他放到床上，然后离开他（哪怕他在哭），离开的时间逐渐延长。费伯说，在孩子醒着的时候把他放到床上对于成功教会他自己入睡很关键。——译注

如果你采用了家庭床，对你以及你的爱人有好处，你的孩子也睡得很好，那么你应当继续下去。有些父母很高兴这样做——爸爸妈妈决定和宝宝一起睡，他们齐心协力，共同努力。我很少收到这些父母的来信，因为他们没有睡眠问题。但是，有些父母尝试和宝宝一起睡是因为他们不知道在哪儿听说如果不一起睡，孩子就会和他们不亲。（在我看来，亲密是时时刻刻的关心和理解。即使你不和宝宝一起睡，她还是跟你亲的。）还有些父母把孩子带到自己的床上是出于自己的需要。或者因为他们听说了这种做法，觉得很有吸引力，但是没有多想，没有考虑是否适合他们的生活方式。常常是一个人对这个想法更感兴趣，然后说服另一人同意。不管是什么原因，它对他们都不起作用。

如果父母转向相反的极端，把孩子驱逐到走廊另一边的婴儿床上，而这个时候小家伙还没有自我安慰的能力。婴儿对改变当然会有反应，他拼命地哭，好像在说：**嗨，我在哪儿？那些温暖的身体怎么啦？**父母也糊涂了，因为他们不知道如何让孩子安静下来。

遇到这些情况，我必须问：**你有没有丢下他，随他哭过？**我不赞成让孩子一个人哭，哪怕只有 5 分钟。你的宝宝不知道你去哪儿了，不知道为什么突然之间被遗弃了。打个比方，就好像如果你有一个男朋友，你们商量好了约会，而他连续两晚都没有出现，你以后就不会再相信他的话了。信任是任何关系建立的基础。当父母告诉我他们让孩子哭了 1 个小时、2 个小时时，我会感到毛骨悚然。有些宝宝会变得烦躁不安，长时间拼命哭，以至最后呕吐。还有些宝宝只是消耗了能量，变得更加激动，最后饿了，使你们两个人既困惑，又疲惫不堪。很多被丢下独自哭的婴儿从那个时候起，会逐渐变得长期睡眠不好，不管什么时候睡觉都会大闹一场，甚至变得害怕自己的婴儿床。同时，白天的常规程序完全颠倒了过来——宝宝一天的生活毫无条理可言。他筋疲力尽，心情不好，吃着吃着就睡着了，既吃不好，也睡不好。

如果你厌倦了一种极端，转向另一种极端，那么此时你的宝宝既痛苦，又不相信你，而且还是不睡，你不得不回到起点。一定要实施良好的日常程序，运用4S渐进程序（见第176~181页）。但是，请你一定要坚持住。肯定会有事情不按计划发展的时候，可能需要3天、1周或者1个月才能改变一种模式。如果你遵循我的建议，并且坚持下去，它们会起作用的。

当然，如果你已经采取过随宝宝哭的做法，那么情况就比较复杂了，此时她害怕被抛弃。因此，首先你必须重建信任。她一开始吱吱地叫时，你就要过去关心她。换句话说就是，你必须比以前更加用心观察，更加关注她的需要。具有讽刺意味的是，经历了信任危机的婴儿常常更难以安慰：你先是离开她，现在你又来了，她糊涂了。她已经习惯了哭，因此即使你开始更积极地回应，努力使她安静下来，她可能还是无法被安慰。

解决方案：准备好花几个星期的时间来重建信任，哪怕你的宝宝才三四个月大。(你可以在下面两章中看到针对稍大一些的婴幼儿的其他方法，不过下面要说的方法也可以用于8个月大的婴儿。)采取缓慢、平稳的方式告诉她，你就在那儿，而且永远在。每一步可能需要3天至1周的时间，直到她足够信任你，在她的婴儿床里感觉到舒服自在，这个过程可能需要3周至1个月的时间。(对于非常害怕以及不信任的婴儿，我甚至会陪她一起进入婴儿床！见第238页"从出生起就不睡觉"。)

要密切注意她的睡眠信号。睡眠的首个信号一经出现，就开始4S渐进程序，包括嘘-拍法。你要用襁褓裹好她，双腿交叉，背部靠墙或者沙发，陪她坐在地板上。当她平静下来后，不要把她放进婴儿床里，而是在你膝头放置一个标准大小的、结实的厚枕头，让她躺在枕头上。要陪着她，继续轻拍她，发出嘘声，直到你看到她进入了深度睡眠。再等至少20分钟，然后轻轻地伸展开你的双腿，让枕头滑到地上。坐在枕头边，这样当她醒来时你就在她身边。你可以沉思、看书、戴着耳机听磁带，或者躺在她旁边打个盹儿。你必须整晚陪着她。要想重新获得宝宝的信任，这是你必须做的。

第二周，采取同样的程序，不过开始时要把枕头放在你的面前，而不是腿上，当她准备好时，把她放在枕头上，仍旧待在她身边。第

典型事例

治疗婴儿床恐惧症

我最近和一个6周大孩子的母亲戴尔合作，她误解了孩子的信号，她肯定小伊夫拉姆晚上的哭只是睡眠问题。她渴望自己能睡会儿觉，于是尝试了控制孩子哭泣的方法，却使得问题加剧了。她随伊夫拉姆哭了两个晚上后，伊夫拉姆看到婴儿床就吓呆了。他还体重不足，戴尔以为那是焦虑的缘故。可是我让她挤了一次奶，结果证明那是饥饿问题——戴尔分泌的奶水不够。我和她一起努力，提高她奶水的分泌量（见第88页方框），也告诉她必须解决伊夫拉姆的恐惧和信任感丧失的问题。戴尔不得不花一个多月的时间，先是让伊夫拉姆睡在她腿上的垫子上，然后移到他自己的婴儿床上（见第189~190页"解决方案"），不过一个多月后，伊夫拉姆变胖了，也更快乐了。

三周，和她一起坐在椅子里，把枕头放在婴儿床里。当你把她放在枕头上时，把你的手放在她的背部，好让她知道你还在那儿。站在她身边，直到她进入深度睡眠，这样持续3天。到第四天的时候，拿开你的手，但是她睡觉的时候你依然要站在婴儿床边。3天后，当她进入深度睡眠后，你离开房间，但是，如果她哭，你要马上回来。最后，到第四周的时候你应该可以把她放在床垫上，而不是枕头上了。如果不行，再用1周枕头，然后再试。

如果这听起来有点单调乏味并且对于你来说还有点困难，那确实如此。但是，如果你现在不采取措施，治愈婴儿床恐惧症，那么它只会越来越严重，在以后的几年里你可能会有一个超级黏人的宝宝。最好现在就开始重建她对你的信任。

原因4：饥饿

婴儿半夜醒来经常是因为饥饿，但这并不意味着我们对此束手无策。

加餐。不管你的宝宝是每隔1小时醒一次，还是一晚上至少醒两次，我都会问：**他白天隔多久进食一次？**我要弄清楚他白天的进食是否足够维持他安度整晚。除了早产儿之外（见第 14 页方框和第 172 页方框），其他宝宝在 4 个月之前应该每隔 3 小时喂一次。如果你喂的频率比这低，那么他可能没有得到足够的食物，所以晚上会醒来弥补损失的能量。

问题 4

下面这些抱怨往往表示饥饿是造成婴儿睡眠问题的部分原因：

· 我的宝宝一晚上哭着醒来好几次，得饱饱地吃一顿。

· 我的宝宝晚上睡觉不超过三四个小时。

· 我的宝宝以前每晚能睡五六个小时，但是突然开始夜醒了。

新生儿的小肚子里一次装不了多少食物，所以他们每隔 3~4 小时醒一次，即使是晚上。这对父母来说可能会非常累人，但这是这个阶段的自然现象。随着宝宝的成长，目标变成逐渐延长晚上进食之间的间隔时间，首先取消凌晨 2 点的进食，这样就把夜间进食间隔时间延长到了 5 个小时甚至 6 个小时。如果你担心你的宝宝夜醒，特别是如果他 6 周大或更大——通常来说，这时大到足以省掉一餐了——我会问，**他最后一次晚间进食后，什么时候会醒？**如果还是在凌晨 1 点或 2 点醒，那么就是他没有足够的能量维持身体消耗。

解决方案：这个阶段要想鼓励宝宝睡更长时间，白天一定要每隔 3 小时喂一次。而且，晚上上床睡觉之前要再多喂宝宝一点儿（见第 83~86 页），给他加餐，包括密集喂食（晚上额外的喂食）和梦中喂食（10 点或 11 点喂，尽量不要唤醒宝宝）。

了解饥饿的信号并作出回应。宝宝饿了，你必须要喂。不过，一个常见的问题是父母容易把婴儿的每一次哭都当做饥饿，特别是在头几周。正因为如此，我在第一本书中才详细讨论了哭和身体语言。哭可能意味着饿，或者由胃肠气胀、胃食管反流或者腹绞痛引起的疼痛。也可能是因为太累了，或者太热了，或者太冷了（见第 11 页和第 99 页哭泣问题），因此，了解宝宝的信号非常重要。**当宝宝哭的时候听起来、看起来是什么样子？**如果你密切注意，你就会知道宝宝的小肚子空了

（甚至在第一声号啕大哭之前），因为你会看到他先是舔嘴唇，然后开始努嘴，他的舌头会伸出来，会转头，就好像小鸟在找食物一样。尽管他这个时候还太小，还不能把拳头伸到嘴里咀嚼或吮吸，但是，他可能够得到我所谓的"进食三角"区——鼻子是尖，嘴巴是底线。他会胡乱挥动手臂，试图打到进食三角区。当然，他无法真正瞄准到上面。如果你不喂奶以回应他的身体语言，那么他会发出声音信号。你会听到一声由喉咙深处发出的、类似咳嗽的声音，最后发出第一声哭，很短，然后是哇、哇、哇的节奏稳定的哭声。

当然，如果宝宝是在半夜醒来哭了，你就没有了视觉上的信号。但是，如果你仔细听，再加上一点练习，就会听出他哭声中的区别。如果你不确定，应先试一下安抚奶嘴（如果你对安抚奶嘴的感觉很复杂，那么阅读一下我对它们的看法，见该章后文，第 194～196 页）。如果他安静下来，把他放到床上，裹好褓褵。如果他拒绝安抚奶嘴，你就要知道他是饿了还是哪里不舒服。

她每晚在不同的时间醒吗？ 我之前就说过，不规律的夜醒几乎总是表示饥饿。如果你对模式还不确定，应观察几个晚上。但是，必须同时考虑其他问题：

他的体重在稳定增加吗？ 这是我对 6 周以上的婴儿的担心，特别是如果妈妈是第一次哺乳，经常要等 6 个星期乳汁才会正常。体重没有增加可能是婴儿吃得不够的信号，要么是因为妈妈乳汁分泌不足，要么是因为宝宝吮吸有困难。

解决方案： 如果宝宝体重没有稳定增加，就去咨询儿科医生。你也可以挤一下奶排除乳汁分泌不足的原因（见第 94 页）。如果宝宝吃得断断续续，那么可能是你的乳汁分泌太慢。如果是这样，你需要"训练"一下你的乳房，让乳汁流动通畅：在给婴儿哺乳前，用吸奶器吸 2 分钟。如果宝宝有吮吸困难，就要去咨询哺乳顾问，以确保宝宝衔乳姿势正确（见第 92 页），或者没有妨碍他正常吮吸的生理上的原因。

生长突增期。 你可能在喂食方面没有问题，你也可能已经对宝宝采取了很好的常规程序。尽管如此，在大约 6 周、12 周以及之后的各个阶段，你的宝宝可能会经历生长突增期。有几天他的胃口会猛增，哪怕他原先已经能睡五六个小时，现在却突然开始夜醒要吃的。我接到过无数 2~4 个月大婴儿的父母的电话："我们原先有个天使宝宝，现在却是个魔鬼。他一晚上醒 2 次，把两个乳房都吃得空空的，我好像没法把他喂饱。"我会问：**之前他晚上一次睡过五六个小时吗？** 当父母告诉我他们的宝宝以前睡得很好，突然开始夜醒时，我就知道那是生长突增期的缘故。下面就是一个例子：

> 戴米安 12 周大了，2 个星期前我开始白天把他放进婴儿床里小睡。多数时候他很容易放下，睡 1 个小时或 1 个半小时。一周前的今天，我们开始晚上把他放进婴儿床。他躺下时不哭，但是，夜里每隔 2~3 个小时就会醒。我给他裹好襁褓，放下前给他一个安抚奶嘴。半夜他会呜呜地哭，我进去发现他的襁褓已经散开了，安抚奶嘴也掉了出来。我把奶嘴重新放回到他嘴里，他继续睡。当他醒来的时候，我重新给他裹襁褓，希望这是最后一次。但是，这是一个无休止的循环。如果我不去他那儿他就会哭。我不知道该怎么办!!! 请帮帮我!!

这是一个典型的例子，妈妈以为是睡眠问题，实际上却是食物问题。因为这位妈妈把注意力放在她刚把宝宝放进婴儿床这个事实上，因而似乎没有考虑到饥饿问题。揭示出问题的线索是戴米安每隔 2~3 个小时就醒一次，听起来像是进食的间隔时间。为了弄清楚，我会问所有与饥饿相关的问题，包括妈妈是不是哺乳——可能她的乳汁不足以维持戴米安的需要。不管怎么样，我建议增加戴米安白天的食物量。

这是很多父母第一次遭遇到的困难。因为他们没有意识到生长突增期或者不知道该怎么办，他们开始晚上喂宝宝，而不是白天增加他的热量摄入。当他们开始晚上喂食的时候，就形成了一种无规则养育的模式。

解决方案：这里需要父母清醒、留意，注意宝宝白天和晚上都吃了什么。如果你是喂奶粉，每次他都喝干奶瓶，那就让他喝更多的奶粉。假设他一天吃 5 顿，每顿约 118 毫升，然后半夜会醒，再吃约 118 毫升。这意味着他白天还需要大约 118 毫升。但是，你不要增加一次喂食，而是要每瓶增加约 30 毫升。

如果是哺乳，会稍微复杂一点儿，因为你必须给身体传达一个信息，让它制造更多的乳汁。因此，你要花 3 天时间采取措施增加乳汁分泌量，你可以采取以下两种方式中的任一种：

（1）每次哺乳后 1 小时挤奶。即使你只能挤出 30 毫升或 60 毫升，也要把挤出来的乳汁装进奶瓶里，下一顿的时候喂给宝宝。持续 3 天，到了第三天，你的身体就会分泌出宝宝额外需要的乳汁量。

（2）每次哺乳的时候，让宝宝先吸空一边的乳房，再让她吃另一边的乳房。当她吃空第二个乳房时，再回到第一个乳房。即使你觉得是空的，但是身体还是会分泌乳汁以回应宝宝的吮吸（做奶妈就是这样的）。让宝宝在第一个乳房上吮吸几分钟，然后到第二个乳房吮吸几分钟。用这个方法喂食的时间会变长，但是也会促使你的身体提高乳汁生产量。

用安抚奶嘴。当父母对我说："我的宝宝整晚都想吃。"我总是怀疑他们把饥饿的信号和婴儿吮吸的本能需要弄混淆了。为了找出答案，我会问：**你的宝宝用安抚奶嘴吗？**有些人建议只有当宝宝需要一点特别的安慰时才给安抚奶嘴，但是，我赞成在这个阶段用安抚奶嘴，因为它有助于使婴儿平静下来。只有极少数婴儿会过分地依赖安抚奶嘴（见第 183 页方框），在这种情况下，我建议父母停止使用安抚奶嘴。然而在我的经验中，大多数婴儿吮吸着安抚奶嘴睡觉，一旦他们进入梦乡，奶嘴就会掉出来，而他们会继续安睡。当婴儿白天小睡时早早醒来或者半夜醒来时，用安抚奶嘴也是一个好方法，可以检测婴儿是真的饿了还是只是需要吮吸。

父母有时候会震惊，很不情愿。"我不希望我的孩子嘴里衔着奶嘴在商场里走来走去。"一个妈妈这样反驳道。我由衷地同意她的说法。如果一个 4 个月大或者更大的婴儿之前从未用过安抚奶嘴，那么我永远不会让她用。但是，这个妈妈的"孩子"才2周大——在商场里走动还早得很呢。不过，我还是建议父母在婴儿3个月或4个月，或者更晚（特别是如果你只把安抚奶嘴的使用限制在婴儿床里）时拒绝让婴儿使用安抚奶嘴，而还不到那个阶段的婴儿需要额外的吮吸时间。他们还找不到自己的手指，因此，吮吸是他们自我安慰的惟一方式。

在早期几个月不肯使用安抚奶嘴的父母常常会形成很不好的习惯。当婴儿只被允许吮吸奶瓶或者乳房时，要么吃的效率不高，要么就是喂得太频繁。我之所以能判断出前者，依据是父母会打电话来说："我没法让宝宝离开我的乳房——她吃一次要花1个小时。"宝宝在做很放松的吮吸动作，表示她没有把时间用来吃，而只是用来吮吸。与此类似，当宝宝想要睡觉、安慰自己时，也会本能地开始吮吸。她似乎饿了，但实际上只是在让自己平静下来去睡觉。妈妈误读了这个信号，给宝宝奶瓶或乳房。那会让小东西安静下来，但是不会吃很多，因为她并不饿——她只是需要吮吸。两个例子都说明了无规则养育是如何开始的。被允许进食1小时的婴儿变成了一个零食鬼，而那个需要不断吮吸着才能睡觉的婴儿最后变得过于依赖奶瓶或者乳房。

诚然，有些婴儿开始的时候会拒绝安抚奶嘴，下面这封电子邮件就是一个例子：

> 我5周大的孩子莉莉是个特别警觉的婴儿。她吃奶时醒着，然后到了该小睡的时候，我没法让她躺下，除非我再给她哺乳几分钟。莉莉不接受安抚奶嘴，我已经尝试了所有的东西来使她犯困，但是，好像我的乳房是惟一有效的。你能帮助我吗？

如果这位妈妈继续给莉莉乳房（无规则养育特别常见的一种形式），我向你保证几个月后她会后悔，甚至更快。记住，让任何婴儿睡着平均需要20分钟，对于特别警觉的婴儿可能需要的时间更长。

解决方案：妈妈需要在莉莉醒着的时候尝试使用不同类型的安抚奶嘴，先试与她自己的乳头形状相似的。此外，如果她只是把安抚奶嘴推到莉莉嘴里，而没有放置正确，那么小莉莉极有可能会拒绝。把安抚奶嘴放在婴儿舌头上，会让婴儿的舌头平展，无法用嘴唇含住奶嘴，因此，她必须使奶嘴碰到莉莉的口腔根部。妈妈必须坚持——她必须这么做，直到莉莉接受安抚奶嘴。

原因5：刺激过度

一个受到过度刺激或者过度疲劳的婴儿无法入睡，即使睡着了也容易断断续续的，经常无法保持熟睡状态。所以，帮助婴儿睡觉最关键的一点就是，当你一旦看到宝宝打第一个哈欠或者做出第一个抽动的动作时，马上开始渐进程序（见第174页原因2，关于最佳入睡时机）。

小睡问题。白天的睡眠模式可以告诉我很多事情，让我知道刺激过度或者疲劳过度是否是造成婴儿夜晚睡眠问题的原因之一。**婴儿白天的小睡时间变短了吗？或者每次都少于40分钟？**如果你的宝宝白天的小睡时间向来很短，那么那就是他的生物节律。如果他的小睡时间短，白天很乖，晚上也睡得很好，就没什么需要调整的。但是，如果他的小睡时间变了，经常意味着他白天受到了过多的刺激，因而晚上可能也睡不好。请记住，好睡眠带来好睡眠。我们成年人累的时候会浑身乏力，昏睡过去，以弥补缺失的睡眠，而婴儿不像我们，睡得少会让他们更加兴奋。（因此，你不能为了让宝宝睡得更好，或者睡得更久就让他熬到很晚才睡。）

问题5

下面这些抱怨往往表示刺激过度至少是造成睡眠问题的部分原因：

· 我的宝宝很难安静下来睡觉。

· 我的宝宝经常醒，或者睡得断断续续的，晚上经常哭。

· 我的宝宝下午不肯小睡。

· 我的宝宝能睡着，但是几分钟后突然又醒了。

· 我的宝宝不肯躺下小睡，如果睡，也不会超过半个小时或者40分钟。

· 我们刚成立了一个新的玩耍小组，我的宝宝晚上开始夜醒了。

下面是一封典型的电子邮件："我孩子 3 个月大，每次我把他放到婴儿床里小睡时，他要么马上哭，要么 10 分钟或 20 分钟就会醒过来。你有什么建议吗？"有些婴儿 8~16 周大的时候，可能只小睡 20~40 分钟。如果婴儿在醒着的时候看上去性情很平和，晚上也睡得很好，可能短时间的小睡就足以满足他的需要了。（对不起，妈妈，我知道你希望我睡的时间更长一些！）但是，如果孩子小睡之后心情欠佳，或者晚上睡得断断续续，那么他白天的小睡时间短显然是有问题的。他可能受到了过度刺激，在他进入深度睡眠后 20 分钟或更久，身体的一个突然动作就会让他醒过来。而父母往往会马上到孩子那儿去，拥抱他，而不是让他自己重新入睡，这常常会强化这种模式。

解决方案：检查一下你白天做了什么，特别是在下午的时候。试着不要给宝宝过多的陪伴或过于频繁地进出宝宝的房间。晚上睡觉或者白天小睡前，不要让她有太多刺激性的活动——太亮的颜色，甚至太多挠痒痒都会刺激到婴儿。最重要的是，要花更多一点时间来实施睡眠渐进程序（第 174~181 页），包括嘘－拍法。记住，刺激过度的婴儿经常要花 2 倍的时间才能平静下来。他们不是逐渐入睡，而是突然入睡，有时候突然的动作也会惊醒他们。要陪着她，直到你看到她进入了深度睡眠。（第 248~251 页上有更多关于稍大一些的婴儿的小睡问题。）

错过入睡最佳时机。我还发现父母有时会忽视婴儿的睡眠信号。**你有没有经常让宝宝醒着，自以为这样会让他一觉睡得更久？**这是最具破坏性的睡眠错误之一。实际上，如

现在就开始
创造安静的时间

现在的父母渴望使孩子更聪明，为了确保了解孩子的特性，他们观看了市场上每一种教育孩子的录像。难怪孩子会刺激过度呢！纠正这种快节奏文化的方法就是为婴儿创造安静的时间。白天鼓励低强度的活动——让宝宝盯着一个移动物体看，和某个人或者柔软的毛绒动物玩具拥抱一会儿。当你这么做的时候，让她静静地待在自己的婴儿床里，使她明白这是一个好地方，可以安静地玩，而不只是睡觉的地方。等几个月后宝宝的活动能力越来越强时，这样做的回报就显现出来了（见第 237 页边框内容）。

果你让宝宝醒着，错过了入睡的最佳时机，让他进入了过度疲劳的临睡阶段，他不但睡不久，而且睡不安稳，甚至可能会早醒。

解决方案：坚持常规程序，仔细观察宝宝的信号。如果他的小睡很稳定，那么你们两个人都会非常快乐。偶尔偏离常规程序没有关系，但有些孩子很容易受到困扰。要了解你的宝宝，如果他是敏感型、坏脾气型或者活跃型婴儿，那么，我觉得偏离常规程序绝对不是一个好主意。

你有没有想办法让宝宝醒着，以便你和他爸爸下班后就能看到他？我理解工作着的父母白天要和孩子分开有多么难，但让婴儿遵照成年人的工作时间表真的很自私。婴儿需要睡觉。如果你让婴儿很晚还不睡，那么，你和他在一起的时间很可能不那么愉快，因为你的宝宝太疲倦了，心情不好。如果你或你的爱人想要更多的时间和孩子待在一起，那就早点回家，或者挤出点时间来陪他。很多工作着的母亲提前起床来做早上的程序，爸爸经常接管梦中喂食的工作。但是，不管怎么样，都不要剥夺婴儿的睡眠时间。

发育干扰。过度刺激常常是由生理上的发育造成的。婴儿身体的发育成长实际上与安静的睡眠相抵触。**你的宝宝最近身体上有没有什么进步——转头，找到手指或者翻身？**父母们经常抱怨："我把宝宝放在婴儿床的中间，几个小时后他哭了。当我走进去的时候，他整个人挤在角落里。他会撞到头吗？"是的，他会。或者他们会说："我的宝宝一直睡得很好，直到她开始会翻身。"事情是这样的：父母把孩子侧身放下，即使他们给她裹了襁褓，她也会想办法挣脱出来，从侧身翻到平躺。问题是她没法再翻回到原先的姿势，这可能会让她醒过来，让她受挫。而且因为婴儿这个时候完全没有协调能力，当他们手脚乱动时很容易扰乱自己。他们一只手挣脱了襁褓，扯耳朵，揪头发，戳眼睛——还奇怪谁在对他们这么干啊！他们的小手指无意识地刮着床单，那声音可能会让他们醒过来。他们还开始意识到自己可以发出既让自己高兴又让自己心烦的声音。

解决方案：看到宝宝能够控制自己的身体是一件令人激动的事情，你不能也不要试图阻止婴儿的发育。但是，有时候身体上的发育的确妨碍了婴儿的睡眠，比方说翻身就是一个常见的问题。可以用楔形垫或者毛巾卷塞进宝宝身体任一侧下方，以保持其姿势的稳定。白天，你还可以教他翻回来，但是，这可能需要两个月的时间！显然，对于这些变化，有的你只能等其自然消失，有的你可以通过裹襁褓来解决。

增加了活动。随着白天的时光慢慢逝去，婴儿越来越疲倦了，哪怕只是正常的活动，像换尿片、注视眼前的环境、听狗吠声或门铃声，以及吸尘器的嗡嗡声。到下午三四点钟的时候，他们已经很累了。更不用说如今的妈妈们又多了一些对小孩子来说太多的活动。**你的宝宝在白天受到多少刺激？你参加更多活动了吗？如果是，那么加入活动的当天她会睡得不安稳吗？** 过度刺激常常是造成婴儿睡眠问题的一个原因（"我们刚刚成立了一个新的玩耍小组"）。如果孩子看起来很喜欢某个"妈妈和我"活动小组或者某个音乐班，那么你可能会认为当天睡得不好是值得的。但是，如果一个活动扰乱了婴儿的睡眠，而且不只是当天的睡眠，那么你可能要重新评价一下这个活动了。敏感型婴儿对刺激高度敏感，像婴儿瑜伽以及有关婴儿的其他各方面的活动就可能不是一个好主意。应该等过几个月之后再试。一个母亲最近告诉我："我的宝宝在小组中从头哭到尾。"这正是一个信号。

解决方案：如果太多的活动在某种程度上影响了宝宝的睡眠，那么下午两三点以后你就不要出去了。我知道，现在要这么做可能有些困难，你可能有一个更大一些的孩子，下午3：30必须去接他。如果是这样，你可以要么做其他安排，要么接受一个事实：在来回的路上，宝宝可能会在车里睡着，而且可能不如在自己的床上睡得香。考虑到情况如此，你也是无法避免。你可以让她在车椅上睡，就把它当做小睡时间。或者，如果她在车里表现不乖——有些婴儿不喜欢在车椅里睡觉——你必须在家里让她冷静下来，设法在晚餐前让她小憩至少45分钟。这不会破坏她晚上的睡眠，实际上，她会因此而睡得更好。

原因 6：不舒服

很显然，婴儿饿了或者疲倦了的时候会哭，但是，当他们身体某个部位感觉疼痛的时候，不舒服（太热或者太冷）或者生病的时候也会哭。问题是，究竟是哪种原因呢？

留意宝宝不舒服的信号。正如我一再强调的，有条理的常规程序可以使你更准确地判断孩子哭的原因。但是，你还必须要仔细地观察。**宝宝哭的时候听起来和看起来是什么样子的？**如果你的宝宝面部扭曲，或者身体僵直，或者他睡觉的时候或者要去睡觉的时候向上抬腿或者乱动得厉害，所有这些迹象都可能表示疼痛。疼痛时的哭比起饥饿时的哭声更尖厉、更高。此外，疼痛的哭也有好几种。例如，胃肠气胀的哭和胃食管反流的哭在样子和声音上是不同的——你为了让宝宝更易睡觉而采用的方法也应该是不同的（见第99~105页）。

要记住重要的一点：这个阶段婴儿的哭通常不会是因为无规则养育，而是因为他们需要某个东西。一放下就哭的婴儿可能是经历了无规则养育，这不假，他现在已经习惯了父母抱着他，他以为要睡觉就得是这样。但是，如果在你试图把宝宝放下时他会哭，那也有可能是因为胃食管反流的缘故：身体平躺后，胃酸会涌上来，灼烧他的食道。**他只在车椅、婴儿椅或者秋千椅里睡觉吗？**我在第101~102页说过，胃食管反流的危险信号之一就是宝宝只在身体直立的状态下睡觉。麻烦的是，他们习惯了垂直的姿势，其他任何状态下都无法入睡。

解决方案：如果你怀

问题 6

下面这些抱怨往往表示不舒服至少是造成婴儿睡眠问题的部分原因：

· 我的宝宝很难安静下来睡觉。

· 我的宝宝晚上经常醒。

· 我的宝宝能睡着，但是几分钟后就会醒。

· 我的宝宝只有在身体直立的姿势下才能睡着，比如在秋千椅或者车椅里。

· 我的宝宝看上去累了，但是，一旦我要把她放下，她就会哭。

疑某种肠道疼痛让你的宝宝睡不着，或者不断让她醒来，重新读一下本书第 99~105 页，可以帮助你区分胃肠气胀、腹绞痛、胃食管反流，还有对如何控制每一种病情的建议（还可见本章第 211 页"胃食管反流的恶性循环"）。不要鼓励宝宝沉溺于在秋千椅里摇荡，或者不得不开着车兜风，或者把车椅放进她的婴儿床里，而要采取措施让她在自己的婴儿床里感觉更加舒服，把床以及其他任何她平躺的东西抬高，例如护理桌。另外，可以把一块婴儿浴巾折成三角形，像腰带那样裹在她的腹部，然后用另一块浴巾给她裹褓裤。腰带轻轻的压力可以减轻她身体上的疼痛，这个方法比让宝宝趴着睡安全多了，宝宝患胃食管反流时，父母往往会忍不住让宝宝趴着睡。

便秘。与坐在那儿看电视的老人一样，婴儿活动有限，容易便秘，从而妨碍睡眠。**她一天排多少大便？** 如果你的回答是："我的宝宝 3 天没有排大便了。"我还得问：**她是喝奶粉还是吃母乳？** 因为对喂奶粉的婴儿和对喂母乳的婴儿来说，"正常"的标准是不一样的。如果喝奶粉的婴儿 3 天没有排大便，那她可能就是便秘了。这个问题在吃母乳的婴儿身上不那么常见，他们几乎每次吃完奶后都会排大便，然后突然地会有三四天不排大便。那是正常的。所有的乳汁都被吸收了，进入了身体系统，变成了脂肪细胞。如果母乳喂养的婴儿不明原因地哭，把膝盖往胸部抬，看起来很不舒服，那他可能也是便秘了。他或许还会肚子发胀，吃得少，以及／或者尿液很黄，气味更加刺鼻，这可能表示他有一点脱水。

解决方案：如果你的宝宝喝奶粉，一定要每天多喂她大约 120 毫升水，或者水和李汁的混合液（30 毫升李汁，90 毫升水）。要在每次进食后喂，一次 30 毫升。（用水冲奶粉时，要注意用量准确，我在第 144 页方框中已有解释。）握住宝宝的腿做蹬自行车的动作，对缓解其便秘也很有帮助。

对于母乳喂养的婴儿，可以采用同样的疗法。不过你最好观察 1 周，看宝宝是否真的患上了便秘。如果你实在担心，可以去看儿科医生，医生会判断宝宝是不是还有其他问题。

尿湿的不适。12 周之前，大多数婴儿不会因为尿湿而哭，特别是在用一次性免洗尿布的情况下。但是，有些婴儿，特别是坏脾气型和敏感型婴儿（甚至很小的时候就特别敏感），如果他们感觉到了湿，就会哭。

解决方案：换尿布，重新裹襁褓，安抚她，然后重新把她放下。抹上大量的乳液，特别是晚上的时候，乳液在很大程度上可以作为一道屏障，能够阻止尿液灼烧她的皮肤。

温度不适。 12周之前，婴儿的体温是由父母控制的，宝宝会表现出太冷、太热或者湿黏的信号。**宝宝醒来的时候，你会摸摸他的身体吗——他出汗了吗？或者黏糊糊的？或者有点凉？** 房间里可能太热或者太冷，特别是从夏天到冬天的时候。把你的手放在他的鼻子和额头上，摸一下他的手脚。如果觉得凉，那他就会感觉冷。**他醒来的时候尿湿了吗？还是尿液已经被完全吸收了？** 尿液变冷会让他全身变冷。而另一方面，有些婴儿过热，甚至冬天也是。在夏天，有些婴儿手、脚、头也会湿乎乎的，因为他们的手握成拳头，脚趾往下卷曲。

解决方案：提高或降低宝宝房间的温度。如果他冷，再拿一条毯子裹襁褓，或者换一条暖和的毛毯，安抚他，要给他多穿一双短袜。如果他从襁褓中挣脱出来——这是经常发生的情况——你可以买一件羊毛材质的连裤睡衣，让他一整晚都穿得好好的，而且保暖。

如果你的宝宝有点热或者黏湿，那么千万不要把他的婴儿床放在空调排风口下面或附近。这取决于外面有多热，你甚至可以用一台电风扇，放在打开的窗户前，这会让外面的空气进来，但又不会直接吹在婴儿脸上。（处理昆虫叮咬困难多了，所以窗户上一定要有纱窗。）睡衣里面不要再穿贴身汗衫，并且要用较薄的婴儿浴巾裹襁褓。如果这样还不奏效，那么你可能不得不采取我们对弗兰克采取的措施了，弗兰克天生就怕热，每天晚上汗透睡衣，我们只好让他裸着（只带着尿片）给他裹襁褓。

处理六种原因：哪个先来？

我之前说过，六种原因并不按照某个特定的顺序，而且很多时候是相互交织的。例如，如果父母没有建立常规程序，他们往往也缺少一贯的就寝程序。如果一个宝宝刺激过度或者疲劳过度，通常我也会怀疑某种程度的无规则养育在起作用。事实上，睡眠障碍常常是由至少两种原因造成的，如果不是三种或四种原因的话——这个时候，父母会问："我该先处理哪个呢？"

下面是五种可以参照的常识性的指导：

1.不管还有什么其他的原因，不管你要采取什么样的措施，你都必须保持或者建立一个常规程序以及一贯的睡眠渐进程序。事实上，在每一个孩子平静下来或者保持熟睡有困难的例子中，我都会建议采取 4S 程序，要陪着孩子，直到他进入深度睡眠。

2.在你处理晚上的问题之前，先要在白天做出改变。没有人能在半夜时处于最佳状态。而且，白天的改变经常会解决晚上的问题，你无须再做其他的事情。

3.先处理最紧要的问题。这需要你运用常识。例如，如果你意识到宝宝夜醒是因为你的乳汁分泌不足，或者因为宝宝正在经历生长突增期，那么你的首要任务是给她更多的食物。如果你的宝宝身体的某个部位感觉疼痛，那么你最好想办法先缓解她的不适，否则一切都将不可能。

4.做 P.C.父母。处理睡眠困难需要耐心和清醒，你需要耐心来实现改变。如果你和宝宝之间的信任纽带被打破了，就要料到每一步至少需要 3 天，或者更久。你需要清醒来磨练你的意识，意识到宝宝的睡眠信号，以及他对新方案的反应。

5.要预料到某种退步。父母会打电话说："他以前做得很好，现在突然凌晨 4 点又开始醒了。"这是很常见的（特别是小男孩）。回到起点，一切重新来过。但请你不要改变孩子的常规程序。一旦你开始尝试我建议的任何方法，就要坚持下去，如果有必要的话，要重复做。

为了帮助你弄明白这些指导原则是如何影响我的思考的，我要给你讲述一系列现实生活中的例子，它们均来自于我收到的电子邮件

（我改变了姓名和一些细节）。如果你已经读到这里了（不像我有时候从最后开始读起），那么，你应该能够发现每封邮件中那些可以用来说明问题的句子，请你和我一起解决问题吧。

多少睡眠帮助是太多了？

记住，在最初的几个月，我们在教婴儿如何入睡。特别是在你已经尝试了其他方法的情况下，可能需要几个星期甚至一个月的时间来改变一种模式，或者让害怕的孩子平静下来。父母有时候很困惑，像海莉的母亲那样，她们想知道"何时我们的任务结束，宝宝的任务开始？"

我们读了你的书，很喜欢，特别是在尝试了"随孩子哭"的方法很不满意之后。我们9周大的小女儿海莉现在白天能够小睡了，感谢你的真知灼见——以前她从未能持续这样做——晚上能睡6~7个小时，你可以想象，简直是飞来鸿运啊。

海莉有时候能马上睡着，但更多的时候会有点闹，手脚乱动。这种乱动让她睡不着，甚至刚刚睡着又把她弄醒了。为了帮助她度过这个困难的时刻，我们经常从腰部往下给她裹襁褓（或者全裹，如果她过度疲劳或者过度刺激的话），我们陪着她，对她发出有节奏的"嘘"声，轻拍她的肚子。这样通常会让她慢慢睡着。我们担心自己变成了她小睡时入睡的道具。晚上，她入睡似乎没有问题。

我们应该什么时候停止帮助海莉入睡呢？如果她不哭，但依然很清醒，不肯睡，我们应该就这样走开吗？当她又开始哭时，我们应该怎么办？很难分辨何时我们的任务结束，她的任务开始。

当宝宝需要帮助时，我们给她帮助。与其担心"宠坏"她，不如把注意力集中在理解她的信号、满足她的需要上。我们也需要坚持。在这个例子中，父母没有做太多——实际上，他们只需要陪着海莉，帮助她入睡。我怀疑"随她哭"的方法已经破坏了这个孩子对父母的信任，海莉不确定父母是否会在她身边支持她。此外，如果她"有点闹，手脚乱动"，那是她太累了，可能刺激过度了。妈妈可能在她小睡前做了太多刺激性的活动，也可能没有采取正确的睡眠程序，没有花时间从活动状态过渡到睡眠。我建议要始终给她裹褓祼，而且不要只裹下半身。（记住，3 个月以下的婴儿意识不到手臂是自己身体的一部分，当他们累的时候，手臂很容易乱动，这会打扰他们！）海莉听起来像是一个渴求安全感、需要安抚的婴儿。除非她的父母现在坚持这么做，白天和晚上睡觉前多花点时间，否则，接下来的几个月他们会后悔的。

父母的需要怎么能超过婴儿的需要呢？

有时候，父母的私心妨碍了他们看到问题的实质。他们似乎忘记了自己有一个婴儿，需要他们教他如何入睡。况且，即使学会了自我安慰的技巧后，婴儿也不会一晚上安睡 12 个小时。在很多事例中，所谓的问题更多地出自父母为了满足自己的需要，或者他们希望孩子适应他们的生活方式，不给他们造成太多不便。看下面这个例子，它来自一位即将返回工作岗位的母亲，她努力让宝宝匆忙跟上她的时间表。

> 我的儿子桑德尔 11 周大，我刚开始尝试你的方法。已经 4 天了，有两件事我不知道该怎么办：第一件，他晚上八九点就疲倦了，我担心如果把他放进婴儿床，他会睡着，然后半夜把我弄醒。他晚上通常睡 5~7 个小时。也可能这个晚上睡 7 个小时，第二天晚上睡 9 个小时，然后又重新恢复

到凌晨 4 点醒。那么晚上 8 点的时候我是放他去睡觉，还是看看他是否只是小睡会儿？很害怕。第二件，事实上他确实会在凌晨 4：00~4：30 的时候吵醒我，我要喂他吗？这样会不会养成半夜进食的习惯？此外，如果用安抚奶嘴可以让我离开的话，那么我要花多长时间才能让他重新睡呢？10 天后我就要回去工作了，全职的，非常害怕他晚上会不断吵醒我，让我们两个人都筋疲力尽。

嗬！光读这封邮件我就累坏了。桑德尔的妈妈显然很烦躁、苦恼，但是，她说小桑德尔 11 周的时候晚上能睡 7~9 个小时，这听起来很好啊。我知道有的妈妈不惜付出任何代价都想要这样的宝宝呢！

这个母亲主要担心的是她的儿子"恢复"到凌晨 4 点醒的习惯，打扰她的正常睡眠。我怀疑他正处于生长突增期，他已经有过睡很长时间的经历，这告诉我他的肚子能够装下足够的食物，维持他 7 小时的需要。为了证实我的直觉，我需要了解更多白天发生的事情——桑德尔吃多少，吃奶粉还是母乳？我怀疑他醒是因为饥饿。（尽管习惯性夜醒通常是无规则养育的结果，但也有例外，特别是当出现其他饥饿信号的时候。）如果他饿了，她必须在白天喂他，增加他的能量。但是，如果她在晚上喂桑德尔，很可能会形成习惯，那时她就真的有麻烦了。

但是，除了这些显而易见的内容之外，这封邮件透露的信息还不止这些，如果桑德尔的母亲想要在工作时心里平静，她必须退后一步，综观全局。首先，在我看来，很显然，她的儿子没有常规程序，否则他就不会到晚上八九点还不睡。她需要把他的就寝时间改到 7 点，11 点时给他一次梦中喂食（很可能梦中喂食要持续到桑德尔开始吃固体食物为止）。但是妈妈有点不耐烦，而且还不切实际。桑德尔快 3 个月大了，孩子越大，改变坏习惯需要的时间就越长。才 4 天而已，她没有看到任何改善就开始感到心烦意乱了。有些婴儿花的时间要长一些。（我也不知道她说"我刚刚开始尝试你的方法"是什么意思——听起来桑德尔肯定不像按照 E.A.S.Y. 程序作息的样子。）她需要坚持一个方案，直至最终成功。至于她回去工作的事，如果她给孩子喂母乳，我还想问问她是否使用过奶瓶，她工作后谁来照顾孩子？她必须开始考虑更多的事情，而不仅仅是自己的疲劳。

不适当的干预：3 个月前不要使用抱起-放下法

有些父母读了我的抱起 - 放下法（见下一章），把它用在 3 个月以下的婴儿身上，这对一个小孩子来说刺激性太强了，因而很少有成效。另外，我会在下一章中解释，抱起 -放下法用作教孩子睡觉的工具能够帮助婴儿学会如何自我安慰，但是，你的宝宝还不足 3 个月，他太小了，还不能够开始，要让他安静下来只有嘘 - 拍法合适。当父母在年纪太小的婴儿身上试用抱起 -放下法时，通常也存在着无规则养育以及其他变数，父母们经常抓住任何可能会有帮助的东西，而没有意识到他们的宝宝在发育方面还没有准备好：

> 根据特蕾西的定义，我有一个几乎可以算得上天使型的宝宝。伊凡快要 4 周大了。我把伊凡放下小睡，大约有一半的时候他会轻松地躺 10 分钟左右，渐渐睡着，然后醒来，哭闹不休，扭作一团。现在，他已经能够翻身一星期了——动得太厉害，以至于从襁褓里挣脱了出来。他非常激动，我要花 1 个小时甚至更久把他抱起-放下，让他重新睡。有时候整个小睡时间他都非常不安，直到下一次预定的进食时间。我该怎么办？大多数时候他都很好，这真令人沮丧。

首先，抱起 - 放下法实际上让事情变得更加糟糕，因为你不停地把一个婴儿抱起来，让他受到了过度的刺激。而且，妈妈的动作可能做得也不正确。她可能把他抱了起来，让他在她双臂中入睡。然后，当她把他放下时，他受到了惊吓，醒了过来。如果是这样，她还开始了一种无规则养育的坏模式。我对她的建议是回到起点，花点时间，对伊凡采取 4S 睡眠渐进程序。毕竟她的儿子很容易躺下小睡，然后才会扭动。这告诉我，在他妈妈描述的这 10 分钟里，他经历了睡眠的第一阶段，但是，她随后就离开了房间。她需要多陪他 10 分钟，以确保他睡熟。当他的眼睛突然睁开时，如果她仍站在婴儿床旁边，轻拍他，用手挡住他的眼睛，阻隔视觉的刺激，那么，我保证他会很快重新熟睡。每一次循环被打断的时候，她必须重新开始。如果她现在不花时间，那么他永远也成不了天使型宝宝！

首要的事情首先做

本章开头我就说过很多睡眠问题有多重原因，对此，父母自然极度苦恼，有些父母意识到他们走错了路，有些没有意识到。不管怎么样，我们都需要弄清楚应该先做什么，后做什么。下面的这个例子来自莫林，正如大家所说的，它是一个特殊的案例。

迪伦 7 周大，睡觉一直闹，一开始他就黑白颠倒，不喜欢睡摇篮，随着时间的推移，这种厌恶感越来越强烈。他会在那儿哭一个多小时，就算我尝试了抱起-放下法，也不管用。他总是不肯睡觉，如果终于睡着了，5 分钟、10 分钟或 15 分钟后就会惊醒，然后无法再重新入睡。白天、晚上的大多数时间他都希望被抱着，那样他通常会睡得很好。事情越来越糟了——现在甚至在行驶的车中或者婴儿车里他也睡不好，因为会惊醒（至少以前我是能依靠这个的）。我喜欢你的理论，希望让迪伦养成独立、健康的睡眠习惯。我试了你书中的很多建议，但是似乎都不适合迪伦。（我想他最符合你对活跃型婴儿的描述。）我需要迪伦按照某种睡眠时间表来睡觉，但是，在任何情况下根本别指望他能小睡或者保持熟睡。

纵览莫林的邮件，她似乎把问题归结为迪伦的任性（"他不肯"，"他想"，"他不喜欢"，"根本别指望他小睡或者保持熟睡"）。她做了什么（或者没做什么）影响了儿子的行为，对此她逃避了责任。

莫林的期待值也有点高。她说："一开始他就黑白颠倒。"所有的婴儿一开始都是按照 24 小时生物钟作息的，如果父母不教他们如何把白天和黑夜区分开（见第 170~173 页），婴儿怎么会知道两者的区别呢？她指出迪伦"无法再重新睡着"，但是还是那句话，据我所看到的，没有人教他怎么做！相反，他们教他睡觉意味着被抱。

莫林邮件中最能说明问题的部分是她提到了迪伦"会在那儿哭一个多小时"。把迪伦一个人留在那儿哭那么长时间，她已经破坏了信任的纽带，难怪他现在这么难以被安抚。更糟的是，父母使用了各种道具来让迪伦入睡——抱他，把他放进婴儿车里，开车，所以事情越来越糟糕，我一点也不惊讶。迪伦总是"5 分钟、10 分钟或 15 分钟后就会惊醒"，这个事实告诉我他还受到了过度刺激。

换句话说就是，从出生第一天起，迪伦就没有受到过尊重或者被聆听过。他的哭是他对父母说话的方式，但是父母没有注意，没有采取行动回应他的"要求"。如果他哭是因为"一开始他就不喜欢睡摇篮"，那么，为什么他们没有考虑其他地方呢？有些婴儿特别是活跃型和敏感型婴儿对环境非常敏感。摇篮里的垫子通常很薄，只有约 5 厘米，迪伦可能觉得不舒服。我敢打赌，随着他体重的增加，对环境的意识加强，他会越来越觉得不舒服。

总的来说，迪伦的父母没有聆听和回应迪伦，而是采取了一个又一个的速效权宜之计，我怀疑莫林也试了抱起－放下法（"我试了你书中的很多建议"），但是，这个方法对这么小的婴儿是不适用的。那么，从何处开始呢？很清楚，他的妈妈必须采取有条理的常规程序——白天每隔 3 小时唤醒他进食，这样就可以解决黑白颠倒的问题了。但是，首先她必须把他抱出摇篮，摇篮里可能很不舒服，同时要开始重建信任。她应该从垫子法开始（见第 189 页描述），渐渐地把他移到婴儿床里。他的父母必须采取 4S 程序——布置睡眠环境，给他裹襁褓，陪他坐着，采用嘘－拍法——**每次睡觉时都要如此，而不**

仅仅是晚上。每一次都必须有人陪在迪伦旁边，直到他睡熟。

另一个涉及多种原因的常见睡眠情况发生于父母顺从婴儿，而不是建立有条理的常规程序时。宝宝糊涂了——她从来不知道下面会发生什么，父母也不太可能"看懂"宝宝的信号。这有一种反射的效果，导致全家的混乱和迷惑，从而不仅导致睡眠紊乱（你、宝宝、宝宝的兄弟姐妹，如果有的话），而且会对婴儿的性格产生巨大的负面影响，琼关于她6周大孩子的邮件就是一个例子。我敢打赌，小埃莉开始时可能是个天使型宝宝，但很快变成了坏脾气型。

> ……她用奶瓶吃奶吃得很好，很活泼，很开心，但是，我很难察觉她的睡眠信号。我觉得我一天中大部分的时间都用来帮助她睡觉了。可能要花60分钟安抚她、轻拍她，等等，然后她只睡20分钟。这让我担忧，因为一天中大部分时间里她都太疲倦了，而且脾气很坏。
>
> 埃莉晚上通常都睡得很好，我觉得她已经能够分辨出白天和夜晚的区别。晚上她能一次睡六七个小时，然后还可以再睡很长一段时间。有时候，我们不得不分别在晚上和早上6~7点只喂2次。为什么她白天只睡那么短的时间呢？她醒来，又累又不乖，经常哭，我轻拍、轻揉她的肚子，温柔地跟她说话，她似乎进入了睡眠的第三阶段，然后自己睡着，但是很快又从第三阶段醒了过来，想要玩，就好像她已经睡了1个小时似的。我能做什么来促进她白天的睡眠呢？
>
> 我已经尝试了实施E.A.S.Y.程序，但是发现她经常吃着吃着就睡着了，因为她在上一次吃、活动、睡的循环中，小睡时间太短了。我现在正在接受产后抑郁症的治疗，因为我原来带3岁的埃莉森时也曾患过这种病。埃莉森白天小睡45分钟，晚上也睡得很好。我也曾花了大量时间来促进她白天的睡眠，我最终做到了。很庆幸，她从四五个月以后开始，晚上一直能睡12~15个小时，这样一直持续到18个月。现在她基本上晚上都能安睡11~12个小时。我不再抱

怨了，因为她白天已经不再小睡了。

尽管琼说她"尝试了实施 E.A.S.Y.程序"，但是显然她没有，而是围绕着婴儿转，她允许埃莉睡过两餐，每一餐就在她所描述的两次长睡中。一个 6 周大的婴儿白天需要每隔 3 小时进食一次。埃莉晚上一次能睡六七个小时，这很好，但是之后不应该允许她再睡一次长觉。她当然"白天只睡那么短的时间"啦，因为她刚刚从 12 或 14 个小时的睡眠中醒过来。睡那么长对 3 岁的孩子没关系，但是埃莉还只是个婴儿。琼显然有自己的情绪问题，她可能要感谢宝宝让她早上能睡个好觉，但是，为此她也付出了代价：埃莉醒来"又累又不乖，常常哭"，因为她饿了。

如果埃莉的妈妈唤醒她进食，而不是让她睡过进食的时间，那么埃莉白天的睡眠问题自然会得到改善。换句话说就是，她必须开始对她实施 E.A.S.Y.程序，在 7、10、1、4、7 点喂她，然后 11 点再加一次梦中喂食。根据埃莉现有的记录，她会睡到第二天早上 7 点。

埃莉的妈妈还必须**着眼于她的孩子**，她需要接受埃莉只是个婴儿这个事实。有意思的是，琼对于孩子的重要信息唾手可得，如果我没弄错的话，埃莉与她的姐姐埃莉森有很多相似之处，埃莉森也小睡 45 分钟，晚上也睡得很好。琼自己也说"最终做到了"让埃莉森有一个自然的睡眠循环，但是，她没有对埃莉做同样的事。我可以保证，如果她白天每隔 3 小时喂埃莉一次，晚上让她好好睡一觉就够了，那么埃莉的心情会好转的。至于埃莉白天的睡眠，和她的姐姐一样，可能只需要 45 分钟。琼只能接受这个事实。

胃食管反流的恶性循环

我收到无数封父母的邮件，说他们的宝宝"从来不肯睡"或者"一直醒着"。有些宝宝已经被诊断为胃食管反流，但是，他们的父母依然很难让他们舒服地去睡觉。还有些父母没有意识到宝宝肚子痛，但是，某些线索让我知道他们的宝宝不只是"睡得断断续续"，而是有病痛。无可否认，胃食管反流，尤其是病情严重的，会对家庭造成严重破坏，常规程序也往往被完全抛开了。在所有这些情况中，你都必须先处理疼痛的问题。有趣的是，即使知道孩子患了胃食管反流，父母往往也意识不到所有这些问题是如何相互关联的，瓦内萨的这封"一个5周大孩子的绝望的妈妈"的邮件就是一个鲜明的例子。

> 我们采用了你的很多睡眠技巧，但是真的很辛苦。一旦蒂姆显示出疲倦的迹象，我们就把他放进婴儿床里。我们这么做的头2个晚上他睡了5个小时。那是上个星期的事了，从此以后就再也没有过。他似乎陷在第三阶段了，他会打哈欠，眼神呆滞地看着远方，然后就在他几乎不动的时候，又开始第三阶段的摇晃。他会把整个过程再做一遍。他会开始哭，于是我们安慰他，他安静下来，然后整个恶性循环重新开始，既累人又费时。他在小睡时间表现更糟，我们努力保持同样的常规程序，但是结果令人失望。而且他有严重的胃食管反流，因此如果他哭得太厉害——这是我们努力避免的——他会吐。请帮帮我们！（我们也做了你书中的测试，蒂姆介于活跃型和敏感型之间。）

首先，和很多父母一样，瓦内萨和她的爱人与蒂姆待在一起的时间不够长，这对敏感型和活跃型的婴儿特别重要，而这个小家伙还介于两者之间。当第三阶段开始晃动时，蒂姆的父母必须陪在他身边。但是，他们还必须处理由胃食管反流引起的疼痛，抬高他平躺的物体——护理桌以及婴儿床。如果他们还没有这么做，应该寻求儿科医生或者儿科胃肠病学专家的帮助，他们能开抗酸剂和/或者止痛药缓解蒂姆的症状。当宝宝疼痛的时候，你必须首先缓解他的疼痛，用楔形垫（或者书）把床垫抬高45°角，在他的襁褓里束一条腰带，用药物治疗他的病情（见第101~104页）。如果宝宝身体疼痛，这世界上所有的睡眠技巧都不会管用的。

然而让我沮丧的是，很多父母把药物当做最后的求助手段：

> 我担心延长的进食和普通的胀气妨碍了 10 周大的格雷琴的正常睡眠时间。我已经采用了你的所有建议，几天过去了，毫无结果（例如连续的拍–嘘；倾斜床垫；频繁地让她打嗝；把视觉和听觉的刺激降低到最小程度）。我真的不知道下面该怎么办。我该继续这么做，还是我错过了什么？我该去找儿科医生吗？我筋疲力尽，心想可能格雷琴太小了，没法"控制"，尽管如此，我还是要怪特蕾西"从开始时就要当真"的"咒语"。长此以往，我们两个都会受不了的……

格雷琴肯定有消化问题——可能是胃食管反流——因为延长进食和普通胀气是典型的危险信号。在描述可能的选择时，她的妈妈用了这样的话："去找儿科医生"，这句话告诉我，她没有意识到她必须先处理婴儿的疼痛，在做其他任何事情之前，应先把这个问题解决掉。如果你怀疑孩子有消化问题，就要先去看医生，而不是等到最后。

特别是对患有胃食管反流的婴儿，你必须小心不要安抚到他停止哭泣，这必然会形成无规则养育。哪怕你已经束手无策，也不要用道具来安抚孩子，以让他安静下来。诚然，有些道具，例如车椅、婴儿椅、父母的胸膛或者秋千椅，能够安抚患有胃食管反流的婴儿，因为它们抬高了他的头部。我理解父母急于缓解孩子的不适，但如果你使用道具，那么在胃食管反流的疼痛消失后很久，婴儿依然会依赖于它。下面就是一个典型的例子：

> 我 9 周大的女儿塔拉患有胃食管反流，从她 1 周大开始就睡在婴儿椅里。如果不在我的怀里，这是她能睡着的惟一方式，因为她会吐得很厉害。现在塔拉稍大一点了（体重约5.6 千克），在服药，我希望她能睡在婴儿床里。我的医生建

议我采用费伯法，但是，我的女儿会因此变得歇斯底里，我知道再也不能那么做了。我在你的书中读到了"无规则养育"，知道自己的做法正是如此。我要怎样做才能让她躺着睡，然后把她移到婴儿床里呢？当我把她平躺着放下睡觉时，她会反抗、尖叫。我快要疯了，我丈夫也是。对能够提供给我的任何帮助我都将感激不尽。

我肯定你已经猜到了塔拉的父母必须让她离开婴儿椅，离开他们的怀抱，他们必须抬高床垫45°角，以便塔拉有和躺在婴儿椅中相似的感觉。因为他们试了费伯法，所以可能还必须在每次睡觉前多花点时间陪陪塔拉，直到她睡着为止，这样才能重建塔拉的信任（见第186~190页）。但是，我还要用这件事来说明另一个重点：如果塔拉在1周大时被诊断出患有胃食管反流，现在都过了1个月了，她的体重可能差不多增加了一倍，原先开的抗酸剂或者止痛药的剂量现在可能已不足以缓解塔拉的疼痛。父母需要去看医生，确保他们开的药量符合她的体重。

那么，你是怎么做的呢？你能否诊断上面的情况，想出你可能必须要问的其他问题，整理出各种行动方案来呢？现在你能分析自己的情况了吗？我知道你有很多信息需要吸收、理解，但是一本好书应该如此。你可以一遍遍地查阅，我保证这些睡眠知识可以帮助你顺利地度过以后的日子。这是一个基础，我所有其他的见解和技巧都建立在这个基础之上。当你的宝宝3个月大或者更小时，你越是擅长评估问题，在孩子婴幼儿时期余下的时间里——接下来的两章将会涉及到——你就能准备得越充分。

第6章

抱起 - 放下法

睡眠训练工具——4 个月~1 岁

无规则养育的典型实例

我见到詹姆士的时候，他 5 个月大，不管是白天的小睡还是晚上的睡眠，他从来不在自己的婴儿床里睡。如果不在爸爸妈妈的床上，或者妈妈不在旁边，他就没法睡。但是，这可不是田园诗般美妙的家庭床场景。詹姆士的妈妈杰姬必须每晚 8 点钟上床，每天早上以及下午詹姆士小睡的时候也要陪他躺着。而他可怜的爸爸迈克下班回家时则必须偷偷摸摸地进来。"如果楼梯上的灯亮着，我就知道他还没睡。"迈克解释说，"如果灯不亮，那我就必须得像贼一样蹑手蹑脚。"杰姬和迈克为了他们的儿子可谓不辞艰辛，可是他还是睡不好。事实上，他一晚上醒好几次，妈妈能让他重新入睡的惟一方法就是给他喂奶。"我知道他不饿。"我们第一次见面的时候，杰姬对我承认道，"他只是要弄醒我陪着他。"

和很多婴儿第一年里会有睡眠问题一样，詹姆士出现问题时才 1 个月大。当他的父母发现他似乎对把他放下睡觉很"抵制"时，首先改用了摇椅。他终于睡着了，但是一放下，他就会马上睁开眼睛。在绝望中，妈妈开始把他抱在怀里，以使他安静下来。温暖的怀抱显然让他安心了。妈妈自己也累坏了，和他一起躺在自己的床上，两个人都睡着了。詹姆士再也不肯回到自己的婴儿床了。詹姆士每次醒来，杰姬都把他抱在怀里，希望他重新入睡。"我用尽了一切办法不去喂他，但是最终无法避免。"结果，她总是又喂他一顿。詹姆士白天的小睡自然很好——因为他整晚不停地醒来，已经筋疲力尽了。

　　现在，你应该已经能够看出这完全是一个无规则养育的例子。我接到数以千计的电话和邮件，4个月或更大婴儿的父母告诉我，他们的孩子……

　　……依然频繁夜醒

　　……在早上令人不能容忍的时间把他们吵醒

　　……小睡时间从来都不长（或者如一个妈妈说的："不肯小睡"）

　　……依赖父母才能入睡

　　上面的情形（有很多种变化形式）是第一年里最常见的问题。如果父母不采取措施，这些问题会更加严重，会一直持续到幼儿时期，甚至更久。我选择詹姆士的例子，是因为它包含了上述所有问题！

　　婴儿三四个月大的时候应该已经有了一个一贯的常规程序，不管是白天的小睡还是晚上的睡眠，他们都应该在自己的婴儿床里睡觉，他们还应该能够安静下来入睡，醒来时能够自己重新入睡。而且，他们还应该能够安睡整晚，也就是说一次至少能睡整整6个小时。但是很多婴儿做不到，4个月大时不行，8个月、1岁甚至更大都不行。当他们的父母联系我时，听起来很像杰姬，他们渴望帮助，知道自己某个地方做错了，但是不知道如何纠正。

　　要想知道如何解决睡眠问题，特别是稍大一点婴儿的睡眠问题，我们必须考虑全天的情形。上述每一个问题都可以追溯到常规程序不一致、不合适（例如，给5个月大的婴儿实施3个月大婴儿的常规程序），或者根本就没有。当然还牵涉到某种程度的无规则养育。

　　一般来说，几乎每一种情况都有同样的、可预测的过程：头几个月婴儿睡得不好或者睡觉不规律，父母会寻找快速解决问题的权宜之计。他们把孩子带到自己的床上，或者让她在秋千椅或者车椅里睡觉；或者利用自己——妈妈喂奶来让孩子安静，或者爸爸抱着孩子在地上走来走去。只需要两三个晚上，婴儿就会依赖上这些道具。不管是哪种情况，解决办法都包括让孩子回到良好的常规程序上来。为了建立或者调整3个月及更大的婴儿的常规程序，我要教父母"抱起－放下"法。

如果你的宝宝睡得很好，有良好的常规程序，你不需要采用抱起－放下法。但是，如果你正在阅读此章，那么你可能需要。这章内容专门讨论抱起－放下法的明确含义，以及如何针对不同年龄的孩子调整这个方法。我会重点讲述第一年中出现的典型睡眠问题，让你看一看每个年龄组中的一些真实例子，说明抱起－放下法是如何起作用的。在本章的最后（见第248~251页），我还专门讲了一节关于小睡的内容，适用于各个年龄组。最后，因为很多父母写信给我，告诉我抱起－放下法对他们的孩子没用，我还要说明父母常常在哪里出了错。

什么是抱起－放下法？

抱起－放下法是我关于睡眠的中庸哲学的基础，它既是一个教孩子睡觉的工具，也是一个解决问题的方法。有了它，你的孩子既不用依靠你或者某种道具来入睡，也不会感觉被抛弃。我们没有丢下孩子，让他自己想办法——我们在那儿陪着他，所以不存在"随他哭"的情况。

我对尚未学会睡眠技巧的3个月~1岁的婴儿——有时是更大一点儿的孩子，遇到特别困难的情况，或者孩子从未有过常规程序时——采用抱起－放下法。抱起－放下法不能取代4S睡眠渐进程序（见第176~181页），它更多的是你最后求助的一种手段，通常是因为无规则养育才需要用到。

如果你的孩子睡觉断断续续，或者你需要使用道具才能让他睡觉，那么要在这些习惯形成甚至更早之前就改变它们，这非常重要。

例如，当贾妮 2 个月大时，据她的妈妈说，她"只在婴儿车里睡觉"，现在她的妈妈"无法让她睡觉，除非我带她去坐车"（贾妮的更多内容见第 220 页，更好的方法见第 200~201 页）。道具依赖与所有种类的依赖一样，随着时间的推移只会使事情变得越来越严重。这时就需要采用抱起 –放下法了。我用它来：

· 教依赖道具的婴儿如何自己入睡，不管是白天还是晚上。
· 对较大的婴儿建立常规程序，或者当父母脱离程序时重新建立。
· 帮助婴儿实现从 3 小时常规程序到 4 小时常规程序的过渡。
· 当婴儿早上醒得过早是因为父母的干预，而不是婴儿自然的生物钟时，鼓励婴儿早上睡得更久。

抱起 –放下法不是魔术，它需要做很多辛苦的工作（因此，我经常建议父母双方合作，轮流来，见第 256 页和第 167 页方框）。毕竟你在改变让宝宝睡觉的惯有方式。因此，当你不借助道具把宝宝放下时，她可能会哭，因为她习惯了原来的入睡方式——奶瓶、乳房、摇摆、晃动或者走动等任何过去你给她的道具。你会马上遭遇到她的反抗，因为她不理解你在做什么。因此，你要过去把她抱起来，让她相信至少你知道你在做什么。根据宝宝的年龄、身体强弱和活跃程度，你应该采取相应的做法（下文具体年龄段的每一小节中会告诉你如何做）。无论如何，抱起 –放下法基本上都是下面这些简单步骤：

当孩子哭的时候，你走进他的房间，先试着用语言安慰他，轻轻地把手放在他的背上。在宝宝 6 个月大之前，你还可以采用嘘 –拍法，至于稍大一点的婴儿，嘘 –拍法——特别是声音——实际上可能会干扰睡眠，因此我们只需要把手放在孩子的背上，让孩子感觉到我们的存在。如果他还不停止哭泣，就把他抱起来，等他一停止哭泣就立刻把他放下，一秒钟都不要迟疑。你是在安慰他，而不是设法让他重新入睡——那是要他自己来做的。不过，如果他哭时头往后仰，就应该立即把他放下。记住，永远不要和正在哭泣的婴儿抗争。但是，要和他保持身体接触，把手坚定有力地放在他的背上，这样他就知道你在那儿。你要陪着他，同时说话打岔："现在是睡觉时间，亲爱的，你要去睡觉了。"

哪怕他一离开你的肩头就哭，或者在你把他放到婴儿床的过程中哭，你还是要把他放到床上。如果他哭，要再抱他起来。这种做法隐含的理念是你给他安慰和安全感，让他有这种情绪。实际上，你的行为是在对他说："你可以哭，但是妈妈（爸爸）就在这儿。我知道你觉得重新入睡很困难，但是我在这儿帮助你。"

如果你把他放下时，他还哭，就再把他抱起来。但要记住，如果他往后仰的话，不要跟他争。他的挣扎和扭动有一部分就是在设法让自己重新入睡。推开你、把你往下按都是他在让自己安静下来的方式。不要觉得内疚，你没有伤害他。不要以为他在针对你——他没有生你的气。他只是有点受挫，因为他从未学过如何入睡，而你要在那儿帮助他，向他保证，让他放心。与失眠之夜辗转反侧的成年人一样，他需要的只是一点睡眠。

抱起－放下法平均需要20分钟，但也可能需要1个小时甚至更久。我不确定我的记录是多少，但是对有些婴儿，我不得不做了上百次。父母们经常不相信这个方法，他们确信这个方法对自己的孩子不管用。他们没有把抱起－放下法看做一个辅助睡眠的工具，特别是妈妈们会说，如果我不用乳房，我还有什么呢？我怎样才能让他平静下来？你还有你的声音和身体上的介入。你的声音，不管你信不信，是你最有力的工具。用温柔、甜蜜的语调跟宝宝说话，如果有必要的话，要一遍遍地说（"你要睡觉了，亲爱的"），这样你就会让你的孩子知道你不会抛弃他，你只是在帮助他睡觉。父母采用了抱起－放下法的婴儿，最终会把你的声音和抚慰联系起来，不再需要被抱起。一旦他们听到父母平静的声音就感觉到安全，那么只需要声音就可以让他们安心了。

如果你的抱起－放下法做得正确——他哭的时候抱起来，哭声一停止立刻放下——最终他会消气，哭得没那么厉害。在宝宝逐渐平和下来之后，首先他可能会开始抽鼻子，在两次呜咽之间喘气。在英国，我们把这种大哭之后的短暂的浅呼吸叫做"意志雪泻"，它们几乎总是睡意来袭的信号。继续把手放在孩子身上。你手的重量加上语言上的安慰让宝宝知道你在那儿。你不要拍，不要嘘，不要离开房间……直到你看到他进入了深度睡眠（见第 180~181 页）。

抱起－放下法是向孩子保证，使其安心，慢慢地灌输信任。如果要做 50 次或者 100 次，甚至 150 次，那是为了教会你的孩子如何入睡，重新找回你自己的时间，你一定已经做好了这种心理准备，是不是，亲爱的？如果不是，那么你就读错书了。没有快速、轻松的解决方法。

抱起－放下法并不能预防孩子哭，不过确实能防止孩子产生被抛弃的恐惧感，因为**孩子哭的时候你在陪着他，安慰他**。他不是因为恨你而哭，也不是因为你在伤害他，他哭是因为你在试着用不同的方法让他入睡，他觉得受挫。当你试图改变孩子的某种习惯的时候，孩子会哭。他是因为受挫而哭，这与被丢下一个人哭是有本质的不同的，后者更加绝望、害怕，几乎就是号啕大哭，目的是为了让你马上回到房间里来。

以我之前提到的小贾妮为例，当她的妈妈不再使用运动道具——婴儿车或者汽车——来让她睡觉时，她不喜欢。开始的时候，她哭啊哭，实际上在说："你在干什么，妈妈？我们不是这样睡觉的。"但是，在尝试了几个晚上的抱起－放下法之后，她不需要道具就能够入睡了。

要想抱起－放下法有效，必须与孩子的发育阶段相符合。毕竟，对待 4 个月的婴儿和对待 11 个月的婴儿是不同的。那么，让抱起－放下法适应婴儿不断改变的需要和性格是有道理的。在下面的四节中——3~4 个月，4~6 个月，6~8 个月，8 个月~1 岁——我会简单概括一下每一个年龄段的婴儿是什么样子的，以及他们的睡眠问题是如何随着时间一点一点改变的。（1 岁之后的睡眠问题见第 7 章。）很多睡眠问题，像夜醒和小睡时间短，都可能会持续一段时间，这不奇怪。为了有助于我充分理解某个问题，我会问一些关键问题，这些问题我也放了进来。当然了，通常我会问一些附加问题，关于睡眠模式、进食习惯、活动等等，但是，我假定如果你已经读到这里，那么想必你已经很清楚我要了解的问题的范围有多么广泛了。（正如我之前劝你的，请阅读**所有的**年龄段。即使你的宝宝已经过了之前的某些阶段，那些问题也可以给你提供补充信息，帮助你弄明白你的宝宝为什么会有睡眠问题。）然后，我会解释对每一个年龄段的宝宝如何运用抱起－放下法。在每一节的后面，我都讲述了一个该年龄段的案例研究，说明抱起－放下法在不同的情况下，在各个发育阶段是如何运用的。

3~4 个月：调整常规程序

你可能会惊讶我们只集中在一个月，而不是"3~6 个月"为一类。这是因为，大多数婴儿 4 个月大的时候，都能够从 3 小时常规程序过渡到 4 小时常规程序（见第 1 章第 21 页表格内容）。3 个月大时，你的小家伙小睡 3 次，小憩 1 次；4 个月大时小睡 2 次，小憩 1 次。3 个月时她一天进食 5 次（7 点、10 点、1 点、4 点和 7 点），外加 1 次梦中进食；4 个月时一天进食 4 次（7 点、11 点、3 点和 7 点），外加 1 次梦中进食。3 个月大时，宝宝进食后只能醒 30~45 分钟，4 个月时她能够醒 2 个小时甚至更长时间。

4 个月这个时限有时和生长突增期重合（见第 105~110 页以及第 192~194 页）。然而，与之前的生长突增期不同，这次不仅白天要提供更多的食物，还要延长两次进食之间的时间间隔。如果这样做看起来很奇怪，只需要记住现在宝宝的胃口大了，吃的效率也更高了，比起前几个月来，一口气能吃下更多。他也需要吃更多，因为他的活动能力提高了，他能够更长时间保持清醒。如果你不调整宝宝的常规程序，或者你自己到此时白天都还没有任何有条理的常规程序，那么很多睡眠问题就会在这个月"神秘地"出现，建立或者调整常规程序，这些问题也会神秘地消失。同样，如果你没有意识到你的宝宝正在经历生长突增期，每当他夜醒时你就喂他，那么，即使已经能够安睡整晚的婴儿也可能会"突然"出现睡眠问题。

你的宝宝在 3 个月大时身体能力依然有限，但他正在快速成长。他能够移动头部、手臂和腿，也许还能翻身，他对环境更加警觉，也更加留意。如果你已经了解了他的哭声和身体语言，那么现在你应该知道饥饿、疲劳、疼痛和刺激过度之间的区别。饥饿的宝宝当然总是要喂的，但是疲劳或者受挫的宝宝需要你教他如何重新入睡。他哭的时候会往后仰，如果你没有给他裹褓褓，那么当他感到受挫时，可能会把腿抬到空中，然后猛地落在床垫上。

常见问题。 如果一个孩子生活中没有常规程序，或者还没有从 3 小时常规程序过渡到 4 小时常规程序，那么他很可能夜里会醒，或者白天睡得很短，或者醒得太早——或者上述情况全部都有。当父母顺从孩子，而不是指导孩子时，我就会收到类似下面的邮件，这是一个 4 个月大的婴儿的母亲写来的：

> 贾斯蒂娜从未遵循过任何时间表作息。白天，我只需要给她一点安慰就能够让她小睡，但是不管婴儿室的氛围多么放松，她都不会睡超过 30 分钟，而醒来后依然感觉困乏。

在这封邮件的后面，妈妈说贾斯蒂娜让"我很难遵照 E.A.S.Y. 程序的时间"，但实际上那是她的问题，而不是孩子的，她必须引导孩子。另外，如果贾斯蒂娜的父母利用了道具——他们自己或者运动——来让孩子入睡，那只会让问题更严重。

在这个阶段，当婴儿进入更深度的睡眠时，她的身体会逐渐放松（还有她的嘴唇），安抚奶嘴会掉出来。当安抚奶嘴掉出来时，很多婴儿依然睡着，而有些会醒。对于那些会醒的婴儿，安抚奶嘴就是道具（见第 183 页）。这种情况能够持续到 7 个月左右时，到那个时候，婴儿能够不需要父母的帮助就重新衔回安抚奶嘴。可是，如果你不断地把安抚奶嘴放回到婴儿嘴里，那么你就是在强化一种常见的无规则养育模式。不要管安抚奶嘴，要用其他方式安慰她。（如果你到现在还没有用过安抚奶嘴，那么最好就不要用了。）

关键问题。你对宝宝实施常规程序了吗？ 如果没有，那么你必须开始建立一个（见第 27~34 页）。**你在设法让宝宝按照 3 小时常规程**

序作息吗？ 如果是，那么你必须开始帮助他过渡到 4 小时常规程序。对 4 个月大的婴儿来说，实施 4 小时常规程序的过程和 3 小时常规程序的过程是一样的（第 225 页有非常详细的说明）。他的小睡时间变短了吗？这也可能意味着你的宝宝应该按照 4 小时常规程序作息了。到约 4 个月大时，宝宝开始能够坚持至少 2 个小时。有些宝宝早一些，有些晚一些，但是，如果他们依然按 3 小时时间间隔进食，太频繁的进食会打断他们的小睡（参看第 21 页 3 小时和 4 小时常规程序对照表）。即使到目前为止他们的小睡都很好，可是从此时开始他们的小睡会开始变得越来越短。这种情形通常发生得极为缓慢，很多父母直到婴儿的小睡时间减少到 45 分钟或者更短的时候才意识到（见第 248~251 页）。如果你一直留意，那么这种模式一出现你就会看到，不要让它成型，要转换到 4 小时常规程序。

　　宝宝更频繁地想吃吗——比方说，他应该在上午 10 点钟进食，但是还不到 10 点他就似乎饿极了？ 他晚上醒来时吃得多吗？如果是，他可能正在经历生长突增期。你还是需要转变到 4 小时常规程序，抵制住想要更频繁喂他的诱惑。运用我在第 194 页提出的喂食方案，你要在早上 7 点的喂食中增加食物量，过三四天后，逐渐增加每一顿的量——奶瓶里多加 30 毫升，或者喂他吃奶，那会增加你的乳汁分泌量。如果他不多吃，那就表明他还没有准备好，不过从这时开始你就要密切观察他的食物摄入。到 4 个月或 4 个半月时，他就能够在两餐之间坚持 4 个小时了。早产儿是例外，他实足年龄才 4 个月，但是如果他是提前 6 周出生的，那么他的发育年龄才 2 个半月（见第 138 页以及第 172 页方框）。

　　他会早醒吗？ 这个阶段，婴儿不一定一醒来就哭着要吃的——和成年人一样，有的人会，有的人不会。很多婴儿会发出咿咿呀呀、唧唧咕咕的声音，如果没有人进来，他们会重新睡着。这时，要留心观察宝宝的信号，如果你的宝宝哭是因为饿了，你必须喂他。但是，喂完之后要立刻放下他让他重新入睡。如果他睡不着，你必须采用抱起–放下法来帮助他入睡。随着你在白天增加宝宝的食物摄入量，以及常规程序从 3 小时变成 4 小时，宝宝醒的时间可能会稳定下来。但是，我们假设他吃得不多，你就要知道显然他并不是很饿，他吃奶只

早醒

宝宝还是你?

最近我遇到一位母亲,她 8 个月大的宝宝奥利弗白天小睡很好,能睡 2 个小时,晚上 6 点上床,一直睡到早上 5:30。妈妈不喜欢早上这么早起床,于是她跟我说:"我一直努力想让他起得晚一点。"奥利弗本是个快乐的小家伙,正在按照良好的常规程序苗壮成长,但是,现在晚上突然变得闷闷不乐了。妈妈想知道现在该怎么办,因为让他晚起显然不管用,这个以前从来不抵制就寝时间的小男孩现在很难入睡了。"我们应该尝试随他哭的方法吗?"她问。绝对不要。她不能在一个问题上再制造另一个问题。婴儿有自己的生物钟,如果你的宝宝睡 11 个半小时,比方说从晚上 6:00 睡到早上 5:30——那是正常的睡眠量,特别是如果他白天小睡很好。你可以尝试延迟他的就寝时间,比方说延迟到晚上 6:30 或 7 点——每次延迟 15 分钟试验一下,以确保他不会太疲倦。但是,他身体的生物钟可能会抵制,那样的话,你必须保证他晚上 6 点就寝。如果你很累,那就早点儿睡!

是为了使自己舒适。**你过去总是进他的房间给他喂食吗?** 如果是,那么基本上可以肯定他养成了一个坏习惯,提醒你给他喂奶或者给他奶瓶。不要给他,要采用抱起–放下法。

如何运用抱起–放下法? 对于这么小的孩子,除了我上面介绍的基本程序外,当你第一次进去的时候,你可能需要重新为宝宝裹襁褓,裹的时候要让他躺在婴儿床里。如果你用安慰的话语,柔和、安慰的轻拍动作都无法安抚他,那就再抱他起来,直到他停止哭泣,但不要超过四五分钟。如果他挣扎,往后仰,一直想把你推开,那么你要把他放进婴儿床里,再次用嘘–拍法安慰他。如果没有用,就再抱他起来。对于一个三四个月大的孩子,抱起–放下法要起作用平均需要 20 分钟。幸运的是,即使你的宝宝对你无规则的养育已经养成了习惯性反应,也可能不会太牢固。惟一的例外是你试了控制哭泣的方法并因而破坏了他对你的信任。

通过改变4个月大婴儿白天的小睡来解决晚上的睡眠问题

当4个月大（或者更大）的婴儿继续遵照3小时常规程序作息时，他们白天的小睡会变得不规律，晚上也会经常醒。如果他们不能自然地实现这种过渡，我们必须帮助他们。（如果你的宝宝从未有过有条理的常规程序，请参见第27~34页，学习如何建立E.A.S.Y.程序。）

下面的方案是专门为4个月大的婴儿设计的，以3天为一个阶段。这个方案对大多数婴儿都很有效，但是，如果你的宝宝需要更长的时间才能达到目标，也不要担心。例如，第227页的表格假设了一次进食需要30分钟，但你的宝宝可能需要40分钟。如果你的宝宝已经养成了40分钟小睡的习惯，那么，他可能要多一点的时间才能习惯白天更长时间的小睡。重要的是要保持方向正确。在表格后面的那一节中，你会看到林肯的故事，在那个案例中，我们必须帮助婴儿实现过渡，运用抱起－放下法延长他的小睡时间。

第一天到第三天。利用这段时间观察婴儿3小时的常规程序，他吃多少，睡多长时间。3个月大的婴儿通常一天吃5顿，分别在7点、10点、1点、4点和7点。第227页上表格的最后一栏是"理想的"一天，不过很多婴儿并不完全符合。（为简洁起见，我只列出了进食、活动和睡眠时间，把"Y"——给你自己的时间——部分省略了。）

第四天到第七天。早上7点宝宝醒来时喂他，上午的活动时间延长15分钟，在一天余下的时间里，每次进食时间相应延后15分钟——例如，第二次进食将在10:15，而不是10点；第三次在1:15，而不是1点。他依然小睡3次（1个半小时、1小时15分钟以及2小时），再加30~45分钟的小憩，不过小睡之间的间隔时间会长一点点，随着你继续执行该方案，间隔的时间会继续增加。换句话说就是，他醒着的时间会越来越长，你要使用抱起－放下法来延长他的小睡时间。

第八天到第十一天。继续在早上 7 点宝宝醒来时喂他，但是，上午的活动时间再增加 15 分钟，进食时间也相应再推后 15 分钟——之前 10 点的进食现在是 10：30，1 点变成 1：30，依此类推。你还要取消几天他下午的小憩，以便延长其他三次小睡的时间——上午大约 1 个半小时和 1 小时 45 分钟，下午 2 小时。当你取消小憩时，你的孩子下午可能会感觉非常疲倦，那么，你可能需要在晚上 6：30 而不是 7：30 的时候就把他放上床。

第十二天到第十五天（或者更久）。这时开始把宝宝上午的活动时间再延长半个小时，所有接下来的进食时间也推后半个小时——之前 10 点的进食现在是 11 点，1 点的改在 2 点，依此类推。继续取消他傍晚的小憩，以便延长其他的小睡时间，上午大约 2 个小时和 2 个半小时，下午 1 个半小时。这是最困难的几天，但要坚持住。同样，如果你的宝宝因为取消了下午的小憩而感觉很疲惫，就早点把他放上床。如果有密集喂食，要在睡觉前的 7 点钟喂完。

我几乎能想象得出我要收到的邮件："但是，特蕾西，你说过永远不要用喂食来让孩子睡觉的。"是的。用喂食来让孩子睡觉，会让孩子依赖奶瓶或者妈妈的乳房，这是最常见的无规则养育形式之一。需要喂食才能睡觉的婴儿用其他任何方法都无法使其安静下来，他们晚上还容易经常醒。不过，用喂食让孩子睡觉和在就寝时间喂食之间有很大的区别，后者是在睡觉前以及梦中进食时间喂食（那时他甚至还在睡觉），这能够帮助婴儿接下来好好地睡上 5~6 个小时。我建议先喂食，再洗澡，最后上床，当然也可以改变顺序先洗澡，这取决于婴儿。有的婴儿洗澡时会很兴奋，因此你最好在进食之前就给他洗澡；还有些婴儿在就寝时间的进食中会昏昏欲睡，有时甚至会睡着。不管是哪种情况，7 点钟喂食和无规则养育是不一样的，如果是后者，每次睡觉时他都必须进食才能睡着。

目标。在这个阶段，宝宝上午的喂食要在合适的时间——7 点和 11 点。3 天或 1 个星期（或更久）后，要调整下午的进食时间。下午

1~3 天	4~7 天	8~11 天	12~15 天	目　标
E：7：00	E：7：00	E：7：00	E：7：00	E：7：00 进食
A：7：30	A：7：30	S：7：30	A：7：30	A：7：30
S：8：30（1½ 小时）	S：8：45（1½ 小时）	A：9：00（1½ 小时）	S：9：00 小睡（2 小时）	S：9：00 小睡（2 小时）
E：10：00	E：10：15	E：10：30	E：11：00	E：11：00
A：10：30	A：10：45	A：11：00	A：11：30	A：11：30
S：11：30（1½ 小时）	S：12：15（1¼ 小时）	S：12：30（1¾ 小时）	S：12：45（1½ 小时）	S：1：00（2 小时）
E：1：00	E：1：15	E：1：45	E：2：15	E：3：00
A：1：30	A：2：00	A：2：15	A：2：45	A：3：30
S：2：30（1½ 小时）	S：2：45（2 小时）	S：3：00 小睡（2 小时）	S：3：30 小睡（1½ 小时）	S：5：00~6：00：小憩（½~¾ 小时）
E：4：00	E：4：15	E：4：30	E：5：00 进食	E，A，S：7：30，进食、洗澡和上床
A：4：30	A：4：45	A：5：00	A：洗澡	E：11：00，梦中进食
S：小憩（½~¾ 小时）	S：小憩（½~¾ 小时）	S：不要小憩！	S：6：30 或 7：00 上床	
E&A：7：00，进食和洗澡	E&A：7：15，进食和洗澡	E，A，S：6：30 或 7：00 进食、洗澡、就寝	E：11：00，梦中进食	
S：7：30	S：7：30	E：11：00，梦中进食		
E：11：00，梦中进食	E：11：00，梦中进食			

注：表中的 E 表示"吃"；A 表示"活动"；S 表示"睡觉"。

的两次进食往后推延 15~30 分钟，改为 2：15（你希望到 3 点）和 5 点（你希望到 6 点或 7 点）。在你延长宝宝醒着的时间时，他可能需要小憩。继续这样做下去，正如你将在上页表格最后一栏中看到的，你最终会把 5 次进食合并为 4 次：7：00、11：00、3：00、7：30，外加梦中进食——白天的三次睡眠变成两次 2 小时的小睡，分别在上午和下午较早的时候，外加傍晚的一次小憩。你还延长了宝宝醒着的时间，他能一次坚持 2 个小时不睡觉。

4 个月的案例分析：
实施 4 小时 E.A.S.Y. 程序

梅来找我，因为 3 个半月大的林肯搅得全家不宁。"他没法自己睡，晚上醒了以后也不会再入睡。"梅解释说，"如果我在他醒着时把他放进婴儿床里，他会哭个不停——不会乱动，就是哭。我因为不相信随孩子哭的方法，只好过去，但是他很难安慰。他似乎不想要任何东西，除了奶瓶。白天他有时会小睡，但是从来不在同一时间睡，睡的时间长短也不一样，有时根本就不睡。他晚上也不能睡一整晚，每晚都在不同的时间醒。他会睡五六个小时，醒来喝一瓶 180 毫升的奶，然后再睡大约 2 个多小时。但有时候他一次只喝 30~60 毫升——我从不知道。"梅很着急，因为这不仅剥夺了她和她丈夫的睡眠时间，而且她的耐心也正在一点点地失去。"他跟 4 岁的塔米卡正好相反，塔米卡 3 个月时就能安睡整晚，白天的小睡也一直很好。我真不知道该拿他怎么办。"

当我问梅她的儿子进食频率如何时，她说是间隔 3 小时，但是，在我看来很明显，林肯缺少有条理的常规程序。而且他还正在经历生长突增期——他无规律地醒，睡五六个小时后喝下 180 毫升奶。我们需要立刻处理生长突增期的问题，增加林肯白天的食物量。但是，我们还必须考虑这个小男孩生活中缺乏常规程序，这使得梅很难弄懂他的信号。另外，还存在着一些无规则养育的情形：林肯习惯了两种道具——他的妈妈和他的奶瓶。我们必须对他实施 E.A.S.Y.程序，这样既可以解决他的饥饿问题，也可以帮助梅理解他的哭声和身体语言。

因为林肯快 4 个月大了，我们的目标是把林肯从 3 小时常规程序过渡到 4 小时。我们会用到抱起－放下法，但是，我提醒梅，这个过程可能需要持续 2 个星期甚至更久。因为林肯还差 2 个星期才 4 个月大，可能他还不能马上就能坚持整整 4 个小时，因此，我们必须逐渐延长他两次进食的时间间隔，特别是因为他的进食模式如此不规律。我建议采用第 225~228 页的方案，这个方案我已经在几百个类似的事例中使用过了：我让梅每隔 3 天把林肯的进食时间稍稍延后一点，先是 15 分钟，然后半个小时。我们还把活动时间（A）增加了半个小时。这样，我们就能把他白天 40 分钟的 4 次小睡合并成 2 次长时间的小睡，1 次短时间的小憩。

在这个过程中，梅要做一件重要的事：记日志，把进食、活动时间、小睡和晚上的睡眠制成表格。起床总是在早上 7 点钟，就寝总是在晚上 7 点或 7 : 30，梦中进食总是在 11 点。但是增加了活动时间，他的进食和小睡时间就会相应延后 15 分钟和 30 分钟。只有在这种情况下，第一次对 4 个月大或者更大的婴儿实施 E.A.S.Y.程序时（见第 27~34 页），我才会建议看钟表。特别是在父母看不出孩子的信号时，密切注意时间会让他们知道孩子需要什么。在这个阶段，父母因为不知道宝宝是累了还是饿了，会经常不停地喂他们。

我向梅解释说，因为林肯的睡眠模式太不规律，我们不能只是祈祷，希望他会遵循新的常规程序。我们必须训练他。这时，就需要用到抱起－放下法了。她要用它延长林肯白天的小睡时间（例如当他只睡 40 分钟而不是 1 个半小时时），以及让他半夜醒来时重新入睡，如果有必要的话，还可以用来推迟他早上醒来的时间。

很自然，林肯拒绝接受新的方案。第一天，他早上 7 点醒——一个好的开始。梅像往常一样喂他。8 : 30，尽管林肯在打哈欠，看起来有点累了，但我还是建议梅设法让他坚持到 8 : 45，而不是把他放下小睡，因为我们在努力让他转变到 4 小时常规程序。她成功了，但是他只睡了 45 分钟，这是因为他习惯了睡这么短的时间，还可能是因

229

为他醒着的时间延长了而有点累。你知道，我一向坚持婴儿困了就让他去睡，但是，这里情况特殊，我们在设法调整林肯的生物钟以达到微妙的平衡——不是要让他醒太长时间以至于太累，而是要让他醒足够长的时间，好把活动时间延长一点。延长 15 分钟至半个小时在婴儿 4 个月左右的时候通常是可行的。

因为我们的目标是把林肯的小睡时间延长到至少 1 个半小时，并且最终延长到 2 个小时，所以，当林肯 9：30 醒来时，我向梅示范了如何用抱起 – 放下法来让他睡得更久。他不接受。她试了将近 1 个小时，因为快到他的进食时间了，我让她停止，把他带出房间。她必须把活动保持在低强度、平静的水平，因为这时本该是林肯的睡觉时间。不必说，到了 10 点也就是他再次进食的时间，他累了，开始闹脾气。他也哭饿了，于是他好好地吃了一顿。让林肯保持清醒到下一次小睡时间也就是 11：30，对她来说可是个挑战。但是，梅十分努力地让他醒着。她在喂食中间给他换了尿片，一看到他睡着了，她就马上把奶瓶从他嘴里拿开，让他坐直。（大多数婴儿以坐直的姿势都无法入睡，他们的小眼睛会马上睁开，就像洋娃娃那样。）

到了 11：15，林肯已经很累了，梅采取了 4S 睡眠渐进程序，不用奶瓶，试着把儿子放下。但是不行，她不得不再次运用抱起 – 放下法。尽管这次她抱起他的次数少了，但他还是直到 12：15 才睡着。"不要让他晚于 1 点钟睡。"我提醒她，"记住，你是在努力训练他的身体按照合理的时间表睡觉。"

尽管怀疑，绝望的梅还是听从了我的指导，坚持了下来，她在第 3 天就开始看到了不同。虽然林肯离既定目标还有距离，但是，他能更快地安静下来小睡了。她继续执行该方案，有时候林肯不免会有些退步，到了第 11 天，她看到情况至少在向着好的方向发展：他每次吃得更多了，而不是像以前那样吃零食，而且抱起他、放下他的时间也越来越短。

梅自己也筋疲力尽，没想到这么难。但当她查看日志，看到一点一点的进步时，就感觉很欣慰，这鼓励她继续做下去。林肯原先凌晨 2：30 醒，现在有了梦中进食后，4：30 醒，但是她能用安抚奶嘴让他再多睡 1 个小时。她在 5：30 喂他，尽管以前她通常会让他在那个时候起床，但是，现在她会用抱起 – 放下法让他接着睡。这要花她 40 分钟时间，然后他能一直睡到 7 点。事实上，到了 7 点他还在睡。梅很想让他睡过头（还有她自己！），但是，她想起我对她说的"开始时就要当真"。如果她让林肯睡过 7 点，那可能会破坏新的常规程序，从而使她所有的努力付诸东流。

到第 14 天的时候，林肯的活动时间更长了，上午和下午的小睡能坚持至少 1 个小时。当梅把他放下睡觉时，他不再需要奶瓶，她也不再需要使用抱起 –放下法了。即使他醒了，经常只需要她把手放在他身上，他就会平静下来接着睡了。

4~6 个月：处理老问题

随着宝宝身体的活动能力增强，宝宝自己的一些动作可能会干扰其睡眠。她能够用胳膊、腿和手做更多的动作——伸出去，拿东西，她的身体也更加强壮，她开始能在床上跪着直起身子，将身体向前倾。你把她放在婴儿床中间，几个小时后可能会发现她蜷缩在床的一角。当她受挫的时候，她可能会试着跪起来，把身躯抬离床垫。当她累的时候，她的哭声可能会有三次甚至四次明显的逐渐增强的过程：每一次开始哭之后，声音都会越来越大，越来越强烈，然后突然达到顶点，接着开始减弱。如果你正在试图纠正无规则养育，或者你错过了她的睡眠信号而使她过度疲劳，你还可以看到她的很多身体语言：当你抱着她的时候，她会开始身体后仰，或者双脚使劲往后蹬。

常见问题。很多问题都是

> **错误传言**
> **晚睡意味着晚醒**
>
> 我震惊于竟然有那么多父母打电话来抱怨早起，以及儿科医生竟然建议他们："试着让宝宝晚点儿睡。"但是，这样做意味着他上床睡觉时会过度疲劳。当婴儿表现出疲倦的迹象时，就需要让他们去睡觉。否则，他们晚上的睡眠会很不安稳，而且早上还是会在同样的时间醒来。

我们在之前的阶段见过而没有得到解决的问题。如果宝宝自己的动作使其醒了过来，而她还没有获得让自己接着再睡的技巧，也可能导致夜醒。在这个阶段，父母有时候会忍不住为宝宝提前加入固体食物，或者往孩子的奶瓶里加入谷类食品。与错误的传言相反，固体食物不会让婴儿睡得更好（见第 134 页方框），也肯定不是补救无规则养育的措施。睡觉是通过学习习得的技巧，而不是吃饱肚子的结果。如果婴儿已经养成了睡觉时间短的习惯，并且没有人教她如何重新入睡，小睡时间太短就会成为此时的一个问题。

关键问题。我问的问题和之前阶段的问题一样。因为小睡常常是最大的问题，我还是会问：**他的小睡时间总是很短吗？还是最近才开始的？** 如果是新近出现的，我会询问其他问题——家里的情况，进食，陌生人和活动（还可见第 248 页"关于小睡"）。如果情况已经相当稳定，我会问：**你的宝宝小睡后看起来不乖、不高兴吗？她晚上睡得好吗？** 如果婴儿白天很乖，晚上也睡得很好，那么可能只是生物钟的问题——她不需要那么长时间的小睡。如果她白天容易发脾气，我

念经似的哭

孩子三四个月大的时候，你应该理解她的信号——身体语言、不同的哭声和个性。你应该能够分辨出求助的真哭和我所谓的"念经似的哭"之间的差别，大多数婴儿在平静下来的过程中都会发出念经似的哭声。此时，我们不要抱她起来，而要等一下，看看她能否自己平静下来。当孩子真哭时，我们一定要把她抱起来，因为你的宝宝是在说："我有一个需要，必须得到满足。"

抱起–放下法的成功，部分取决于你知道真哭和念经似的哭之间的差别。每一个孩子念经似的哭都是独一无二的，你需要了解她哭时听起来是什么样子的。你会看到，当她疲惫时，她会眨眼，打哈欠，如果她累了，她的腿和胳膊可能会乱动。她还会发出一种"哇……哇……哇……"的声音。和念经一样，这种声音会重复一遍又一遍，但音高和音调始终如一。它与真哭听起来不一样，真哭通常在音量上会逐渐提高。

们就必须采取抱起－放下法来延长她的小睡时间，因为她显然需要更多睡眠。

如何运用抱起－放下法？ 如果你的宝宝把头埋在床垫里，把头从一边转向另一边，跪起来，或者从这边滚到那边，你不要马上抱她起来。否则，她会踢你的胸部，或者揪你的头发。你要继续轻言细语地和她说话。当你把她抱起来的时候，只应该抱两三分钟，然后放下，哪怕她还在哭。接着再抱起她，做同样的程序。这个阶段的婴儿更容易在你试图改变她的一个习惯时表现出身体上的对抗。这时，父母最常犯的错误是把婴儿抱得太久（见第233～235页莎拉的事例）。如果你的宝宝反抗你，就不要一直抱着她。例如，她的头可能会往下钻，手脚并用推开你。这个时候，你要说："好吧，我把你放下。"她可能不会停止哭泣，因为她正处于抗争状态中。然后，你要立刻把她抱起来，如果她又开始和你对抗，就再把她放进婴儿床里。看她能不能自己平静下来，并且或许会开始念经似地哭泣（见上页方框）。把她平躺着放下，握住她的小手，说："嗨，嗨，好了，嘘，你要睡觉了。嗨，嗨，没关系，我知道很难。"

5个月左右大的孩子的父母经常说："我把宝宝抱起来，她安静下来了。但是，当我开始把她重新放下时，还没碰到床垫，她就开始哭了。我该怎么办？"你仍应该把她放下，以减少和她的身体接触，然后说："我很快又会把你抱起来。"否则，你就是在教她用哭来让人抱她。所以，你必须坚持做完动作，把她放到床上，然后再把她抱起来。

4~6个月的案例分析：抱得太久

罗娜给我打电话，因为她不知道如何应付5个月大的莎拉。莎拉头4个月一直睡得很好。"她只要一哭，我就把她抱起来。"妈妈说，"但是，她现在半夜醒，一醒就是1个小时。我进去抱她，她会安静下来，可是几分钟后我不得不再次进去抱她，就这样，我必须不断地进去抱她。"我让罗娜回忆一下莎拉第一次半夜醒时的情形。"哦，很让人惊讶，因为那不像她，因此我们两个——埃德和我跑进她的房间看发生了什么，我们感觉很不好。"

我解释说，婴儿不需要太长时间就能意识到：**当我像这样哭的时候，妈妈或者爸爸就会跑进来**（在这个案例中是妈妈和爸爸一起跑进来）。也用不了多久，她就能把睡觉和道具——妈妈或者爸爸把莎拉抱起来——联系起来。现在你可能会觉得奇怪，我的方法是**抱起**－放下。问题是，很多父母的安慰超过了婴儿的需要，他们抱起的时间太长了。特别是在这个阶段，不要抱婴儿太长时间，这很重要。

不过，在这个案例中，我发现只要一个家长说"她以前……"，那么危险信号就出现了。这通常表明发生了影响孩子睡眠的事情。于是，我肯定地问罗娜家里是否有其他什么变化。"我们把她从我们的房间移到了她自己的新房间。"罗娜解释道，"头两个晚上她睡得很好，但是现在她会醒。"她停了一下，突然看着我。"哦，我还开始做兼职工作了——从星期一到星期三。"

对于一个 5 个月大的婴儿来说，这是很多变化了。好在父母两个人都热心参与，并希望帮助解决问题。我们应该先从周末开始，这是罗娜和她丈夫都不上班的时间。但是，我还必须搞清楚罗娜白天不在家时，谁和莎拉待在一起。如果不在白天、晚上、工作日、周末保持一致性，那就没有任何方法会起作用。罗娜的妈妈会在罗娜出去工作的时候照顾孩子，因此，我建议外婆也搬过来和他们一起住。尽管莎拉到目前为止只在晚上醒，但考虑到家里的变化，她白天的小睡也很可能会被扰乱。我想最好向三个人解释一下方案……以防万一。

因为莎拉习惯了妈妈在半夜的介入，我建议当她在半夜醒来时，埃德先去给她采用抱起－放下法。他负责周五和周六晚上，并且罗娜不要进去帮他。她要"负责"接下来的两个晚上。"如果你觉得自己非常想进去帮助埃德，"我提议说，"那么最好离开家，去你妈妈家睡。"

第一个晚上对埃德来说是一次严峻的考验，他习惯了睡一整晚，或者当莎拉醒来的时候，他至少能躺在床上，因为莎拉夜间的睡眠通常是由罗娜负责的。但他很热心，愿意帮忙。他不得不一晚上把莎拉抱起来 60 多次，直到她真正安静下来为止，但他也很自豪，因为最终他让她躺下了。第二个晚上，当莎拉醒来时，埃德只用了 10 分钟就让她重新睡着了。星期天早上，当我去看他们夫妻俩的时候，罗娜承认自己起初以为埃德应付不来抱起 –放下法。她对埃德非常钦佩，建议他再做一个晚上。结果，莎拉在星期天晚上动了几下，但之后自己又重新睡着了。爸爸再也不需要去她的房间了。

接下来的三个晚上，莎拉能睡整晚。然而，星期四晚上她又醒了。因为我已经提醒过罗娜和埃德，可能会出现反复——在习惯性夜醒的事例中几乎总是会有反复——罗娜至少知道下面会发生什么。罗娜走进莎拉的房间，但是只做了 3 次抱起 –放下就让她安静了下来。几个星期之后，莎拉的夜醒就成了遥远的记忆。

6~8 个月：身体活跃的婴儿

你的宝宝现在在身体发育方面已经有了很大的进步。她很快就能独自坐住或者已经能够自己坐直了，或许还能自己拽着东西站起来了。到第 4 个月快结束时，她晚上应该能一觉睡六七个小时了，到喂固体食物的时候，就肯定能一觉睡这么长时间了。梦中进食在七八个月大时就应停止，那时你的宝宝每顿喝 177~237 毫升液体食物，以及数量可观的固体食物。重要的是，不要突然停止梦中进食，否则会导致睡眠问题。所以，在你取消晚上的进食前，必须逐渐增加白天的能量摄入（逐渐停止梦中进食的渐进方案见第 114 页方框）。

常见问题。体能和活动能力的日益增强可能会干扰婴儿的正常睡眠。当她像往常一样醒来时，如果没有马上重新睡着，她可能会坐起来甚至站起来。如果她还没有掌握躺下的技巧，她会受挫，并会向你大叫。你如何处理这种情况将决定是否会形成无规则养育的坏习惯。由于已经开始喂固体食物，你的孩子还可能会肚子痛。（这就是在给孩子喂一种新食物时要在早上喂的原因，见第 144 页。）这个阶段，

把婴儿床布置得有趣

如果你的宝宝讨厌婴儿床，就要在非睡觉时间把她放进去。把婴儿床变成一个游戏场所。在床上多放些有趣的玩具（不过要记得在睡觉时拿出来）。把宝宝放进去，玩躲猫猫。开始的时候，要陪她待在房间里。你忙你的，例如，把衣服收起来，但是要一直跟她说话。当她对玩具感兴趣，并开始把婴儿床看成好玩的地方，而不是一个监狱时，你就可以离开房间了。不过，不要做得太过火——千万不要把她丢在那儿一个人哭。

还必须考虑长牙和注射疫苗的因素。这两种情况都可能会影响婴儿睡眠的常规程序。有些婴儿还会在7个月大时开始出现分离焦虑，这对白天小睡的影响比晚上的睡眠更大，不过通常会出现在孩子更大一点的时候（见第240页"8个月~1岁"）。

关键问题。你的宝宝每晚在同一时间醒，还是醒的时间没有规律？他一晚上只醒一两次吗？他哭吗？你马上进去陪他了吗？ 我已经说过不规律的夜醒通常意味着他正在经历生长突增期，以及白天没有得到足够的食物，坚持不了一个晚上。通用的准则是，如果宝宝晚上唤醒你，白天就要增加他的食物量（第193~194页）。另一方面，习惯性夜醒几乎总是无规则养育的一个标志（第185页）。孩子越大，改变习惯的难度就越大。如果他一晚上只醒一次，你就试一下我在第5章描述的"唤醒去睡"法（见第186页方框）：不要躺在那儿担心着宝宝通常凌晨4点的夜醒，你要提前1小时进去唤醒他！如果他一晚上醒好几次，就不仅是因为他的生物钟惊醒了他，还因为每次他一有动静，你就会冲到他身边去。如果他已经好几个月都这样了，你就必须采取抱起 - 放下法来让他改掉这个习惯。**当他疲倦的时候你开始执行睡眠渐进程序了吗？** 到6个月时，你应该已经了解宝宝的睡眠信号了。如果他闹，甚至在你为他换了环境时他还是闹，你就应该知道他累了。**你像往常一样把他放下吗？他总是那样吗？你以前采取什么措施让他安静下来？** 如果这是新出现的状况，我会问一系列关于他全天生活的问题——他的常规程序是什么样的，他的活动是什么，发生了什么变化。**他少了一次小睡吗？** 在这个年龄，婴儿依然需要两次小睡，因此他可能白天没有获得充足的睡眠。**他很**

活跃吗，能自己移动，例如挪动、爬、自己直起身子？他都做什么样的活动？ 你可能需要在睡觉前和他一起做一些更安静的活动，特别是在下午的时候。**你开始喂他固体食物了吗？你往他的饮食中加了什么？你只在早上给他增加新的食物吗？** （见第 144 页。）新增加的食物可能会让他肚子不舒服。

如何运用抱起 – 放下法？当父母们说"我抱起他时他更不高兴"，通常是在说一个 6~8 个月大的婴儿，这个阶段的婴儿已经有相当强的反抗能力了。因此，你要把它变成一种合作关系。不要猛地弯下身子把他抱起来，而是要张开双臂，等他也张开双臂，说："到妈妈（或者爸爸）这里来，让我把你抱起来。"抱起来以后，要让他的身体呈水平姿势，说："好了，我们要睡觉了。"不要摇他，马上把他放下。当你安抚他时不要和他有眼神接触——如果你这么做，他会忍不住地向你抗争。你可能必须帮助他控制手脚，一旦他手脚乱动，就没法让自己安静下来。他需要你的帮助。大多数 6 个月大的婴儿不再裹襁褓了，你可以用一条毯子紧紧地裹住他，只留一只手臂在外面。温柔、有力地抱住他（例如前臂紧贴在他身体两侧）可以帮助他平静下来。

一旦他开始平静下来，你就会看到某种形式的自我抚慰。他很可能会念经似的哭（见第 232 页方框）。不要管他，待在那儿，让他安心。要始终把手轻轻地放在他的身上，不要嘘，不要拍。此时，声音和感觉会让婴儿醒着。如果他又哭了，伸出你的双手，

在家试试这个……或不要试

当一个婴儿已经对婴儿床心存余悸，或者没有温暖的身体在旁边就似乎无法安静下来时，我有时会自己爬进婴儿床里（见第 238 页凯莉的故事），或者至少将上身贴近她。如果你体重超过 68 千克，就不要爬进你孩子的婴儿床里。女士们（特别是个子矮的）一定要准备一个矮凳，否则你的胸部会碰到横栏！注意：有些婴儿，如果你爬到他们的婴儿床里并试图把头靠在他们的头旁边，他们会把你推开。那没关系，你要接受这个信号，把身体直起来。你知道这个方法对你的宝宝不管用。

等他伸出双手。继续说些安慰的话。如果他抬手伸向你，再把他抱起来，执行同样的程序。当他安静下来时，你可能必须退后一步，不要让他看到你。这取决于婴儿。有些婴儿如果能够看到你就不太容易入睡——你太让他分心了。

6~8个月的案例分析：从出生起就不睡觉

"凯莉一到上床睡觉的时候就像疯了似的哭，为什么她会这样？？？她在对我说什么？？？"香农对她8个月大的女儿已经无计可施了。凯莉晚上的行为在过去几个月里变得更气人。"我试了把她抱起来，直到她安静下来，然后再把她放到婴儿床里，但是，我把她放下时只会让她更不高兴。"香农承认每天晚上她都害怕凯莉的就寝问题，而最近连白天的小睡也如此了。"每次她在床上、车里或者婴儿车里睡觉时都会这样哭。我知道她累了，因为她在揉眼睛、扯耳朵。我为了使她的房间光线昏暗一些，只开一盏小灯。我试过开夜灯，不开夜灯；放音乐，不放音乐……我实在不知道还能怎么办了。"香农读过我的第一本书，她补充说道："我没有采取过任何无规则养育，她从来没有在我怀里或者床上睡过，不知怎么她就变了。"

如果香农不给我几条重要的信息，我可能也会困惑不解。首先她告诉我："从她出生起就这样了。"尽管妈妈以为自己没有采取过任何无规则养育，但在我看来很明显，凯莉依赖于妈妈来援救——把她抱起来已经变成一种道具。毫无疑问，安慰哭泣的孩子很重要，但是，香农抱凯莉的时间**太长了**。尽管我要赞扬香农对女儿睡眠信号的细心观察，但我怀疑她等待的时间也太长了。一个8个月大的婴儿，一旦她揉眼睛、扯耳朵，那就表明她已经非常累了，妈妈必须早点做出反应。

对于稍大一点的孩子，你必须慢慢地逐步达到目标。我让香农开始采用抱起-放下法教凯莉如何安静下来，先在白天的小睡时间使用，然后晚上再继续。第二天，香农打电话给我："特蕾西，我做了你说的每一件事，但是，她更严重了，哭得声嘶力竭。**这肯定不是你想要的结果。**"

因此，我们不得不采取第二个方案，对于从出生起睡眠习惯就不好的稍大一点的婴儿来说，这个方案常常是必需的，因为我们要对付的是一个根深蒂固的坏习惯。第二天，我来帮助香农。到了凯莉小睡的时间，我们做了传统的睡眠渐进程序。然后，我把凯莉放到床上。她立刻哭了起来，正如她妈妈所预料到的那样。所以，我把她的婴儿床的一侧放了下来，然后自己进了婴儿床。我整个身体都进了婴儿床。当我爬进去的时候，你应该看看她小脸上的表情——香农也十分惊讶。

躺在凯莉旁边，我把脸颊贴在她的脸颊上。我没有抱起她，只是用我的声音和我的存在来让她安静。即使在她安静下来并进入了深度睡眠后，我依然躺在那儿。1个半小时后，她醒了，我还在她身边。

香农很不解。"这不是一起睡吗？"我解释说，最终目标是让凯莉独自睡，但是，现在她还没有这个能力。而且，我觉得她害怕她的婴儿床，否则她为什么"尖声哭泣"呢？因此，我认为重要的是她醒时你要在那儿。此外，我们也没有把凯莉放到大人的床上，而是我在**她自己的床上**陪着她。

当我做更深入的了解，并问妈妈一些问题时，香农承认在过去的几个月里她试过"一两次"控制哭泣的方法，但是后来放弃了，因为"它从来不管用"。听到这里，我豁然开朗，立刻明白了我们面对的不仅仅是睡眠的坏习惯问题，还有信任问题。即使香农只试了两次控制哭泣法，但每次她对女儿的态度都有一个180度大转弯。她离开凯莉，随她哭，然后再把她抱起来，她没有意识到女儿已经被她搞糊涂了。更糟糕的是，香农把凯莉丢下随她哭，无意中让凯莉遭受了痛苦。

在这种情况下，在信任问题得以解决之前，你甚至无法采用抱起－放下法。我们讨论了这个问题后，香农才认识到自己确实做了不少无规则养育的事情。凯莉第二次小睡时，我先进了婴儿床，并让香农把凯莉递给我。我躺了下来，在凯莉躺在我旁边之后，我爬出了婴儿床。很自然，凯莉开始发出尖厉的哭声。"好了，好了，"我用温柔而令她安心的声音说道，"我们不会离开你，你睡吧。"凯莉起初哭得非常厉害，但我只轻拍了她的肚子15下，她就睡着了。那天晚上，凯莉醒来时，香农继续使用抱起－放下法。她意识到了把凯莉平抱在手中并立刻放下，与一直抱着她之间的不同。我还鼓励她把凯莉放进婴儿床里，逐渐延长她在里面玩的时间。"在里面放一些玩具，在她醒着的时候把婴儿床弄成一个好玩的地方。她需要看到她的婴儿床实际上是个好地方（见第 236 页方框）。你最终甚至可以走出房间，你的女儿也不会哭闹。"

一个星期后，凯莉开始喜欢在自己的婴儿床里玩耍。她白天的小睡和晚上的睡眠越来越稳定。她偶尔还是会醒，哭着要妈妈，但至少香农现在知道了抱起－放下的正确做法，能够很快让她的宝宝安静下来。

8 个月~1 岁：无规则养育最严重的时候

这个时期，很多婴儿会慢慢挪动了，有些会走了，而所有的婴儿都能够拽着东西自己站起来了。当他们睡不着时，会经常拿床上的玩具当飞弹玩儿。他们的记忆力更强，情感世界也更丰富了，能够明白因果关系。尽管分离焦虑早在 7 个月大时就有可能出现，但到这个阶段才完全形成（见第 68~73 页）。在这个阶段，所有的孩子都有不同程度的分离焦虑，因为他们现在长大了，足以意识到什么东西消失了。他们可能会因为不见了的洋娃娃或自己用来做慰藉物的一块毯子而哭泣。因此，他们也能明白："哦，妈妈离开房间了。"想知道"她还会回来吗？"你现在还必须留意他们看的电视节目内容，因为电视图像会在他们的脑海里留下深刻的印象，并可能会扰乱他们的睡眠。

常见问题。因为你的宝宝更有活力，并且更好玩了，所以你可能非常想让他晚点儿睡。但在七八个月的时候，实际上他很想早点儿上床睡觉，特别是在他白天减少了一次小睡的情况下。尽管长牙、更活跃的社会生活和害怕可能会导致宝宝偶尔夜醒，但当其成为习惯时，原因几乎总是无规则养育。当然，有时候坏习惯已经形成几个月了。（"哦，他从来都不好好睡觉，现在又在长牙。"）但是，新的坏习惯往往是在父母半夜冲进婴儿的房间去解救他，而不是安抚他并教他如何重新入睡中形成的。当然，如果宝宝害怕，你必须安慰他；如果他长牙，你必须为他治疗痛楚——这两种情况下你都可以给他更多一点的拥抱。但是，你也必须有一个限度，以免*反应过度*。他会感受到你的同情，并且很快学会如何操纵你。无规则养育在这个年龄造成的睡眠问题经常比小孩子的睡眠问题更加难以解决，因为它们是由多种长期问题交织在一起而形成的（见第 244 页开始的关于阿米莉亚的案例分析）。

这也是常规程序可能会不稳定的一个时期，我们在不同的家庭看到很多变化。有时候，你的宝宝可能需要上午小睡一会儿，但在另一些时候，她可能不睡，甚至下午的小睡也不用。这个阶段的大多数婴儿上午睡 45 分钟，下午睡得更长。有些婴儿会把两次 1 个半小时的小睡变成一次 3 个小时的小睡。如果你顺其自然，并且记住这只会持续几个星期，你就不会因惊慌而尝试创可贴似的权宜之计而陷入无规则养育。（更多小睡内容见第 248~251 页。）

关键问题。夜醒是如何发生的，第一次夜醒时你做了什么？他每晚都在同一时间醒吗？如果你能用宝宝的夜醒来对时钟，那么夜醒几乎总是一个坏习惯。如果夜醒无规律，特别是如果他 9 个月左右大，那么他的夜醒可能是因为生长突增期的缘故。**如果这种情况出现了好几天，你持续做同样的事情了吗？你把他带到你的床上了吗？**只需要两三天就能形成坏习惯。**当他醒来时你给他奶瓶或者喂他吃奶了吗？**如果他吃得下，那么就是生长突增期的缘故；如果吃不下，那就是无规则养育的结果。**这种情况只出现在你身上，还是对你的爱人也一样？**经常是在一个人告诉我这是分离焦虑的时候，其配偶却不同意；有时候，母亲有一种领地意识，认为自己处理孩子的事情要比父亲处理得好。我们需要决定谁来负责照料孩子。显然，如果父母能够合作,并且两个人轮流负责两个晚上最好（见第 256 页以及 167 页方框），但这需要就寝时间两个人都在家,而且两人要意见一致。然而,如果有一位家长倾向于长时间抱着孩子,或者对就寝时间很随意,或者依赖道具让孩子入睡,这种不一致最终会导致孩子出现睡眠问题。**你有没有因为孩子大了一点就让他晚点儿睡?** 如果有,你就破坏了已经建立起来的自然模式,就会扰乱他的睡眠。**他长牙了吗? 他的进食如何?** 如果他已经长了几颗牙,有时候它们会同时长出来。有的婴儿长牙时情况非常糟糕,他们会很痛苦——流鼻涕,屁股痛,睡眠断断续续。他们往往会开始不肯吃东西,然后晚上会饿醒。而有些婴儿,你会在没有任何征兆的情况下突然发现他新长了一颗牙齿。

如果我怀疑是害怕扰乱了婴儿的睡眠,我还会问:**他曾被食物噎住过吗? 最近有什么东西吓着他了吗? 他刚加入一个新的玩耍小组了吗? 如果是,有人欺负他了吗? 你家里有什么变化——新的保姆,妈妈回去上班了,搬新家了?** 通常是因为接触了新的东西或者有新的事情发生了。**你让他看什么新的电视节目或者录像了吗?** 他现在已经大到能够记住电视图像了,有些可能会在稍后吓着他。**你把他从婴儿床转移到大孩子的床上了吗?** 很多人认为到 1 岁的时候把婴儿转移到大孩子的床上应该没关系,但我认为太早了（过渡到大孩子床的更多内容见第 271 页）。

如何运用抱起 - 放下法? 当她哭着要你时,你要走进她的房间,但要~~等到她站起来~~。8~12 个月大的婴儿常常不用你抱也能自己很快地平静下来。因此,不要把她抱起来,除非她非常不高兴。事实上,对于大多数超过 10 个月大的婴儿,我只做抱起 - 放下法中的"放下"部分,不做"抱起"部分（见第 277 页）。如果你像我一样个子不高,最好准备一个凳子——当你必须把她抱起来时,有凳子会轻松很多。

当你站在婴儿床边时,一只胳膊放在婴儿膝盖下面,另一只胳膊从她背下绕过,把她翻个身,放回到床上,这样她就看着别处,而不是你的脸。在你每一次把她重新放下之前,都要等她完全站起来。然后,把她抱起来,并且立刻按照同样的方法将她放下。用一只手坚定有力地放在她背上,向她保证:"没关系,亲爱的,你只是要睡觉了。"在这个年龄，你要比以前更多地对宝宝说安慰的话，因为宝宝能够理解的已经很多了。你还要开始替她把她的情绪说出来，即使在你不再使用抱起－放下之后，也要继续这么做（详见第 8 章）。"我不是要离开你，我知道你（沮丧，害怕，累）了。"她会再次站起来，你可能不得不多次重复这个过程，这取决于你在她的睡眠问题出现之前做了多少无规则养育的事情。你要说同样安慰的话，再加上"该上床了"或者"该睡觉了"。把这些词语加入她的词汇表——如果你还没有这么做的话——这很重要。要帮助她把睡觉看做一件愉快的事情来对待。

她最终会逐渐趋于平静。然后，她就不是站起来了，而会坐起来。每当她这样做的时候，你都要让她重新躺下。记住，在 8 个月左右大时，宝宝开始有足够的记忆力，能想起并理解你离开后确实还会再回来。因此，你用抱起－放下法来安慰她，实际上是在建立这种信任。在白天的其他时候，告诉她"我要去厨房了——我很快回来"也是个好主意。这表明你说话算话，这会继续建立那种信任。

如果你的孩子还没有采用某种安全物品辅助睡眠，例如一块柔软的毯子或者可爱的毛绒动物玩具，那么现在就是很好的引入时机。当她躺下时，把一块小毯子或者动物玩具放在她手里，说："这是你的亲亲毯（或者填充动物的名字）。"然后重复这句话："你只是要睡觉了。"

那些采用过抱起－放下法或其他方法的 10~12 个月大婴儿的父母经常会问："我的孩子已经学会了如何自己入睡，但是如果我不陪着她直到她完全睡着，她就会哭。那么我怎样才能离开房间呢？"你当然不想成为人质，这比抱着她走来走去好不了多少。在你已经采用抱起－放下法使宝宝能够很快安静下来以后，可能还需要两三天（或更久）才能离开她的房间。第一晚，等她安静下来后，你要站在婴儿床边。她可能会突然抬头看一下你是否还在那儿。如果你站在那儿让她太分心，可以先站在那儿，然后蹲下（如果可能的话），以离开她的视线。在任何情况下都不要说话，也不要和宝宝有眼神接触。待在那儿，直到你确定她已经进入深度睡眠。第二个晚上，做法一样，不

使用充气床

在有些案例中，我不仅采用抱起－放下法，还会带一个充气床到婴儿的房间，在她旁边建立营地。我可能这样做一个晚上，或者一个星期，或者更久，这取决于当时的情况。在有些婴儿3个月大的时候，我就这么做过，但是，这种方法的使用通常是由于稍大一点的婴幼儿出现了以下情况：

· 孩子从未自己入睡过。

· 给孩子断奶时，他晚上不吮着妈妈的乳房就睡不着。

· 孩子前后不一致，她醒来时你需要进去让她重新入睡。

· 孩子曾经被丢下任其哭过，不再相信自己的需要会得到满足。

过要离婴儿床更远一点。接下来的每一个晚上，你继续向门的方向后退，直到最后离开房间。

如果你的宝宝正在经历分离焦虑并开始紧紧地抱住你，使你无法把她放下，你至少要探身到婴儿床里，并安慰她："好了，我会待在这儿。"当她的哭声越来越大时，你再把她抱起来。如果你以前试过控制哭泣的方法，那就要做好心理准备，她第一晚可能会哭得相当厉害。这是因为她认为你要离开她，而且，她会一直看你是否还在那儿。在这种情况下，我会带一个充气床进去，至少在第一个晚上睡在孩子的房间里。第二个晚上，我会把充气床拿出去，而只采用抱起－放下法。通常，到了第三晚的时候，我们就成功了（另见第279页）。

8个月~1岁的案例分析：多种问题，一个方案

帕特丽夏最初通过电子邮件跟我联系，是因为她很担心自己11个月大的女儿阿米莉亚。之后，我又给帕特丽夏和她的丈夫丹通了几次电话，三个人一起在电话里讨论。我举这个例子是因为它显示了无规则养育是如何在不知不觉中加剧的——一个坏习惯建立在另一个坏

习惯的基础上——以及暂时的挫折（例如长牙）是如何让情况更加复杂的。它还显示了夫妻间的相互影响是如何破坏矫正方案的：

> 2~6个月大时，阿米莉亚曾经始终睡得很好，也能睡一整晚。从她在第6个月长第一颗牙开始，情况每况愈下。我以前有为了让她小睡而把她放进婴儿车里推的坏习惯，持续了好几个月，最后终于改掉了。当她晚上醒来不肯再入睡的时候，我和丹也会把她带到我们的床上。但是，这不再管用了，因为，现在她在我们的床上也不睡。现在，不管是白天的小睡还是晚上的睡眠，我都要随着摇篮曲的音乐摇晃她。我们有就寝程序——读书，喂奶，随着音乐摇晃。我不是每天晚上都给她洗澡，这是问题吗？
>
> 我刚开始运用抱起-放下法。有时候这会让她更不高兴、更生气、哭得越来越厉害，直到最后我受不了啦，又把她抱在怀里，摇晃着她入睡。我正在努力让我丈夫明白我们必须教她自己睡觉。在她11个月才教是不是太晚了？我不知道在这个年龄是否应该在半夜喂她一瓶奶。她以前醒来时，我只需把安抚奶嘴放进她嘴里，她就会接着睡，但现在就是不行。还有一个困难是，我丈夫一刻也忍受不了她的哭声。他总是在她只是有点闹但还没哭的时候就抱起她。我还要努力说服他。帮帮我，我觉得我所有的努力都非常失败。

在过去的好几个月里，小阿米莉亚已经知道如果自己哭得厉害一点儿，并且哭的时间足够长，就会有人把她抱起来，抱着摇晃。你可能已经看出了那句泄漏实情的短语——**她曾经**。所以，我们这里说的这个宝宝的父母从孩子出生第一天起就对她进行了无规则养育。尽管帕特丽夏说她"改掉了"把孩子放在婴儿车里推的习惯，但她后来又承认自己和丹几乎总是不得不摇晃着阿米莉亚睡觉，甚至一开始就是如此。后来，当阿米莉亚开始长牙时，父母开始介入得更多。让情况变得更为复杂的是，爸爸妈妈听起来似乎意见不统一。在这个例子中，丹似乎有我所说的严重的"可怜宝宝"综合症，这种综合症会出现在父母对孩子的哭感到内疚，并且为了让小宝贝好受点儿而不惜代价的时候。

不过，我很喜欢这对夫妻，因为他们非常坚决，愿意改变自己的行为。他们也很有自知之明。帕特丽夏知道自己从未教过阿米莉亚如何睡觉，她知道他们夫妇都做了各种各样的无规则养育。我想她甚至知道她是为了让自己对自己所做的无规则养育的事情感到心里好受一点儿才指出丹做得也不对的（"他经常在她只是有点闹还没哭的时候就抱着她"）。但是，帕特丽夏并不真的想要她丈夫做替罪羊。事实上，当我说："目前，我们首先要做的是你们两个要同心协力，不要再管谁做过什么，我们想一个方案吧。"她就松了一口气。

我告诉他们必须采取抱起－放下法，当阿米莉亚突然站起来时，要让她重新躺下。他们以前习惯于摇晃她，但现在必须向她示范如何躺下。"她绝对会生气。"我提醒他们，"她会有强烈的挫败感。但是，你要提醒自己，她的哭是在说'我不知道怎么做这个，你能为我做吗？'"我还建议帕特丽夏去阿米莉亚的房间。"丹，你是个非常棒的爸爸，非常投入。但你说过你忍受不了阿米莉亚的哭声。既然这样，还是妈妈进去比较好，因为听起来好像她可以坚持住，而你可能会让步。和很多父母一样，你害怕丢下孩子，或者害怕如果你没有对她的每一次哭做出反应的话，她会不再爱你。"

丹承认我说得对。"当阿米莉亚出生后，我看着这个可爱的小女孩，觉得我必须保护她，使她不受到外界的任何伤害。当她哭的时候，我觉得我让她失望了。"不只丹一个人会这样想，很多父亲——特别是小女孩的父亲——觉得需要保护她们。但是，阿米莉亚现在需要的是有人教她，而不是解救她。因此，我跟丹作了个约定。他保证不会干预。

第一个晚上之后，帕特丽夏给我打电话："我按照你说的做了，丹也信守了承诺。他在另一个房间里听，一直没进来。不过，我可不认为他睡着了。我不得不把她抱起来一百多次，这正常吗？连我都觉得我们是在折磨这个可怜的孩子。我在那儿待了一个多小时。"

我恭喜帕特丽夏坚持住了，并且向她保证她做得对。"你只是在教她如何入睡。但是，因为你之前已经教会了她必须哭一段时间你才会抱起她，因此她在想必须哭多久才能让你来做同样的事情。"

到了第三个晚上，一切似乎都好点儿了，因为帕特丽夏只用了40分钟时间来安抚女儿。丹钦佩妻子的毅力，但是帕特丽夏很失望。"你的第一本书中说的三天魔法不过如此。"我解释说，事实上在很多例子中三天后我们确实能看到变化，但是阿米莉亚的习惯已经根深蒂固。帕特丽夏一定要看到孩子的进步——阿米莉亚躺下所需的时间越来越短了。

到了第六天，帕特丽夏欢欣鼓舞。"真是奇迹。"她说："昨晚我只用了两分钟就让她躺下了。她有一点闹，但只是拿着她的亲亲毯，翻了个身就睡了。但我还是必须用声音来安慰她。"显然她做得对。我告诉她，所有的孩子都需要安慰。极少有宝宝一被放进婴儿床，就马上沉入梦乡的。我提醒她要注意保持就寝程序——读故事，依偎一会儿，然后把她放下。

两个星期后，帕特丽夏打电话告诉我，阿米莉亚八天前就能径直入睡了。现在的问题是爸爸妈妈担心不会持久。我告诫她："如果你老是这样想，我向你保证，阿米莉亚就会注意你们的这种想法。要努力想着现在，要认为理所当然就该这样。而且要知道，如果她退步，至少你知道应该怎么做。对于养育孩子，既有顺利的时候，也有艰难的时候，但我们都必须接受。如果你的宝宝99%的时间都睡得很好，只有1%的时间必须由你把她放下、跟她说话，那完全是正常的。"

你瞧，一个月后，帕特丽夏再次打来电话。"我真为自己骄傲。阿米莉亚半夜会醒来。我们认为她在长牙，但我知道该怎么办。我给了她一些婴儿用的Motrin[1]来止疼，陪着她并且安慰她。丹很怀疑，但因为我们把抱起－放下法运用得很成功，因此他没有反对我。当然，它确实有效。因此，不管以后会发生什么，我都做好了准备。"

---

[1] 见第150页译注。

关于小睡

尽管我在之前的章节中提到了小睡的各种困难，但白天的睡眠问题——孩子白天不睡，睡的时间太短或者没有规律——所有年龄段的孩子都会有。小睡是 E.A.S.Y.程序中非常重要的一部分，因为白天适当的睡眠可以改善婴儿的进食模式，并让他们晚上睡得更久。

从有小睡问题的婴儿的父母那里，我最常听到的抱怨是："我的宝宝小睡不超过 45 分钟。"这实在没有什么好奇怪的，因为人的睡眠周期大约就是 45 分钟。有些婴儿只是一个周期就结束了，他们没有过渡到下一个周期，没有接着睡，而是醒来了。（晚上有时候也会出现这种情况。）他们可能会发出声音，甚至是念经似的哭声（见第 232 页方框），如果家长这时冲进去，宝宝就会习惯较短时间的小睡。

小睡时间太短或者根本不睡也有可能是因为婴儿入睡时太累了（在这种情况下，她甚至可能睡不了 40 分钟）。如果父母在应该把孩子放下让她睡觉时等待的时间太长，有时候也会使婴儿小睡缺乏规律。当她打哈欠、揉眼睛、扯耳朵，甚至可能抓你的脸时，她睡眠的最佳时机就到了。尤其是对于 4 个月大或者更大的婴儿，你必须马上行动。如果父母没有觉察到这些信号，并且等到婴儿过度疲劳时才放下，就经常会导致婴儿小睡时间太短。

过度刺激也是小睡紊乱的常见原因，因此，让婴儿为小睡做好准备是至关重要的。你不能只是把婴儿"扑通"一声扔到床上，而没有一个渐进的过程。我发现大多数父母都很清楚晚上的就寝程序——洗澡，上床前欣赏安静的摇篮曲，依偎——的重要性，但却忘了在小睡时间也采取同样的步骤。

小睡时间不应该太短，也不应该太长，太短或太长都会打乱常规程序。在这个年龄，不好的小睡习惯既会干扰常规程序，还会导致婴儿对常规程序的反抗，因为长期处于过度疲劳状态中的婴儿无法保持常规程序。下面是来自田纳西州的一位母亲乔治娜提供的一个很好的例子：

　　我读了你的书，相信 E.A.S.Y.日程表对我的宝宝达娜会管用。遗憾的是，达娜还有一个星期就 4 个月大了，还没有过任何依照日程表的行为。我只需要给她一点安慰就能让她小睡，但是不管婴儿室的环境多么令人放松，她小睡从不超过 30 分钟，而且醒来后依然很困。这让我很难遵守 E.A.S.Y.日程表，因为她醒来时我不能喂她（离上次喂她最多才过了两个小时）。如果你能就此说说你的看法，我将感激不尽。

认为达娜不需要更多进食——这是父母常犯的一个错误。而且，达娜需要更多白天的睡眠才能让 E.A.S.Y 程序起作用。乔治娜必须花几天时间采取抱起－放下法来延长她的睡眠时间。在这个年龄，达娜应该每次小睡至少一个半小时，一天两次。如果她只睡半个小时，那么接下来的一个小时乔治娜必须运用抱起－放下法。然后，再让达娜起来。她在第一天的进食会很慢——毫无疑问她会很累——但最终会打破她小睡时间太短的习惯，达娜就会步入正轨。（这时，乔治娜还需要对达娜实施 4 小时常规程序，见第 27~34 页。）

　　不好的小睡习惯经常是整个睡眠问题的一部分，但是，我们几乎总是先处理小睡问题，因为只有白天睡得好，晚上才能睡得好。为了延长宝宝的

小睡干预指南

　　要知道何时介入，常常需要你相信自己的判断并运用常识。一旦你善于观察你的宝宝——希望宝宝 4 个月时你已经做到了——如果你留意，那么关于小睡就没有多少需要你猜测的了：

　　·如果你的宝宝只是偶尔小睡醒得早，而且看起来很开心，那就随他去。

　　·如果他醒得早，但是会哭，那通常意味着他需要更多休息。要运用抱起－放下法帮助他重新入睡。

　　·如果他连续两三天小睡都醒得早，那么要注意了，新的模式可能正在形成，你可不希望他习惯于 45 分钟的小睡，用"唤醒去睡"法或者"抱起－放下"法把它扼杀在萌芽状态中。

小睡时间，可以试着把宝宝一天的生活列成表格，连续做 3 天。假设你的宝宝 4~6 个月大，她早上在 7 点醒，上午一般在 9 点小睡。如果你经过了 20 分钟的渐进阶段（第 119 页），而且你的宝宝一般在 40 分钟后醒来（大约 10 点），那么你必须让她接着睡。（6~8 个月大的婴儿上午第一次小睡也在 9 点，9 个月~1 岁的婴儿上午的小睡可以在 9：30。然而，不管年龄多大，延长小睡时间都要遵循同样的原则。）

下面介绍两种你或许会用到的方法：

1. 唤醒去睡。不要等她醒，在她睡着后 30 分钟就进入她的房间，因为这是她刚开始脱离深度睡眠的时候。（记住，睡眠周期通常是 45 分钟。）在她完全清醒前，轻轻地拍她，直到你看到她的身体又完全放松下来。可能要轻拍 15 分钟或者 20 分钟。不过，如果她开始哭，你必须采用抱起 - 放下法让她重新入睡（另见第 185~186 页）。

2. 抱起 - 放下。如果你的宝宝完全不肯小睡，你可以采用抱起 - 放下法让她入睡；或者，如果在你把她放下 40 分钟后她就醒来，你可以用这个方法让她重新入睡。诚然，当你第一次使用这种方法来补救以上任何一种情况时，你可能会占用她小睡的全部时间，然后就到下一次进食的时间了。此时，你们俩都累极了！因为坚持常规程序与延长她的小睡时间同样重要，你需要喂她，并且之后要设法让她醒至少半个小时，然后再把她放下让其进入下一次小睡——这时，你可能不得不再次使用抱起 - 放下法，因为她太累了。

当我就小睡问题进行指导时，更习惯于顺从宝宝而不是遵循常规程序的父母经常被搞糊涂。他们希望延长宝宝的小睡时间，但他们容易忘记保持常规程序，这是同样重要的，因为这在每日计划中是必需的。妈妈会说："他 7 点起床，但有时候他直到 8 点才进食。难道我不应该晚点把他放下小睡吗？"最重要的是，你应该在 7：15 或者最晚 7：30 喂他——记住我们是在执行有条理的常规程序。然而，不管怎样，你都应该在 9 点或者最晚 9：15 把他放下小睡，因为他这时就累了。他们接着会问："那不就是刚好在他睡觉前喂吗？"不是的，在宝宝超过 4 个月后，他的进食就不再需要 45 分钟了。实际上，有些婴儿可以在 15 分钟之内吃完一瓶奶或者吃空一个乳房。所以，他在进食后还有一点活动时间。

　　毋庸置疑，调整宝宝的小睡时间可能是一项令人沮丧的工作。事实上，建立良好的白天睡眠程序比解决晚上的睡眠问题需要更长的时间——通常，前者需要一两周的时间，后者只需要几天。这是因为在晚上你有较长的时间去处理问题。而白天，你只有从一次小睡开始到下次进食这一段时间——通常是 90 分钟左右。但是，我保证在接下来的日子里，抱起－放下所需要的时间会越来越短，你的宝宝也会每次睡得越来越长。也就是说，除非你很快放弃，或者犯了我在下一节讨论的任何一种错误。

抱起－放下法不起作用的 12 种原因

　　当父母们遵循我的方案时，就会起作用。但自从我的第一本书出版以来，我收到数以千计的关于抱起－放下法的电子邮件。父母们从朋友那里听说抱起－放下法，从我的网站上或者从我的第一本书中（在那本书中只是简单涉及了一下基本原则）看到抱起－放下法。很多邮件就像下面这一封一样：

　　　　我很困惑，很绝望。海蒂现在 1 岁，我刚刚开始采用抱起－放下法。当她醒来坐在床上时我该怎么办？我这时应该跟她说话吗？我要嘘……嘘吗？拍她还是不拍？我该离开房间然后进来（马上进来还是等到她哭再进来），还是站在床边做抱起－放下的动作？现在我该如何停止晚上 10：30 的梦中喂食？她为什么早上 5：30 或 6 点就醒了？我可以做些什么来改变这种情况呢？非常迫切得到你的回复，恳请你一定答复我。

这个妈妈认定自己是"一个绝望的母亲",但是至少她承认自己很困惑,不知从哪里开始。其他邮件则滔滔不绝地讲述着婴儿的问题("他不肯……""她拒绝……")。最后,写邮件的人(通常是母亲)坚持说:"我试了抱起－放下法,但对我的宝宝不管用。"收到这么多邮件讲述抱起－放下法所谓的失败,促使我去检查了过去几年中我处理过的几百个案例,分析了父母们通常出错的原因:

1.父母们在婴儿太小时就开始尝试抱起－放下法。正如我在前一章中写到的,抱起－放下法对 3 个月以下的婴儿不适用,因为这对他们有太多刺激。他们无法应付不停地被抱起又被放下。而且,因为他们的哭消耗了很多能量,你很难分清他们是饿了、刺激过度还是身体疼痛。因此,这个方法在婴儿 3 个月前通常会失败。对小于 3 个月的宝宝,我会让父母们检查一下他们睡觉时的常规程序,一定要保持一致,并且要用嘘－拍法来让宝宝安静下来,而不要用道具。

2.父母不理解自己为什么要用抱起－放下法,因此做得不对。嘘－拍法是为了让宝宝安静下来;而抱起－放下法是用在嘘－拍法不足以让宝宝安静下来的时候教宝宝自我安抚的技巧。我从未建议从一开始就采用抱起－放下法,而是要设法让宝宝在婴儿床里安静下来。应该从睡眠渐进程序开始:调暗房间的光线,打开音乐,亲吻他,把他放下。当他突然开始哭的时候,你该怎么办?稍等,不要冲过去,弯下腰,在他耳边发出"嘘……嘘……"的声音,遮盖住他的眼睛以阻挡住视觉上的刺激。如果他还不足 6 个月大,就要有节奏地轻拍他的背部。(对于超过 6 个月大的婴儿来说,嘘－拍法会让他们分心,而不是使其安静下来,见第 178 页。)如果他更大,只需要把手放在他的背上就行了。如果宝宝还不能安静下来,就要开始采用抱起－放下法。

正如莎拉的故事(见第 233~235 页)所表明的那样,有些父母抱着婴儿的时间太长了。他们对宝宝的安慰超过了婴儿的实际需要。对三四个月大的婴儿,最多需要抱四五分钟,婴儿年龄越大,需要抱的时间越短。有些婴儿你一把他们抱起来就不哭了,家长会说:"我把他抱起来他就不哭了,但是一把他放下就又开始哭。"在我看来,这表示她抱着宝宝的时间太长了。她正在创造一个新的道具：她自己。

3.父母没有意识到他们必须考虑并调整婴儿全天的生活。只考虑睡眠模式或者只把注意力放在睡觉前发生的事情上，你是无法解决孩子的睡眠问题的。你必须考虑孩子吃什么，特别要注意他的活动。现今，几乎所有的婴儿都有刺激过度的危险。有那么多小玩意儿，而且父母受到各种压力要去购买这些东西——秋千椅，摇椅，会发光、会跳爱尔兰吉格舞的可动玩具。好像时时刻刻都必须要有什么东西在响、在动似的。但对婴儿来说，这些东西越少越好。你让他们越安静，他们就睡得越好，就能获得更多情感和智力方面的发育。记住，婴儿无法避开悬挂在他们头顶上的东西。父母常常是在活动期间听到孩子的第一次哭闹的，他们心想："哦，她烦了。"于是，随手拿个东西在她面前摇晃。每当你听到孩子开始哭闹时，那就表示有事情要发生了。你越快采取行动应对她的第一声哭泣、第一个哈欠，你让宝宝安静下来的可能性就越大，而不必用抱起－放下法。

4.父母没有注意宝宝的信号和哭声或者观察她的身体语言。必须调整抱起－放下法以适应你的宝宝。例如，当我指导4个月大婴儿的父母时，我告诉他们抱婴儿的时间"最多四五分钟"。但那只是估算。如果你的宝宝用不了四五分钟就呼吸越来越深沉，身体越来越放松，那你就应该把她放下。否则，你抱宝宝的时间就有可能超过她的实际需要。而且，我让父母只对宝宝的真哭作出回应抱起她，而对念经似的哭则不用抱（见第232页方框）。如果你不知道这两者之间的区别，就会有抱起过多的风险。有时候，使用太多的道具就会使我们认识不到事情的本质。父母经常听不出宝宝受挫时的哭是什么样子，因为他们总是借助于摇晃来让她睡觉，或者用喂奶来安慰她。采用这些权宜之计使宝宝养成了只在短期内管用的不良习惯，当他们发现不妥时已经太迟了。我们要努力培养宝宝良好的睡眠习惯，教孩子长期有效的入睡方法。当然，我始终都在这么做，因此我了解婴儿的面部表情，了解他们伸出手臂或者腿重重地打在床垫上的方式。我也能马上分辨出宝宝自我安慰的念经似的哭和需要你介入的真哭之间的区别，因为我已经遇到过任何可能的情况。亲爱的，要多花些时间来观察你的孩子，即使所花的时间可能会长一点。

5.父母没有认识到随着孩子的成长发育，必须对抱起－放下法适时做出调整，以使其适合不同的发育阶段。抱起－放下法不是"一种规格适用于所有的人"的方法。在把一个4个月大的婴儿抱起来之后，你可以抱四五分钟，6个月大的婴儿你只能抱两三分钟，而9个月大的婴儿你必须马上放下。轻拍会让一个4个月大的婴儿觉得舒服，却会干扰7个月大的婴儿。（见前面"如何运用抱起－放下法"对每一年龄组的介绍。）

6.父母自己的情感（特别是内疚感）造成的障碍。当父母安慰孩子时，有时会用一种怜悯的语调。这是"可怜宝宝"综合症的症状之一（见第246页）。如果你的语调听起来好像是在为宝宝感到难过，那么抱起－放下法就不会起作用。

当一个妈妈对我说"都是我的错"时我心里就会想，**拜托，妈妈，你的内疚感显露出来了**。在有些情况下，妈妈与宝宝的睡眠问题根本毫不相干。例如，长牙、生病、消化问题都不是她所能控制的。当然，无规则养育就是"妈妈的错"了。确实，是父母让孩子养成了坏习惯。尽管如此，内疚感帮不了任何人，既帮不了孩子，也帮不了父母。所以，当某个家长做了某件影响睡眠的事情，并且说"我做了这个"时，我的回答很简单："很好，你意识到了这个问题。现在让我们继续下一步吧。"

有时候，妈妈们还会问："是因为我回去工作，白天陪他的时间不够吗？"这种说法通常意味着，妈妈相信她的宝宝想念她并希望在晚上看到她，所以，她让宝宝睡得比较晚。然而，她本来应该调整自己的日程表的，或者至少让保姆按时送宝宝上床睡觉。

当父母的行为表现出内疚时，婴儿不会想**"太棒了，我已经让爸爸和妈妈中计了"**，但是，他会探测到这种情绪，并进行仿效。内疚的父母还常常困惑、犹豫，无法集中注意力于一个方法并且坚持下去——所有这些都可能引起孩子的恐惧。**嗨，如果我的父母不知道拿我怎么办，我会怎么样呢？我只是个婴儿啊！**要想抱起－放下法能够成功，父母必须表现出自信。他们的身体语言和语调应该告诉孩子："不要担心，我知道你很沮丧，但是我会帮你渡过难关。"

内疚的父母更容易让步（见第 260 页第 12 条），因为当他们使用抱起－放下法时会觉得自己在伤害孩子或者在剥夺对她的爱。我知道抱起－放下法确实有效，但是，你必须把它看成是一种教会宝宝更好地睡眠的手段，而不是对宝宝的惩罚，或者会伤害宝宝的事情，或者会让宝宝觉得你不再爱她。当有家长问"我必须做多少次"时，我也能感觉到他们的内疚。尽管这个问题还可能意味着提问题的人有点懒，或者不太愿意采用这种方法，但这也告诉我，他或者她把抱起－放下法当成了一剂苦药。但它不是。你这么做是在教给孩子在自己的床上睡觉。抱起－放下法可以打消孩子的顾虑，让她明白你在帮助她培养独立睡觉的技巧。

7.房间还没准备好。在运用抱起－放下法时，你必须把使孩子分心的因素减到最少。如果是在明朗的日光下，或者头顶有一盏耀眼的灯，或者背景中有刺耳的立体音响，那么抱起－放下法就极少能起作用。当然，房间里要有一丝光线，可以是来自走廊里的灯光，或者一盏小夜灯。因为你必须要能看到宝宝的身体语言，而且，当你离开房间时，要有通畅、能够看得见的离开路线。

8.父母没有考虑宝宝的脾性。抱起－放下法必须适应不同类型的宝宝的个性。到你运用这种方法的时候——不要早于 4 个月——你应该相当了解你的宝宝喜欢什么、不喜欢什么、什么会让他发脾气、什么会让他安静下来。天使型和教科书型宝宝相对比较容易放下；坏脾气型宝宝常常更有攻击性——当他们觉得受挫时通常会后仰，并把你推开。你可能会认为活跃型宝宝也是这样，但我发现并非如此。但是，对于活跃型以及敏感型宝宝，你要做好准备，抱起－放下法可能需要稍长一些的时间。这两种类型的婴儿往往哭得厉害，非常沮丧。他们还很容易分心，因此你必须搞清楚是否透进去的光线太多了、空气中做饭的味道太浓了、屋子里的声音太响了，然后设法消除这些使他们分心的因素，或者至少努力把它们减到最少。

然而，无论宝宝的脾性如何，方法基本上是一样的。你只是需要多花点时间。而且，睡前活动时间越安静，睡眠就越顺利。你不能把婴儿直接从游戏毯上抱起来就让她去睡觉。你必须采取至少 15~20 分钟的渐进程序（见第 175~181 页）。调暗房间里的光线，挡住视觉上的刺激对敏感型和活跃型婴儿尤其重要。有些婴儿，特别是敏感型婴儿似乎没法闭上眼睛。他们会开始研究环境，并且无法停止，这就是为什么有的宝宝会哭得天昏地暗的原因——事实上确实如此，她完全进入了"自我的世界"。当宝宝较小的时候，轻拍和嘘声会把她的注意力从哭转移到身体接触和声音上来。当超过 6 个月大时，运用话语和抱起 - 放下法就足以安慰宝宝了。

9.有一个家长未准备好。除非夫妻双方都做好准备，否则，抱起 - 放下法就不会起作用。有时候出现的情况是，一个家长感到厌烦了，并想改变方法。比方说一对夫妻已经连续几个星期都要在晚上起来，最后爸爸说："他每晚最后都是睡在我们床上，我想我们肯定可以做些什么事情来改变这种情况。"如果妈妈不这样想，或者事实上她很享受拥着宝宝睡觉的幸福感觉，认为这有助于使宝宝感到更安全，她就会这样解释这种状况："我丈夫希望孩子能一觉睡到天亮，但这对我其实没什么影响。"

类似的情形也会出现在去过外祖父母家里之后。外婆可能会说："这个孩子现在应该已经能够一觉睡到天亮，是吗？"妈妈（暗地同意外婆的说法，但不知怎样才能做到）很尴尬。她可能会打电话咨询，但我能听出她还没准备好采取行动改变自己的行为。我会告诉她一个方案，而她会立刻想要修改我的方案。"但是，每个星期四和星期五我要干什么、干什么，而你告诉我必须待在家里？"或者会提出一连串"如果……呢"的问题：如果我不介意带他到我的床上睡呢？如果他哭的时间超过 20 分钟呢？如果他因为太不高兴而呕吐呢？这个时候，我会停下来，问：**你想好了吗？你现在的生活是什么样子？别管你的丈夫和妈妈，你自己觉得需要改变常规程序吗？**我恳求父母要诚实。我可以给他们世界上所有的方案，但是如果他们提出一千个拒绝的理由，坚持认为那不管用，那么你猜怎么着？的确会不管用。

10.父母没有同心协力。正如我在帕特丽夏和丹的例子中说过的，要想改变一个睡眠模式，父母需要一个明确的方案告诉他们做什么。一个好的解决方案，还应该预先考虑到任何可能会出现的、无法预见的偶发事件——制订第二个方案。同时，父母需要意识到他们两个人都做抱起－放下时可能存在的陷阱。下面这封来自5个月大的特里娜的母亲埃希里的邮件，显示了父母是如何在无意中破坏程序的，同时也说明了有些父母为什么很快就放弃的原因（见第260页第12条）：

> 在持续了5个月晃着特里娜入睡之后，我现在正尝试抱起－放下法。第二天的情况最好，只拍了她的肚子20分钟她就睡着了。现在是第五天，我几乎准备放弃了，因为今天上午她根本不睡。当我开始让她睡觉，而我丈夫走进来想让我休息一下时，只要他一抱起她，她就歇斯底里地哭，而当我抱过她时，她就安静下来了。这正常吗？我真的希望这种方法能管用，并希望她学会如何自己入睡，但是我不知道我哪里做错了。

这是很常见的情形：妈妈累了，脾气不好，爸爸不得不介入。但是父母没有意识到，**对婴儿来说**，爸爸进来是一件令她分心的事情。即使爸爸进来开始做和妈妈完全一样的动作，但在婴儿看来，爸爸是一个新进来的人，她对他的反应自然和对妈妈的不同。而且当父母都在房间里的时候，可能太让婴儿分心，特别是如果婴儿6个月大或更大时。因此，我通常建议每位家长连续负责两个晚上，这样婴儿每次只面对一个人。

在有些情况下，最好让爸爸负责或者至少连续做几个晚上。比如，如果妈妈体力不支，无法抱起、放下婴儿这么多次，我就会如此建议；或者如果妈妈之前尝试过抱起－放下法，最后放弃了，那么最好让爸爸来做至少两三个晚上。有的妈妈知道自己应付不了。以本章开头提到的那个孩子詹姆士为例。当他的妈妈杰姬听到我的方案时，她承认："我觉得不给他喂奶就没法让他重新入睡，我受不了他的哭声。"一直以来都是她负责儿子晚上的睡眠，直到此时她都不情愿让爸爸参与进来。在这种情况下，我甚至会进一步建议妈妈离开家，去亲戚家待几个晚上。

爸爸在运用抱起－放下法方面常常比妈妈更有效，但是，有些爸爸也会患上"可怜宝宝"综合症（见第 246~247 页）。不过即使男人们准备好了应付孩子的睡眠难题，对他们来说也不是件易事，相信我。在我们尝试抱起－放下法之前，詹姆士的父亲迈克不得不陪了儿子两个晚上，因为詹姆士完全不习惯迈克抱着他。因此，当迈克最初尝试着安慰他时，詹姆士甚至更加不高兴。他想要他的妈咪，因为他只知道妈咪。

当选择了爸爸介入时，妈妈必须小心，不要试图半路接管。我经常提醒："即使婴儿伸手要你，你也必须让爸爸来处理。如果不这样，你就把爸爸变成了一个坏家伙。"同样，爸爸必须坚持到底，他不能在婴儿哭时转向妻子，说："你来吧。"令人高兴的是，即使爸爸之前极少参与，或者把解决问题的事情全交给了妻子，但是成功运用抱起－放下法能够改善家人之间的关系，使妈妈由此获得对爸爸的尊重，同时爸爸也对自己的养育能力获得了自信。

11.父母的期望不现实。我要再三强调一句话：抱起－放下法不是魔法。它不会"治愈"腹绞痛或者胃食管反流，或者止住长牙的疼痛，或者让一个固执的孩子更容易对付；它只是一种常识性的方式，用来调整你的孩子的睡眠，使她睡得更久。当你开始时，她可能会非常失望，会哭得很厉害，但是，因为你陪着她，她就不会有被抛弃的感觉。我之前已经说过，某些脾性的婴儿会更困难些（敏感型、活跃型、坏脾气型）。不管什么情况，你都必须考虑到改变需要时间，还要预料到可能会有反复。记住，你面对的是一个没有常规程序、过度疲劳的婴儿，而且你之前已经采用过无规则养育的方式来让她睡觉。现在，你必须采取更极端一些的措施来纠正那些错误。你在让宝宝遭受苦恼和痛苦吗？不是的，但是你会让她受挫，因为你要改变她以前的习惯。她会哭，会像鱼一样在床上打挺、四肢乱动。

现在，我已经对数以千计的婴儿采取过抱起－放下法，也遇到过要花 1 个小时才能让一个孩子躺下睡觉的情形：要反复抱起、放下多达90次甚至超过100次。当我遇到像11个月大的伊曼纽尔那样的婴儿时——他几乎每隔1个半小时就醒来吃一次——经验告诉我一个晚上是解决不了问题的。第一个晚上，当伊曼纽尔在10点醒来时，我知道到11点时我们就能幸运地让他睡下了。到了11点，我对他的父母说："1点钟他会再次醒来。"果然如此。好消息是，尽管那天晚上每次他只能睡2个小时，但是每次重新让他睡下所需要做的抱起－放下动作的次数越来越少。

我之所以能做出这样的预测，是凭借我的经验。下面是四种最常见的模式，是我多年来对数以千计的婴儿实施抱起－放下法时观察总结出来的。你的宝宝可能并不完全符合这些模式，但它会让你了解可能会发生什么：

· 如果一个宝宝在抱起－放下法的作用下能很快入睡——比如说在20分钟到半个小时之内能睡着——那么她晚上很可能一次会睡3个小时。因此，如果你在7点开始，那么她会在11：30左右醒来。第一天晚上11：30你还要采取抱起－放下法，然后早上5点或5：30时还要做一次。

· 如果你有一个像伊曼纽尔那样8个月或者更大的孩子，几个月来夜醒频繁，并且你采取了某种无规则养育的回应方式。你可能必须做一百多次抱起－放下的动作。当你终于让他躺下时，他第一次睡的时间不会超过2个小时。我能建议的惟一一件事，就是头几个晚上在他睡着后你自己也马上眯一会儿，并且要做好准备在接下来的几个晚上始终会如此。

· 如果一个孩子小睡时间短——每次20~45分钟——当你第一次采用抱起－放下法时，她通常只能多睡20分钟，因为她不习惯睡超过45分钟。你要继续做抱起－放下动作，直到她重新睡着，或者下一次进食，这取决于哪个在先。但是千万不要让她睡过进食时间。

· 如果你尝试过控制哭泣法，让孩子一个人哭过，那么抱起－放下法需要的时间更长（不论是白天的小睡还是夜间睡眠），因为你的孩子感到害怕。有时候，在你尝试抱起－放下法之前甚至必须采取措施重建信任。抱起－放下法最终会起作用的，当它起作用的时候，你或许有两三个晚上能睡个完整觉，觉得自己成功了。然后，第三个晚上，他又醒了。这个时候，我会接到你的电话："特蕾西，那不管用，因为他又开始醒了。"但是，这只意味着你必须坚持住，再做一次。

12.父母气馁了，并且不再坚持。当度过了一个难熬的夜晚或者白天时，很多父母会觉得抱起－放下法失败了。它没有失败，但如果你此时放弃，那么它就会失败。你必须坚持。因此，记下你从哪里开始，并且把进展制成表格很重要。即使你的宝宝只比以前多睡了10分钟，那也是进步。当我为父母提供咨询时，我会带上笔记本，告诉父母们："这是你的宝宝一个星期前的表现。"为了鼓励你自己前进，你必须看到一些进步。活跃型、敏感型和坏脾气型婴儿可能需要的时间久一点，但是请不要放弃。

当你努力教婴儿睡觉时，没有折中的办法，你可以做的最糟糕的事情是半途而废。你可能不得不继续一段时间，不断抱起、放下，要做好打持久战的准备。相信我，我知道抱起－放下法对家长来说既困难又令人厌烦，特别是对妈妈来说。因此，当出现下面的情况时，我一点儿也不奇怪：

他们在第一晚就放弃了。事后我问：**你们做了多久？** 他们说："10分钟或15分钟，然后我就受不了了。"10分钟是解决不了问题的。对于那些有着顽固问题的婴儿，我曾做过一个多小时。相信我，第二次会短一些。当我家访并陪客户做抱起－放下法时（要么是处理晚间睡眠问题，要么处理白天小睡时间太短的问题），妈妈经常承认："我对抱起－放下法从未坚持过20分钟。"如果是在晚上，她们会说："要是我，我会让步，喂奶让他睡觉。"如果是白天，"要是我，我会放弃，会把他从小睡中唤醒，哪怕知道这一天剩下的时间他会闹脾气"。不过有我在他们身边，他们必须忍受。但当只有他们自己时，很多父母就坚持不下来。

他们试了一个晚上就停止了。如果你以前一直坚持无规则养育，

坚持抱起－放下法的方法
如何才能不放弃？

俗话说得好："坚持就是胜利。"下面是一些坚持的方法，或许可以帮助你坚持到底。

√ 开始前仔细思考一下你的方案。由父母中的一个人来做抱起－放下的压力太大了。该死的，太难了！特别是如果你了解自己的性格，知道到了某个时候你会无法忍受，就不要尝试自己一个人来做，要和某个人一起做，哪怕你没有可以合作的爱人、父母或者好朋友（见第 256 页第 10 条，以及 167 页方框），至少可以请某个人过来提供精神上的支持。那个人不一定非得对你的宝宝做点儿什么，只要有一个人在你身边就会对你大有帮助，可以让你抱怨那有多难，提醒你做这件事是为了帮助宝宝睡觉，恢复家里的安宁。

√ 在某个星期五开始做抱起－放下法，这样你就可以享受整个周末，因为你从孩子爸爸、外婆或者你的好朋友那里获得上述帮助的可能性会更大。

√ 当你陪着宝宝待在房间里时，可以在耳朵中塞上一个耳塞。我不是叫你要忘了宝宝，只是为了减弱宝宝的哭声，让你的耳朵少受一点折磨。

√ 不要为宝宝感到难过。你做抱起－放下是为了帮助她独自入睡，这是一项重要的能力。

√ 如果你非常想放弃，问问自己，**如果我投降，情况会怎样**？如果你的宝宝哭了 40 分钟，你放弃了，回到几个月前采用的安慰法，那么你就让你的孩子哭了痛苦的 40 分钟，却一无所获！你恰好回到了开始抱起－放下法之前，她自我安慰的能力没有得到丝毫提高，你会觉得自己是个失败者。

那么现在你改善这种状况的措施也必须坚持。无可否认，我的一些建议在很多父母看来似乎不大可能会起作用，例如唤醒婴儿以让她保持常规程序。在他们心目中，如果他们不相信某件事会起作用，那么，当看不到即时效果时，他们会马上尝试其他方法。因为他们不坚持任何一种方法，把他们的宝宝搞糊涂了，进而抱起－放下法也就好像不管用了。

刚有了一点进步他们就放弃了。比方说，他们把孩子的小睡时间从 20 分钟延长到了 1 小时。这 1 小时就让妈妈很高兴了，但这不足以让孩子保持 4 小时的常规程序。同样重要的是，随着他逐渐长大，并消耗更多的能量，他会脾气暴躁，更不愿意合作，显得更加疲劳，除非他有 1 个半小时的小睡时间。坚持到底就会避免以后类似问题的再次出现。

当然，并没有处理睡眠问题的公式，可我自己从来没有遇到过抱起－放下法不起作用的案例。在上页方框中，有一些方法可以帮助你坚持到底。记住，如果你像以前坚持旧方法一样来坚持新方法，情况就会改变。但你必须要有耐心，坚持到最后。它最终会起作用的。

还要记住，在这个阶段睡眠问题比较容易解决，如果你任由问题进入幼儿时期，那解决起来就会困难得多。事实上，即使你的宝宝还不到 1 岁，相信看一下下面一章的内容对你或许会很有好处，你会看到如果现在不解决睡眠问题，以后会遇到什么样的情况。这可能是最好的激励！

第 7 章

"我们依然睡眠不足"

1 岁以后的睡眠问题

一个危机

"全国睡眠基金会" 2004 年所做的一项调查显示,美国的婴幼儿睡眠不足。调查结果公布时,我正在写这一章——关于 1 岁以后的睡眠问题。尽管这项调查的对象是从出生到十几岁的孩子,但我们只关注幼儿的数据(他们对幼儿的定义是 12~35 个月)。从调查报告的字里行间不难看到,调查结果强调了教孩子入睡和保持熟睡的重要性:

· **睡眠问题在过了婴儿期之后依然存在。** 婴儿和婴儿的父母不是我们这个社会中惟一缺乏睡眠的人。63% 的幼儿都有和睡眠相关的问题。幼儿的睡眠问题包括上床睡觉磨蹭(占 32%),完全不肯上床睡觉(占 24%),以及一个星期中至少有几个白天或夜间过度疲倦(占 24%)。几乎有一半的幼儿晚上至少醒一次;有 10% 的幼儿醒几次,每次醒的时间平均将近 20 分钟。大约 10% 的幼儿醒 45 分钟甚至更久。

· **大多数婴幼儿睡觉的时间太晚。** 婴儿(从出生到 11 个月)平均就寝时间是晚上9：11，幼儿是8：55。将近一半的幼儿在9点之后上床睡觉。我在我的客户中经常看到这个问题，他们有些人让孩子晚点睡，以便自己下班后能有更多的时间和孩子待在一起。还有些父母是因为，他们从未让孩子养成在适当的时间睡觉的习惯，因此，无法让孩子更早睡觉。我建议至少在5岁之前要让孩子在晚上7点或7：30睡觉，但是调查显示只有10%的幼儿（或者婴儿）那么早就去睡觉。但早睡和晚睡的幼儿一般都是刚过早上7点就会醒来。你不必成为数学家就能明白为什么孩子睡眠不足了。（这正是为什么有那么多孩子患有多动症并且富有攻击性的原因之一，对此我一点也不奇怪。缺乏睡眠不会导致那些状况，但是肯定会使其加剧。）

·**很多父母否认自己孩子的睡眠问题**。当被问及和他们认为孩子应该睡多久相比，孩子实际上睡了多长时间时，大约1/3的幼儿父母会说自己的孩子睡得比应该睡的时间少。但是，当被问及另一个问题——他们的孩子是睡得太少，太多，还是正合适时，绝大多数父母（85%）说他们的孩子睡的时间正好。而且，尽管幼儿睡眠问题普遍存在，却只有1/10的父母关注这一问题。（我觉得这1/10的父母和那些抱怨说自己的孩子夜里会醒来45分钟或者更久的父母正是同一批人！）

研究者的发现证明了我每天都会看到的一个问题：父母们常常允许孩子睡眠不足的习惯持续下去，直到他们——父母——完全绝望。通常，在母亲正准备回去上班并担心无法完成第二天的工作；或者因为孩子不断地夜醒，严重破坏了他们夫妻间的关系，导致吵架急剧升级时，父母们才会给我打电话寻求帮助。

·**幼儿父母依然在采取无规则养育的方式**。近一半的幼儿（43%）和父母中的一位睡在一个房间里，并且1/4的幼儿在被放到床上时已经睡着了。这两种情况都说明有一位家长或者其他照顾者实际上是在陪着孩子睡觉，而不是让孩子自己入睡。尽管夜醒幼儿的父母中有一半人会让幼儿自己重新入睡，但调查显示，59%的父母会跑过去帮助孩子，44%的父母会陪着孩子直到孩子睡着，13%的父母会把孩子带到大人的床上，5%的父母允许孩子和他们睡在一起。我怀疑最后两个数字甚至更高。Babycenter.com 网站的在线调查有一个问题是："你的宝宝会睡在你的床上吗？"超过 2/3 的父母回答"偶尔"（34%）或者"一直"（35%）。可能匿名的网络调查使得父母能够更诚实地回答问题。

好消息是，调查还显示出教孩子独自入睡技巧的父母的孩子往往睡得更好：这些孩子不会太早醒来，白天会小睡，很容易上床并且也很容易睡着，夜醒的可能性较低。例如，醒着时被放到床上去的孩子比睡着后被放到床上去的孩子更可能睡得久一些（前者平均 9.9 小时，后者平均 8.8 小时），而且晚上不断醒来的可能性要少 3 倍（前者13%，后者 37%）。而且，那些说孩子睡着时他们很少或者从未待在孩子的房间里的父母（说明他们的孩子能够自己入睡），他们的孩子一觉睡到天亮的可能性也更大。

这是迄今为止对小孩子睡眠习惯所做的最大规模的调查，它显示出有些孩子养成了很好的睡眠习惯，能够自己入睡。同时，也有 69%的孩子每星期会出现几次与睡眠相关的问题。这些孩子的父母一年失去 200 个小时的睡眠也就不足为奇了。如此多的家长和孩子睡眠不足，家里的每个人都会受到影响，家人之间的关系也极为紧张。父母生孩子的气，兄弟姐妹之间争斗不休，夫妻吵架。关于导致失眠和睡眠紊乱盛行的其他原因，报告中提到了现代社会生活的快节奏。基金会的成员、圣约瑟夫大学的心理学教授、睡眠紊乱方面的专家乔迪·敏戴尔博士解释说："社会的所有压力不仅仅影响到成年人，而且正在慢慢地影响到我们的孩子。这是一个警告，我们应该对孩子的睡眠时间和醒着的时间给予同样多的关注。"

我还要加入另一个原因：很多家长不教自己的孩子如何入睡。他们经常意识不到睡觉是一项通过学习获得的技能，他们希望自己的宝宝最终能够自己学会如何入睡。而在孩子进入幼儿期后，他们就不免遭遇到大麻烦，但他们竟然还不知道自己哪里做错了或者如何解决问题。

在下面的两节中，我总结了第二年（小幼儿）和第三年（大幼儿）幼儿的睡眠问题。听起来这是两个很宽的年龄范围，不过，尽管幼儿时期每隔几个月就会有发育上的细微差别，但是那些变化不会影响孩子的睡眠模式，更不会影响到我建议的那种介入。之后我会回顾前面介绍的睡眠策略，解释如何针对幼儿运用它们，并附以典型的事例作为各种方法的例证。

第二年的睡眠问题

身体发育的变化和独立意识的增强会导致幼儿第二年的一些睡眠问题。因此，每当有父母告诉我，他们的孩子晚上或白天睡觉"不正常"时，我都会问：**他会走路了吗？他会说话了吗？**你的宝宝在 1 岁生日以后的某个时候会学会走路。即使走路较晚的孩子到了这个时候腿部力量也会很强。正如我在前一章中说过的，这种身体的发育可能会影响他，特别是在刚开始的尝试阶段。有些孩子会在半夜这个时候站起来，在婴儿床里走来走去。然后，他们会醒过来，不知道自己是怎么起来的，也不知道如何躺下。另外，肌肉痉挛以及跌倒的感觉也可能会让孩子醒来。想想你的孩子白天时跌倒了多少次吧。

我不建议让幼儿看电视或者录像，因为这些东西会过度刺激孩子，或者在他们的小脑袋瓜里留下令其不安的影像，会扰乱他们的睡眠。在幼儿 1 岁时，眼球速动期减少到 35%，但他们在睡眠中依然有大量做梦的时间。尽管他们也可能做噩梦——恐惧时刻的再现——但更可能的是出现夜惊，夜惊和噩梦关系不大，更多的是和身体上的用力及刺激有关（见第 270 页表格）。幼儿在睡眠中会重演那些时刻。

你还必须考虑家里的其他人：**他有使其感觉紧张的姐姐哥哥吗？**当幼儿开始走路时，他的哥哥或姐姐会觉得折磨他是件乐事——当然，确实很好玩。但这可能会让孩子很不高兴，也可能导致他夜醒。

幼儿不仅更活跃，也更好奇了。"对每件事情都很好奇"是描述 1~2 岁幼儿最常用的短语。即使她还说不出完整的句子，但是她很可能更加喋喋不休，而且肯定能理解你说的每一件事。你可能在早晨听到她对她的填充动物玩具咿咿呀呀地说话——那只是意味着她学会了自娱自乐。除非你马上跑进去，否则，这个发育上的进步会让你多睡宝贵的几分钟。

当一个以前一直睡得很好的幼儿突然开始出现睡眠问题时，我还会寻找与他的健康或环境有关的线索。**你改变家里的常规程序了吗？孩子长牙了吗？你开始新的活动了吗？他最近生病了吗？你加入新的活动小组了吗？家里其他人的生活有什么与工作、健康有关的变化吗？**你可能必须回想几个星期或者几个月前发生了什么，以及你对此做出了什么样的反应。例如，吉妮最近联系我，因为她 16 个月大的孩子本尼突然开始夜醒。当我提出一系列问题时，吉妮坚持说没有任何变化。然后，又想起来什么似的，她补充说道："但是本尼五六个星期前感冒了一次，现在想起来，从那个时候起他就睡不好了。"不出意料，当我进一步问她时，她告诉我曾把本尼带到她的床上"安慰他"。

在这个年龄，小睡也更麻烦了。这个时候，孩子的小睡应该从每天两次，每次 1 个半或 2 个小时过渡到一次更长时间的小睡（见第 284 页方框）。这看起来很简单，但是实施起来可能波折迭起，使你不知所措！你的孩子可能有几天上午不睡，但之后又不明原因地恢复到原来的模式。当孩子超过 1 岁时（不像年幼的婴儿，白天睡得好能保证晚上睡得好），小睡醒得太晚可能会扰乱他晚上的睡眠。当幼儿习惯了白天小睡晚起时，我通常会建议将小睡提前，并劝父母在 3∶30 之前让孩子起来。否则，可能会没有足够的活动时间来让他消耗精力，并为晚上睡觉做好准备。但是，任何规则都有例外：如果你的孩子前几天睡得少，并且需要现在补上；或者如果他病了，需要更多睡眠而不是活动；或者如果某一天你只是感觉到多睡会儿对他很重要，那么一定要让他多睡一会儿。

最重要的进步是你的孩子此时明白了因果关系。你可以在孩子玩玩具时发现这一点。因为这种新的理解能力，无规则养育可能会形成得更快。以前，如果你通过摇晃孩子或者喂她吃奶来哄她睡觉，她最终就会像巴甫洛夫的狗那样因条件反射而形成习惯。巴甫洛夫每摇一次铃就给一次食物，没过多久，狗一听到铃声就开始流口水。但是现在，因为你的孩子理解了因果关系，无规则养育就不仅仅是条件反射的作用了。你教的每一样东西（不管你是有意识还是无意识的）都进入了孩子的小脑袋瓜里，并且被储存起来以备将来使用。如果你在这个年龄段不注意的话，你就会让孩子学会操纵父母这门精妙的技术！

比方说，你 15 个月大的孩子凌晨 3 点突然醒了。这可能是因为她开始长白齿了，或者是因为她做了个噩梦，也可能是参加了一个特别活跃的玩耍小组，或者是因为去探望了爷爷而很兴奋。或者原因可能更简单：她从深度睡眠中醒来，一个声音或者一束光线正好激起了她永不满足的好奇心。幼儿对任何事情都很好奇。因此，当他们晚上醒来时，不太容易安静下来。

特别是，如果这是她第一次夜醒（在大多数家庭中这是不太可能的），你一定不能开始无规则养育，这非常重要。如果你冲进去抱起她，心想："就这一次，我要给她读书，让她安静下来。"我保证第二天晚上她还会醒，还要你给她读书，她可能还会得寸进尺，要求读两个故事，要喝东西，外加一个拥抱。这是因为她现在能够把她的行为和你的行为联系起来。*我发出这样的声音，妈妈进来，发生了一些事情*。到了第三个晚上，她已经完全掌握了：*我发出这样的声音，妈妈进来，给我读一本书，然后摇晃我。之后，在她把我放进婴儿床的时候，我再发出那种声音，她就会再摇我一会儿*。此时，你陷入了一个巨大的圈套中，也就是被幼儿操纵。

父母何时陷入这样的圈套中，并不难看出来。我经常会问：**他白天发脾气吗？** 一旦幼儿学会了如何操纵父母，他的此类行为就会出现在其全天的生活中。大多数小暴君在白天醒着时——吃饭时、穿衣时、和其他孩子玩耍时——也会出现类似的行为模式（关于这些行为问题，更多内容见下一章）。还要记住，这个年龄是"不！"阶段。当幼儿学会这个词时，他们感觉到了自己的力量，并且喜欢说"不！"。

自然，如果父母一直采用无规则养育，那么像早醒、夜醒、小睡不规律、道具依赖等睡眠问题与孩子的发育之间的关系就不大，而更多的是顽固的坏习惯的问题。有两个关键问题可以帮助我判断婴儿以前在睡眠方面是否有问题：**你的孩子曾经睡过一整晚吗？你放他到床**

上睡觉是不是总是很困难？ 对第一个问题的否定答案以及对第二个问题的肯定答案会告诉我，这个孩子从未学会如何自己入睡，并且缺乏醒来时让自己重新睡着的技巧。然后，我一定会进一步找到父母用了什么样的道具，我会问一系列问题，其中包括：**现在你如何把他放下睡觉？他睡在哪儿？你还在哺乳吗？如果是，你利用它来让孩子睡觉吗？他晚上哭的时候你为他感到难过吗？你会冲进去吗？你会把他带到自己的床上吗？他小一点的时候，你能在他睡着前离开房间吗？他白天小睡多久，在哪儿睡？你曾试过控制哭泣的方法吗？** 所有这些问题也能帮助我判断无规则养育的程度。有些例子是显而易见的，就像下面这封极为典型的邮件中所描述的：

> 我 22 个月大的女儿还没有学会如何自己入睡，因此我不得不一夜又一夜地陪她睡，现在我又要生另一个宝宝了，我觉得我丈夫一点忙也帮不上。每当晚上女儿不断地要到我身边时，我并不认为他对她说的话是对的。请帮帮我！

遗憾的是，爸爸妈妈都不知道该做什么，这是经常出现的情况。如果一个孩子近两年来想睡哪儿就睡哪儿，想怎么睡就怎么睡，并且还没有学会自己睡觉的技巧，那么我们必须提出一个非常详细的方案，而且要确保父母双方都要执行，不能意见相左，或者更糟的是两人就要达到的目的而争吵。另外，如果父母和孩子之间的信任纽带被打破了，情况会更加复杂，因为孩子会觉得不安全、没有信心。因此，第一次干预必须包括重建信任（见第 186 页和第 279 页）。

幼儿为什么在睡觉时大哭?		
	噩梦	夜惊
是什么?	一种心理上的体验,发生于眼球速动期,在梦中,孩子释放不愉快的情绪或者再现以前遭遇到的伤害。他的心理很活跃,但是身体(快速运动的眼球除外)不动。	在幼儿身上称之为"意识不清的醒"(真正的夜惊发生于青少年时期,而且极少见),它就像梦游,是一种生理上的体验。孩子不是从深度睡眠正常过渡到眼球速动期,而是陷于两个阶段之间,他的身体处于活跃状态,而心理则较为稳定。
什么时候发生?	通常在下半夜,眼球速动期时最集中。	通常在睡着后2~3个小时——一整夜时间的1/3。
听起来、看起来什么样子?	孩子醒来放声大哭,但是当你到他身边时他是清醒的,或者很快醒过来。他可能会记得这个经历——噩梦可能会困扰孩子很多年。	起初是尖声的哭泣,孩子眼睛睁开,身体僵硬,可能在出冷汗,他的脸可能通红。当你到他身边时他可能不认得你,事后他什么也不会记得。
你该做些什么?	安慰你的孩子,使其宽心,如果他记得细节的话,鼓励他把梦境说出来。不要不在意他的恐惧——梦对他来讲非常真实。给他很多拥抱,安慰他,甚至陪他躺一会儿,但是不要把他带到你的床上。	不要唤醒他,否则,只会延长这个过程;通常持续10分钟左右(也有可能短至1分钟或者长至40分钟)。遇到这种情况你会比他更不安,因此要努力让自己放松,只用语言上的安慰来让事情过去。另外,要保护他不要撞到家具上。
如何预防以后发生?	弄清楚什么东西让孩子紧张或者害怕,避免白天时让他面对。坚持正常的就寝时间和渐进程序。如果你的孩子害怕"怪物",可以给他开一盏夜灯,仔细检查床底下。	努力坚持孩子的常规程序,避免让他过度疲劳。如果频繁发生状况,或者在家里有梦游的倾向,你可能需要和儿科医生详谈或者咨询睡眠专家。

实现"婴儿床到床"的过渡

· 不要仓促行事（要等到孩子至少 2 岁的时候），不过也不要等太久，如果你正在孕育另一个孩子，一定要在宝宝预产期至少 3 个月前开始这个程序。

· 和孩子谈论这个转变，让孩子参与进来。"我想现在我们应该让你像爸爸妈妈一样睡在床上了。你想不想为它挑选一些新的床单?"如果她不到 2 岁，开始时可以考虑用侧面可拆卸的床。

· 转换时不要改变孩子的就寝习惯或者常规程序。这时保持一贯性更加重要。

· 如果孩子设法要出来，要到你的房间，应马上把他放回到床上，不要拥抱他。

· 就寝后强制执行"待在你的房间里"的规定，如果必要的话安一道门，不要觉得内疚。如果你的孩子起得早，以前起床后都是自娱自乐，但是现在一大早就进到你的房间，就给他一个闹钟或者一盏定时的灯——只有当闹钟响起或者灯亮了时他才能出来。

· 她的房间要安全（如果你还没有这么做的话）——盖住电源插座，收好电线，使其不挡道，低处的抽屉要上锁，这样她就不能利用它们爬到高处了。

· 不要碰运气，特别是如果你的孩子不满 3 岁。把床靠墙放，只用床垫（不要弹簧），这样床比较靠近地面；至少在头几个月要使用护栏。

第三年的睡眠问题

孩子第二年中的问题很多会延续到第三年，但因为孩子更大了，其智力水平更高，而且对周围发生的事情更为敏感了。他们更容易受到家庭及周围环境变化的影响，也比年幼时更加好奇。如果有客人来访，他们会认为任何一个进来的人都是他的玩伴。他们不希望错过任何事情。那些以前不会让孩子醒来的响声，现在也会把他弄醒。

他们的身体也更有能力了。**你的孩子会爬出婴儿床来到你的房间吗？**有些幼儿 18 个月时就能完成这个壮举，但不一定有明确的目的。在满 2 岁之前，孩子的大脑和身体发育依然不成比例，当她倚靠在婴儿床边时，她可能会身体前倾并跌下来。但是到满 2 岁时，她可能就明白了如何站在挡板上爬出来，然后在深更半夜来到你的房间。这是父母通常开始考虑让孩子睡床的时候（见上页方框）。我建议尽可能推迟一些——如果不能等太久，至少要等到 2 岁，因为那样可以减少他们半夜去找父母的次数。(惟一的例外是当孩子有婴儿床恐惧症时，见第 279~280 页。)**当你的孩子半夜进到你的房间时你会做什么？**如果你一星期允许那么一两次，那你很快就会有麻烦了。

由于稍大一点的幼儿对家庭的变化也极其敏感，因此我总是会问：**你的家庭生活有变化吗？**新婴儿的降生、家人的去世、父母婚姻出现问题或者离婚、父母新的伴侣、新的照顾者、更多有挑战性的社交场合等，这些情况中的任何一种都有可能会影响到幼儿的睡眠，特别是如果她还没有学会如何自己入睡或者自我安慰的话。幼儿在这个年龄参加的社交性活动也增多了，正如我之前强调的，活动会影响睡眠。**你加入了新的玩耍小组或者增加了另一种类型的小组，例如金宝贝早教班、"妈妈和我"活动课、婴儿瑜伽、婴儿有氧运动吗？**还要进一步观察，看看细节：**在玩耍小组中发生了什么事？你的孩子被要求做了什么活动？其他孩子是什么样子的？**即使以前睡得很好的一个孩子面临太多压力时也会崩溃（例如，让幼儿接受正式的课程或者一个体育"教练"都是不妥的），特别是如果她是被戏弄的对象或者是小恶霸欺负的目标时（见下一章第 313~314 页艾丽西娅的例子）。

此时的睡眠问题更让父母疲惫不堪。这个年龄的孩子已经有了一定的语言表达能力，会要水喝，要大人讲故事、拥抱，以及和父母无休止的讨价还价、长篇大论等。很多父母容易对稍大一点的幼儿发脾气，而在以前他们会给孩子找合理的借口，例如"她不明白"或者"她忍不住"。如果这种习惯已经形成，而父母没有像孩子预料及希望的那样做出回应，孩子可能就会生气，并摇婴儿床。她在白天可能也会发脾气。大一点的幼儿非常明白某种行为会让爸爸妈妈跑过来。

如果你有一个有睡眠问题的两三岁的孩子，那么回顾过去总是很必要的。**你的孩子以前有过一觉睡到天亮的经历吗？** 在很多案例中我们不得不从起点开始，我们还必须考虑孩子的情感经历。如果你的孩子以前有过难缠的行为，那么这个小独裁者现在可能已经是个十足的暴君了。这可能会从多个方面表现出来：撞头、推人、打人、咬人、扯头发、踢人、赖在地上、被抱起时打挺。如果父母在孩子醒着的时候没有用正确的方式进行干预（见第 325~334 页），夜里会更糟，因为他累了。

父母经常把幼儿的操纵行为误认为是分离焦虑，后者通常开始于7~9 个月之间，如果父母温和、可靠，没有诉诸某种无规则养育来解决孩子的恐惧，那么通常在 15~18 个月时分离焦虑就会消失。因此，如果 2 岁幼儿的父母来找我，说"我的孩子会夜醒，因为他有分离焦虑"，那么十之八九是孩子学会了如何操纵父母。睡眠问题不是因为孩子害怕，而是因为父母用无规则养育的方式来处理孩子正常的分离焦虑（见第 68~73 页以及第 181~190 页）。

然而，千万不要误会：由于这个年龄的孩子的理解能力大大增强了，他们也会真正地感觉到恐惧。你的孩子已经能够完全理解身边发生的事情：弟弟妹妹的出生，爸爸妈妈相互怄气，玩耍小组里的一个孩子拿了她的玩具，《海底总动员》中的小鱼跟它的爸爸分开了。大一点的幼儿也很敏感。最近我听到一个很有趣的故事，讲的是一个小男孩看到他爸爸把他们家一楼的每扇窗户上都上了锁，爸爸向 2 岁半的儿子解释说自己这么做是"要把小偷挡在外面"。那天晚上，小男孩在凌晨 3 点钟就醒了，大叫："小偷来了！小偷来了！"我也有过类似的经历，那时我的长女莎拉大约 3 岁，我觉得让她看看电影《外星人》她一定会很开心，因为那部电影在当时很受欢迎，在我看来似乎对她也没有任何坏处，但是，莎拉在之后的几个月一直做噩梦，想着小外星人们会从猫洞进来。

因为父母常常允许两岁多的孩子看更长时间的电视和电脑游戏，因此出现与之相关的噩梦并不奇怪。重要的是，你提供给孩子的一切东西都要以孩子的眼光过滤一下。你确定他们真的喜欢看《小鹿班比》和《海底总动员》吗？在两部电影里都看到主角的妈妈被杀死，对一个小孩子来说是不是有点令人不安？另外，你也要小心你所讲的故事和读的书的内容会对孩子产生什么样的影响。鬼故事和黑暗的形象可能会记在孩子的脑子里。最重要的是，如果电视和电脑是孩子日常生活的一部分，那么在睡觉前一定要有一个渐进的过程。我个人建议定一个规矩，在一天的末了不要让孩子接触媒体。

针对幼儿的睡眠策略

我在这本书中提到的做法和策略，很多都适用于幼儿睡眠问题，尽管要稍作调整。下面是一些有现实的例子佐证的重要提醒。为了帮助你快速地找到某个问题，可以参考边上的问题方框。

你依然需要常规程序，但要随着孩子逐渐长大而做出调整。洛拉因为她 19 个月大的孩子而给我打电话："卡洛斯在就寝程序过程中突然变得脾气很坏。他以前喜欢洗澡，但是现在他会很不高兴。"在问了几个关于卡洛斯生活中的问题后，我发现这家人最近去了一趟洛拉的老家危地马拉，而且卡洛斯开始了一个新的音乐课程。我向妈妈解释说，她必须把这两件事情考虑在内。旅行偏离了平时的常规程序，开始上音乐课意味着他与社会的接触提高到了一个新的水平。此外，因为卡洛斯现在更活跃了，他的就寝程序应该做出改变。例如，很多幼儿如果 6 点或 6:30 睡觉，就会好很多。而且，在这个年龄，就寝前洗澡对有些幼儿来说可能过于刺激了，洛拉应该给卡洛斯早点洗澡——比如在晚饭前的 4 点或 5 点——或者在早上洗澡，晚上睡觉

> "在就寝程序过程中突然变得脾气很坏"

前只用海绵快速擦一下就行了。洛拉起初抗议说："但我们晚上给他洗澡，这样他爸爸才能给他洗。"当然，这是她的选择。不过我据实相告："好吧，但是，要知道你这是在考虑自己，而不是孩子。"幸运的是，卡洛斯是个教科书型的孩子，适应能力很强，洛拉也很有创

意，她建议爸爸早上试着带他去冲澡。卡洛斯非常喜欢，一个和爸爸一起冲澡的新习惯开始了。

坚持就寝程序的一贯性，运用它来预测问题。 就寝程序理应包括读书和拥抱。另外，因为幼儿的理解能力非常强，你可以考虑在就寝程序中增加对话，就像23个月大的梅根的母亲朱莉那样。朱莉带着梅根去上班，她说"我们的生活经常出人意料"。下面，我摘录她网上发帖的一部分内容，我们应该为她的足智多谋和细致观察鼓掌。她非常了解自己的孩子（她说梅根是敏感型的），对孩子观察入微，而且仔细筛选所有建议，然后为自己的孩子制定出了一个理想的方案。

> 几个星期前，我记下了女儿梅根的睡眠问题。我当时正在努力教她自己入睡，而她每晚却唱歌、大笑、说话，要这样持续2个小时！她白天小睡40分钟，而以前一直能睡1个半到2个半小时。她白天很乖，把她放下时她既不哭也不闹，但就是不睡觉……有人说这是因为她白天一整天都表现太好了，可能到了一天结束的时候就要做出调整，因此，晚上才很难安静下来。我想这说到点子上了……
>
> 因此，我做的第一件事是建立一个一贯的程序：上床后读两本书，一个亲吻，讲两个短故事，一起唱"摇啊摇，睡吧，小宝宝"，就这些了。还有人建议说可能需要帮助她整理一下白天的生活。我从来没有想到过这一点！于是，我开始在读书前做这件事情，但这需要很长的时间，因此，现在我们在准备上床睡觉之前就开始谈论白天生活的不同阶段的点点滴滴。等穿好睡衣进入房间后，我们会谈论全天的生活。我做的最后一件事是尽可能地把她的婴儿床弄成一个舒适的小窝。我还注意到，在我工作的时候，她的小睡总是很好，尽管公司婴儿室的婴儿床比我们家里的标准婴儿床要稍小一些。

> "很长时间才能入睡；小睡不规律"

> 我考虑了特蕾西的建议——为敏感型孩子创造一个类似

于子宫的环境，因此，我在床垫上铺了一层非常柔软的毯子，她马上就喜欢上了。我还铺了一块羊毛毯，足有半张婴儿床那么大，我把羊毛修剪了一下，以免太长，但躺上去还是非常舒服，闻起来就像妈妈的味道。最后，为她特制了一个小枕头（大约 15×15 厘米）。她还要求把一条卷起来的毯子放在身边，就像以前她还是个婴儿时我在她的身边垫上卷起来的毛巾那样。

她看上去就像一个裹在茧里的小毛虫，但是她喜欢！前几天夜里她呼吸不畅，我趁着她睡着时把她抱起来。大约 5 分钟后，她要自己的婴儿床。这就是那个在我床上睡了一年，并且总是要我抱着的孩子。

总之，我不确定这对其他人是否有帮助，但是我确信梅根需要一个较小的、更安全的环境睡觉，以及帮助她梳理一下白天的生活，她需要一贯的就寝程序，以此消除白天易变的日程带来的不利影响。我知道 2 岁的孩子就要长白齿了，所以，我希望这能帮助我们顺利度过！

梅根的夜晚程序可能不适合你的孩子，但我把它作为一个例子，来说明用心观察可以帮助你制定真正适合自己孩子的程序。

此外，还要利用就寝程序来预见可能会出现的问题，并且要在上床前处理问题，而不是上床之后。例如，玛丽安的儿子詹森 21 个月大时开始在凌晨 4 点左右醒来，理由是"我渴了"。幸运的是，在这

> "就寝时故意磨蹭；夜醒"

种情况连续出现两个晚上之后，玛丽安给我打了电话，因为她意识到一种模式正在形成。我建议她给詹森一个吸杯，每晚带一杯水到床上。"把这件事当成他的就寝程序的一部分。"我解释说，"在道晚安的拥抱和亲吻前对他说：'这是你的水，以防你醒来时口渴。'"

在另一个例子中，2 岁的奥莉维亚一直做噩梦。因此，我建议爸爸把她放下睡觉时要着重提到"古吉"，这是奥莉维亚的特殊安慰物——一个毛皮制的小狐狸。在道"晚安"前，爸爸说的最后一件事

是："不要担心，奥莉维亚，古吉在这儿，如果你需要它的话，它会帮助你。"要搞清楚什么东西对你的孩子最有效，目的是给孩子灌输这样一个想

"做噩梦"

法，即她有能力自己度过夜晚。如果在就寝程序中附助其他做法能够帮助孩子有安全感，例如检查床底下有没有怪物，那么当然也可以加进去。回顾一天的生活也是个好主意，特别是因为这能帮助孩子弄清楚自己害怕什么。即使你的孩子还不能够完全用语言表达自己，至少你可以对她说说白天发生的事情。

如果你的孩子正处于从婴儿床过渡到儿童床的过程中，那么维持一贯的就寝常规程序尤其重要（见第 271 页）。你要设法保持所有的东西都一样——当然，除了新床之外。有意思的是，很多转移到儿童床的孩子一进去就不再出来了，就好像他们记得婴儿床对自己的限制一样。当然，有些孩子知道，他们会测试父母，看看新床是否也意味着新的自由。要坚持你的常规程序——以前讲多少个故事，现在照旧，保持同样的就寝时间、同样的晚安程序——你这是在传达一个信息：床可能是新的，但老规矩不变。

当你的孩子在睡眠中哭时，不要急着冲进去。在你的孩子还很小时，我希望你已经开始了一个做法：在急匆匆地冲进孩子的房间之前先仔细观察一下。幼儿期要继续保持这个做法，这绝对非常重要。如果孩子没有哭，你不要进她的房间。你可能会听到

"夜里大声哭"

她在婴儿床里发出咿咿呀呀的声音，随她去，她很可能会自己接着睡着；如果她哭了，要努力分清是念经似的哭，还是需要帮助的真哭（见第 232 页方框）。如果是前者，要等一会儿；如果是后者，你要进去但不要跟她说话，什么也不要做。

把"抱起－放下"变成"放下"。因为幼儿比婴儿重，抱起来比较困难，还因为你把床垫放低了，因此我不建议你抱起他——只做"放下"就可以。换句话说就是，你允许孩子站起来（大多数幼儿经常在父母进入房间时已经站了起来），但不要抱起他，只需要把他放躺下，说些安慰的话，再加上"现在是睡觉时间"或者"现在是小睡时间"。

当然，对于那些曾经有过无规则养育经历的婴儿，这个方法需要的时间要长一点。即使你意识到自己做过什么，也要做好心理准备，因为消除无规则养育的不良影响需要一段时间。例如，贝特西写信给我时完全清楚她对诺亚做错了什么，她的邮件主题是："18个月大的诺亚在睡觉时主宰着一切。"这是一个典型的例子，包含了几种常见的问题：长期的无规则养育、幼儿身体和心智上的不断发育，以及生病和住院。

> 我对诺亚采取了"无规则养育"，因此他睡觉时要我摇晃他。把他放到床上后，"有时"他能自己睡着；有时我们会听到他喊叫、说话，然后他会自己重新睡着。但有时候他会醒来哭。如果他醒了过来，让他重新回婴儿床是不可能的！小睡也是如此。他这样做差不多有18个月了。有什么好的建议吗？他体重约11.8千克，婴儿床边放有一只可供上下的"熊"。前段时间他生病了（因脱水住院，4天前刚出院），但是医生今天给了他一份健康证明书。他住院的时候我拜读了特蕾西的书，我真希望17个月前看到她的第一本书啊！！！

> "想要摇晃着睡觉；不能自己重新睡"

这显然是一个一直没得到解决的老问题，并且随着诺亚进入幼儿期而变得更加复杂了。有意思的是，贝特西说诺亚"这样做"了18个月。但事实上是她和丈夫教会了他：**当我哭时，他们就会跑过来，摇晃我。**诺亚的体重已经大约11.8千克了，因此对爸爸或妈妈来说前景可不太好。（不过，我还是要赞扬他们没有把诺亚带到他们的床上。）到了这时，他们的无规则养育已经不再是条件反射了，诺亚已经在有意识地操纵他们。因此，我们需要一个包括两部分的方案：把诺亚放进婴儿床里，而不再摇晃他；如果他开始哭，就使用"放下"法。他们应该待在诺亚的房间里，表明他们就在他身边，但不要跟他说话。在任何情况下都不应该抱起他，不仅是因为他太重，抱起来很困难，而且因为那是他们已经形成的无规则养育模式的一部分。他们应该对他说些安慰的话："没关系，诺亚，你只是要睡觉了。"这个年龄，诺亚能够理解每一件事情。事实上，即使这种情况已经有 18 个月了，但是，如果贝特西真的坚决执行解决方案，那么结果还是会让她惊喜。

如果需要重建信任，你可能需要待在孩子房间里的充气床上。我要一再强调这一点：受到过抛弃伤害的婴儿在这个年龄常常有更严重的睡眠问题，解决起来也需要更长的时间。孩子认为你会离开，他会不断观察你是否还在那儿。在我处理过的一些很棘手的案例中，那些孩子形成了严重的婴儿床恐惧症，哭得声嘶力竭。你可以把他放下，但却不能离

"不让我离开房间"

开。在这种情况下，我会带一张充气床，至少在第一天晚上睡在孩子的房间里。开始时，要把充气床放在婴儿床旁边。如果是最近出现的睡眠问题，你或许可以在第一晚之后把充气床拿出去。通常，你在第三个晚上就成功了。但是，如果是长期形成的问题，我建议每隔三个晚上把充气床逐渐挪离婴儿床远一点儿（逐渐靠近门）。

每个例子都会稍有不同。有时候我会用椅子来作为过渡。也就是说，在把充气床拿出房间后，我会在婴儿床边放一把椅子，在孩子入睡时，我就坐在旁边，当他睡着后我再离开房间。在接下来的几个晚上，我会把椅子越搬越远。（更详细的真实案例见开始于第 281 页的艾略特的故事。）

如果你的孩子从未睡过婴儿床，那就省掉婴儿床，并且开始直接向儿童床过渡。如果你的孩子长期有睡眠问题，并且你在 15、18 甚至 24 个月的时候才开始教他独自睡觉，并且你的孩子直到现在都是睡在你的床上，那么让他睡婴儿床就没有多少意义了，你可以直接开始过渡程序，让他睡到自己的床上，而不再用婴儿床（见第 271 页）。选择某一天上午带他去买儿童床，或者至少带他去买床上用品，让他挑选自己最喜欢的款式，下午让他帮助你铺床。第一天晚上，你要陪他一起睡在他的房间里，他睡在他的新儿童床上，你睡在他旁边地上的充气床垫上。然后，逐步把充气床垫拿出去，你坐在椅子上等他睡

着，连续这样做几个晚上，最终他将安睡在自己的床上。如果他半夜来到你的房间，不要和他说话，只需轻轻地把他送回他自己的床上。

"半夜从床上下来"

如果这是个长期问题，就装一扇门，并对他强调他必须待在他自己的床上。如果你把他带到你的床上，哪怕只有一次，我保证将会使问题加倍严重。在有些非常严重的情况下，我会建议父母把这件事变成一个游戏，并且，只要孩子待在自己的房间里就奖励他（见第 289~292 页亚当的故事）。

父母终归要采取一切必要措施让孩子睡到他自己的床上。我想起了一个例子，卢克是一个 2 岁的小男孩，他不仅要睡在父母的床上，而且一定要妈妈或者爸爸抱着他，靠在妈妈或爸爸的耳边，否则他就不肯睡。他的妈妈发现惟一能让他自己睡着的地方似乎是书房里的沙发。因此，他们决定把那张沙发搬到卢克的卧室里，在那里还为他准备了一张全新的儿童床。在接下来的两年里，卢克不肯睡床，而愿意睡在沙发上，因为那是他熟悉的地方，让他觉得很安全。

我发现，当孩子突然"害怕婴儿床"时，父母有时不会把事情联系起来考虑，18 个月大的萨曼塔的母亲在描述她女儿的问题时就是如此。莱斯莉——萨曼塔的妈妈——发誓说她的女儿直到两个月以前还能"一觉睡到天亮"。"她在其他任何地方都能睡着，但是，我们一把她放进婴儿床，她就会醒来，哭得歇斯底里，直到咳嗽、呕吐。"

"害怕婴儿床"

听到"害怕"和"尖叫"这两个词就显示出了迹象。我马上怀疑萨曼塔的父母尝试过控制哭泣的方法。结果更糟的是，他们试过不止一次。"是的，我们试过随她哭，有时候管用，有时候不管用。"莱斯莉说道，全然不知是她造成了萨曼塔的问题。这个孩子已经受到了伤害，到 18 个月时要重建信任会更加困难。她把婴儿床的护栏看成了是她和妈妈之间的屏障，把婴儿床当成了监狱。萨曼塔的父母不能再尝试让她睡婴儿床，而必须帮助女儿过渡到儿童床。

你去孩子那儿，不能允许她爬到你的床上。当她到你这儿来的时候，要马上送她回自己的房间。白天也要同样态度坚定。要制定一条家规——孩子进你的房间必须敲门。身陷困境的父母向我提出了无数的问题，他们担心制定规矩会对孩子造成损害。我要说：这是胡说八道！随着孩子逐渐长大，你必须教他们学会敲门。你进她的房间时自己也要做出榜样。这关乎尊重和界限。如果她突然进来，你只需简单地说："不行，不敲门你不能进妈妈的房间。"

如果你正在处理的是婴儿床恐惧症，并且需要重建信任，你可能必须待在孩子的房间里陪着她，睡几天充气床垫，但是你不能永远待在那儿。使用充气床垫只是一个过渡策略，是为了让孩子有安全感。

当然，在大多数情况下，孩子半夜到父母的房间绝对是有原因的。这更可能是长期无规则养育的结果。孩子一旦长成幼儿，他半夜的突然"造访"更会让父母觉得受到了打扰。我还发现，父母有时对孩子的睡眠习惯会自欺欺人。例如，当我收到桑德拉这封邮件时，我就知道这并不是全部实情：

> 艾略特晚上不自己睡。我们不得不陪他一起躺在他那放在地上的大号床垫上。他似乎每隔一两个小时就会醒来，并且很生气，进我们的房间让我们爬回床上和他一起睡。帮帮我们！我希望我丈夫和我能得到片刻的休息！我们不能锁上他的房间，因为他房间的门是滑动门，他可以打开。说真的，我不知道我们还能忍受多少哭声，因为他患过 4 个月的腹绞痛，整天哭。我们如何才能摆脱这样的循环，让他自己睡呢？他一贯睡得很浅，我们需要帮助！

"半夜走进我的房间"

看起来桑德拉和她的丈夫遵循了我的建议，没让他们 18 个月大的孩子和他们一起睡。但是，他们也没有采取多少措施来促使艾略特晚上自己睡。现在，你应该已经从这位妈妈的邮件中找到了几条线索，也有一些问题问她。首先，为什么艾略特睡在地板上的大号床垫上？我敢打赌以前有人陪着他睡。可能只有妈妈这样做过，现在爸爸希望妈妈回到他们自己的床上。不管怎么说，是父母让孩子养成了这个习惯。

在这个例子中，我不会建议使用充气床，因为他们已经睡在孩子的房间里了。不要陪他睡，甚至不要睡在他旁边的另一张床上，父母应该直接进入并带一把椅子进去，并要解释说："妈妈（或者爸爸——谁向孩子让步的可能性较小谁来！）会待在这儿直到你睡着。"3 天后，在进入艾略特房间开始就寝程序前，要把椅子往滑动门方向移动大约 30 厘米，不要让艾略特看到移动椅子。每隔 3 个晚上，椅子就离门更近一点。每天晚上，不管是谁坐着陪艾略特，都要安慰他："我还坐在椅子上呢。"当他们准备把椅子搬出来时，要告诉他："今天晚上我要把椅子拿出去，但是我会待在这里直到你睡着。"他们要信守诺言，站在离他几步远的地方，不要和他接触、交流。一旦从房间里拿出椅子，要寄希望于他能自己平静下来。如果安静不下来，当他试图离开床或者夜里醒来时，必须立刻把他送回他自己的房间，让他躺下，说："我知道你很不高兴，但是你要睡觉了。"然后，他们应该站在那儿，依然要保持一定距离，说："我就在这儿。"但父母必须要注意，不要和孩子有眼神接触，不要和他说话，或者任何可以让他操纵他们的其他方式。总之，他们应该一言不发，而只采用"放下"法把他放到床上。他们必须做出努力。至于如何让艾略特待在自己房间里，不管怎样都不应该锁上他的房间，但是可以弄一个儿童门，这样他就到不了他们那里了。

如果你的孩子还是个婴儿时就睡得不好，那么分析、尊重孩子早期的情况就很重要，但不要让害怕控制你现在的行为。读一读桑德拉的邮件（见上页），特别注意一下这句话："说真的，我不知道我们还能忍受多少哭声，因为他患过 4 个月的腹绞痛，整

> "担心这会永远
> 持续下去"

天哭。"在我看来很清楚——可能是因为我与太多患腹绞痛婴儿的母亲打过交道——桑德拉还没有完全从艾略特头 4 个月的腹绞痛中恢复过来，就好像她一直在等待着另一只鞋子落地。我还觉得，艾略特的腹绞痛使他在很多个夜晚睡睡醒醒，因为爸爸妈妈不知道如何教他睡觉的技巧。他们只是把他的行为轻描淡写为"睡得很浅"。现在他 18 个月大了，他们仍然很茫然：这会永

远持续下去吗？这种对过去的焦虑会破坏我们现在可能提出的任何解决方案。内疚、生气和担心无益于解决问题，只会起到反作用。因此，我总是提醒父母："此一时，彼一时。我们不能抹杀过去，但是可以免遭伤害……如果你坚持的话。"

用我的"唤醒去睡"法来延长睡眠时间。 "唤醒去睡"（见第185~186页"习惯性夜醒"及方框）对幼儿也很有效。我经常把它推荐给正在处理孩子早醒或者习惯性夜醒问题的父母。在一些案例中，"唤醒去睡"实际上是方案的第一步。例如，凯伦是 17 个月大的麦克和 4 周大的布洛克的妈妈，她想知道如何帮助麦克从 2 次小睡变成 1 次。但是，当她告诉我麦克每天早上 6 点钟就醒时，我知道必须先处理这个问题。

> "醒太早；上午 10 点左右就累了"

否则，他就没有精力坚持到中午或者下午 1 点，并且他会过度疲倦，没法好好地小睡较长时间。因此，我们要做的第一件事就是让他在早晨晚点儿起床。然后，我们才能逐步推迟他上午的小睡时间（见下一节）。我建议凯伦提前一个小时进入麦克的房间，在早上 5 点钟唤醒他。"没问题，"她马上回答，这让我很惊讶，因为大多数父母会在我提出这样的建议时斜眼看我。她又说道："反正那个时候我要起来照顾小布洛克。"我让凯伦给麦克换尿片，然后马上放回床上，并且解释说："现在起床太早了，让我们再接着睡。"我知道麦克可能不会完全醒。他会接着睡，可能会闹点脾气，但是至少会让他改掉早晨早醒的习惯。目标是让他睡到早上 7 点，这样他上午就会有更多精力。

要逐步做出改变。 有时候，父母自己也会提出好方案，但是他们进行得太快了，没有给孩子适应新常规程序的时间。突然戒除的方法对幼儿效果不好，因为他们有很好的记忆力，能够预料事情的发生。如果

> "希望把一天 2 次小睡缩减成 1 次"

你改变常规程序，不要指望他们能跟你步调一致。例如，凯伦在跟我讨论之前试图完全取消麦克上午的小睡，希望自己的活跃型的儿子下午能长长地睡一觉。结果，他太累了，最后还是要在上午小睡，或者在车里就睡着了，并因而睡得断断续续。凯伦不应采用突然戒除法，而必须逐步取消上午的小睡。

变! 2 次小睡变成 1 次

逐步推迟上午的小睡时间,最终让它消失!下面的时间表假定你的孩子至少 1 岁,通常在上午 9:30 小睡。时间可能会有所不同,这取决于你的孩子,但是逐步过渡的原则是一样的。

1~3 天: 上午的小睡推迟 15~30 分钟——9:45 或 10 点。

4~6 天: 如果可能的话,推迟 30 分钟,这样他就在 10:30 睡觉。9 点或 9:30 左右时给他吃点东西。他会睡 2 个或 2 个半小时,1 点左右吃午餐。

7 天以后: 每隔 3 天将小睡时间推迟一次。10 点或 10:30 左右可以让他吃点东西,11:30 睡觉,2 点左右醒来吃午餐。你可能会度过几个辛苦的下午。

目标: 最终他能一直到中午都不睡,吃午餐,玩一会儿,然后下午美美地睡个长觉。可能有时候他上午不小睡一会儿就不行,那就让他睡,但是千万不要让他睡过 1 个小时。

　　一旦麦克开始早上起得晚一点,我们就能够进行方案的第二部分了（见上面的方框）。他以前通常在 9:30 开始上午的小睡,现在凯伦要把它推迟到 10 点,如果这有点太晚,那就推迟到 9:45。3 天后,继续推迟小睡的时间,同样是再推迟 15 分钟或 30 分钟。他上午可以吃点东西,醒来后吃午餐。这个过程不会很快,可能需要 1 个月的时间,有几天他还会出现反复——醒得太早,上午睡的时间太长。这是正常的,不仅是因为我们在改变一个习惯,还因为麦克刚刚做了大哥哥,他那小脑袋瓜里正在努力弄清楚新情况。

　　像坚持老方法那样坚持新方法。如果你采取过某种形式的无规则养育,那么你的孩子在很难睡着或者半夜醒来时会期待你做出某种方式的反应。如

"一个晚上后我们就投降了"

果你的做法不一样了——凌晨 3 点拒绝喂食,没有带他到你的床上——我向你保证,他会反抗!如果你坚持住,并且表

现出自信和坚定的态度，那么你一定会惊奇于发生的变化。但是，如果你三心二意，你的孩子会感觉得到，他会加大赌注——哭声越来越大，醒得越来越频繁——而你会让步。

不要把安慰孩子和"溺爱"孩子弄混淆。幼儿期是一段特别不稳定的时期，孩子比以前更加需要父母的安慰。幼儿通常会减少一次小睡，但这不是一夜之间就发生的。某一天上午他不睡，而第二天他可能又坚持不了一上午了。而且，幼儿的世界里有很多新奇的事情在不断地发生。尽管幼儿在成长，越来越独立，但是，他们依然需要知道当他们遇到困难时父母会在身边安慰他们。不过我很同情父母们，因为有时候确实很难分辨哪种行为是"典型"的行为，什么行为是反应过度了：

> 罗伯托快2岁了，他白天小睡后很不高兴，会高声尖叫、哭哭啼啼1个小时，然后突然又好了，一直如此。我尝试了各种不同的方法。如果我坐在他旁边，他就会伸出手要我抱他，但是，当我把他放下时他会抗争。他会说他渴了，但是又不肯喝水，
>
> "小睡后脾气坏吗"
>
> 就好像他自己也不太清楚要干什么。我试过让他自己醒来，不理睬他，但是也不管用。他趴着睡觉，手脚都缩在身下，通常能睡至少2~3个小时。如果他被吵醒，那就糟糕了，如果这时候再有人走进屋子，或者发出声响，那就更糟糕了。他早上醒来时表现很好。以前有人遇到过类似的情况吗？现在已经发展到当他睡着或者要睡觉的时候我不能让任何人来我家。

这位母亲只有一个婴儿可以观察，而我已经见过数千个。首先，罗伯托听起来像是个坏脾气型的孩子——他们小睡后往往需要更长的时间才能醒过来。但是，除了脾性类型之外，所有的孩子都有不同的苏醒方式。而且，罗伯托是个极为典型的幼儿。安慰他很重要。安慰孩子和溺爱孩子是有本质的不同的。安慰是一种富于同情心的行为，

给孩子一种安全感。罗伯托的妈妈需要让他小睡后有时间清醒过来，而不要在他还没有准备好之前强迫他。她可以抱他一会儿，说："你只是醒过来了，妈妈在这儿，等你准备好了我们就下楼。"我的预感是妈妈可能是在催促他，而这样做实际上是在延长整个过程。如果她给他所需要的时间，而不是一个劲地哄他，罗伯托可能会在那儿坐几分钟。然后，突然之间他会注意到一个玩具，伸手去拿；或者他会抬头看着妈妈微笑，就好像在说："哦，我现在已经醒了。"

如果你的孩子在 2 岁或 3 岁时有睡眠问题，你就要检查自己——迄今为止你都做了什么。尽管本章开头提到的研究显示小孩子当中普遍存在睡眠问题，但睡眠问题并不会传染。毋庸置疑，一方面，社会日益加快的生活节奏正在影响着我们的孩子；但另一方面，父母的态度也在影响着孩子。有些父母不愿放手让婴儿自己独自成长，他们过度安慰孩子，而把孩子带到自己的床上是出于自己的需要，而不是孩子的需要。因此，你要问问自己：**你真的准备好让孩子长大了吗？准备好让他或她独立了吗？** 当谈到两三岁的孩子时，问这个问题听起来有点可笑。但是，给孩子自由、教他们独立不能等到他们考驾照时才开始。你现在就必须播下种子，平衡责任和爱及养育之间的关系。还要记住，如果孩子晚上缺乏独立，那么由此引来的不良睡眠问题会延续到白天。睡得好的孩子在白天黏人、哭诉、发脾气的可能性也较低。

"没法让他离开我们的床"

而且，实施了无规则养育或者采取了某种特殊做法——例如使用家庭床——的父母，在孩子进入幼儿期后常常改变主意（见本章末尾尼古拉斯的故事，第 292~294 页）。他们可能打算要第二个孩子或者妈妈准备回去工作了，可他们还是要每晚起来两三次照顾幼儿。我收到无数个处于这两种情况中的父母发来的邮件。毫不奇怪，这些父母此时迫切地想要纠正孩子的睡眠问题，特别是那些一直把孩子带到他们自己的床上睡觉的父母。网上的这个帖子就是绝望的父母的典型例子：

> 我们有个男孩，现在 19 个月大，他一直睡在我们的床上。我们现在准备要第二个孩子了，这种情况需要改变！我们不太敢尝试某些方法——像随他哭等等……太让人心碎了……谁能给点建议吗？

如果是一个婴儿，很容易找到理由，"他长大就不会这样了"或者"他只是在经历一个阶段而已"。父母们还会因幼儿的睡眠问题而感到尴尬。他们害怕听到这样的话："你是说他在半夜里还会弄醒你?"特别是如果另一个孩子就要出生了，或者缺乏睡眠影响了他们的工作，那么他们会担心：我们还能睡一晚上好觉吗？这里要提醒你：仅仅因为你需要晚上睡个好觉，并不意味着你的孩子准备好了，特别是如果你没有采取过正确的措施帮助过他。

有时候，父母会欺骗自己。很多父母坚持说他们已经"做了一切可能的事情"——就像一位英国妈妈克劳迪娅在下面的邮件中说的那样——来帮助孩子养成良好的睡眠习惯。同样，我们需要仔细斟酌一下字里行间的意思：

> 嗨，我的问题是，我觉得我已经做了一切可能的事情来帮助爱德华睡一整晚并且自己平静下来，现在我已经无计可施了。关于就寝时间，我们有一个很好的常规程序，99%的情况下他都能自己睡着并且不哭。我们从来不在睡觉前拥抱他，我也从来不喂他睡觉。他不用安抚奶嘴，他有一个特殊的东西"哞哞"。
>
> "什么都试了，依然不能睡一整晚"
>
> 晚上他会醒，而且总是在不同的时间醒，醒后哭着要我们。通常我们会等一会儿，看他是不是会重新睡着，有时候他会自己睡着。不过更多的时候不会，他开始变得很激动，这时我们有一个人会进去，但是不和他说话，只看他是否躺着，"哞哞"是否在身边。哈里和我让他从他的大杯子中喝一小口水，然后我们就离开房间，而他往往会接着睡。听起

287

来不像有什么大事，但是我做着兼职工作，晚上他上床睡觉后我要在家做准备工作，如果我晚上的睡眠被打断至少两次，有时甚至更多，对我来说真的很辛苦，而且事后我常常无法再入睡。

如果我们试着不进去，最后他会站在他的小床上哭得满脸鼻涕，因为哭得太厉害，他就无法安静下来自己接着睡了。

克劳迪娅做了很多正确的事情：建立良好的就寝程序，避免喂着睡觉，给儿子安慰物。但她也误解了我的一些建议。摇晃婴儿睡觉和拥抱他不是一回事。老实说，这个妈妈看起来有点死板。她没有意识到自己已经做了一些无规则养育的事情，尽管初衷是好的：爱德华每次醒来时她或哈里都会给他水喝。那杯水成为了他的道具。不过，这封邮件中最能说明问题的是最后一段："如果我们试着不进去……"换句话说就是，爸爸妈妈不止一次任由爱德华哭，他当然会"哭得太厉害，无法让自己安静下来接着睡"了。我想问她爱德华不能自己入睡的那 1% 的晚上她都做了些什么，我想知道那个时候她是不是也随他哭。不管怎么说，我知道爱德华的父母没有坚持执行一种方法。当他醒来时，他既不知道如何让自己重新入睡，也不知道他的父母是不是会进来。

我们要从哪里开始呢？首先，克劳迪娅和哈里必须重建信任。我会让他们中的一个人睡在充气床上，这样，当爱德华醒来时他或她会在他身边，帮助他再次入睡。我先这样做一个星期，这也给了他们一个机会，让他们可以看看爱德华醒来时会做些什么。慢慢地，我会把充气床移出房间（见第 279 页）。但是，当爱德华哭时，他们必须进去采用"放下"法。他们应该等到他站起来，然后马上让他躺下。他们还必须让他戒除喝水的习惯，给他一个不会溢出的吸杯，如果他渴了可以自己喝。

遇到这样的例子，我会让克劳迪娅和哈里坐下，向他们解释是他们让爱德华变成这样子的，现在他们必须坚持到底，哪怕会扰乱他们一两个星期的睡眠；否则的话，他们可能会好几年都睡不安稳。

亚当，噩梦般的幼儿

马琳第一次打电话给我说亚当的事时，她是哭着说的。"真是噩梦啊……不，他就是噩梦。"她说的是自己 2 岁的儿子，"他不肯睡在自己的床上，一晚上要醒两三次，醒来后就转悠。有时候他想爬到我们的床上，有时候只是要水喝。"问了几个问题后，我知道了亚当是个活跃型的孩子。

> "醒来转悠，经常想爬到我们床上"

"如果我坚持自己的态度，"马琳解释说，"那么整个过程就是意志之争，这让我和丈夫很难应付。亚当非常固执，想要控制局面。比方说，如果他在玩，我想走出房间，他会生气，哭着说："不，妈妈，不要离开。'要说这是分离焦虑，是不是晚了点？我们有时候很难保持理智。"

首先，我们要应对的是一个活跃型婴儿，而且正好是在"恼人的 2 岁"时期。我马上知道那不是意志之争的问题，而是两年无规则养育的结果。父母一开始时就是在顺从亚当而不是指导他。马琳告诉我："我们在不同的时候试过不同的专家建议，但是都不管用。"我猜那是因为他们不断改变亚当的就寝常规程序。现在是他在操纵着他们。诚然，有些孩子天生就比其他孩子更专横——尤其是活跃型孩子。但是，即使是活跃型孩子也能学会合作，如果指导正确的话，他们也会听从（详见下一章）。

我还怀疑在他们听从的"专家建议"中，他们可能对亚当尝试了控制哭泣的方法。否则，为什么亚当都 2 岁了还坚持要让妈妈一直在他身边呢？马琳很快承认，她的确尝试了控制哭泣法。"但是那也没用。他会大声哭 3 个小时，直到呕吐。"听到这里我倒吸一口冷气。大哭 3 个小时啊。尽管马琳想"让亚当规规矩矩，让他做什么就做什么，能睡一整晚"，但是在这个例子中，在检查其他任何问题之前，显然必须先重建信任。或许 3 个小时的哭本身并不是造成亚当的所有问题的原因，但它肯定是非常重要的一个因素。

这是个复杂的案例，需要一个相当长期的、繁杂的解决方案。显然，这个家庭有一些严重的行为问题必须要纠正。但是，你不能对一个缺乏睡眠的孩子进行强制。我们首先必须回到起点，看看就寝常规程序。亚当的父母要像平常一样给亚当讲故事，拥抱他，但是还要给他一个小托盘，上面放杯水，带到他的床上。他们要向他解释，现在不必再打扰爸爸妈妈了，如果他醒来渴了，可以自己喝水。

更重要的是，我们必须建立起亚当对父母的信任。我们在他房间里放了一张充气床，头3天，当亚当睡的时候，马琳就睡在充气床上。她起初反对这样做，一点也不为晚上7:30就上床睡觉感到高兴。我说："如果你真的不想睡，可以带一本书和手电筒，他睡着后至少你可以看书。"到了第四个晚上，亚当睡着后，马琳就离开了。几个小时后，亚当醒了，于是她又马上进去，在那儿一直待到早上。接下来的晚上，他睡了一整晚。

在第一个星期，我还对马琳说，她必须要特别关注亚当，让他知道自己醒着的时候她会在他身边，他可以依赖她。幸运的是，她能安排出时间，没有感觉到来自其他方面的压力。她会对他说："我们去你的房间玩吧。"一旦他开始玩一个玩具或者开始某项活动，她会很随意地说："我要去洗手间了。"第一天，他很抗拒，但我们有所准备。我让马琳随身带一个定时器。"定时器响的时候妈妈就会回来。"她告诉他。两分钟后，她回到了虽然紧张但微笑着的亚当身边。

到第二周开始的时候，当亚当在房间里玩时，马琳就可以离开5分钟了，每次使用不同的借口（"我必须……看一下我们的晚饭/打个电话/把衣服放到烘干机里"）。这时，也该把充气床拿出亚当的房间了。她没有小题大做——爸爸在亚当吃晚饭的时候把它搬了出去。那天晚上，他们遵循了平常的就寝程序，但是解释了一番："今晚我们要刷牙，读一本书，然后说晚安，就像以前那样。我们关掉灯后我会坐在这儿陪你一会儿。但是当定时器响时，我就要离开了。"他们只把定时器定了3分钟（对一个孩子来说很漫长了），在这个时间里，亚当还不会睡着，并且避免亚当在定时器响时被吵醒。

毫不奇怪，他在第一个晚上就试探了父母，爸爸一关上门他就大声哭了起来。爸爸马上回去——重新定时。"我会坐几分钟陪着你，然后我会离开。"又这样反复了好几次。一旦亚当意识到哭不会带来通常的结果时，他就悄悄地下床，来到了起居室。而爸爸则直接把他送回了他自己的房间，什么也没说。第一天晚上，他们这样做了两个小时。第二天晚上，这种情形只出现了一次。

然后，马琳和杰克开始用定时器让亚当白天也能一个人待在自己的房间里。此时，他一个人玩得更安心了，因为在马琳的帮助下他已经习惯了一个人玩。尽管我们真正希望的事情是让亚当在早上6点不再走进爸爸妈妈的房间，但是，首先我们必须让亚当有这样一个观念——要待在自己的房间里，直到可以出来。马琳和杰克先把这件事弄成一个游戏："让我们看看你能不能待在你的房间里直到定时器响。"当他成功做到时，他们给他一枚金色的星星。当他有了5枚星星时，他们就带他去一个他以前从来没有去过的公园，作为他待在自己卧室里的"奖励"。

最后，他们对儿子说他可以拥有一个"大男孩钟"了。他们举行了隆重的仪式，送了他一个米老鼠数码钟，告诉他早上那个大大的"7"是如何出现的，并且告诉他那意味着他可以下床了。他们向他演示了闹铃是如何工作的，并解释说："当它像这样响时，表示该起床了，你可以从你的房间出来。"但是，这个方法最重要的部分是：尽管他们把亚当的闹钟定在早上7点，但要把自己的闹钟定在6:30。第一天早上，当闹钟响时，他们站在亚当的卧室门外，并且立刻走了进去。"做得不错——待在自己的床上，直到闹钟响。这绝对该得一枚星星！"第二天早上，他们同样这么做。最后，第三天早上，他们等着看亚当会做什么。果然，他没有出来，直到闹钟响起，他出来时，他们又大大地称赞了他一番。

亚当并没有神奇般地变得更易于合作。他依然几乎在每一件事情上操纵并试探父母。不过，现在至少他的父母在起着主导作用，而不是一味地顺从他。当亚当表现得像个暴君时，他们没有绝望地举手投降，而是采取措施纠正，制定解决问题的方案。在接下来的几个月中，尽管亚当有时在就寝时会试图拖延时间，晚上偶尔会醒，但是比起马琳刚联系我时，他的睡眠以及行为问题好多了。你在下一章中将会看到，当孩子太累或者缺乏睡眠时，处理行为问题总是一场艰难的战争。

尼古拉斯：（夜间）依赖吃奶来睡觉的婴儿

我引用尼古拉斯的例子是因为它反映了一个越来越普遍的现象：2岁的孩子（有时更大）不仅依然在吃奶，而且不吃奶就睡不着。尼古拉斯23个月大时，安妮给我打来电话："他就是不睡，除非在我怀里吃奶，不管是晚上还是白天。"我问她为什么要等到现在才处理这个问题。"哦，格兰特和我一直跟尼古拉斯一起睡，因此晚上对我来说真的不算麻烦。但是我刚发现我怀孕4个星期了，我真的很想在另一个婴儿出生前给尼古拉斯断奶，让他睡在自己的床上。"

> "需要吃着奶睡觉；依然睡在我们的床上——新的婴儿就要出生了"

我对安妮说她要遭遇持久战了，因此最好现在就开始采取措施。我先问她："你确定要给他断奶吗？你的丈夫愿意帮助你吗？"这两个问题都是方案成功的关键。安妮必须马上给尼古拉斯断奶，这在白天可能容易点儿，因为在他想吃奶的时候，她可以用活动或点心分散他的注意力。在晚上，爸爸必须参与其中，并且发挥重要作用。在这样的案例中，我总是动用爸爸或者其他人，而不是妈妈。毕竟你不想对孩子残忍。如果你一直在哺乳，并且突然间停止，宝宝就不理解妈妈为什么不给喂奶了。然而，婴儿绝对不会期待从爸爸那里得到奶水。

还有一点就是，尼古拉斯23个月大了，现在把他放回婴儿床已经没有意义了。我建议他们给他买一张儿童床，并且在他的房间装一扇门。我解释说解决这些问题没有速效法，最理想的情况下也需要两个星期的时间。下面是我为这家人设计的方案：

第一天到第三天。 我们首先需要让尼古拉斯离开父母的床，先让他从睡在他们中间过渡到睡在他们旁边。安妮和格兰特买了一张新的儿童床放在尼古拉斯的房间里。他们把床垫从床上拿下来，放在他们的床旁边爸爸睡的那一侧。第一天晚上，尼古拉斯哭了，不断地想要爬进父母的床，睡到安妮旁边。每一次爸爸都会介入，采用"放下"法，把他放回到床垫上。他撕心裂肺般地哭，脸上现出震惊和愤怒的表情，好像在说："嗨，我们已经这样做了两年了。"

那天晚上，没人能睡得很好。因此，第二天晚上，我建议安妮睡在客厅。这样，至少当尼古拉斯爬到他们的床上时，她不在床上。而且因为她正在给儿子断奶，必须好好照顾自己——穿紧身胸罩，一定要休息好。（如果安妮说她担心半夜她会进去"救"格兰特，那么我会建议她去父母家或朋友家过夜。）

第二天晚上，格兰特就像头一天晚上那样介入。不管尼古拉斯哭得多么厉害，他一直采用"放下"法。我提醒过他，不要到尼克的床上陪他——如果必要的话，他可以跪在床旁边。他还不停地说："妈妈不在这儿，我会握着你的手，但是你必须睡在自己的床上。"格兰特忠于职守，一直坚持着。发了两三次脾气后，尼古拉斯终于生平第一次在自己的床上睡着了。第三天晚上麻烦更少，但是问题还没有解决，还远着呢。

第四天到第六天。第四天，我建议安妮和格兰特告诉尼古拉斯作为对他睡在自己床垫上的奖励，他可以为自己的房间挑选他专用的床单和枕头。他选了他最喜欢的巴尼兔。妈妈向他解释说，现在他们要把床垫放回他的房间，放在他的新儿童床上，铺上他的新床单。

那天晚上，安妮回到自己的床上睡觉，格兰特在尼古拉斯的房间里放了一张充气床，就放在尼古拉斯铺着巴尼兔床单的新儿童床旁边。他们还在尼古拉斯的房间门口处安装了一道门。尼古拉斯在就寝时非常生气，这可以理解。爸爸一再向他保证他会陪着他，要不然的话，尼克就会不断地下床。当然，开始时他不断地尝试着这样做，当格兰特过去把他放下时，他的脚一沾上床垫，就挣扎着要站起来。我提醒过格兰特："小心，不要把'放下'法变成一场游戏。"有时候，在这个年龄的孩子如果发脾气，而你不断地让他躺下，他会想：哦，这很好玩，我站起来，爸爸把我放下。我告诉格兰特，不要和尼古拉斯有眼神接触，什么话也不要说。"现在对你来说身体接触就足够了。"我解释说。

第七天到第十四天。第七天，格兰特把充气床逐渐往门边移。我对格兰特说："把充气床拿出房间可能还要一个星期的时间，你必须坚定、坚持。当你准备好时，不要尝试骗他或者偷偷摸摸地干，而要明确地告诉他：'今晚爸爸要睡在自己的房间里。'"

到此时为止，安妮并没有参与多少。当涉及断奶问题时，最好由爸爸来做，如果他愿意的话。一旦爸爸开始做了，就应该坚持就寝程序，不要回去找妈妈。毕竟这两年来，安妮让尼古拉斯吃着奶睡觉，并且允许他睡在他们中间。（如果是单身母亲，或者如果爸爸不愿意参与，那么妈妈可以请其他人来帮助她至少三个晚上，直到吃奶不再是问题，见第117页方框。如果不这样做，她很可能会让步，给孩子喂奶。）

这件事的结果就是，第一周结束时，尼古拉斯断奶成功。到第二周结束时，爸爸还睡在尼克房间里的充气床上。安妮为自己重获自由而兴高采烈，但格兰特对睡在儿子的房间里已经很厌烦了，父母二人都觉得可能一起睡根本不是问题，至少尼古拉斯不再依赖吃奶来睡觉了。"一起睡适合我们。"安妮解释着他们的决定，"我们打算让尼古拉斯继续跟我们一起睡。等新婴儿出生后我会把他或她放进摇篮里，那时我们再另想办法。"

我经常遇到这样的情况，即使结果没有达到既定目标，父母也满意了，因为他们想不出一个真正有效的方法来，不想再麻烦，或者他们改变了主意。这个案例中可能三种原因都有。我们有什么资格评判父母做出的某个决定呢？事实上，我总是对客户说："如果有效，那就好——那是*你们的家*。"

第 8 章

教育幼儿
教给孩子情感适应能力

"让孩子高兴"的流行病

"考特妮在此之前一直是个天使型的孩子。"卡罗尔因其 2 岁的女儿第一次打电话给我时强调道："但是突然之间，如果什么事不如她的意，她就开始发脾气。如果我们没有抱起她或者没有给她想要的玩具；或者如果另一个孩子在秋千椅上，而考特妮想上去，她就会大发脾气。真的很让人心烦，特里和我不知道该怎么办。我们已经给了她爱、关注，以及一个 2 岁孩子可能想要的任何东西。"

当父母强调说孩子的行为"不知因何而起"时，我总是会怀疑。除非有某种家庭巨变或者灾难性事件，孩子的情感反应通常不会没有预兆。更可能的情况是，大发脾气在开始时只是小情绪的爆发，随着孩子年龄的增长，如果没有人告诉孩子这种行为是不可接受的，那么最后就会变成大发脾气。

"她发脾气时你做了什么？"我问，希望了解卡罗尔和特里是如何处理考特妮的情绪的。所有的孩子都有情绪，重要的是父母如何作出反应。"你以前对她的这种行为说过'不'吗，或者有没有试过阻止她这种行为？"

"没有，"卡罗尔说，"一直没必要这么做。我们千方百计逗她开心，教她东西。我们从不希望让她感到好像我们忽视了她或者抛弃了她。我们总是努力不让她哭。因此，我想我们已经给了她想要的任何东西。这很管用——她是个很快乐的孩子。"

几天后，我在他们的家中见到了这对可爱的父母，两个人都将近四十岁了。卡罗尔是一个美术设计师，在家待了一年照顾考特妮，现在一周工作两天半。特里开着一家五金店，因此，通常不会很晚回家。大多数工作日的晚上，他们都会一起吃晚餐。听着这对父母谈论着考特妮——他们努力了好几年之后才怀上的一个期待已久的孩子——很明显，两个人都深爱自己的女儿，他们的生活重心就是围绕着她打转。

考特妮长着一头卷卷的红发，很可爱，就她的年龄而言，口齿非常伶俐，是个既快乐又讨人喜欢的孩子。当她带我去她的房间时，我很怀疑她和她妈妈描述的那个女孩是否是同一个人。一走进她的房间，我就意识到卡罗尔和特里的确给了他们的孩子想要的一切东西。小女孩卧室里的东西简直比玩具反斗城里的还要多！架子上堆满了市场上能够买得到的教育、娱乐新玩意儿。一整面墙的书架上面摆满了图画书，另一面墙那儿放着考特妮自己的电视机和DVD/VCR。她拥有的录像带数量会让好莱坞巨头妒忌。

我和考特妮一起待了几分钟后，卡罗尔进来说："现在我要带特蕾西去书房了，亲爱的，这样爸爸和我才能跟她谈话。"考特妮愣了一下。"不！我想特蕾西跟我玩。"我安慰她说几分钟后就回来，但是她一点儿也听不进去，这时，我看到考特妮躺在了地上，两腿乱踢乱蹬。卡罗尔克制着温柔地对她说着话，想把她抱起来，但考特妮就像一头小野兽。我故意袖手旁观，因为我想看看爸爸妈妈对孩子发脾气是如何反应的，这对我很重要。爸爸跑进了房间，卡罗尔显然很尴尬，就像很多父母那样，采取了快速解决问题的权宜之计。"来，考特妮。特蕾西不走。跟我们一起到书房怎么样，我们喝茶的时候我会给你一块饼干。"

卡罗尔和特里就像我这么多年来遇到的很多父母一样。尽管他们给了孩子一切，但有一样重要的东西他们没有给：限制。而且更糟糕的是，他们的给予经常是对孩子情绪的回应。当考特妮难过或者生气的时候，他们会自责，因此给她大量的玩具来分散她的注意力。当考特妮哪怕只有一点点抗拒的时候，他们总是让步，每一次让步都强化了孩子操纵他们的能力。

卡罗尔和特里正是"让孩子高兴"的流行病的受害者。虽然晚育的父母和工作的父母特别容易患上这种病，但这是一种超越年龄、经济条件、国家或者文化的现象。我在旅行中发现——不仅全美国，世界其他地方也一样——现在的大多数父母在管教自己的孩子时都遇到了困难，因为他们似乎认为自己的职责就是让孩子开心。但是没有人能够始终开心——生活不是那样的。父母需要帮助孩子确认和处理他们感觉到的所有人类情感。如果不这样做，他们就是在剥夺孩子学习如何自我安慰、如何在世界上生存的权利。她需要能够听从指导、和其他人来往、从一种活动转变到另一种活动，所有这些都是情绪适应能力。

因此，我们要少操心一点如何让孩子开心，多操心一点如何培养他们的"情绪适应能力"。这不是要保护孩子不受自己情感的影响，而是要给他们应付日常生活中的烦躁、无聊、失望和挑战的能力。要做到这一点，我们就要为孩子设定限制，帮助他们理解自己的情绪，并指导他们如何处理自己的情绪。当你处于主导地位时，孩子可以依靠你，知道你说的话是算数的。

情绪适应能力可以加强父母和孩子之间的亲情纽带，因为它使孩子从出生第一天起就充分地信任你。这对成长中的孩子极为重要——毕竟，你希望他们知道当自己害怕、生气、兴奋的时候可以来找你，他们可以告诉你他们的感觉，而你不会有过激的反应。

这一章将帮助你检查一下影响情绪适应能力的几个因素：处理失控情绪（例如考特妮的发脾气）为什么重要，以及当孩子情绪失控时该做些什么。我们还要看看做"**客观父母**"的重要性，客观父母知道如何退一步，看清自己的孩子及其行为；同样重要的是，客观父母知道如何不掺杂自己的情绪，这样，他们才能够针对孩子的情绪采取应对措施，而不是否认孩子的情绪。

失控情绪：危险因素

　　即使你的孩子的情感特征在 1~3 岁之间会改变，但是，一个重要的主题始终贯穿于不同的发育阶段：孩子需要父母的指导和限制。你需要教孩子如何区分行为的好与坏、对与错，告诉她如何理解并处理自己的情绪。否则，当她出现非常强烈的情感时会不知道该怎么办。特别是当她面临限制或者界限时，她会变得非常沮丧，会出现我所谓的"失控情绪"。

　　当孩子情绪失控时，她不明白自己是怎么回事，也没有能力阻止情绪变得越来越坏。毫不奇怪，容易情绪失控的孩子在社交场合常常被排斥。大家都知道我说的是哪种孩子（"我们以前会邀请博比来玩，但是他太野了，我们只好不让他来了"）。而这不是可怜的博比的错。没有人教过他如何控制情绪，或者情绪失控时该如何处理。的确，开始时他可能是一个活跃型的孩子，容易闹情绪，但是脾性不一定就是命中注定的。情绪失控也可能会导致孩子长期欺负人，这实际上是在把不受抑制的情绪和挫败感发泄到其他人身上。

　　正如下页表格所概括的那样，有四种因素可能会导致孩子情绪失控：**孩子的脾性、环境因素、发育问题**，还有一个可能是最重要的因素：**你的行为**。显然，这四种危险因素是共同起作用的，尽管有时候其中一个是主要原因。在表格后面的几节中，我会简单说一下每一种因素。

失控情绪：导致因素			
孩子脾性以及情感／社交类型	环境因素	发育问题	父母的行为
孩子更容易情绪失控，如果他们有比较容易受影响的…… · 脾性（坏脾气型、活跃型和敏感型） · 情感／社交类型（随和但害羞，高度活跃，过度敏感）①	孩子更容易情绪失控，如果…… · 严格地说，他们的家人没有采取适当的儿童保护措施 · 他们没有地方可以发泄郁积的情感 · 家里有变化或者混乱	孩子更容易情绪失控，如果他们正处于…… · 分离焦虑中 · 无法运用语言自我表达的阶段 · 可怕的 2 岁 · 长牙期	孩子更容易情绪失控，如果父母…… · 很主观，不客观（见第 309 页方框） · 没有把不良行为扼杀在萌芽阶段 · 前后不一致 · 标准不同，彼此争论 · 没有让孩子对即将出现的、可能会有压力的事情做好准备

孩子的情感/社交类型

某种脾性的孩子更容易发脾气——敏感型、活跃型、坏脾气型的幼儿在情感状态方面都需要给予更多的关注。例如，杰夫（见第 305 页）是个敏感型的孩子，遇到新情况时总是需要更长的时间才能放松下来。如果他的妈妈在他准备好之前催促他去和其他孩子一起玩，他就会大哭。除了孩子一出生我们就能看到的脾性外，他们还会在**人际**

---

①脾性类型的概述见第 42～46 页，情感／社交类型见第 299～301 页。

关系中形成某种情感 / 社交类型。

快活的孩子在小组内会玩得很愉快。你可以申斥她的不端行为，她很容易就能明白。她很乐意和别人分享她的玩具，甚至还主动把自己的玩具拿给别的孩子玩。在家里，通常你让她做什么她就做什么。例如，她会把玩具收好放起来，而不会抱怨。这样的孩子常常是小组的领导者，但她并不追求主导地位。其他孩子会很自然地受她吸引。你不需要做任何事情来完善这种孩子的社交生活，她在大多数情况下都能自然地融入小组并且很容易适应。快活的孩子多数属于天使型和教科书型，但是，有些活跃型的孩子也可以归为这一类，如果他们的父母把他们旺盛的精力疏导到适当的活动中去的话。

随和但不自信的孩子会自己玩。在家的时候，这种孩子很安静，通常不会随便哭，除非弄疼了自己或者累了。这样的孩子通常会仔细观察其他孩子之间的互动。如果他有一个玩具，而另一个更好斗的孩子想要，他通常会马上放弃，因为他看到了其他孩子是怎么做的，他感到害怕。他并不像过度敏感的孩子那么害怕，但你必须注意把他置于了什么样的境况中。让他接触其他孩子、接触新的环境对他有好处，但是，你一定要坐在一旁陪着他。对于他的不合群不要表现出你的担心，要把它看做他自信可以一个人玩的表示。你可以试着拓宽他的社交生活面，安排他跟其他随和但不自信的孩子，或者跟他合得来的快活的孩子一起玩。很多坏脾气型的孩子以及一些天使型和教科书型的孩子都可以归入这一类。

过度敏感型的孩子。最小的刺激也会扰乱他的情绪。这是那种在婴幼儿时期经常被父母带在身边的孩子。在新情形中，他喜欢待在父母身边。在一个小组中，他可能会坐在妈妈的腿上，看其他孩子玩，自己却不加入。他很容易哭（他看上去就好像在生全世界的气）。如果另一个孩子离他太近，抢他的一个玩具，甚至妈妈关注另一个孩子都会让他发脾气。过度敏感型的孩子也很容易生气，因为他们太容易沮丧。重要的是，父母要有足够的耐心允许这种孩子慢慢来，并且在让他进入新情形时也要小心。很多敏感型的孩子和一些坏脾气型的孩子都可以归为这一类。

高度活跃的孩子精力旺盛。这类孩子会过度自信，甚至好斗，容易冲动。尽管大多数幼儿认为所有的东西都是自己的，但是，高度活跃的孩子更加坚决。她非常强悍、老练、粗鲁。她很快就能意识到可以用打、咬、踢或者动用其他方式的武力得到她想要的东西。如果你试图强迫与她分享，她可能会尖叫着大发脾气。其他孩子常常把她看做小组中的坏蛋。这些孩子需要参加大量的活动来疏导他们的精力。对父母来说，重要的是了解什么东西会让她脾气发作，要注意她将失控的迹象，并阻止她发脾气。高度活跃的孩子很适用于行为纠正——当他们表现良好时给他们大量奖励。通常，活跃型孩子属于这一类，有些坏脾气型孩子也是。

脾性是相当稳定的，而情感／社交类型会随着孩子的成长而改变。随和但不自信的孩子可能最终会"离开自己的壳"，开始与人交往。高度活跃的孩子到了上幼儿园时可能会变得温和一些。但是，所有这些变化通常都是在父母的指导下发生的。这就是父母和孩子之间的"吻合度"（见第56～59页）依然很重要的原因。父母的脾气可能与孩子的个性相抵触或互补。随着孩子逐渐长大，我们会在更多的情形中对此有更深入的了解并看到其相互影响。但是，审视自己也很重要——了解我们自己的弱点在哪里，并且知道孩子可能会按我们哪里的死穴。如果我们成熟、理智，就能按照对孩子最有利的方式行事，这是"客观父母"的要素，这一点我会在第309～316页加以解释。

环境因素

1～3岁正好是幼儿理解能力和自我意识迅速增长的阶段，因此，他们对环境变化特别敏感。即使成年人不认为自己2岁的孩子能够理解家里发生的事情——比方说，离婚或者家人去世——但孩子就像情感海棉一样。他们能够迅速注意到父母的情感；他们能够知道家里有什么事情发生了变化。如果你搬了新家，有了新宝宝，改变了日常生活（比如回去上班），或者一位家长患感冒在家卧床一周——这些以及其他不寻常的事情都会对孩子的情感产生影响。

同样，如果你的孩子刚加入一个新的玩耍小组，或者刚遇到一个孩子（正好是个喜欢欺负人的小恶霸），都会造成一些影响——孩子更易哭，更好斗，更黏人。像成年人一样，孩子之间也会有适应不适应的问题，哪怕才 9 个月大的孩子。如果你把某些类型的孩子放在一起，其中一个孩子很可能会情绪失控。因此，如果你的孩子最后总是会跟人打架——不管是欺负人还是被人欺负——如果最后总是有人流血，这样是不行的。要尊重你的孩子对他人的好恶。对待家人也是一样。他可能不喜欢爷爷或者某个上了年纪的阿姨。要给孩子时间，但不要强迫。

当然，生活中总是会有不愉快的事情发生。我不是建议把孩子置于鸡蛋壳里，而只是说你需要留意观察他身边发生的事情，他可能需要多一点的指导与保护。

再者，幼儿需要一个安全的地方来发泄。如果你家里没有采取适当的防护措施，而你总是要跟在孩子身后说这个不行，那个不要碰，那么我向你保证，你的孩子很快就会感到沮丧，你正在培养一个好发脾气的孩子。你需要把一些不易打碎的、不那么昂贵的东西留在外面，并要告诉孩子有些东西只能在父母的帮助下才能触碰。还有，婴儿时期的玩具已经不适合幼儿了，而且，更新孩子的环境使之更加刺激并更富有挑战性很重要：扔掉旧玩具，跟孩子玩更富有挑战性的游戏，在室内和户外给他创造一个安全的空间，使他在那里可以闲逛、探索，使他可以安全地探险，而无需你担心他的安全。特别是在寒冷的隆冬季节，孩子（以及成年人）可能会得幽闭烦躁症，你要给他们穿上暖和的衣服，让他们到外面呼吸新鲜的空气、踢球、在操场上奔跑、堆雪人。

发育问题

孩子在某些时期的情感动荡会比其他时期更严重（整个幼儿期）。当然，你不能也不想阻止孩子的正常发育，但你可以密切注意孩子难以控制情绪的那些阶段。

分离焦虑。我之前已经讨论过，分离焦虑通常开始于孩子7个月左右大的时候，在有些孩子身上可能会持续到18个月大。在有些孩子身上，你几乎觉察不到分离焦虑；而对于另一些孩子，父母必须特别小心地建立起信任（见第59~61页）。如果孩子还没有准备好加入到其他孩子中，你就强迫她从你的腿上离开，那你就不要奇怪孩子变成了一个歇斯底里的幼儿。要给孩子时间，要尊重她的情感，安排她和其他性格温和的孩子一起玩儿，而不要让她和高度活跃的孩子一起玩耍。

词汇不够。如果你的孩子正在经历大多数孩子都会经历的这样一个阶段：他知道自己想要什么，但是却表达不出来，那么你们两个人可能都会很沮丧。例如，他指着橱柜，呜呜地哭。你要把他抱起来，对他说："指给我看你想要什么。"紧接着再说："哦，你想要葡萄干。你能说'葡萄干'吗？"他此时可能还不会说，但你正在帮助他发展语言能力，而这个过程就是这样开始的。

生长突增期以及活动能力增强。正如前面几章所说的那样，进食、睡眠、生长突增期和身体发育——例如学爬或学走——都会影响孩子的睡眠。反过来，缺乏睡眠的孩子可能会变得更加敏感、更有攻击性，或者第二天心情不好。如果你知道孩子头一天夜里睡得不安稳，那么这一天就要活动少一些。当孩子不在最佳状态时，不要开始任何新的活动。

长牙。长牙也会让孩子觉得更加脆弱，这反过来会导致情绪失控（见第150页方框）。如果父母为孩子感到难过，并且忘记为其行为设定限制，而对任何事情都以"哦，她正在长牙"为借口，那么孩子情绪失控的可能性更大。

2岁时期。这是父母能够恰如其分地说"不知道怎么回事"的一种情形。好像你的孩子一夜之间就变了，前一分钟他还很可爱，很温顺，而下一分钟他就变得抗拒、难缠，情绪变化可能非常突然。他开心地玩着，你一眨眼……他突然大声哭起来。2岁并非一定是"恼人"的，特别是在你很早就开始培养孩子的情感发育的情况下。在这个不稳定的发育阶段，你必须更加警惕地预防他情绪失控，更努力地坚持，让你的孩子知道他能做什么，不能做什么。

父母的行为

尽管上述因素都可能会导致孩子情绪失控，但是，如果一定要把这四种因素按其重要性排序的话，我会把"父母的行为"列为第一位。诚然，父母导致孩子产生不端行为的情况不会比促进孩子正常发育的情况多。但是，他们对孩子的某个阶段或者某种挑衅、好斗或者发脾气行为的回应方式，将既可能有助于在将来控制这种行为，也可能会延长这种行为存在的时间。

客观父母与主观父母。在第 309 页方框中，我总结了**客观父母**——受孩子需要的驱动——和**主观父母**——受自己情绪的驱动，没有用公正的眼光看待孩子或者孩子的行为，这使得他们很难做出正确的回应——之间的差异。事实上，主观父母要么对孩子的行为不加干预，要么做得不对，这就在无意中延续了孩子的问题。让我们实事求是吧：没有人希望自己的孩子打人、说谎，或者把她的小卡车猛力掷到另一个孩子的额头上。但是，如果我们不插手，实际上就是在原谅这种行为。

双重标准。你不能在家里一套规矩，到外面又是一套规矩。但常常出现的情况是：当孩子第一次做了某件不对或者令人不快的事情时——扔食物，攻击行为，发脾气——他的父母会笑。他们觉得那很好玩，或者觉得孩子长大了，或者认为那是他的活力的表现，而没有意识到他们的笑是对孩子行为的一种强化。然后，当孩子在外面做了同样的事情时，他们就会尴尬不已。但是，如果允许孩子在家里扔食物，他们还能指望他在餐馆干什么呢？孩子不理解为什么爸爸妈妈这次笑，下次不笑，因此他会再做一次，好像在说，**怎么不笑呢，伙计？你们以前是笑的。**

当父母意见不一致时——另一种形式的双重标准——也可能会让孩子情绪失控。一个人可能特别和蔼，觉得孩子做的一切事情都很好玩、很棒或者很勇敢；而另一个人却拼命地想要教他礼貌。举例来说，妈妈很担心，因为小查理在金宝贝早教班上打其他孩子。她回到家把这件事情告诉了爸爸，可是爸爸却不以为然。"哦，他只是保护自己而已。我们可不希望他吹口气就倒，是吧？"他们还可能当着孩子的面争执，这绝不是个好主意。

孩子在不同的大人面前的行为当然会有所不同，这是很自然的。但是，如果家里有"不准在起居室里吃东西"的规矩，那么，妈妈一离开家，爸爸就蜷在沙发上和儿子一起吃薯条可不太好，特别是他还对小男孩说："妈妈会生我们的气的，我们不要告诉她我们在这里吃东西。"

缺乏情感上的准备。如果父母没有花时间让孩子在面对有压力的环境时做好充分的思想准备，那么无意中就可能使孩子情绪失控。在幼儿的眼里——你必须从这个角度考虑即将发生的每一件事情——有压力的情形包括任何事情，从普通的玩耍约会、看医生，到生日派对等。例如，我的一个朋友要在家里为她的孙子举办 2 岁的生日会。那天，我碰巧到的较早，就在那儿看他们在后院搭起了一座城堡，还在上面系了大概 500 只气球。对一个成年人来说，这很奇妙，但可怜的小杰夫对于父母的计划一无所知。那天傍晚，当他们把他带到后院时，他吓得不知所措。那里有一个全副武装的海盗，很多小孩子——一些跟他同龄，还有几个比他大，以及大约 30 个大人。杰夫极度沮丧，可怜的小家伙。第二天，他的奶奶说："我不知道这个年纪的孩子是不是会不领情，但是整个派对期间他都在我的卧室里，和我待在一起。"不领情？杰夫才 2 岁而已，没有人帮助他做好准备，甚至没有人告诉他将有一个生日派对。他们指望会发生什么事呢？他们把那个小家伙吓着了。我不得不对奶奶说："老实说，这个派对是为谁举办的？"她有点发窘地看着我："我明白你的意思了——实际上更多是为大人和大孩子们准备的。"（也可参见第 62 页"破坏信任的因素"。）

对主观父母的剖析

当父母说"约翰尼不肯……"或者"约翰尼不听……"时，真的很影响我的心情，就好像他们和孩子的行为全无关系似的。本章一开始我就说过，现在有太多父母极为害怕孩子不高兴，他们让孩子掌控了事情的发展。他们担心，如果为孩子设立限制，孩子就会不再爱他们。他们也可能是不知道如何把孩子的不端行为消除在萌芽状态。而且，当他们终于想要解决问题时，要么三心二意，要么缺乏一致性。更为糟糕的是，由于他们干预得太晚，导致孩子的不端行为更难以被及时阻止。父母也因此会失去耐心，于是每个人都失控了。

如果我们自己情感不适应，就没法教给孩子情感适应能力。在我看来，成年人情感适应能力的基本要素就是客观、后退一步以及正确判断形势的能力，而不能让你的情绪主宰你的反应。我不太常收到客观父母的信件，大多数跟我联系询问有关行为问题的父母都是主观父母。他们在不知不觉中按照**他们自己的感觉**行事，而不是从对孩子最有利的角度行事。这并不是说客观父母无视自己的感觉；正好相反，客观父母很清楚自己的情绪，但是他们不像主观父母那样被自己的情绪所支配。

例如，18个月大的赫克托在一家鞋店发脾气了，他看到柜台上有一个装满棒棒糖的大鱼缸，他**当即**就想要一根。主观的父母马上就会想，哦，希望他不要当众吵闹。她可能会先试着跟赫克托讨价还价（"回家后我会给你一根无糖棒棒糖"）。对这种讨价还价她很可能已经有长期的惨痛教训了，因此，赫克托每提出一个要求，她的怒气以及内疚感（"一定是我让他变成这样的"）就会增加。当赫克托开始呜咽继而哭起来时，她更加生气了，认为赫克托的行为是针对她的（"我真不敢相信他竟然又这样对我"）。但是，跟孩子当众争执会让她很尴尬，所以当他赖在地上开始用拳头捶她的脚时，她投降了。

当父母主观的时候，他们会根据自己的情绪作出反应，而不是抛开自己的情绪，对孩子的内心情感作出反应。这是因为主观父母往往把孩子所做的每一件事情都当做是他们自己的反应。他们很难接受孩子的脾性（"通常他是个天使"），并且经常试图劝孩子放弃自己的感觉（"好了，赫克托，你不想要棒棒糖。那会破坏你的胃口"）。她不敢说出自己真正想说的话，那就是："不，现在你不能吃那个。"

因为主观父母非常认同孩子，因此，孩子的感觉可能也正是他们的感觉。他们在处理孩子的情绪问题时往往有困难，尤其是生气和伤心这两种情绪。这可能是因为他们无法处理自己的强烈消极情绪，也可能是因为孩子让父母想起了自己——或者两者兼而有之。毫不奇怪，主观父母对孩子没有明确的界限，他们的行为更像孩子的同龄

托　词

主观父母经常为自己的孩子找借口，或者为孩子的不端行为辩护。他们谈论他，而不是真正去解决问题，这对促进情感适应能力没有任何作用。更糟糕的是，这会延迟现实生活中一些必然会产生的问题。当有客人或者跟孩子在外面时，父母经常会说这样的托词：

"他只是饿了，他饿起来就这样。"

"她今天心情不好。"

"你知道他是个早产儿，而且……"（下面是另一个借口。）

"这是家族遗传。"

"她在长牙。"

"他是个漂亮的男孩，我非常爱他，但是……"（他们不得不承认他是个出色的孩子，但他们真的不接受他的性格，希望他能魔术般地变成他们梦想中的孩子。）

"大多数时候她都是个天使。"

"他爸爸经常加班，家里只有我，我不希望总是对他说'不'。"

"他累了，他昨晚睡得不好。"

"他不舒服。"

"我不担心——他长大就好了。"

人，而不像是父母。以建立孩子的自信为名，他们无休止地讲道理、解释、哄骗，但就是很少说："我是家长，这是不可接受的。"

当一位妈妈对我说"他跟他爸爸（或者外婆）在一起时很乖，但是跟我在一起就不行"时，我会怀疑她是主观父母。这可能是因为她的期望值比较高——更多地反映了她想要什么，而不是幼儿能做什么。她必须扪心自问自己是否现实。幼儿不是小一号的成年人，他们还要经过很多年才能够控制住冲动。或许，这可能是爸爸确实更擅长让孩子举止得体，因为他让孩子知道了对错，当孩子越界时爸爸会纠正他。因此，妈妈应该问自己："有什么事情我丈夫（或者我妈妈）做了，而我没有做？"

主观父母的孩子会变成操纵及情感勒索方面的专家。所有的孩子，特别是幼儿都会试探父母的界限，而且当父母意见不一并且没有界限时，孩子就会知道。这不是说孩子坏，他们只是在做父母无意中教会他们的事情：为自己想要的东西斗嘴、争辩、游说，如果不管用，就大发脾气。因此，即使像"好了，该把你的玩具收起来了"这样简单的事情，主观父母都会遇到一场战争。"不！"孩子嚷道。于是妈妈再试。"好了，亲爱的，我来帮你。"她开始把玩具放到架子上，而她的儿子却一动不动。"一起来吧，亲爱的，我可不想就我一个人做。"他还是不动。妈妈看了看钟表，意识到快到做晚饭的时间了，爸爸很快就要回家了，就默默地把其他玩具收拾好。自己做比较快，比较容易——她大概是这么想的。但是，她实际上刚教会了她儿子：（1）她说话不当真；（2）即使她是当真的，他只需要说"不"，然后哭哭啼啼就行了，而不必听。

毫不奇怪，主观父母在孩子失控时，经常会觉得不解、尴尬和内疚。他们会从狂怒摇摆到对孩子的过度或不应有的赞扬。如果他们自己的父母过分严格，或者他们从其他父母那里感觉到有个"好"孩子的社会压力，那么，他们就会害怕让孩子不高兴或者觉得他们不爱他。而且，当孩子在某方面行为不端时——所有的小孩子都会这样——他们不是客观地收集证据，并认识到一种不好的模式正在形成，而是无视孩子的行为或者为其找借口（见第307页方框"托

主观养育与客观养育对比	
主观父母……	客观父母……
·认同孩子的情绪。 ·从自己的内心出发做出反应——他们自己的情感碍了事。 ·经常觉得内疚，因为孩子所做的事情反应了他们自己。 ·给孩子的行为找借口，辩护。 ·不调查发生了什么事。 ·无意中教会孩子坏行为是可以接受的。 ·过分称赞孩子或者在孩子不值得称赞时称赞他。	·把孩子看做独立的人，而不是他们的一部分。 ·根据情况做出反应。 ·寻找能够解释她的行为的线索，收集证据（见第312~316页）。 ·教孩子新的情感技能（解决问题，推断因果，谈判，表达情绪）。 ·让孩子应付后果。 ·适当运用称赞——也就是说，如果孩子一件事情做得好，或者表现了良好的社交技巧，例如友善、分享和合作，就给予奖励。

词"）。主观妈妈会先给孩子找借口，试着说服或者安抚孩子，然后随着孩子行为的升级，她会步入另一个极端而发脾气。她会对自己说，发脾气是因为儿子逼她太甚。但是，实际上是她自己让内心的不满逐渐积累，最后像火山熔岩一样爆发出来。

关键问题是，主观父母采取的是一种特别危险的无规则养育方式。当主观父母不断地向孩子的要求让步时，会让孩子觉得自己很厉害，并使得他的坏行为延续下去。同时，允许孩子控制父母，使得主观父母失去了自尊和尊重。我们不仅生孩子的气，还对周围所有的人不满。这完全是一个双输的局面。

成为客观父母

如果你从上述对主观父母的描述中看到了自己的影子，也要打起精神来。如果你正在努力改变旧方法，学习如何做一个客观的父母也不是很困难的。一旦你养成了客观父母的习惯，你将会对自己更加有信心。更可喜的是，你的孩子会感觉到你的信心，并且觉得更安全，因为他知道当他需要你的帮助时，你会在他身边。

要想做一个客观父母，你当然需要成为一个 P.C. （耐心和清醒）父母：接受孩子的脾性，并且留意他在每个发育阶段正在经历什么。一个客观的父母了解孩子的弱点和长处，因此，能提前对各种情况做好准备。她经常能把问题阻止在真正出现之前。她还有足够的耐心审视孩子遇到的障碍——她知道教导孩子需要时间。例如，在我的网站上，一位母亲担心她 16 个月大的儿子对玩具的占有欲太强了，并且在玩耍小组里开始推人、抢玩具。一位客观的母亲——"艾赛亚的妈妈"——分享了她的处理方法：

> 我儿子 16 个多月大，他跟其他孩子一起玩时，我需要在他旁边。这只是暂时的！他现在正在学习分享，学习跟其他孩子一起玩，而我需要教他。因此，我坐在他旁边，向他"示范"该怎么做。如果他变得好斗，我就会握着他的手并帮助他令人愉快地触碰别的小朋友，向他解释他需要对朋友友善。如果他试图拿另一个孩子的玩具，我会握住他的手，解释说："不行，现在比利正在玩那个呢。你玩卡车，比利玩球。你要玩球就需要等。"他讨厌等，会再去拿，但我会再次握住他的手向他解释，如果他尝试第三次，我会抱起他离开。我并不是以此作为一次惩罚或"暂停（time out）"，而只是为了分散他的注意力，确保他不好的行为不会侥幸成功。
>
> 这个阶段主要是预防，并教孩子正确的行为。他们必须经历这一阶段，而我们必须教他们我们希望他们做的事情。差不多要一年！！！这需要很长时间，需要很多的耐心和提醒。他们还不能控制自己的冲动，但现在给予他们的大量帮助，会让以后更容易些。

像艾赛亚的妈妈这样的客观父母明白，教孩子好的行为是他们的责任。这不会一蹴而就。当然，有些孩子天生比其他孩子更容易应对，在与其他孩子在一起时能更放松，更容易处理别的孩子带来的刺激。尽管存在这些差别，但父母毕竟是孩子的第一任老师。客观父母不会像主观父母那样跟孩子讨价还价，或者等着孩子"听明白道理"。你没法对一个幼儿讲道理，特别是在他快要发脾气的时候，或者在他发脾气的过程中。你必须表现得像个成年人，表明你知道怎样最好。

让我们回到赫克托在鞋店要棒棒糖的例子。客观父母会坚定地对他说："我知道你想吃棒棒糖，但是不行，你不可以吃。"她可能还提前做了准备（有幼儿在身边时，到处都是诱惑），随身带了能代替棒棒糖的点心。当赫克托坚持要棒棒糖时，她先是不理睬他，如果这样还不行，就会带他离开商店（"我知道你不高兴。当你冷静下来时，我们再来给你买新鞋"）。当他停止哭泣时，她拥抱他，并祝贺他处理好了自己的情绪（"你自己冷静下来了，做得真棒"）。

客观父母会诚实对待自己的情绪，但从来不用自己的情绪来羞辱孩子（"你让妈妈很难堪"）。她会把自己与孩子有关的感觉告诉孩子（"不可以，你不可以打妈妈，那会让妈妈很疼、很伤心"）。最重要的是，客观父母采取行动前总是先考虑一下。如果她的孩子正在和另一个孩子玩，并且两人开始打了起来，她会先收集证据，看看到底发生了什么事，理性地判断一下情况，然后才行动。即使她的孩子说"我恨你，妈妈"（事实上，很多幼儿在不能如愿时都会这样说），客观父母也不担心，不会觉得内疚。她只会继续前行并对孩子说："我很抱歉你那样想，我看得出来你很生气，但还是'不行'。"当事情过去后，她会向孩子祝贺他控制住了自己的情绪。

确实，和幼儿一起生活就像身处雷区一样，每天有无数爆炸的机会，特别是在过渡时间：活动之后收拾或者放孩子入高脚椅时，出浴

对抗小鬼头

· 诚实对待孩子的行为——包括在真正值得赞扬的时候称赞他。

· 讲理对大多数幼儿都不起作用，要制定一套切合实际的限制，把他们放在安全的环境中，让他们尝试探险。

· 行动（你的）比语言更有效。在孩子情绪失控前介入；自己要做好榜样。

· 你不仅要尊重孩子，而且要及时地改变他的不良行为，这是你的责任。

时，上床时。当孩子累了，并且有其他孩子在旁边或者你们处于一个陌生的环境中时，情况总是会更糟糕。但是，不管情况如何，客观父母总是会提前做好准备，控制局面，把每一件事情都当做一次教导孩子的机会。你教导孩子时不能生气，而要像一个温和、平静的指导员那样。（可以运用我的 F.I.T.法，见第 316~321 页的解释。）

收集证据

如果要我想出父母对自己说的三个最大的谎言，其中一个肯定是："她长大就好了。"诚然，某种行为确实是免不了的，如第 299 页表格所显示的那样，情绪失控经常是因发育问题而引起的。然而，如果是像诸如好斗那样的问题，不及时加以制止，它就会持续下去，甚至持续到发育阶段结束之后。

我最近处理了一个英格兰的案例，18 个月大的马克斯只要感到失望、沮丧就会撞自己的头。当我见到他的时候，他的额头上满是淤青，他的父母非常担心。马克斯的行为不但吓坏了全家人，他们还担心会造成持久性的伤害。因此，每次马克斯撞头的时候，他们会立刻跑过去关心他，而这又强化了他的这种行为。结果，马克斯变成了一个小暴君，只要不如意，他就在情感上勒索他可怜的父母，把头往身边任何坚硬的物体表面上撞——木头、水泥、玻璃。问题的部分原因源于发育问题：马克斯理解所有的事情，但会说的话太有限。他无法告诉人们自己想要什么，因而不断地受挫。他长大会好吗？当然，但与此同时，她的父母必须制止他的这种发作行为。（在第 332~334 页我会重新讲到马克斯的例子，告诉你我们是怎么做的。）

不管还有其他哪种因素在起作用——发育问题、环境因素或者脾性（马克斯正好是个活跃型的孩子）——当一个孩子表现出某种形式的攻击性行为（打、咬、扔、推），经常发脾气，或者有其他任何不当的行为（撒谎、偷窃、欺骗）时，你在采取行动之前就必须要通过询问一系列的问题来全盘考虑并收集证据。这些问题包括：**这种行为**

是从什么时候开始的？什么原因通常会引发这种行为？你过去都是怎么做的？你是让它自然发展，把它当做"一个阶段"来处理，还是找借口说"所有的孩子都这样"？孩子的生活（包括家庭、社交生活）发生了什么新的事情，可能让她情感上更脆弱吗？

有一点我要说清楚：收集证据并不是要做对孩子不利的事情，而是要寻找线索解释她的行为，这样你才能帮助她用一种积极、适当的方式应对她的情绪。客观父母几乎是出于本能在收集着证据，因为他们一直在观察着孩子、孩子的行为，以及某些情绪发生的情境。例如，黛安是我最早的顾客之一，现在已经是我的一个好朋友，她最近打电话给我，因为她2岁半的女儿艾丽西娅几个星期前开始做噩梦，还拒绝去上体操班，她的妈妈很肯定女儿之前是喜欢的。这种情况完全不符合这个孩子的特点。

从她4周大时开始，我们就称她为"天使艾丽西娅"，她睡得很好，甚至长牙时也是如此。但是，她现在突然开始夜醒，哭得非常厉害。我立刻询问她生活中有什么新的事情出现。"我真的不知道。"黛安回答说。"我们第一次参加时她看上去似乎就很喜欢这个班——我们大约上了一半课程了。但是，现在当我放下她并把她留在那儿时，她就会大发脾气。"这不像艾丽西娅，以前把她留下参加一个活动时从未有过问题，但现在她很明确地对妈妈说："请不要离开我。"她妈妈认为可能是因为某种延后的分离焦虑，但在艾丽西娅这个年龄不太可能是这个原因。我认为在她想象的世界中可能发生了什么事情，要想弄清楚是什么，妈妈需要收集证据："要仔细观察，"我说，"当她独自在房间里玩时，要密切注意她。"

几天后，黛安兴奋地给我回了电话，说她无意中听到了艾丽西娅对她最喜欢的娃娃说了下面的话："不要担心，蒂芙妮，我不会让马修把你从我身边抢走，我保证。"黛安从这些话中发现了"马修"的名字，他是艾丽西娅体操班上的一个男孩子。她找老师谈了，老师告诉她，马修"有点霸道"，有几次欺负了艾丽西娅。老师当时责备了马修，安慰了艾丽西娅，但这件事给艾丽西娅留下的印象显然比老师意识到的更深刻。根据这个发现，黛安突然又明白了另一个新的情况：在过去几周，艾丽西娅为自己装了一个特别的小背包，里面放着她最喜欢的娃娃蒂芙妮，还有各种各样的小玩意儿，以及"汪汪"——一个破旧的毛绒玩具狗，从她还是婴儿的时候起就一直带着它睡觉。黛安认识到，如果艾丽西娅没有一直带着她的背包，她就会不高兴。"我们有一次没带背包就出了门，当她意识到背包没带时，我不得不掉头回去取。"我对黛安解释说，这是一个很好的迹象，表明艾丽西娅很开朗，也很聪明，懂得用安全的物体来武装自己。

利用黛安发现的证据，我们两个制定了一个方案：由于艾丽西娅已经能够放松地跟她的娃娃交谈，那么黛安也可以加入进去。"我们跟蒂芙妮一起上体操课吧？"黛安坐到女儿旁边的地板上，建议道。艾丽西娅立刻进入了角色。"你在班上做什么，蒂芙妮？"黛安问道，心里很清楚艾丽西娅会替蒂芙妮回答。她们讨论了一会儿班上的常规活动之后，黛安问玩具娃娃："那个叫马修的男孩怎么样？"

"我们不喜欢他，妈妈。"艾丽西娅自己回答道，"他打我，还想把蒂芙妮抢走。有一天，他拿着她跑开，把她往墙上扔。我们再也不想回到那儿了。"

就这样，黛安开启了艾丽西娅的情感之门。艾丽西娅显然很害怕马修，但是，应对恐惧的第一步就是谈论它。黛安保证她会和艾丽西娅一起去上体操课，而且，她还会跟老师和马修的妈妈谈，不准他再打艾丽西娅或者把蒂芙妮抢走。通过收集证据，黛安明白了艾丽西娅需要知道自己的妈妈坚定地站在一旁支持她。

下面是另一个例子，不过这个例子中 27 个月大的独生女朱莉叶不是被欺负的对象，而是她欺负人。她的妈妈米兰达很担心，因为朱莉叶会"无缘无故地打人"。她怀疑朱莉叶是在模仿塞斯，他是一个和他们住在同一条街上的稍大一点的男孩，他的个性用朱莉叶妈妈的话来说就是："有点霸道，要占有所有的玩具。当他们在一起玩时，我要不断地提醒塞斯要分享，把玩具还给朱莉叶。"

我让米兰达告诉我朱莉叶更多的行为。"哦，过去的几个月里，她很容易不高兴。在操场上，有孩子经过时，她会对他们大声喊'不'。有时候她似乎会无缘无故地出手打人，但有其他孩子试图从她那儿拿走玩具时，她也会打人。几个星期前，一个比她小的孩子在滑梯上不小心撞到了她，她迅速地大喊了声'不'，然后就把那个孩子推了下去。就好像她对塞斯以及所有其他孩子的反应都是负面的一样。她似乎不太想跟别的孩子一起玩。当有其他孩子在旁边时，她会变得非常好斗。"

米兰达怀疑朱莉叶的行为在一定程度上是受到了塞斯的攻击性行为的影响，这是正确的。幼儿肯定会模仿其他孩子的行为，他们会尝试推人、打人，想看看结果会怎样。但是，我也知道还有一些米兰达所忽视的其他证据。看起来朱莉叶是一个活跃型的孩子。她高度活跃的情感/社交类型也是证据，而不管是跟谁在一起玩。我们又讨论了一会儿朱莉叶更小的时候是什么样子，新的证据证实了我的怀疑："朱莉叶玩玩具时总是很容易沮丧。"米兰达承认道，"例如，当她用积木搭建什么东西时，如果木块掉了下来，她就会很生气，把所有的木块都推倒，甚至还会扔掉一些木块。"她的这种行为与她和其他孩子在一起时是一致的。尽管她以前在幼儿艺术和音乐课上都表现很好，但她最近在那里也开始表现出攻击性，随着我们谈话的深入，她的妈妈也越来越认识到了这一点。"如果他们围成一圈唱歌或者各自做各自的美术作业，她就没事——我估计这种情况下和其他孩子的互动有限，但是我注意到在一个小男孩把一些用具放回去时，她冲他喊'不'，然后把他推倒了。"

米兰达在电话里叹了口气，向我保证道："我们肯定会心平气和地告诉她不可以打人或者推人，那会弄疼别人，或者告诉她大喊'不'是不友好的。当她打人时我们会带她离开，到另一个房间里让她'暂停（time out）'一下。这些做法对她似乎不起任何作用。我们不知道如何帮助她控制情绪，特别是当她与其他孩子在一起时。显然我们有什么事情做错了。"

我告诉米兰达不要丧失信心。她只是没有收集到足够的证据，但是她现在开始看到真相了。之前，当塞斯和朱莉叶为了朱莉叶的玩具发生争执时，米兰达会很快提醒塞斯要分享，但她也应该对自己的女儿做同样的事情。诚然，别的孩子可能会影响到你的孩子，但是，看

科学家同意：F.I.T.有效

俄勒冈社交学习中心的治疗专家教那些过分好斗的孩子的父母用"逆类型养育"的方法来打破他们所谓的"强化循环"。在孩子情感爆发后，不要生气，也不要因孩子做出的不良行为惩罚他们——这是父母在孩子不断试探父母的限制时的常见反应——而是要跟孩子谈话；同样重要的是，要学会倾听，听孩子说话。研究表明，允许孩子发泄怒火，然后谈论开始时是什么事情导致了她发脾气，有助于预防孩子以后发脾气。孩子也变得没那么冲动了，在学校的表现也更好了。

看证据，朱莉叶在跟塞斯玩之前就已经开始变得有攻击性了。朱莉叶看到了塞斯的一些不良行为，但是当她付诸实践时，米兰达仍然需要干预。攻击性行为通常会升级，正如这个例子中所显示的那样，我怀疑父母纠正朱莉叶的行为一直不成功的原因在于他们干预得太晚了。他们需要教女儿如何做到情感上的F.I.T.。

教你的孩子情感 F.I.T.

不久前，里奇——一位母亲，她的儿子亚力克斯出生时我就认识她了——打电话给我，说："亚力克斯控制不了自己。"她似乎在责备亚力克斯——一个 19 个月大的孩子——跳到朋友家的沙发上、从其他孩子手里抢玩具、像"一只小狗"似的乱跑。在为了收集证据问了她一些问题之后，我得知亚力克斯在家时被允许在沙发上蹦跳，而且，当他抢里奇的钱包时，里奇觉得"他很可爱"，还有，他们经常在客厅里玩"追逐"游戏。亚力克斯的行为是完全可以理解的，但是，除非里奇主动承担起责任，否则就无法改变（见第 320 页）。

孩子不会"控制自己"，除非客观父母耐心地教给他们。对一个不守规矩的幼儿如何有耐心呢？首先，你不能等到所有的事情都失去了控制才采取措施。其次，你要有一个方案。你要提前把事情考虑好。例如，如果你要去参加一个玩耍小组，就要问问自己，什么事情可能会出错？我的孩子在群体环境中的弱点在哪里？在激动的时候是很难处理孩子的情绪问题的，除非事先已经考虑过了。特别是如果你是一个主观的父母，你自己的尴尬、内疚以及其他情绪混杂在一起，可能会妨碍适当的干预。如果你是一个客观父母，尽管处理孩子变化的情绪可能会容易些——因为你了解自己的孩子，一般不会感情用事——但在遇到孩子发脾气的时候，依然很难正确处理。下面是一个简单的方法：想想 F.I.T.。

缩写词 F.I.T. 代表：

感觉（Feeling，了解情绪）

干预（Intervening）

告诉（Telling，你希望你的孩子做什么，以及 / 或者他应该做什么）

简而言之，F.I.T. 是一个提示：当孩子感觉异常时，你立刻帮助她确认情绪，然后帮助她做出恰当的行为。你不能只是在孩子情绪强烈或者快要发脾气的时候才实施 F.I.T.，而是要把它作为孩子日常生活中的一部分。就像握着孩子的手帮助他练习走路一样，采取 F.I.T. 可以帮助你的孩子练习处理自己的情绪。对过分有攻击性的孩子的研究表明，即使是对那些非常难以应付的孩子，F.I.T. 也一样有效（见上页方框）。

给予孩子尊重并获得孩子的尊重

尊重是双向的。要得到孩子的尊重，你就要为孩子设定合理的限制、建立起你的界限，并且要让孩子有基本的礼貌——例如"请"和"谢谢"。但是也要给予孩子尊重：

不要牵扯进自己的情绪。不要有过激反应，不要叫嚷或者打孩子。记住，在情感能力方面你必须做出榜样。

不要当着你的朋友的面谈论自己孩子的问题。我很多次在玩耍小组中见到：妈妈们坐在一起谈论自己的孩子所做的所有坏事。

把管教当做教育孩子的机会，而不是惩罚。让孩子体验她的行为带来的后果，不过要确保其后果是孩子的发育年龄所能承担的，并且就孩子的"罪行"而言是适当的。

表扬好的行为。像"做得很好"，"真听话"，"你表现不错，自己冷静下来了"这样的话有助于培养孩子的情感智力（见第 36 页）。

正如下面的解释所显示的，F.I.T.中的每一个字母都非常重要。但是，每一个方面真正做起来都有各自的难处，因此你需要注意其中意想不到的困难。

感觉（Feeling，**了解情绪**）。我们要承认孩子的情绪，而不是试图说服孩子没有那种情绪，甚至完全无视孩子的情绪。我们需要帮助孩子理解他们的感觉，而不要等到情绪真正爆发。要多运用描述感觉的词汇，例如当你在做每日的惯例活动时（"我们去散步时，我感觉很高兴"），当你和孩子一起看电视时（"巴尼看上去很难过，因为他的朋友回家了"），或者当他和其他孩子一起玩时（"我知道比利抢你的玩具使你很生气"）。

如果你的孩子情绪非常激动，已经完全支配了他，就要带他离开现场，给他一个冷静下来的机会。抱他坐在你的腿上，背对着你，建议他做深呼吸。如果他挣扎着不愿意被你抱，就把他放下，依然让他背对着你。你要替他说出他的感觉——"我能看到你对（……很激动/生气）"——但要规定一个限制——"你不可以回去跟丹尼一起玩，除非你冷静下来"。一旦他平静了下来，要给他一个拥抱，并且称赞他："你冷静下来了，做得不错。"

这里意想不到的困难是，说出孩子的情绪可能没那么容

保护你的孩子！

我经常听到焦急的父母跟我说，别的孩子咬了、推了、打了他们的孩子，或者抢了他们孩子的玩具。他们关心两件事：如何制止有攻击性的孩子，以及如何防止自己的孩子学坏。

答案很简单：去找另一个玩耍小组。孩子肯定会从别的孩子那里学到某些行为。更糟糕的是，如果你一直让你的孩子和有攻击性的孩子在一起玩，那么你就是在告诉自己的孩子这个世界不安全。一个受欺负的孩子会失去自尊。

而且，如果你碰巧在第一时间目睹了别的孩子欺负你的孩子，就一定要干预。绝对不要让你的孩子受到伤害，哪怕这意味着你要管教别的孩子。否则，就好像在对你自己的孩子说："太糟了，你独立无援。"

易。正如我在本章前面几节中强调的那样，主观父母有时候很难处理自己的情绪，更不用说孩子的了。可能孩子的情绪让他们想到了其他人（或者他们自己）。如果是这样，他们很可能会想压制孩子的那些情绪。了解自己的弱点是成功的一半。如果谈论情绪对你来说很困难，就要多练习。可以准备一份讲稿，事先跟爱人或者朋友演练一遍。

而且，父母有时候不敢把一些事情说出口，尤其是孩子撒谎或者偷窃时。信不信由你，幼儿是会犯下这样的"罪行"的，你必须承认这一点，否则就会继续下去。如果没有人告诉过孩子那样做不可以，那么我们真的不能责怪他们。例如，卡莉萨坚决不允许她3岁的儿子菲利普玩玩具枪。当她发现儿子的床下藏着四把枪时，给我打了电话。卡莉萨非常震惊，认为她的儿子一定是从其他孩子那里拿来的。但是，当她问儿子枪是从哪儿来的时，他告诉她："格雷戈里留在这儿的。"

卡莉萨继续说道："我不能说他在说谎，是吧？我是说他才3岁——他不明白什么是偷。"很多父母都会这样认为，但是，正如我对卡莉萨解释的那样，如果她不明确地说出这种行为的名称，如果不从她这里，那菲利普还能从哪里知道说谎和偷东西是不对的呢？当然，她还必须对此采取干预措施，但是，首先她必须让菲利普知道偷窃和说谎是错误的，知道他的这种行为会对其他孩子造成影响。

干预（Intervening）。行动比语言更有力量，特别是对幼儿。你必须制止不好的行为，既要明确说出行为的名称，还要亲自干预。例如，在一个电话访谈节目中，一个妈妈给我打电话。"我怎样才能让我3岁的儿子冷静下来呢？我们每次出去的时候，他就像一只小野狗。"我告诉她，我最担心的是她没有设定限制和界限。孩子可能生来就精力旺盛——活跃型孩子以及高度活跃的情感/社交类型的孩子肯定是这样。但当我听到父母把孩子比喻为"野"什么的时候，我就肯定那已不仅仅是脾性的问题了，而是从来没有人告诉孩子应该怎么样。当然，管教需要温和但严格的界限。我解释说，当她的儿子冲动行事或者发脾气时，她必须让他知道这种行为是不可接受的。她必须使他转过身来，让他坐在地上，对他说："我们在外面的时候你不可以这么野。"如果他继续那样做，她必须带他回家。在下一次出门前，要事先考虑清楚，出门的时间可能要短一些。在任何情况下，你都要有一个备选方案，以免行程长得让他受不了。

告诉（Telling，你希望你的孩子做什么，以及／或者他应该做什么）。如果你的孩子打了、咬了、推了或者抢了另一个孩子的玩具，你必须马上干预，但你还要给他提供可以接受的其他选择。在我和里奇谈了亚力克斯的行为，并告诉她有关 F.I.T.的内容后，她保证只要儿子行为出格，她就马上介入。果然，亚力克斯当天下午从她的手提包里抢了她的镜子。她没有忽视这种行为，而是马上拿回了镜子，说出了儿子的感觉，但同时又设定了限制："我知道你想要我的镜子，但这是妈妈的镜子，妈妈不想它被打碎。"里奇行使了家长的权利。她控制着局面，但也给了儿子另外一个选择："所以让我们去从你自己的玩具里找一样出来给你玩。"注意，里奇没有试图跟亚力克斯讲道理，或者详细解释为什么他不应该拿她的镜子。我们不要跟幼儿讲道理，而是要给他提供选择，这种选择要以你可以接受为基础。换句话说就是，你不要说"你想要胡萝卜还是冰激凌汽水？"，而要说"你想要胡萝卜还是葡萄干？"

还要记住，幼儿对于理解自己的行为带来的后果而言，已经不小了。如果说"对不起"只是鹦鹉学舌，就一点作用也没有，孩子就不会真正地为他人做点什么。我只要看到一个幼儿打了另一个幼儿，然后马上说"对不起"，我就知道他的父母没有让他体验过后果。他们让自己的孩子产生了这样一种想法，即"对不起"具有某种豁免权，因此他的小脑袋瓜里总是在想：**我可以做任何我想要做的事情，只要说声对不起就行了**。在菲利普的例子中，我建议卡莉萨让儿子把偷来的枪都还回去，并且向那些孩子道歉。（当孩子损坏了其他孩子的玩具时，他应该赔偿别人一个自己的玩具。）

你还可以让你的孩子口述一份书面道歉信，归还东西时一并送去。我最近听到一个 3 岁半的孩子怀亚特跟邻居的狗玩"叼回东西"游戏的事情。邻居告诉这个小男孩不要把网球扔过斜坡，因为鲁弗斯

（狗）进入荆棘有危险。但趁着大人们忙于交谈，怀亚特就用力把球扔过了斜坡。邻居让鲁弗斯"停下"，然后严厉地看着怀亚特。"你明白我跟你说的不要把球扔过去的话吗？"怀亚特怯怯地支支吾吾。邻居说："那么好，我想你欠鲁弗斯一个网球。"几天后，邻居在自己家的前门口发现了一个包得很笨拙的包裹，里面有两个网球和一张怀亚特的字条（怀亚特口述，妈妈笔录）："对不起，我把鲁弗斯的球弄丢了。我不会再那样了。"怀亚特的妈妈做得很好，她帮助儿子明白了自己行为的后果（邻居不希望他跟她的狗玩了），并且指导她的儿子做了赔偿。

情感和社会能力的转折点：

使 F.I.T.适合你的孩子

在第 2 章中，我们讨论了孩子不断发育的大脑是如何丰富其情感世界的（见第 37~41 页）。这里，我们要讨论 1~3 岁孩子情感和社会能力的转折点。正如你想知道什么是"正常的"智力发育或者身体发育一样，你也需要理解孩子在情感方面的能力，这样你就会有一个现实的概念，知道你的孩子能理解什么，不能理解什么，能做什么，不能做什么——以及你能做什么或者不能做什么来帮助孩子。例如，如果你因为一个八九个月大的孩子用 VCR"邮寄"饼干而想"管教"她，那么你的话没多少用。在这个年龄，她把饼干推进去或者按下按键不是为了让你抓狂，而是在试验自己新发现的技巧，并且她被光和声音迷住了。她也是这样玩玩具的，她怎么知道 VCR 不是玩具呢？如果你觉得她是故意这么做的，你很可能会更快地失去耐心。另一方面，如果你的孩子 2 岁了，而你没有意识到她有了一定的自控能力，从未对她说过"不"或者从未设定过限制，那么她的行为只会继续升级。

1 岁~18 个月。在 1 岁时，你的孩子会对任何事情都表现出强烈的好奇心，你要给她探索的机会，但同时也要保护她的安全。她会体验不同的感觉，其中有些看起来是有攻击性的，但开始时她只是无意识的生气行为，更多的是在试验自己新发现的身体能力。她能够理解因果关系。当她打另一个孩子，而那个孩子尖叫时，对她来说就好像一个按下某个玩具的按钮就会发出声音或者有小兔子蹦出来的游戏一样。这时，你要告诉她打人和玩游戏之间的不同："不行，我们不打人。萨莉会疼，要友善。"换句话说就是，即使在十四五个月之前她还不太能理解后果或者不太能控制自己，但你必须为她做这些。你是她的指引者，指引着她的道德观的形成和发展。

孩子的语言能力也越来越强，即使她还说不了那么多的词汇，但你说的每件事情她都明白，尽管有时候她会故意不理睬你的话！这是"试探"行为的开始，也是开始发脾气的时候。当你说"不"时，她可能会合作，也可能会想试探你的限制。而有的时候，这与试探限制完全无关——很多孩子掌握的词汇量不足以表达他们的实际需要，这个阶段的大量"坏"行为实际上是他们受挫的表现。不要试图和他们谈判，也不要试图跟他们讲道理，要用关爱的方式保持自己的主导地位。要在家里采取适当的防护措施并且要带她在适合孩子待的地方玩儿，以防发生意外，不要让孩子待在你必须要不断干预的地方。特别是如果你的孩子身体能力非常强——走路走得早，极为活跃或者冲动——就要给她爬、跑、跳的机会。记住，如果你允许她把你的沙发当做蹦床，或者允许她站在餐桌上，那么她自然会以为在奶奶家或者在餐馆里也可以这样做。因此，开始时就要当真，为可能会发生的意外情况做好充分的准备。在这个年龄，分散注意力是个好方法，因此如果你要去的人家里面有很多东西不宜触摸，就要给她带上玩具，帮助她转移注意力，并分散过剩的精力。

18个月~2岁。18个月是孩子大脑发育的一个非常关键的时间。正是在这个时候，父母发现自己会说："哇，他突然就长大了。"他学会了说"我"和"我的"或者以自己的名字开头的句子（"亨利做的"）。他经常会提到自己，这不仅是因为他会说了，还因为他的自我意识增强了。相应地，他变得更加自信——在他看来，世界上所有的东西都是"我的"（见第 324 页"幼儿玩耍八定律"）。而且，他发育中的大脑终于有了一点自制能力（当然是在你的帮助之下）。如果你始终在教他什么行为是可以接受的——"不，（打人，咬人，推人，抢别人的玩具）是不可以的"——那么现在他能够克制住自己了，但不会太完美。你可以说："等一下，我给你拿那个玩具。"而他真的会等。但是，如果你从来就没有告诉过他可接受行为和错误行为之间的差别，那么他可能会变得非常善于操纵你。因此，你应该**从这时**就开始设定限制。

提前计划、了解你的孩子、清楚他的容忍度和能力，这些都依然很重要。还要记住，自我控制是一种仍在发展的能力。对有些孩子来说，分享不太容易——这不能说明你 2 岁的孩子坏或者发育迟缓。事实上，大多数幼儿想要做某件事情或者要轮流做什么事时，对他们来说等待、忍耐、归还都是很难的。但是，承认孩子的感觉和欲望并且设定限制，是可能的。例如，如果在玩耍小组的孩子们中传递一碟点心，而你的孩子拿了不止一块饼干，一个客观父母不会马上就想，*哦，其他妈妈肯定以为我养了个贪吃鬼，我死了算了。也许他们没有注意到扎克拿了两块饼干。*客观父母会尊重扎克的感觉（"我知道你想拿两块饼干……"）。同时，她也会说出规则（"……但是我们每个人都只拿一块……"），并且实施（"……因此请把第二块饼干还回去"）。如果扎克说："不——我的饼干！"并紧紧抓住他的战利品，她会把两块饼干都拿走，带他离开餐桌，并解释说："在这个小组中，我们要分享。"记住，你需要帮助孩子处理那些过于强烈且无法自控的情绪。如果因为孩子无法安静下来而必须带他离开，你的行为不能表现得好像他很"坏"或者好像在"惩罚"他。要同情地说："我们需要再加把劲儿帮助你学会如何控制自己。"

2~3 岁。现在你将遇到传说中恼人的 2 岁了，有些孩子似乎是一夜之间就变了。（这是青春期的预演！）希望你不是等到这时才设定限制并教孩子学习自我控制。尽管你的孩子还在努力学习分享、克制自己、控制情绪，但如果你始终保持一致，那么到他 3 岁时情况会更好。然而，如果你没有在情绪方面指导他，就要小心了，因为违拗行为和攻击性行为在 2 岁左右时会达到高峰。不管是在哪一种情况下，因为孩子有太多话想要说，太多事情想要去做——并且对如何去做一件事情有非常明确的想法——她的自控能力看起来似乎退步了。如果孩子说话比较晚，那么现在她的挫败感会更加强烈，情绪波动可能会很大——这一分钟玩得很开心，下一分钟就大发脾气，挥着拳头猛砸地板。

你作为情感榜样的角色此时更加重要了。因为 2 岁期孩子的典型特征就是情绪变化无常，发脾气几乎是不可避免的，特别是在孩子累了或者心情不好的时候。在刺激过度时，孩子也会更难以矫正。但你至少可以做一些安排，尽量减少孩子发脾气的次数：不要在小睡时间安排外出；不要在一天当中进行过多需要消耗大量能量的活动；要避开过去曾导致孩子发脾气的情形。另外，如果你要主持一个玩耍小组，而你的孩子以前应付起来有困难，就要在其他孩子到来之前和他讨论一下分享和攻击性行为。问问他是否有收起来的玩具；告诉他如果他不高兴了，你会帮助他。你甚至可以预演一下："让我们假装我是彼得，我在玩你的车。如果你想要回你的车你该怎么做？"这个年龄的孩子非常擅长于玩象征性游戏。你还可以建议轮流玩："我们可以用一个定时器，定时器一响就轮到你了"或者"彼得玩你的小汽车时，你可以玩消防车"。要强调他必须用语言而不是用手。

小心电视和电脑的使用。美国儿科学

幼儿玩耍八定律

我在网上发现了这个宝贝，复制在这里，因为它似乎是对幼儿的情感和社交生活的一个概括。感谢这位匿名的作者，显然他 / 她家里有一个幼儿。

1. 如果我喜欢——那就是我的。
2. 如果在我手里——那就是我的。
3. 如果我可以从你手里拿走——那就是我的。
4. 如果刚才在我手里——那就是我的。
5. 如果是我的，那就永远不会以任何方式、形状或形态而成为你的。
6. 如果我在做或者建什么东西——所有的部件都是我的。
7. 如果看起来像我的——那就是我的。
8. 如果我认为是我的——那就是我的。

会建议孩子 2 **岁以前不要看电视**，但我知道极少有家庭遵循这个建议。事实上，到 2 岁时，很多孩子已经是热心的观众了。至少要当心：大量研究表明，电视屏幕无疑会让孩子兴奋，特别是活跃型或者高度活跃的情感 / 社交类型的孩子（而且正如我在第 7 章中所说的，有些内容也可能会吓坏他们）。所以，要给他们安排大量的室外活动时间，或者让他们在气氛活跃的室内玩耍。这正是孩子可以开始尝试帮助你做家务和做饭的年龄。一定要给他们一些力所能及的、安全的家务做，而且你要有耐心。对孩子来说，每一件事情都是一次学习经历。

最后，在孩子举止得当、合作、友善分享时，或者在坚持做一件对她来说很艰巨的任务时，你要尽量及时发现，肯定她取得的成绩："谢谢你帮我。""做得很好，要分享。""哇，你真用功，自己一个人搭了那座塔。"

典型的幼儿犯规

对于如何处理孩子情绪失控的问题，父母总是希望得到明确而具体的答案。如果他打人我该怎么做？发脾气呢？咬人呢？这本书读到这里，你应该已经意识到没有简单的答案。行为问题总是很复杂的，是由四种因素中的一种或者多种造成的（见第 299 页）。

发脾气。下面这个来自于佩吉的邮件，是我收到的关于幼儿发脾气的邮件的代表：

> 我女儿凯莉 2 岁半，她大部分时间里都对我进行试探，想控制一切，而不是享受正常的幼儿生活。她发脾气时，我尝试了你的书中和其他人书中的办法，不过我有一个做法始终没变，那就是我会对她说："哭不会给你带来任何东西。"她自出生那天起就是个很难带的孩子，她会对任何事情发脾气。我把贵重的物品从她身边拿开，使用"暂停(time out)"

法，带她离开等等。她特别顽固、任性。我已经无计可施了，不知道还能应付多久。我正考虑把她送到全日制的幼儿园，我回去工作，但这也只能让我白天获得一点平静，而不能真正解决问题。其他人带她时，她都很好。我真的相信问题出在我身上。

首先，佩吉没有意识到"试探性行为"是一种正常的幼儿行为。尽管如此，我担心她还是对的，凯莉发脾气至少在一定程度上是妈妈无规则养育的结果。佩吉尝试了很多不同方法的事实，说明她没有保持前后一致，我敢打赌小凯莉被搞糊涂了。她从来不知道妈妈会怎么做。这或许解释了为什么"其他人带她时，她都很好"。

佩吉说凯莉"自出生那天起就很难带"，我对此并不怀疑。这种脾性使她容易情绪失控。但是，佩吉显然是个主观家长。她没有检查证据并承担起自己以前的责任，便责备孩子。佩吉必须检查女儿以前的情况，更重要的是，要检查凯莉以前发脾气时自己的反应。她是怎么做的？而且，她还必须检查自己的态度。或许她对凯莉的出生感到震惊，因为她突然之间意识到了有一个孩子真正意味着什么。或许她对这种感觉感到了内疚。不管是什么原因，证据都表明了一个事实——她没有给凯莉设定限制。因此，我们首先必须纠正妈妈的行为。如果她换一种方法对待凯莉，凯莉将会改变——当然不会在一夜之间改变，因为这是一个相当长期的（而且很不幸，也是相当典型的）权力之争过程。

当佩吉带凯莉外出时，必须提前开始计划。她了解自己的孩子，做安排时最好尽量避免孩子会发脾气的情形。比方说，如果她们外出办事时，凯莉总是会发脾气。妈妈就需要带上吃的和玩具，当凯莉提要求时可以给她。如果这不管用，她应该说出孩子的感觉（"我看得出你很不高兴"），但不要说她的行为。不要说"哭不会给你带来任何东西"，这对小孩子来说毫无意义，佩吉必须说得很具体："妈妈会陪你待在这儿，直到你不再哭。"然后就不要再跟她讲话了，而只需要陪着她。她必须让凯莉相信她知道女儿在做什么，并且会保护女儿的安全（"我会陪着你直到你冷静下来"）。如果凯莉还平静不下来，佩吉必须带她离开。当她们成功地度过了这段脾气发作期的时候，她必须赞扬凯莉控制住了自己的情绪（"做得很好，你自己冷静下来了"）。

如果妈妈和凯莉一起努力，而不是离开她并厌恶她的行为，那么凯莉的坏脾气就会缓和下来。从佩吉的邮件的字里行间，我看到的是一个特别生气甚至心情矛盾的母亲。她的女儿感觉到了这种隔膜，并且正利用发脾气来把妈妈拉回来。一旦凯莉因自己的好行为而获得妈妈的关注，那么她就不再需要用如此消极的方式来要求妈妈的注意了。

咬人。在1岁之前，孩子咬人常常是在吃奶时偶然开始的。这时候，大多数妈妈会大喊一声"哎唷！"并且本能地把宝宝推开，这会吓住孩子——并且往往足以阻止他再咬人了。幼儿咬人还有另外几种原因。通过收集证据，你通常就可以发现孩子为什么会咬人。看看下面这个来自我的网站的真实案例：

> 我1岁的儿子劳尔开始咬人了。当他累的时候更严重，我们试了说"不"，并把他放下，但是他会再次咬我们，并认为这是个游戏，我们试了各种办法，甚至在说"不"时轻拍他的嘴。其他人有过这样的经历吗？

实际上，很多父母有过同样的经历。这个妈妈应该观察儿子疲劳的信号，不要让劳尔进入咬人的阶段。劳尔累了时咬人的情况更严重，这说明他咬人可能是受挫和过度刺激双重原因所导致的。因为劳尔"认为这是个游戏"，我还怀疑以前当他试图咬人时有人笑过。对于有些孩子来说，咬人也是他们寻求关注的一种方式，这个例子也可能有这个原因。还有些孩子咬人与长牙有关。另外，还有些孩子因为还不会说话，因此当他们想要什么东西而无法表达出来时，就会沮丧得咬人。

你应该明白了为什么对劳尔的父母来说收集证据很重要。只有在考虑了所有可能导致他咬人的原因之后，他们才能采取可行的步骤来消除诱发因素——确保他得到充足的休息，了解劳尔即将咬人时是什么样子，并且千万不要因这种行为而笑。每当他咬人时，不管是什么原因，都必须马上把他放下，告诉他规矩以及他们的感觉："不许咬人，很痛。"然后，就不要再看着他，或者和他有任何方式的交流，要直接走开。咬人常常会让父母很生气，跟孩子分开可以给他们一段时间来处理自己的情绪。

我也遇到过有些孩子咬人是为了自我保护的案例。我收到过一位母亲的邮件，她很担心，因为她2岁的女儿会"因为其他孩子拿了她的迷迷毯而咬其他孩子。她这样做过两次，每次我都对她说'不！'，然后带她离开那些孩子。我们应该把迷迷毯仅限于小睡和就寝时间用吗，那样公平吗？"如果我是那个小女孩，我也会咬人。她的妈妈从一开始就不应该让其他孩子拿她的"迷迷毯"。她没有考虑证据就惩罚了孩子。那是她专有的毯子，为什么要和其他孩子分享呢？

当然，孩子咬人在很多时候是因为情绪失控了。你在饭后试图给孩子擦手的时候，她生气了，咬你的手来阻止你。这里的窍门是要辨认会让她发作的情形。如果在高脚椅里坐得太久会让她沮丧，你就应该早点抱她出来。或许你可以在洗碗槽里给她擦手。咬人的孩子常常是受了欺负的孩子，因此注意孩子的社会交往也很重要。大多数孩子忍受另一个孩子欺负的时间是有限的，之后就会以咬人作为一种报复手段。

有些父母对孩子咬人持不以为然的态度。我经常听到这样的话："有什么大不了的，所有的孩子都会这样。"问题是咬人可能会升级为其他形式的攻击行为（见第333页"哈里森的故事"）。特别是，如果咬人行为已经持续了好几个月，并且爸爸妈妈肩膀上或者腿上被咬了好几口，孩子或许还可能感觉到了自己的一种力量，并且发现了父母神经会紧张。因此，至关重要的是，当孩子咬人时，父母要客观并且理智，而不能情绪化。

要记住，幼儿会感到咬人很好。这是一种很愉快的感觉。把牙齿嵌入别人温暖的体内对他们来讲是一种身体游戏的方式！我建议从体育用品商店中给长期咬人的孩子买一个握力球，作为她的"咬球"。当她脸上带着那种"**我要咬你了**"的表情向你走来时，你的口袋里一定要有一个这样的球。一位妈妈在网站上说了类似的事情：她做饭时，儿子喜欢咬她的小腿肚，她就在餐台上放了一小堆出牙咬环（婴儿长牙时咬的橡皮环或者塑胶环），随手就可以拿到。当她看到儿子靠近时，她会给他一个咬环，说："不能咬妈妈，不过你可以咬这个。"当他咯吱咯吱地嚼着咬环时，她说："我为他鼓掌欢呼。"

有时候，父母们建议打孩子的嘴，正如劳尔的父母做的那样，或者回咬孩子。他们说这样管用，但我不相信以暴制暴。父母是孩子的榜样，当孩子见到爸爸或妈妈做他们不被允许的事情，他们会糊涂的。

打人。打人与咬人一样，孩子开始时常常是没有恶意的，正如朱蒂在下面这个邮件中所讲的她 9 个月大的儿子杰克一样。我在这里引用它作例子，是因为这位妈妈还想知道如何在家里为孩子做好防护。

> 我的儿子杰克已经会爬、会站约 3 个星期了，我想知道如何教他不要碰到咖啡桌上的东西、植物等等，如何教他"不"是什么意思。他还有打人脸的习惯，他没有恶意，但是跟其他孩子在一起时我还是要小心地看着他。他是个快乐的宝宝，不是存心对人恶劣。他只是不明白应该"拍"或者轻抚另一个人的脸，而不是打在上面。我握住他的手抚摸，好让他知道这才是他应该做的，但之后他还是会打人。我不知道是不是因为他还太小。

朱蒂做得很对。杰克刚开始对这个世界感到好奇。尽管还要半年时间他才可能有自控能力，但是现在开始教他对与错并不算太早。当他接近另一个孩子或者家里的宠物时，她应该对他说："轻一点，轻一点。"同时指引他的手，就像她之前做的那样。我已经说过，小孩子最初的攻击性行为是好奇心驱使的。孩子在试探父母，看父母对自己的行为会有什么样的反应。因此，朱蒂必须告诉他："不可以，你弄疼安妮了。要轻一点。"当他打人时，她必须把他放下，说："不可以，你不可以打人。"

至于家里的防护措施问题，9个月就指望你的孩子有任何自控能力是不现实的。我不相信把家里的东西都搬走有什么用——孩子需要学会如何和家里的物品共处，知道哪些东西不能碰。要拿走你不想让他冒险的物品，或者孩子可能会伤到自己的物品。要陪他四处走，并解释说："妈妈在这儿时你可以摸这个。"让他拿住东西试验一下。这往往就可以消除对家里很多东西不能碰的神秘感。幼儿很快就会厌倦。一定要给他可以摸和操纵的东西。他需要撞击，需要发出声音，拆除零件，只要不是你的立体声音响设备就行！男孩特别喜欢摆弄东西。朱蒂或许可以给杰克买一个玩耍用的小锤子和敲打桌。

扔东西。扔东西常常开始于孩子把玩具扔出婴儿床，或者把食物扔下高脚椅。父母不是任由东西留在地上，说："哦，你把玩具扔了。我猜你希望它在地上。"而总是不断地把它捡起来。孩子这时候就会想：哦，这是个很好玩的游戏。扔东西也可能开始于孩子——特别是男孩子——把玩具扔向某个人（通常是妈妈，因为她跟他待在一起的时间最多），下面这封邮件就是个例子：

> 下面说说我的问题：我的儿子鲍勃18个月大，6个月前他开始扔东西：玩的时候、吃的时候都会扔，最糟糕的是他会朝人扔玩具。我知道他不是要伤害谁，但他是个强壮的孩子，扔东西会打到别人。总之，必须终止他的这种行为。当他扔食物的时候，我告诉他不要这样做。我也可以采取行动——中止他吃饭，放他下来等等。但扔玩具我就无计可施了，只能说："不能朝妈妈扔玩具，那会打得我痛。"并且拿走玩具。但他会找另一个玩具来扔！我不能把所有东西都拿走……我没办法把他带到别的地方，因为我们就在家里！他有很多玩具，因此，从实际情况来讲，我没法把他所有的玩具都拿走……

这个妈妈做得也不错。鲍勃扔东西可能是因为他发现了一种新的技能，而不是因为他想伤害玩伴。同样，她的妈妈意识到了必须马上制止他的这种行为。问题是她没有给他另外的行为选择。换句话说就是，她需要向孩子表明适合扔东西并且不会伤害到其他人的情形。毕竟，她不能也不想完全制止他扔东西——他是个男孩子。（我不是男性至上主义者，很多小女孩也喜欢扔东西，并且很多人会成为优秀的运动员。只是根据我的经验，扔东西通常更多是男孩子的"问题"。）因此，妈妈需要引导鲍勃在合适的场合扔东西：给他5个不同大小的球让他踢和扔。把他带到室外，解释说："这是我们可以扔东西的地方。"如果是寒冬，就带他去体育馆。去一个完全不同的地方很重要，这样他就会明白在家里的室内不能扔东西（除非你有一个很大的适合孩子玩耍的空间）。他扔球时，你要赞扬他。

由于这种情况已经持续6个月，我怀疑鲍勃还学会了如何把它变成一个游戏，并且已经很善于操纵妈妈。妈妈能够也应该做的不只是拿走玩具而已。即使在家里，她也可以把他从满是玩具的房间里带出来，去另一个没有玩具的房间（例如客厅），并和他一起坐着。（我不赞成只让孩子"暂停"，见第64页方框。）他18个月大了，所以明白所有的事情，并且很快就会明白妈妈不允许他扔东西。（更多关于扔食物的内容见第160~162页。）

撞头、揪头发、戳鼻孔、掌掴自己、咬指甲。你可能会奇怪我把撞头和其他四种行为放在一起。但是，这五种行为，再加上幼儿养成的其他类型的习惯性行为是他们自我安慰的方式，往往也是受到挫折之后的反应。尽管极少数情况下这些行为可能暗示着神经性障碍，但绝大多数情况下甚至撞头也是没有什么危险的，据估计20%的孩子有过撞头的行为。这些行为多数比较烦人，但不危险，它们会像其突然出现时一样而突然消失——也就是说，如果父母不特别关注这些行为的话。问题是，当孩子撞头、打脸、戳鼻孔、咬指甲时，特别让父母心烦，这可以理解。不过，他们越担心或者越生气，孩子就越会认识到：*哦，这是获得爸爸妈妈关注的好方法*。这时，开始时只是一种自我安慰方式的行为就变成了操纵父母的一种方式。因此，最好是对这种行为视而不见，但要确保他不会伤到自己。

马克斯的例子就是如此，我之前提到过他（见第 312 页），那是一个 18 个月大的会撞头的小男孩。开始时他出于沮丧而撞头——他没有足够的语言来表达自己想要什么。不过很快，他撞头的行为升级了，因为马克斯意识到这是个绝不会失手的方法，可以让父母停下手中的事情，跑过来救他。当我见到马克斯的时候，他已经能够主宰这个家庭了。他不肯吃饭、不好好睡觉，行为完全没有规矩——他会吵闹、打人。马克斯知道他做任何事情都可以逃脱惩罚，因为只要他开始撞头，所有的规矩和限制就都形同虚设了。

为了解决安全问题，我们使用了一把小豆袋的椅子，每次他一开始撞头，我们就把他放到豆袋椅上。拿走有危险的东西使得马克斯的父母轻松了许多，可以让他发完脾气，而不再需要干预，也不需要跟他争斗了。起初他会反抗，当我们试图把他放到豆袋椅上时，他甚至踢得更厉害了，但我们没有放弃。"不行，马克斯，你不可以离开你的椅子，除非你安静下来。"

然而，重要的是不要到此为止。对于上述所有自我安慰的行为，如果父母容许自己被操纵，那么几乎总是表示他们在让孩子发号施令。我明白，我们还必须改变马克斯在家里长达几个月的统治。这就好像他的父母以及他的哥哥被他的行为所控制，而成了人质。他基本上只吃垃圾食品，不肯吃哥哥和父母吃的食物，晚上依然会醒来要求父母的关注。我们必须让他知道有了一套新的体制，他已不再是主导了。

我对他的父母解释说，只要他开始想要掌握支配权，他们必须向他表明他们不会让步。当我在他们家，看到马克斯像往常一样把午饭推开，一遍遍地说"饼干……饼干……饼干"时，我做了示范。我直视着他的眼睛，说："不行，马克斯，你不能吃饼干，除非你先吃一些面食。"这是个十分坚决的小男孩，习惯了当家做主的他吃了一惊——眼泪流了出来。"只吃一点面食。"我坚持道。（你必须从小处开始，亲爱的——哪怕一点面食也代表着进步！）最后，一个小时后他软了下来，吃了一点面食。我给了他一块饼干作为奖励。到了小

典型事例

哈里森的故事：侵犯行为升级

有些孩子就是比其他孩子更加难以管教，他们的父母必须警惕、耐心、长期坚持，还要富有创意。罗莉给我打电话，因为她2岁的儿子哈里森有一天突然咬了她。对此，她反应得当，大声叫道："哎哟，很痛，不许咬。"但是哈里森还是会咬，不过变得狡猾了，他看起来像是要过来拥抱她，然后就突然咬她。这时，罗莉开始做错了，她不是处理这件事情（"我已经告诉他'不许咬'了"），而是把他推开，以躲避他咬到自己。几天后，玩耍小组中的一位母亲打电话告诉她，哈里森打了另一个孩子的脸。罗莉开始密切注意他，每次他要失控的时候，她就说："不，你不可以……"但是他的侵犯行为只是换了一种形式——他开始踢人。她抓狂了："我已经厌倦了对他说'不'，跟他在一起再也没有愉快的时候了。朋友们都不想来我们家，因为他开始拿玩具作为武器打其他孩子。"

哈里森不断升级的攻击性行为是可以理解的，因为让孩子容易情绪失控的几个因素他都有。他是个活跃型的孩子，正处于恼人的2岁期，到目前为止他妈妈的行为没有保持前后一致。现在，她必须要做的是帮助他确认自己的情绪、宣布规矩、必要时带他离开冲突现场。但是，这些做法都不会立竿见影。我告诉罗莉必须要有耐心，坚持到底。当哈里森表现良好时，她必须不吝言辞地赞扬他。我建议她为哈里森制作一张"良好表现"表。表格分四栏，把一天分成四个时间段：起床后到早餐前、早餐到午餐、午餐到下午茶、下午到就寝时间。如果他一天获得四颗星，爸爸就会带他去公园，夏天他可以去游泳。尽管这花了几个月的时间，但现在哈里森的攻击性行为只是偶尔出现了。

睡时间，我们也遇到了同样的意志之争。好在午餐时的那场比赛让他有点累了，因此我只做了几次抱起–放下的动作。诚然，我不是他的父母，他从我午餐时的表现明白了我不是个容易被打败的对手。不过，他的爸爸妈妈通过观察我的行为可以看到，让马克斯行为规矩是可能的。

听起来难以置信，但四天后马克斯就跟以前不一样了。他发脾气时，父母坚持用豆袋椅，用餐和睡觉时也非常尽责地坚持规定。2岁的孩子很快就能意识到你改变了规矩——在这个例子中，这是第一次制定规矩。马克斯感到受挫时开始自己到豆袋椅上去了。在几个月之内，他很少再撞头了，全家人都感觉到了一种平静，因为现在是父母处于主导地位，而不是孩子。

如果我的孩子有问题……而他情不自禁怎么办？

在过去的十多年里，儿童发育研究人员对儿童大脑以及早期经历如何改变大脑结构已经有了相当多的了解。在此基础上，致力于研究言语病理学、家庭动力和职业疗法的治疗学家们越来越多地把注意力转移到了年幼的孩子身上，他们认为，如果我们可以尽早识别并诊断出问题，适当的干预就可以防止出现更为严重的问题。这的确很有意义，对于很多孩子来说，早期干预是非常重要的。问题是，有些孩子被送去治疗是因为他们父母的焦虑，或是因为他们希望由别人来处理孩子的行为问题。

2004年，《纽约》杂志上有一篇文章，讲述了一个小男孩的故事，他的母亲和一群心理学家、职业治疗学家、言语治疗学家一起进行了为期一年的研究，他们开出的诊断书中充满了诸如**"运动障碍、感观受体和感观综合系统"**之类的术语，建议对小男孩进行高强度治疗。曼哈顿毫无疑问是这样的城市之一——精明能干的父母希望他们的孩子长大后能够步他们的后尘。然而，随着诸如"小小爱因斯坦"和"跳跳蛙"等教育玩具的热卖，世界上其他地方的父母们也希望他们的孩子比其他人的孩子更加优秀。当然，这一愿望是显而易见的，也是可以理解的。而且，各处的治疗学家都乐意帮助他们。当然，如果一个孩子确实有神经生物学方面的问题，那么尽早让他得到那样的帮助是有意义的。但是，那些介乎两者之间的孩子呢，他们只是碰巧说话晚一点、比同龄人稍微笨拙一点，或者宁愿自己玩，而不太喜欢跟其他孩子一起玩，这些孩子又如何？父母怎么知道孩子刚开始出现攻击性行为时是因为明确的语言障碍，还是因为控制能力差呢？他是"长大就好了"，还是现在就需要帮助呢？

没有简单的答案。当然，如果你的孩子在各种重要能力方面都发育得较迟（特别是说话），以及 / 或者家人有注意缺损学习障碍（一个概括性术语，包括语言障碍、诵读困难、自闭症、知觉缺陷、智力迟钝、脑性麻痹等）史，那么最好尽早寻求帮助。理解专业术语对父母来说很费劲，特别是并非所有的临床医生都使用同样的术语。然而，当孩子在某方面尤其明显，特别是当她有行为问题时，父母通常都会知道。困难的是查明原因。世界上没有一样的孩子，因此最好寻求专业人士的帮助来消除困惑。

大多数专家认为，对不足 18 个月大的孩子很难作出确凿的诊断，但是在任何年龄段，准确无误的诊断都是获得最急需帮助的关键，语言病理学家莉恩·海克解释说："有语言缺陷的孩子说话较晚，他们会用行动来表达自己，因为他们回归到了最原始的本领——手势和姿势。如果我们确定孩子的理解能力正常，那么打人可能是在表达一种受挫的情绪。打人也可能表示孩子有学习障碍、被要求做他不擅长的事情，或者有注意缺损障碍，在这种情况下，孩子很难克制住自己，难以忍受挫败感。在我看来，注意缺损障碍的症状之一就是孩子不肯接受'不'，因为有注意缺损障碍的孩子是个存在主义者，他不明白'不'并非是永远的不，只是暂时的而已。再加上缺乏耐心，他甚至听不到限定词，诸如'现在不行'和'但是'。"

海克还认为，孩子的很多行为问题始于父母。"如果孩子进行过全面体检，并且没什么问题，而且各发育阶段重要的转折事件也都正常发生，那么下一步就是要看看父母和孩子之间的关系。也许妈妈需要了解是什么事情让孩子发作的，并要努力防止其发生。"但是，即使孩子被确诊有神经学方面的问题，父母也难逃其咎。

首先，要记住，你最了解你的孩子。史密斯医生可能在语言问题上是个专家，但对你的孩子而言，你才是专家。你一周 7 天，一天 24

小时见到她，而史密斯医生通常只在治疗机构看到她。即使专家出诊上门——现在有些医生这样做——他或她也不会像你那样了解你的孩子。以伊莎贝拉为例，她的父母在她2岁生日前不久请求帮助，伊莎贝拉的妈妈费利西亚说："她很少说话，而显然她脑子里有很多事情想说，但是却无法说出来，因此才麻烦。这让她十分沮丧，表现在推人以及一定程度的攻击性行为上。"

费利西亚说她之所以积极主动地采取措施，是因为她自己的经历。"我自己说话也很晚，我母亲不记得我说话的确切时间，但是肯定是2岁之后了，甚至可能是快3岁时。而且我所在的郡提供免费的测试和服务。他们会到你家里，表现很出色，因此你很难不接受他们提供的所有服务。"

费利西亚回忆伊莎贝拉接受测试时的情景，说："实际上她不算太迟——晚25%才算迟。但是，他们考虑她的玩耍能力相对于她的年龄而言超前了几个月。她被算作说话晚是因为语言能力和玩耍能力之间的差异。"事实上，孩子在某个测试方面分数低往往不太能说明问题；在某些方面分数特别高，而某些方面分数特别低，这才说明问题。测试人员建议对伊莎贝拉进行语言治疗。现在，过了一年多了，她已经有了3岁半孩子的词汇量。费利西亚承认："我不敢说是治疗本身起了作用，还是就是到时间了——或者两者兼而有之。但我们已经看到了巨大的进步。"

伊莎贝拉所在的幼儿园还建议对她进行其他治疗，因为"肌肉张力不足"以及她对其他孩子的攻击性行为，但是费利西亚拒绝了。这对有些父母来说很难——人们会认为**专家**应该知道得最清楚。这位聪明的妈妈回忆说："我自己做了点研究，没发现她肌肉张力不足的任何证据。幼儿园建议的各种各样的治疗要花费好几百美元，甚至几千美元。但是，我觉得她沮丧是因为她没法说话。为了安抚幼儿园，我再次请郡机构来给她测试，他们说她完全没问题。幼儿园希望我征求第三方意见，但是我一直拖着。你瞧，现在她会说话了，攻击性行为也已经停止了。想象一下！"

费利西亚的例子是一种理想的情况：父母和专业人士**合作**。显然，父母不应该只是把孩子的命运交到其他人手中，不管他拥有什么证书。他们还必须愿意执行治疗学家建议的任何方法，并且随时提高警觉以保持主导地位。然而，很多父母开始觉得对不起孩子，或者很恼火——或者两种情绪都有。他们为治疗花了大价钱，但是他们的孩子还是行为失控。杰拉尔丁的这个邮件中说的就是这个问题：

> 我有一个"教科书型"的宝宝，后来变成了一个"活跃型"的幼儿。威廉快 2 岁半了，会经常打他的朋友和其他孩子。他出生时有很严重的问题，被诊断为感观综合异常。他接受过职业疗法，参加过言语治疗，每周有 5 天上午去幼儿园。我们看到他有了很大的进步，除了打人这一项。我知道很多幼儿会打人、咬人，但是，似乎我带他去任何地方他都会打人——不只是几次而已。他还会打比他大的孩子，有的甚至都 8 岁了。我注意到他有"领头男孩"的性格特点，他也确实更喜欢交年龄比他大的朋友。不过，他在幼儿园时不经常打人，这很有意思。我问过的人都认为这是因为他的语言表达能力跟不上。我有点儿同感，因为他打人并不总是由攻击性或者不想分享引起的，有时候看起来他像是在用打人的方式来跟其他孩子说话。我跟他的治疗人员、幼儿园等方面都交谈过，我也试了一切办法。我做过调解人，试过让其他孩子告诉他，他们不喜欢他打人，或者让其他孩子走开；试过让他说出来、带他离开或者暂离几分钟、让他"暂停（time out）"等等。他们都叫我别担心。我怀孕 7 个半月了，不断地对他说"不"已经让我筋疲力尽，感觉他不懂我的话似的。他什么都不怕，对于我说或做的任何事情似乎都不为之所动。我能做什么来帮助他呢？

我同情杰拉尔丁。有些孩子因为神经生物学构造的原因，天生就比较麻烦，从很多方面来看，威廉似乎正是如此。毫无疑问，他会沮丧，因为他没有相应的语言表达能力，不能说出他想要什么。然而，这个邮件中还有一些隐藏的线索。即使杰拉尔丁说她"试了一切办法",我还是怀疑她不了解自己的儿子。很难相信他曾是个教科书型的孩子,因为他几乎没有几个重大转折是准时发生的。而且,妈妈也可能没有保持前后一致。即使她也承认:"他在学校时不经常打人……"为了追查清楚,我打了一个电话。

结果证实,威廉9个月大时就有了攻击性行为的迹象——他经常打他的妈妈,还经常抢东西,不只是从妈妈手里,还从玩伴手里抢。杰拉尔丁把这归结为他在做"领头男孩"。到了18个月大时,威廉已经表现得很明显了,他说话较晚,很容易分心和冲动,他对学习如何自己穿衣服或者用调羹吃饭没有兴趣。他冲动起来时,丝毫没有控制能力,从一件事过渡到另一件事时相当困难,就寝时总是要挣扎一番。他的很多行为都可以从他的诊断结果上找到答案,但是先不管他的感官综合问题,他的攻击性行为有一段时间就没有受到制止。威廉知道如何降服妈妈,如果迷人的微笑没有让她给他想要的东西,欺负她总是管用的。

直到威廉开始打其他孩子时,杰拉尔丁才开始更加严肃地对待他的行为问题。但在做出诊断后,她还认为治疗会解决所有问题。孩子被诊断出有不管什么类型的学习障碍,父母都容易有这样的误解。"毫无疑问,威廉的医生会帮助他提高他的语言表达能力以及运动技能,甚至帮助他控制冲动,但是,如果你在家时没有始终设定限制,"我对他的妈妈说,"那么他的攻击性行为就会继续。"

我提醒她,即便是我,要应付某些孩子也有困难,但根据威廉在治疗中的进步,我觉得如果她能保持前后一致,始终准备好坚持到底,那么她应该会看到孩子的变化。她需要把自己的情绪放到一边,不要因为他的问题而同情他,要始终对他态度坚定。另外,她还必须做好心理准备:有时一个问题解决了,另一个问题又出现了。同时,她必须尽力保持主导地位。她应该花时间帮助威廉做好准备,预演他即将面临的任何情况,提前告诉他,如果他不听话,他的行为会带来什么样的后果。对他采取 F.I.T.措施也很重要,这样他就能学会如何用语言表达自己,或者至少能够做出恰当的行为。她需要给他其他的

应对被确诊的孩子

如果你的孩子被确诊患有学习困难、注意力缺陷障碍或者感官综合失调，或者其他任何儿童期可能会有的问题，以下事情变得更加重要：

尊重她的感觉。即使她还不能说话，也要帮助她学习情感语言。

设定限制。让她知道你希望她做什么。

安排一天的生活。坚持常规程序，使她知道接下来要做什么事情。

保持前后一致。不要今天对她跳到沙发上不予理睬，明天又对她说："不许跳到沙发上。"

知道什么会让她发作，避免引发状况。如果你知道在就寝时间允许孩子跑来跑去会让她太兴奋，那么就安排一项安静的活动。

给予称赞和奖励。这比惩罚有效得多。留意她表现好的时候，表扬她。用奖励金色小星星的方法来表示她的进步程度。

和爱人合作。把孩子的情绪适应能力作为优先考虑的事情。讨论，提前计划，消除一切分歧——不过不要当着孩子的面。

争取其他人参与。不要害怕谈论孩子的问题（在她听不到的时候），分析在日常生活中问题是如何出现的。通过帮助家人、朋友以及照顾者，了解什么对你的孩子最有效，避免她发脾气。

选择，那样的话，她需要花更多的时间来预防他的攻击性行为，而不是在出现这种行为时去阻止。最后，我建议行为矫正。她开始用小星星的方法，类似于哈里森的妈妈那样（见第333页）。而且我们让爸爸也更多地参与进来。威廉需要一个发泄途径来宣泄他"领头男孩"的心理，他的父母不要只是给他的行为定性，而是要给他一个合适的表达方式。爸爸是一个工作狂，不过他答应威廉每周两个晚上早点回家陪他，还约好每个星期六早上一起做运动。几个月后，新的婴儿就要诞生了，那时威廉和爸爸之间的关系会更加重要。我还建议杰拉尔丁寻求其他家庭成员和朋友的帮助，不仅因为威廉不太可能对其他人搞恶作剧，还因为她自己也需要休息。

威廉可能永远也不会成为一个"轻松好带"的孩子，但是几个星期之后，杰拉尔丁看到了明显的变化。威廉在家时跟她打架的次数少了，过渡也容易了（因为她在帮助他做好准备，给他更多的时间来实现过渡），甚至在他开始不高兴时，她能够在儿子完全失控前成功地进行干预。"我现在明白了，"杰拉尔丁说，"我以前一直生活在紧张的状态中，现在我放轻松了，我想这对他也有影响。"

　　确实，当我们冷静的时候，不仅能更好地处理孩子的情绪问题，而且孩子还会仿效我们。关键在于，情感适应能力始于家庭！

第9章

E.E.A.S.Y.能办到

早期如厕训练案例

便盆恐慌

　　尽管父母们最担心孩子的睡眠问题，其次是进食问题，但当他们一想到如厕训练时，他们的焦虑似乎达到了新的高峰。什么时候开始？如何开始？如果我的孩子不肯怎么办？如果她拉在裤子里怎么办？问题不计其数。当孩子身体发育上的其他转折发生得比书中所说的晚（或者比玩伴晚）时，尽管父母有时候会着急，但每次他们都会冷静处理，给孩子的身心一些时间来达到目标，但还是这些父母，当孩子学习如厕时他们会变得非常焦躁，而这只是另一个转折点而已。

　　统计显示，在过去的60年中，训练孩子如厕的年龄明显推迟了，部分原因是以孩子为中心的养育潮流，另一部分原因是一次性纸尿片的效果实在太好了，孩子大小便时不会觉得不舒服。推迟的结果非常明显：1957年，研究发现92%的孩子到18个月大时接受如厕训练，而现在，根据费城儿童医院2004年所做的一项调查，这个数字已经跌至不足25%。只有60%的孩子到3岁时掌握了如厕的技巧，研究还发现，有2%的孩子到4岁时依然没有接受如厕训练。

可能训练得晚让父母有更多的时间担心哪里会出错；或者他们有这样的焦虑（哪怕训练得早的父母也有同感）：训练孩子上厕所的习惯隐含着"道德"的含义。总之，现代的父母们可以客观地看待孩子学坐或者学走甚至学说话，但很难以同样的心态看待从尿片到马桶的过渡。

我要说，"放轻松点儿。"教孩子如何上厕所与迄今为止你经历过的其他转折事件真的没有什么不同。如果你把它纯粹当成另一件大事，你的态度可能会改变。你可以这样想：你不指望你的孩子某天刚能站起来，就准备好参加马拉松比赛了。你知道发育不会突然发生，它是一个过程，而不是一个事件。对于每一件发育大事，都有迹象可寻。例如，在你的孩子真正地迈出第一步之前的很长一段时间，你欣喜地看着她努力地站了起来，你意识到她在练习，很快，她腿部的力量就会强大到足以支撑她。后来她开始挪动，扶着家具（或者你的腿），这是她第一次推动她那小小的双腿向前迈进。一天，你发现她开始试着放开支撑她的东西。首先，她放开一只手，然后两只手都放开。她看着你，就好像在说："看，妈妈——不用手！"你用灿烂的微笑和赞扬回应她，为她的进步感到骄傲（"太棒了，宝贝！"）。她不断练习，最终变得足够有力、自信，迈出了第一步。看到这里，你伸出双臂鼓励她，或者在她继续往前走时，你把手伸给她以使其平衡。一两个星期后，她完全拒绝握你的手，用行动告诉你："我可以自己来。"当她迈着不稳的小步到处走动时，看上去有点像"弗兰肯斯坦"①。如果她想转弯或者拿起一个玩具，结果会一屁股坐在地上。但几个月之后，她变成了一个能够完全直立的人，不仅能走，而且还能拿着东西走、跳，甚至跑。你回顾过去，发现4~6个月前她就"开始走"了。行走，就像其他重要发育事件一样，标志着你的孩子更加独立。当她最终能够自如地应付周围的世界时，你可以在孩子脸上看到欢乐的表情，看到她自由的感觉。孩子喜欢学习新技能，而我们喜欢看着他们

---

① 英国作家玛丽·雪莱同名小说中的主人公，后来演变为"人形怪物"的意思，这里指小孩学步时蹒跚、不稳的样子。——译注

学习。

从发育上来讲，排便也是一回事。实际上，孩子准备好在马桶上而不是在尿片上排便的信号，在她真的能在马桶上排便之前很久就开始了。但是，我们常常注意不到，也不鼓励她的这种独立。部分原因是因为婴儿没有感觉不舒服。现在的一次性纸尿片效果实在很好，婴儿极少会感觉到潮湿。再加上我们大多数人生活紧张而忙碌，觉得如厕训练既令人头疼又花费时间。"可以等"是如今典型的态度，而且专家也告诉我们要等到孩子"成熟了"再尝试训练他们，这也强化了"等"的心态。问题是，我们等得太久了。

9 个月时开始可以 E.E.A.S.Y.

尽管一小部分专家对如厕训练持极端的态度（见下页方框），但是传统看法——大多数书中可以看到，很多儿科医生也这样说——孩子2岁之前是**无法**教他们上厕所的，有的孩子要到3岁多才能做到。通常人们都普遍认为有些孩子较早就做好了如厕训练的准备，正如有些孩子走路或者说话"早"或"晚"一样，不过，大多数专家建议父母要等到孩子表现出大多数孩子——如果不是所有的孩子——准备就绪的信号时再开始训练。因为孩子必须得理解训练是怎么回事，他们的括约肌需要充分发育（开始于1岁左右）。

从某种程度上来说，尽管在英国我们训练孩子如厕比美国人早几个月，但我自己刚开始处理幼儿问题时也持传统观点。实际上，在我的第一本书中，我建议在孩子18个月时开始如厕训练。但是现在，经过和很多父母共事，并且看了关于如厕训练的最新研究成果、观察了世界上其他地方的实际情况之后，我对传统观点和极端主义者的观点都不赞同。

这并不是说我没有在这两种观点中看到积极的因素。以孩子为中心的方法尊重孩子的实际感受，但让孩子决定什么时候"准备好了"并指导自己完成如厕训练，就如同给他一碗食物，放在地上，然后指望他能够养成餐桌礼仪一样。他或许能做到，但是，如果父母不指导

关于如厕训练的两种极端观点

几乎每一个养育主题都有两种对立的极端思想（都不乏拥护者），而双方又都能说出一些道理。我的观点介于二者之间。

以孩子为中心的训练：产生于20世纪60年代早期，建议"越晚越好"，这种极端思想主张如厕训练应该完全取决于孩子。父母可以示范，寻找迹象，给孩子使用马桶的机会，但是绝不逼迫。这种观点认为，当孩子准备好时，他会要求使用马桶。这也许要等到孩子4岁时才会发生。

不使用尿片的婴儿。支持此观点的人发现，20世纪50年代前的美国婴儿接受如厕训练的时间要早得多。他们还发现在原始文化中，婴儿从出生起就不使用尿片（有些环保主义者也支持这个观点），他们的目标是教孩子留意自己排便的需要和感觉——甚至在他还不会坐之前。当父母看到孩子的信号和身体语言时，他们会把他抱到马桶（或者一个桶）上方，口中发出提示的声音，例如"嘘"或者说"尿尿"。这样孩子就在大人的帮助下完成了排便训练。

自己的孩子、不帮助他们适应社会的需要，那么要父母有什么用处呢？此外，如果孩子2岁或2岁半开始如厕训练，在我看来已经"晚了"，因为那时孩子已经有了2岁期的违拗性，他们对于取悦父母不感兴趣，往往会坚持按照自己的方式行事，父母很容易失去对训练过程的控制。

至于无尿片训练法，这是一种主要依靠观察孩子并给孩子提示的方法。对此，我没有理由挑剔。我也相信在孩子真正掌握新技巧之前就给他机会练习是很好的做法。我当然同意如厕训练应该比美国父母通常开始的时间早一些，在美国完成训练的平均年龄是36~48个月。在世界其他地方，"超过50%的孩子在1岁左右接受如厕训练"，这是科罗拉多医学院的一位儿科学教授在2004年3月份的《当代儿科学》上提出来的，而据该方法的拥护者所说，80%的孩子是在12~18个月之间。尽管如此，对于把观点建立在原始文化上的任何方法我都很难接受。我们生活在现代社会，我不认为把婴儿抱到尿桶甚至马桶上是可取的做法。同样重要的是，我相信孩子自己应该对这件事情有

科学家们对早期如厕训练的说法

对于如厕训练开始时间和完成时间之间有什么关系，至今还没有多少科学的证据。宾西法尼亚儿童医院最新的一项研究证实，尽管早训练有时需要的时间较长，但是孩子确实会在更早的年纪完成训练。此外，比利时研究人员在2000年进行了一项关于"孩子排便问题"的研究，发表在《英国泌尿学杂志》上，该研究以321名不同年龄的父母的回复为基础。第一组父母的年龄在60岁以上，第二组在40~60岁，第三组在20~40岁。在第一组中，大多数人到孩子18个月大时已经开始了如厕训练，其中有一半的人在孩子12个月大之前就开始了。温德勒和贝克医生指出："多数专家确信膀胱和肠控制的发育是一个不断成熟的过程，不可能因为如厕训练而加速发育。"而他们的发现和这个观点正好相反。在第一组中，71%的孩子到18个月时就能够控制排便了；而第三组中只有17%，该组是在孩子2岁之后进行训练的。

些许控制、认识和理解。在他还没能够自己坐之前就把他放在马桶上，我认为太早了。

因此，我的观点自然就介于这两种极端之间。我建议在孩子9个月左右时开始如厕训练，或者只要你的孩子能够自己稳稳地、舒服地坐着时，就开始训练。在父母们按照我的方案去做的孩子们当中，有很多1岁时就实现了白天完全的控制。当然，有些还不行，但是研究显示，就算是这些孩子到了同龄人刚开始接受训练时，他们通常已经掌握得很好了。

因为当今关于如厕训练的传统看法被广泛接受——某种程度上是受到一次性尿片行业的鼓励，而如厕训练较晚又使得该行业受益——很多父母忽略了他们自己对孩子的观察和了解。例如，下面的这个帖子来自于我的网站，是一个15个月大的女孩的母亲写的：

在过去的两个月里，洗澡前我们让杰西卡坐在便盆上，因为她一直想要坐到大的马桶上去。大多数时候什么事也不会发生，但是有时她会小便。耶！我相信只是运气和时机而已！但是有一件古怪的事情。上个星期，她白天的时候开始偶然地把没用过的尿片拿到我面前，铺在地板上，然后躺在上面。开始的时候，我只是觉得好玩，没再多想，但我没法让她从上面离开，最后我决定还是迁就她好了，继续吧。果然，她大便了！

到现在这已经持续 6 天了，如果我问她："你是大便了吗？"她说"是的"或者"尿尿"，她总能说对。而且，当她不排便的时候，从来不会拿着尿片到我面前来。这是不是表示她已经准备好了接受便盆训练——这么快？从某种程度上说这真是太好了，因为我在家陪她只能到九月份。而另一方面，我又不想催促她做某件她还没准备好的事情。你觉得呢？

真遗憾，所有的迹象都已经摆在了杰西卡的妈妈面前，但是因为大多数书籍、文章、网站上对于如厕训练的建议，使她对**自己的孩子**没有给予足够关注，而所谓的真理（"18 个月前不要开始"）又被其他母亲强化了。例如，一位妈妈回复道："是的，要我说，那是一个信号，但是如果只有这一个信号，那么我不会开始便盆训练。她是在事发之后而不是之前告诉你，而且那只是在大便时，小便时没有，而小便是更经常的事。但是我要说她正在形成这个观念，所以希望她在大小便**前**搞清楚。"

搞清楚什么？杰西卡才 15 个月大，她的妈妈也会让她自己"搞清楚"如何用调羹吃饭，如何自己穿衣服，或者如何跟其他孩子相处吗？我希望不会。况且如厕训练不是一夜之间就能完成的事情，那是一个过程，开始于孩子的意识，显然，杰西卡已经有了这个意识，她在事后告诉妈妈是因为没有人帮助她把身体感觉联系起来，她需要解释和实例。最后，要等到孩子表现出所有准备就绪的迹象才能开始如厕训练，那绝对是胡说八道。杰西卡在用她的行动请求妈妈的帮助。（尽管我在下页列出了"如厕训练信号一览表"，但是我要说清楚，你的孩子不必表现出**每一个**信号。）

尽管世界上至少有一半的孩子在 1 岁前接受如厕训练，但如果我建议 9 个月时就开始，那么你们很多人就算不感到震惊，也会怀疑。因此，请允许我先做下解释。9 个月时，我把排便的过程看成婴儿每天的常规程序中的一部分——父母的一个任务就是让孩子意识到这一点。正如孩子需要时间进食、活动、睡觉一样，你也要给他排便留出一段时间。宝宝吃完或者喝完后 20 分钟，把他放到马桶上。实际上你是在对他实施 E.E.A.S.Y.常规程序——进食（eat）、排便（elimination）、活动（activity）、睡觉（sleep）和你自己的时间（time for you）。孩子早上起床时，E.E.A.S.Y.中的两个 E 要调换一下顺序，因为那时你要在他进食前先把他放到马桶上（见第 350~352 页"方案"）。

如果你在孩子 9 个月~1 岁之间开始训练，那么你的孩子自然没有大孩子的控制力和意识，因此如厕训练与其说是教孩子，不如说是在训练他适应。在他通常去卫生间的时候，或者在他表现出要大小便的迹象时（通常在他进食后），把他放到马桶上，你可能会看到他排便，也许不是每次都会，但

如厕训练信号一览表

美国儿科学会为父母提供了这些指导，你肯定还可以在其他书籍中、网络上找到几百个类似的一览表。仔细阅读所有的清单，有些标准出现得比较晚。细心的父母会注意到表示孩子要小便或大便的脸部表情和身体姿势，远在他学会走路或者自己脱衣服之前，也远在他要求穿成人内裤之前。而且孩子的发育速度不同，对脏的忍受程度也不同。要运用常识和你对孩子的了解，没有必要等孩子出现以下所有现象时才开始如厕训练。

√ 白天时孩子至少能保持 2 小时干爽，或者小睡之后是干爽的。

√ 排便变得有规律，可以预测。

√ 脸部表情、身体姿势或者语言显示孩子要小便或者大便了。

√ 孩子能听从简单的指令。

√ 孩子能走到卫生间去，能走回来，能配合脱衣服。

√ 尿片脏了时孩子看上去不舒服，想要换。

√ 孩子要求使用马桶或者便盆。

√ 孩子要求穿成人的内裤。

有时会。无可否认，成功在开始时总会伴随着失误。要让他感觉马桶坐圈，学习放松括约肌。当他成功时，你要为他鼓掌，就像他开始站起来或者开始挪动时你做的那样。1 岁的孩子依然想要取悦于你（到2 岁时，他肯定就不想这样做了），正面强化会帮助他意识到这个偶然的排便行为是你重视的事情。

早一点开始如厕训练，也给了孩子练习的机会，让其放松括约肌，把大小便释放到容器中，而不是尿片上。掌握一种技巧不正是这样吗？练习，练习，再练习！相反，如果你等到孩子 2 岁，那时他就已经习惯了在尿片上排便，并且他不仅要留意自己的身体信号，还已经习惯了在任何地方排便。他也没有练习过。这就好像希望孩子走路，但是却一直让他坐在婴儿床里，直到你认为他到了该走路的时候。没有那几个月的反复尝试，强化腿部力量，学习如何协调动作，他是不会走得很好的，不是吗？

下面我会解释孩子在 9 个月~1 岁之间开始如厕训练的方案，以及稍大一些时开始的方案。在本章最后，我会讨论一些我遇到的常见问题。

你的孩子什么时候可以完全不用尿片呢？我没有办法预测这个问题。这取决于你什么时候开始训练、你的努力和耐心、孩子的个性和身体状况以及你家里发生的一切情况。然而，我可以告诉你，如果你仔细观察你的孩子，坚持方案，把如厕训练当做其他发育转折点一样来对待，那么你的孩子要比你慌张地让他做出转变容易得多。

开始：9~15 个月

如果你听从我的建议，在孩子 9~15 个月大时就开始对其进行如厕训练，那么你可能会看到一些准备就绪的典型迹象（见上页方框），但是也可能看不到。那没关系。如果你的孩子能独自坐着了，那她就可以接受训练了。要把如厕训练看做孩子需要学习的诸多新技能之一，就像用杯子喝水、走路、拼图等一样；要把过程看做一次有趣的挑战，而不是令人畏惧的任务。要知道，在这方面，你是她的领路人。

你需要什么。相较于独立式的便盆，我更喜欢在普通的马桶上放把坐椅，因为这样过渡的程序会少一些。在这个年龄段，孩子很少抵触使用马桶，因为他们太想取悦父母，想参与。坐椅一定要有搁脚板——那会让孩子有安全感，而且如果她想用力大便的话，有搁脚板也方便。多数9~15个月大的孩子在没有大人帮助的情况下，还没有协调能力可以爬上爬下，这时候买一把结实的小脚凳就显得更加重要，因为这样能鼓励她独立。她可以用脚凳上下马桶，够到盥洗槽做其他卫生程序——例如刷牙和洗手。

要拿个笔记本记录下孩子的如厕习惯（见第347页"如厕训练信号一览表"）。做这件事的时候要有耐心，不要在手头很忙、即将离开或者要去度假，或者有人生病的时候开始这个过程，要做好长期坚持的准备。

如何准备。在年龄较小时进行如厕训练，开始时要仔细观察你的宝宝及其每天的常规程序。如果你此前已经将我的观念运用到了你的宝宝身上，了解她的哭声和身体语言，并切实地对她做出反应，那么到她9个月时，辨别她在小便或大便前有什么样的表现就不会有困难。例如，当她只有几个月大时，如果她要大便，她可能会突然停止吮吸。婴儿不能同时把注意力放在两件事情上。现在要留意类似迹象。如果她还不会走路，她脸上可能会出现滑稽的表情，她可能会哼哼，或者扮鬼脸，也可能会停下正在做的事情，把注意力集中在排便上；如果她已经会走路了，那么她大便时可能会走到一个角落里或者到沙发后面去，她可能会抓住尿布偷窥，或者把手伸到里面去摸自己排出了什么东西。尽管这些都是很常见的现象，但你的宝宝也可能有完全不同的表现。如果你细心观察，我保证你会发现你的孩子要排便时会做些什么。

记笔记。情境和常规程序也可以作为指南。很多婴儿到9个月大时每天差不多在同一时间排便，他们常常在喝过液体20~30分钟后就会小便。这点认识，再加上你的细心观察，应该可以让你很好地了解你的孩子每天什么时候大小便以及频率如何。

即使你认为宝宝听不懂你说的话，也要用你在家里谈论这些事情时的惯用方式评论她的身体活动。"你要大便吗，宝贝？"同样重要的是评论你自己的行为："妈妈要去卫生间了。"理想的情况是你在用实际行动向孩子演示你如何做时不感到难为情。同性父母来演示是最好的，但并不总是可行。既然小男孩开始时是学习坐着小便（爸爸应该先这样做给小男孩看），那么看到妈妈坐在马桶上也是个好范例。孩子通过模仿学习，并且渴望做他们的父母做的事情。

这样，你就开始让孩子更加清楚地意识到当自己想要小便或者大便时身体里会有什么样的感觉。这种感觉很难用语言来表达，特别是因为你的膀胱发胀的感觉可能跟孩子的感觉不一样。我认识的一个妈妈对她 15 个月大的孩子说："当你觉得肚子有刺痛感时，要告诉妈妈，因为那表示你想要尿尿了。"恐怕她还需要等待。"肚子刺痛"对一个孩子来说毫无意义，孩子必须从实践中学习。

方案。最初几周，孩子一起床就把她放到马桶上，使之成为她早上常规程序的一部分。你走进她的房间，给她一个热烈的吻，拉开窗帘，说："早上好！我的小女孩怎么样啊？"把她抱出婴儿床。"该上厕所了。"不要问，只管做。与刷牙是就寝程序的一部分一样，上厕所以及便后要洗手，也应该成为她晨起的一部分。当然，她晚上已经尿过了，尿片是湿的，因此早上她可能会小便，也可能不会。只让她坐几分钟——千万不要超过 5 分钟。你要蹲下或者坐在小凳子上，这样你就跟她一样高了。你可以读书、唱歌或者提前谈论这一天的生活。如果她小便了，要表示确认（"哦，看，你像妈妈一样尿尿了，尿到马桶里了"），并且对她大加称赞。（这是我会建议父母可以大肆称赞的惟一情况。）但是，一定要评论事情本身，换句话说就是，不要说"真是个乖女孩"，而要说"做得很好"。并且要教会她如何自己擦。如果她没有小便，就把她抱下马桶，给她换上新的尿片，给她吃早餐。

如果是小男孩，他可能会勃起。我不喜欢一些儿童马桶衬垫和便盆上的那些阴茎保护装置，因为小男孩的阴茎可能会卡在里面，它们也不能教会孩子握住阴茎向下瞄准盆口。开始时，你必须为他这么做。有一个好方法，即把他的阴茎夹在他两腿之间，轻轻地扶住他的大腿，使之并拢。在这个年纪，最好由你来为孩子擦，特别是大便后，不过要向孩子进行解释，并让孩子自己试一试。对于小女孩，要记得教她们从前往后擦。

喝过液体后 20 分钟，要再次把孩子放到马桶上，并重复整个过程。在这一天剩下的时间里，在进餐后以及你觉得孩子通常要大便的时

排便控制

通常，孩子是按照下面的顺序获得对括约肌的控制能力的：

1. 夜间肠控制
2. 白天肠控制
3. 白天膀胱控制
4. 夜间膀胱控制

候，都要这么做。而且，孩子经常在洗澡前小便以及 / 或者大便，或者就在浴缸里排便。如果你的孩子就是这样的，那么洗澡前要把他放到马桶上。要始终说同样的话："我们要上厕所，把你的尿片摘掉。来，我来帮你。"这些都是提示语言，可以帮助他把身体活动和厕所联系起来。如果你把这加入到每天的常规程序——E.E.A.S.Y.(吃，排便，活动，睡觉，你)——就像你每天要上几次厕所一样，那么，孩子会觉得这个过程很自然。当然，程序中要加入洗手这一条。

最初几周要慢慢来，不过要保持一致。有人建议开始时把孩子放到马桶上一天一次就可以了，但是我觉得那会让孩子困惑：为什么我们只在早餐时或者洗澡前使用马桶？

之所以这么做，是为了让孩子了解他的身体，帮助他把排便和坐在马桶上这两件事情联系起来。你的孩子也许在 1 岁之前甚至更大一点时还不能够完全控制他的括约肌（见本页方框）。但是，即使不成熟的括约肌也会发出辨别的信号，你把他放在马桶上，就是给了他一次辨别这种感觉、练习控制能力的机会。

记得我说过你需要耐心吗？你的孩子在一两个星期之内是训练不好的。但是，他会很快开始联想，他会觉得整件事情非常好玩，即使你不建议的时候，他也会想去上厕所。例如，谢莉最近开始对她 1 岁的儿子蒂龙实施这个方案，几个星期后，她给我打电话，气喘吁吁地说："他总是想坐在马桶上，而多数时候他又不排便。老实说，特蕾西，我烦死了。当然，我没有表现出生气，可他只是坐在那儿，实在是浪费时间啊。"

我告诉谢莉必须坚持，不管多么令人沮丧——或者无聊——确实是。"开始的时候是反反复复的试验，但你是在帮助他识别他的身体感觉。你现在不能放弃。"谢莉的经历很常见。毕竟上厕所对年幼的孩子来说是非常令人激动的体验，而对爸爸妈妈来说就远不是那么回事了。马桶里有水，一个把手会让水旋转——多好玩啊！坐在那儿实际干点什么对孩子来说远没有那么重要，但最终他会排便的，当他成功时，你要表现得好像他中了彩票似的。和孩子一起分享成功所带来的喜悦，就足以促使孩子追求成功。你给孩子的支持越多，效果就越好。

一旦孩子能有一个星期在白天都保持干爽，而且没有任何意外，你就应该给他改穿内裤，不要用一次性的拉拉裤。我不喜欢拉拉裤，因为它们太像一次性尿片，孩子感觉不到潮湿。不过，让孩子晚上保持干爽通常还需要几个星期或者几个月，如果他连续两个星期起床时是干爽的，那么晚上就可以摘掉尿片了。

如果我错过了较早的"窗口期"怎么办？

假设你读了我关于如厕训练的建议之后，依然心存疑虑，认为9个月甚至1岁还是太小了。玛勒就是这样的。我建议玛勒立刻开始训练她11个月大的儿子哈里，因为他经常说"尿尿"，而且似乎讨厌带着脏了的尿片，但玛勒不同意。"但是他还这么小，特蕾西，"她坚持说，"我怎么能那么对他呢？"她坚决要等到哈里至少18个月大或者2岁，甚至更大时。那是她的选择，或许也是你的选择。只是你要知道，到那时候的方案会略有不同，而且等到孩子2岁甚至更大时，意味着除了如厕训练之外，你还将面临很多其他幼儿问题要处理。

又或者你回想了一下，意识到早点开始可能会更好，但是你的孩子已经2岁了（见第363页赛迪的故事）。显然，对待不同年龄的孩子需要采用不同的方法。但是你永远不要置身事外，等着孩子自己主动开始。以下几节是为训练15个月以上的孩子准备的建议。在本章最后一节，我们会讨论一系列如厕问题。

依然合作：16~23个月

这是我建议开始如厕训练的第二个最佳时间段，因为这个年龄段的孩子依然想要取悦父母。其过程与训练较小的孩子差不多（见第348~352页），但交流要容易一些，因为孩子此时能够明白所有的事情。他的膀胱也更大了，小便没那么频繁了，而且他现在在对括约肌的控制能力也更强了。诀窍是让他意识到如何以及何时进行那种控制。

你需要什么。你需要第349页上描述过的儿童尺寸的马桶凳。尽管你的孩子坐在马桶凳上一次不超过5分钟，但是最好还是去买几本适合在卫生间阅读的书，其中要有几本关于如厕训练的，其余的应该是孩子喜欢的书。带孩子去并让孩子为自己挑选大一点的内裤，要强调它们就像爸爸妈妈穿的那种一样。至少要买8条，以为其随时更换。

如何准备。如果你还不知道你的孩子要大小便前会有哪些表现，现在就要开始注意观察。在稍大一点的孩子身上，迹象通常更加明显。把这些都记在你的笔记本里。此外，在开始训练之前的一个月，要更加频繁地更换尿片，以让孩子开始了解"干爽"的感觉，并开始喜欢上这种感觉。这个年龄段的孩子通常在喝液体40分钟后小便。在你开始如厕训练前的那个星期，要每隔40分钟更换一次尿片，或者至少检查一下尿片是否潮湿，这样你就可以了解孩子的排便情况。

此外，要利用这段时间与孩子讨论如厕训练，一定要使用排便的词汇，以强化孩子对这个过程的记忆（"哦，我看到你正在排大便"）。如果他使劲扯尿片，

裸着训练？

很多书籍和专家建议在夏天开始如厕训练，这样你可以让孩子光着身子，至少不用穿内裤。我不同意。在我看来，这就如同每次吃饭时把孩子脱光，这样他就不会把食物弄到身上一样。我认为我们应该教孩子在现实生活中如何举止文明。我赞成裸着进行如厕训练的惟一时间是在洗澡前。

吸杯和如厕训练

现在有很多父母鼓励孩子手里拿着饮料走来走去。的确，有了不会溢出的吸杯，可比不停地问"你渴了吗？"轻松多了。只要你给他喝的是水或者水加果汁，那这么做就没有什么不妥。但是，在进行如厕训练时千万不要这样做。你知道，喝进去的东西肯定还会排泄出来！你可能希望限制孩子喝东西，让孩子定时喝，比如用餐后以及两餐之间作为零嘴，因为这样你至少可以预测出他大概会在什么时间小便。

你就说："你湿了，我给你换一下。"示范上厕所的技巧特别重要（"想到卫生间看爸爸尿尿吗？"）。此外，给他看一些关于上厕所的书籍或者录像。不管你的孩子是穿着衣服，还是带着一次性尿片，我都建议你把孩子带到卫生间，告诉他应该怎样处理大便，让他亲眼看着你把大便冲到马桶下面去。

有些专家建议在马桶上放一个玩偶，以此作为示范。但在我看来，在马桶上放一个布娃娃、一个公仔或者一个泰迪熊没有丝毫意义。如果这样做对你的孩子有效，那当然没害处，但很多小孩子还不能够理解象征意义。小孩子通过真人实例、行为榜样和示范来学习，他们想要做爸爸妈妈做的事情。你向孩子示范如何上厕所，从而使他们真正学会这个技巧，这对他们来讲不是更有意义吗？

方案。与上面说的一样，孩子一起床就让他坐到马桶上。要你给他穿衣服时，要给他穿短裤或者加厚的棉制训练裤，不要使用尿片。对于他来讲，屁股上有什么样的感觉很重要，如果发生异常，他会感觉到潮湿。我之前已经说过我不喜欢拉拉裤——还不如让他使用一次性尿片呢。然后，吃完饭或者吃了点心、喝了东西后的半小时，让他坐到马桶上。我必须再次强调，千万不要说"你想去厕所吗？"除非你想听到"不想"的答案。要考虑到这样一个现实情况，即这个年龄的孩子对待玩耍的态度非常认真。当你要带他去上厕所时，不要打断孩子即将要完成的重要任务，例如把一块砖放到另一块砖上面，要等着他完成。

要陪他坐着，但千万不要超过5分钟，用读书、唱歌来分散他的注意力，不要给他压力（不过你可以把水龙头打开，发出叮咚叮咚的声音！)。你的孩子现在已经能够表达自己的喜好，特别是如果你在孩子快2岁时开始训练程序，就可能会遇到一些反抗。开始时，成功可能是偶然的，但一旦你的孩子开始把事情联系起来，那就会变成一个不断强化的过程，特别是在你对他大加称赞的情况下。如果你的孩子抗拒，那他可能是还没有准备好。等两个星期再试。

如果他出了状况，不要大惊小怪，只需要说："没关系，下次你就可以做到了。"记住把粪便倒进马桶里，以表示粪便应该在那儿（"这次我替你把它放到马桶里"）。孩子2岁前不会认为自己"臭"或者"脏"，因此，你善意的玩笑中尽量不要使用这样的词汇。只有成年人的负面反应才会让孩子得知发生了让人难为情的事情。

避免权力之争：2~3岁及以上

尽管准备工作和方案基本相同，但在2岁之后，父母常常会在如厕训练上和孩子陷入权力之争中，因为孩子更加独立、能力更强，对取悦父母不一定感兴趣了。你的孩子现在有非常明确的个性和喜好。有些孩子对湿了或脏了的尿片很难忍受，会主动要求更换。显然，这些孩子训练起来要容易一些。如果你的孩子平时很易于合作，能听从指令，那就预示着如厕训练也将会很顺利。但是，如果你一直处于权力之争中，那么你可能需要给孩子点甜头，也就是要想出一个激励孩子的方法。

有些父母会制定一张如厕表格，每成功一次给一颗小星星。还有些父母用平常不许孩子吃的巧克力豆或者别的小糖果贿赂孩子。如果你只是因为他们合作或者坐在马桶上就给予奖励，那么这种奖励就不会起作用。应该在孩子坐在马桶或者便盆上排便的时候才给予奖励。我完全赞成奖励的方法，但是你还需要了解你的孩子，知道什么对她最有效。因为激励对有些孩子几乎不起任何作用，而对有些孩子则非常有效。

如果你始终如一，孩子就会学会使用马桶。记住E.E.A.S.Y.（吃，排便，活动，睡觉，你），让去卫生间成为每日常规程序的一部分：

"我们刚吃了午饭，你喝了点东西，因此我们去上个厕所，把手洗洗。"对这个年龄的孩子你还可以解释更多，一旦孩子意识到自己的大小便信号，你就可以说："你只要忍一会儿，等坐到了马桶上再放松。"

父母们经常问我："你怎么知道孩子是不肯还是没准备好？"下面这封邮件就是一个典型的例子。

> 我女儿2岁，每次我带她去厕所她都会与我对抗。有些朋友告诉我，她只是还没准备好，但我也觉得她只是个幼儿。我该放弃吗？如果是，我应该什么时候再试？

大多数孩子到2岁时已经准备好了，不过也会随之出现抗拒现象，因此这个时候开始可能有点冒险。但这并不是一个无法克服的问题。我见过父母们犯下的最大错误是他们多次停止又开始。不管孩子多大，这种做法都是不可取的，尤其是对2岁和2岁以上的孩子特别不妥。你的孩子现在能够理解发生的事情，如厕训练可能会变成他操纵你的好途径。

不要在如厕训练问题上跟孩子争。如果孩子抗拒，**只能暂停一天，最多两天**。你会惊讶地发现：一天就有用。除此之外，你的孩子现在大多了，如果你等一两个星期，他可能会更加抵触。要继续试，不要强迫，也不要完全放弃。要通过运用大量的娱乐游戏和奖励让过程变得更加愉快。如果孩子在马桶里什么也没有排泄出来，就不要称赞或者奖励他的努力。半个小时后再试。如果在此期间孩子尿湿了，不要大惊小怪，只是要保证有干净的内裤和衣服可以随时更换。2岁的孩子差不多已经能够自己换衣服了。如果他尿湿了，只需要换上新的短裤就行。如果他大便弄脏了自己，让他穿着衣服进到浴缸里，告诉他脱掉衣服，把自己洗干净。这不是一种惩罚，而是让他真正地感觉到后果。你不要过分严厉，要在一旁帮助他，但是必须让他自己清洗。在整个过程中不要说教，不要羞辱，只让他做一个合作者，让他知道自己需要分担责任。

至于你，要弄清楚这真的是个意外，还是他故意等到从马桶上起来后才解决，如果是后者，那他是在想办法利用上厕所来勒索你，他在寻求关注。最好的解决方法是用其他方式给予他正面的关注——更多一对一的时间，给他一项特殊的任务和你一起做，例如你叠衣物时，让他分类整理短裤。在花园里给他一小块地方种东西，或者给他一个窗台上的花盆种东西。当他观察植物生长时，画线做标记："它长高了，就跟你一样。"

此外，你也要注意自己的脾性和反应。特别是，如果你已经尝试了一段时间，对此你的情绪越来越大，你的孩子会感觉到你紧张的情绪。这必定会导致争斗。

在这个阶段，你要做好心理准备，迎接孩子的各种叛逆行为——踢人、咬人、尖叫、后仰，以及其他形式的发怒行为。要给孩子选择："你希望我先去，还是希望在我之前上厕所？"或者"你坐着的时候希望我为你读书，还是自己读？"换句话说就是，你的选择需要围绕着上厕所这件事，不要说："你想先看半小时电视，然后再去上厕所吗？"

夜间训练也要遵循同样的原则。如果孩子连续两个星期早上起床时尿片都是干爽的，就给他改穿短裤，或者就让他穿着睡裤。睡觉前要限制他喝水及饮用其他液体。尽管这个年龄段的孩子晚上有时会尿床，但是，一旦你看到他白天一直保持干爽，醒来时尿片也是干爽的，那么他晚上也可能会成功。(有趣的是，很少有幼儿的父母询问晚上的问题，这告诉我，一旦你白天的排便常规程序进展顺利，那么晚上也就自然会保持干爽了。)

我见过的很多问题源自于如厕训练太晚（见下文的"如厕困难"）。如果你的孩子4岁了还没有训练好——98%的孩子这时已经训练好了——就要让你的儿科医生或者儿科泌尿学家帮助你，以确保孩子不是因为身体上的原因阻碍了发育。

如厕困难

下面我将例举几个现实生活中的问题，这些问题来自我的网站、邮箱和客户档案。在每个例子中，我问的头两个问题是：**你什么时候**

开始如厕训练的？你保持一致了吗？ 我发现，导致如厕困难的原因至少部分程度上是由于父母没有坚持到底。他们开始（在我看来开始得太晚了），然后一遇到抵抗就停止，然后再开始，继续停止、开始，他们不知不觉中陷入了与孩子的意志之争中。在下面的例子中你会看到这样的问题：

"22个月了尚无准备好的迹象"

> 我的儿子卡森快22个月了，上个星期开始说"尿尿"，我问他是不是想尿尿还是已经尿了？而他什么反应也没有。他对于学习上厕所还没有表现出任何准备就绪的迹象。他可以带着尿片随时小便或者大便，一点也不在意。我们在卫生间里给他放了个便盆，他马上用来站在上面够水池。我不知道他说尿尿是因为这是他知道的一个新词，还是因为他明白它的意思。当他说尿尿的时候，我应该把他放到便盆上去吗？他已经多次看过我和我丈夫上厕所了，我对他说："我们去上便盆。"我在努力做一些铺垫。此外，什么时候开始给孩子穿拉拉裤呢？他还带着普通的尿片。我觉得不需要换拉拉裤，除非他已经准备好了学习上厕所。

在这个年龄，卡森明白所有的事情。他可能是那种坐在尿里、屎里也毫不在乎的男孩子，但他肯定能够知道排泄大小便应该在马桶中进行，特别是在他已经观察过他的父母的情况下。我也不同意说他"没有表现出任何准备就绪的迹象"，他很可能知道"尿尿"是什么意思。我要问：**你曾经试过让他坐在马桶上吗？** 我怀疑没有。那么，妈妈在等什么？她必须开始一个方案，并坚持下去，每次孩子喝完液体后40分钟就让他坐到马桶上，还要给他一个板条箱或者小脚凳，让他能够到水池。否则，他怎么能够明白马桶的真正用途呢？最好给他在经常使用的马桶上放一把小坐椅。他已经知道爸爸妈妈使用马桶，那么就不必再做另外的过渡了。我要提醒这位妈妈，如厕训练需要大量耐心。不要指望运气，而要积极帮助孩子训练。

"2岁半，训了一年，还没训好"

贝茨现在2岁半了，我们在她18个月大时就开始了如厕训练，现在她穿拉拉裤。她有时候完全不肯使用马桶，会尖叫着反抗。昨天，她穿着湿透了的拉拉裤坐着吃完了晚饭，竟然没有告诉我们。有时候，她也会心血来潮，使用马桶。我们在外面的时候，她会要求去卫生间，但通常是为了要点什么才肯这么做。我怎么才能让她学会上厕所呢？

当我听到像这个例子的情况——说一个孩子18个月大时开始训练，一年后只有在"心血来潮"时才使用马桶，特别是女孩（她们通常学得比男孩快）——我就知道父母没有保持前后一致——而且，我必须再加上一条：懒惰。部分原因是一次性尿片让父母摆脱了困境，不再因为让孩子带着湿尿布而内疚。而且，在我们的文化中，很多父母从一开始就不想进行如厕训练，然后他们让孩子改穿该死的拉拉裤，那好不了多少。至于贝茨，我让她妈妈立刻带她去买一些女童内裤。与拉拉裤相比，穿着湿透的棉内裤，贝茨可能就不会坐在那儿怡然自得地吃完一顿晚饭了。如果尿湿了，或者大便弄脏了，她不得不更换。

但是，我想这个例子还有更多背景。因为当贝茨不想去上厕所时，她会"尖叫"，我要问问她的妈妈：**你是问她是否想上厕所，还是只是说"是时候该上厕所了"？** 对于这个年龄的孩子来说，对她说"是时候该上厕所了"总是更有效，给她一个激励："等你回来，我们可以一起玩过家家。"我还感觉到妈妈对训练过程很沮丧（试了一年了，谁会不沮丧呢？）。**你提其他要求时孩子会发脾气吗？** 或许贝茨是个很固执的孩子，如果她的妈妈在其他情况下没有很好地应对她的坏脾气，那么在卫生间里肯定也不会成功的。在2岁半这个年龄段，是孩子控制着排便程序，而不是父母。**你有没有因为孩子弄脏自己而发过脾气或者指责她？** 如果有，那么妈妈必须深吸一口气，对自己的行为采取补救措施。威胁不是好的教学手段，我会建议妈妈尽可能地置身事外。她不需要提醒贝茨上厕所，可以用一个定时器，向贝茨解释说闹铃一响她就该坐到马桶上去了。

最后，对于像贝茨这样的孩子，激励会比较有效。为了设计一个有效的方法，我会问贝茨的妈妈：**什么东西会激发你的孩子？**有些孩子喜欢小星星，积累到一定数量可以得到一次特别的外出机会。而有些孩子更喜欢餐后吃颗薄荷糖。

"尝试了一切——3 岁半了还没训好"

> 我的儿子路易斯 3 岁半了。我尝试了一切能想到的办法，他还是不肯接受如厕训练。他知道如何用、何时用，也没有表现出任何害怕的迹象。有时候，他会自己去，有时候要鼓励他才会去。但是大多数时候他都不肯去。我试过惩罚，但是很快就放弃了，因为那只会让事情更糟糕。我也试过用糖果、贴纸、汽车和玩具作为奖励。我还试过称赞、拥抱和亲吻。到目前为止，还没有一个办法能激励他超过几天。他大概只有一半的时间似乎在意自己尿湿了。如果你有任何好的建议，请告诉我。

路易斯妈妈的很多问题和贝茨妈妈的问题是一样的（不过她的问题持续的时间更久），我也会问她同样的问题（见第 359~360 页）。但是，我还是列出了她的邮件，因为这是前后不一致的极好的例子。只要有人告诉我，他们"尝试了一切办法"（这个例子中还包括惩罚），通常都意味着他们对某一种方法没有坚持足够长的时间，以让它有机会起作用。在这个例子中，很可能路易斯一出状况，妈妈就改变了方法。

首先，路易斯的妈妈必须选定一种方法，然后坚持它，不管出现什么状况。她还必须控制整个过程。而现在是她 3 岁半的儿子掌握着控制权，他看到了她的失望，知道如何让她做出反应——哄、奖励、称赞——他由此变得更有权力。

其次，她必须给路易斯穿上短裤（她没说，但是我敢打赌她给他穿的是拉拉裤）。再次，她应该使用我向贝茨妈妈建议的定时方法。她必须注意，不要让去卫生间这件事跟某个活动相冲突——如果活动被打断，孩子合作的可能性会降低。另外，她应该让他自己穿衣服和脱衣服。

关于"惩罚"小孩子要注意的事项：惩罚从来不会奏效，而且常常会造成以后更加严重的问题，例如害怕马桶、尿床等。而且，孩子到了路易斯这个年龄，要面临许多来自现实世界的考验。在这个年龄，大多数孩子都已经学会了上厕所。很快，路易斯的玩伴会对他的脏或者尿裤子评头论足。所以，妈妈不要增加他的耻辱感，不要说"其他孩子"（好孩子）用马桶或者他们不再需要穿拉拉裤。

"2 岁的孩子突然开始害怕马桶"

我的女儿凯拉 2 岁，在上厕所方面做得很好。已经连续好几个星期都能在白天保持干爽了，然而突然之间她开始害怕马桶。我不知道怎么回事。我一周工作 3 天，家里雇有一个非常称职的保姆，我上班的时候她会过来。这正常吗？

凯拉的妈妈必须尊重女儿的恐惧感，同时要弄清楚这种恐惧感来自何处。原本一切顺利，然而孩子突然害怕马桶，这种情况通常都是因为发生了什么事情。**她最近便秘吗？** 如果是，她某天太用力了，于是她可能把不舒服和马桶联系了起来。为了确定原因，我会建议在她饮食中增加纤维——玉米、豌豆、全谷食物、李子脯、水果，还要增加她的液体摄入量。**你用什么样的马桶坐椅？** 如果是附加式的，可能凯拉有一天没有坐好，开始下滑；或者可能座位不固定，凯拉上下的时候会摇动。如果是独立式的便盆，可能打翻了。**你用脚凳了吗？** 没有脚凳，凯拉可能觉得不安全。

因为不只是凯拉的妈妈进行如厕训练，我还要问问有关保姆的事：**你有没有花时间向保姆解释你的方案——写下来就更好了——向**

她示范该怎么做? 如果你的孩子白天时由其他人照顾,那么一定要让照顾者或者保姆或者奶奶知道你是怎么做的,当你不在时,要执行你的如厕训练方案。**你有没有告诉保姆当凯拉尿或者拉在裤子里时你会怎么做?** 这时的态度很重要,特别是如果照顾孩子的人来自另一个国家。当孩子拉在裤子里时,有些人会奚落孩子甚至打孩子。诚然,有时很难弄清楚你不在的时候究竟发生了什么,但你要调查各种可能性(要有技巧)。

当孩子感到害怕的时候,我们必须尊重他们。妈妈可以问凯拉:"你能告诉妈妈你在害怕什么吗?"一旦发现女儿害怕的真正原因(从凯拉那里或者其他调查得知),妈妈必须回到起点:多读一本或几本如何训练孩子如厕的书。和凯拉一起去卫生间,给她一个选择:"你先上,还是我先来?"当你带着孩子和你一起上厕所时,孩子可以看到没有什么好害怕的。如果其他方法都失败了,妈妈可以坐在马桶上,看凯拉是不是愿意坐到她腿上,让凯拉坐在妈妈的两腿之间排便。妈妈可以当一个人体训练坐椅,直到凯拉不再害怕为止。凯拉不会因此而依赖妈妈,2岁的孩子都希望做"大孩子",一旦凯拉不再害怕,她就会想要自己上厕所。

有时候,孩子会害怕上公共厕所。如果是那样,一定要让孩子在离家前小便,在训练阶段,要尽量作短途旅行。如果是在当地,可以安排途中在另一个妈妈家里停留一下。

"开始不错,后来又退步了"

我原以为我的儿子埃里克的如厕训练完成得很好,可是自从我们搬进新家以后,每当我想让他上厕所时,他都会反抗。我做错什么了吗?

搬家离你开始如厕训练时隔多久? 埃里克的妈妈遇到的可能是时机不对的问题。建议如厕训练开始的时间不要与大的家庭变化发生的时间离得太近,像搬家,或者新婴儿出生,或者孩子自己还处于任何过渡阶段——例如长牙或者刚生完病。**家里最近还发生了别的什么事情吗?** 如厕训练还可能会被父母的争吵、新来的保姆、家里或者玩耍小组中发生的任何让孩子不高兴的事情所打断。

还是要回到起点,从头开始你的如厕训练方案。

"错过了最佳开始时机,现在我们遇到了反抗"

> 赛迪 17~20 个月时显出了几个准备就绪的迹象,但是我拖着没有开始训练,因为第二个孩子要出生了。赛迪真的准备好了,实际上她有几次自愿去了便盆,那时候第二个孩子刚刚出生,非常难带,我心力交瘁,实在没有精力把心思放在赛迪的训练上。所以,现在我只好等到她自己想去,或者硬起心肠跟她打一架。

我很欣赏赛迪妈妈的坦诚,以及她知道开始训练与大的家庭变化时隔越久越好。但是,她也有便盆恐慌,这使得她没有其他选择。赛迪在 17 个月的时候就开始表现出准备就绪的信号。如果那个时候——第二个宝宝还没有出生——妈妈就坚持训练,赛迪可能已经训练好了。赛迪现在已经过了两岁,尽管这个时候才开始训练比较困难,特别是家里还有一个新生的宝宝,但是,除了"硬起心肠"或者跟女儿"打一架"之外,还是有其他解决办法的。

赛迪显然已经准备好了并且能够和妈妈交流。我建议妈妈采用我的方案:花一个星期的时间观察赛迪的排便模式,并且与赛迪谈谈卫生间习惯的问题。一定要陪赛迪一起去卫生间,还要带她去买女童短裤。在开始如厕训练时,如果妈妈觉得大女儿需要去厕所,就要提前几分钟给婴儿换尿片,还可以让赛迪加入进来。"你想帮妈妈给小宝宝换尿片吗?"给赛迪一个小凳子,这样她可以离得近一点,让她拿着尿片、乳液,感觉像个小助手。妈妈还可以很随意地对大女儿说:"你不再需要尿片了,因为你知道如何使用马桶,就像我一样。等给小宝宝换好尿片后,你就和我一起去上厕所。"如果让赛迪加入,为她安排好她去卫生间的时间并且让她选择("你先上,还是妈妈先上?"），就不太可能陷入和赛迪的权力之争中了。

"3 岁了，只会假装解在便盆里，但最终还是解在尿片里!"

艾米会坐在便盆上，假装解在里面，实际上从来没有。尽管她穿着女童内裤，但是，当她不得不去上厕所时，她会说："请给我一个尿片。"然后就解在尿片里。我们跟儿科医生谈过，他说显然艾米能解在便盆里，因为她能控制足够长的时间，等尿片拿来。医生说不要强迫她解在便盆里——因为我们越是强迫她，她就越会坚持按照自己的方式来。这让我们难以接受，因为我们还有一个 7 岁的孩子——很容易就学会了上厕所。我担心艾米，她的意志力比我的强。

另一个母亲在我的网站上建议给艾米一个尿片，但是要在上面挖一个洞，这样她就可以带着尿片去上厕所了。有些孩子大便确实有困难，这种情况下，在尿片上挖个洞可能会有所帮助。然而艾米已经 3 岁了，是个很聪明、很独立的孩子，妈妈说"她的意志力比我的强"，这个事实告诉我，在这个家里，如厕训练不是惟一的战场。我会问：**你们在其他方面有权力之争吗?** 如果有，那就是艾米又发现了一个操纵全家人的途径——对年幼的孩子来说，这种恶作剧并不反常。我的方法是扔掉家里所有的尿片，然后明确地告诉艾米你把尿片都扔了。当她索要尿片时，就提醒她："我没法给你，家里没有了。我们去上厕所吧。"孩子 2 岁的时候，我能理解儿科医生说不要强迫，但对于 3 岁的孩子，我就怀疑了。有些孩子需要一点推动，我想艾米就是这样的孩子。

"他把他的阴茎当做消防水龙头"

他当然会! 这是这个阶段的一种很自然的现象。事实上，对男孩子进行如厕训练常常要"小心你的希望——说不定会成真"。即使开始时训练男孩坐着小便也不一定能解决问题。一旦男孩子掌握了使用阴茎的技巧，他们会特别喜欢练习打靶。有一位父亲充分利用了这一点，他把谷物食品倒进抽水马桶里，让儿子瞄准它们，这反而加速了儿子的训练过程。如果儿子没瞄中，他会收拾干净。一位妈妈训练她的孩子时则完全没有使用便盆或者儿童尺寸的坐椅，而是让他们背转身坐在马桶上。

"她想站着小便"

特别是如果她看见了爸爸或者哥哥小便，你不能怪她，只需要耐心地向她解释女孩子应该这样小便，男孩子那样小便。并且示范给她看。大不了让她试，不过要提醒她如果没有尿到马桶里，她必须清理干净。通常小便顺着腿流下来的感觉足以把这个坏习惯扼杀在萌芽状态。

"很难让她从便盆上下来"

我女儿18个月大时对便盆训练表现出了强烈的兴趣，因此我们就开始了。不幸的是，那时正好是冬天，并且她病了，再加上我还有一个新生儿需要照顾，因此我们开始后又停止了，反复了几次，最后完全停止了。现在她23个月大了，我们想重新开始训练。可我意识到我们最初犯了几个严重的错误：开始了又停止、让她坐在便盆上看一个小时的书。我的问题是，其他孩子坐上便盆3分钟后，父母很难让他们下来吗？我预感到我的女儿还会这样做，因此，这次我想准备得充分点儿。之前，她不肯下来，最后会陷入争执，而我不想把争执和便盆训练联系在一起，因此，我让她坐在上面，想坐多久就坐多久。如何才能不用争执就让她下来，有什么建议吗？

我建议的第一样东西是定时器。特别是孩子已经23个月大了，你可以对她说："闹铃响的时候，我们必须检查一下你有没有大小便。"如果什么也没有，就说："这是很好的尝试——我们待会儿回来再试试。"但是，这里还有一个更大的问题，那就是这个妈妈为避免权力之争而让步了——据她说是在如厕训练上，但我敢打赌，她在其他方面也让步了。

关于如厕训练的真正关键

有一个妈妈，她的儿子 3 岁时还没有训练好。她告诉我，她的儿科医生解除了她的焦虑，他让她看看周围的人。"他问我是否认识任何还带着尿片的成年人！"他是对的。大多数孩子最终都会学会的。有些孩子几天之内就能成功，因为他们已经准备好了，而且他们的父母愿意放下手头所有的事情，把全部精力集中到这项重要的任务上面来；还有些孩子可能需要一年甚至更长的时间。从孩子出生后几个月就开始到等孩子自己决定，如果有一千个专家（当然不止这个数），你可能会发现有一千种不同的如厕训练方法。要从这些方法中挑选出看起来最适合你的宝宝和你的生活方式的方法。跟其他父母聊聊，找出对他们来说最有效的方法。不管你选择了什么方法，要轻松起来，笑面应对。你越放松，孩子成功的可能性就越大。我以一系列花絮作为本章结尾，这些花絮都来自于有着亲身体会的人——正在或者已经完成了孩子如厕训练的母亲们。下面是从我的网站的聊天室里总结出来的智慧结晶：

· 不要反复唠叨你的孩子去上厕所。我们从来不催促女儿，而是对她的成功给予很多赞扬和鼓励。

· 当生活中有重大事件即将发生时——例如新生婴儿出生，孩子要去上日托，大人上班，甚至只是周末的旅行——不要开始训练。因为这会打乱原先的全部生活秩序，使你每次都要退让很多。

· 如果你希望的话，可以让他们光着身子，但是，我预感到他们可能会尿在地板上，然后觉得很羞愧。

· 记住，你的孩子是一个独特的个体，如果你让她觉得很自在，控制着局面（尽管你在暗中控制着局面），那么你取得积极成效的可能性会更大。

·记住你的孩子在接受训练的同时，你自己也在学习如何训练孩子上厕所。如果你犯了几个错误，不要对自己太苛刻。

·现实生活中的事情不会像书本中说的那么顺利。怀孕、生产、哺乳不也是这样吗？

·不要有压力，觉得一定要在多长时间内完成。开始学习走路时必然会遭受很多失败，如厕训练也是一样的。

·不要告诉任何人你在进行如厕训练，否则他们会每天烦扰你、批评你、给你"有益的建议"。等到整个过程都结束了，再大声宣布孩子取得的巨大进步。但是也有例外，那就是如果你拥有一支强大的支持团队，例如 babywhisperer.com，那么你可以与他人分享你的成功和挫折，他们会给你鼓励和实际的帮助。

第 10 章

正当你以为成功的时候……
一切都变了！

12 个基本问题和解决问题的 12 个基本原则

无法逃避的养育法则

当我跟合著者讨论本书的内容时，我们一开始自然会涉及到所有的热点话题——建立常规程序，睡眠、进食、行为问题——但却不知道该如何给本书结尾。本书要讨论的是解决问题的办法，但是，我们如何才能预测和概括父母会遇到的每一个问题呢？

詹妮弗帮了我们大忙，那时，她的儿子亨利大约 4 个月大，是个天使型宝宝，脾气温和，很快就适应了常规程序，他一晚上能安睡五六个小时，但是，突然开始在凌晨 4 点醒来。我们一旦明确了他不是因为饿，我就建议使用"唤醒去睡"的方法（见第 186 页方框）。詹妮弗开始时很怀疑，但几个晚上之后，在一天的凌晨 3 点，狗狗呕吐的声音把她吵醒了——正好比亨利习惯性醒来的时间早一个小时。"反正我已经醒了。"詹妮弗后来解释说，"于是我想，为什么不试一试呢？"让詹妮弗惊讶的是，唤醒亨利打破了他的坏习惯，他很快又恢复到了原来的睡眠模式。但这不是这个故事的重点。当她知道我们正在为最后一章煞费心机时，她说："'正当你以为成功的时候……一切都变了！'怎么样？"

太精彩了！作为一个母亲，詹妮弗从自己的经验出发，一语中的，道出了一个无法逃避的养育法则：世界上没有一成不变的事情。毕竟养育宝宝是世界上惟一一项要求在不断变化，连"产品"也在不断改变的工作。英明能干的父母们了解孩子的发育，能够明智地挑选出对自己的孩子来说最有效的秘诀。但是，即使这样也不能保证永远一帆风顺，每个家长都会时不时地大吃一惊。

然后，我们给父母们发了电子邮件，询问他们希望我们包含哪些情况。当我们收到埃里卡的下面这个回复时，我们确信自己做对了。不仅这本书，所有的育儿书籍都应该这样结尾。

☺正当你以为孩子会轻易入睡时，他明白了如果他大闹，你就会陪着他。

☺正当你以为孩子会吃任何东西，并喜欢上了吃蔬菜时，她爱上了饼干，并且发现她可以表达出自己的偏好。

☺正当你以为孩子成功地学会了使用杯子喝东西时，他发现了吐东西的乐趣。

☺正当你以为孩子真的喜欢涂颜色时，她发现不必局限于纸上——墙壁、地板以及桌布都是她发挥艺术才能的好地方。

☺正当你以为孩子喜欢阅读时，他发现了 DVD 和动画的乐趣。

☺正当你以为孩子学会了你教的"请 / 谢谢"时，她却发现不说更好玩。

任何阅读上面这个清单的父母都可以往里面增加内容，毕竟养育过程包含了一系列"正当……"的时刻，它们是生活中活生生的事实。孩子的成长——每个人都一样——都有平静（冷静）和不平静（混乱和生气）的时刻。对于父母来说，日复一日的旅程就像爬山的长途跋涉，你费尽周折地攀爬一个陡峭的山崖，最后来到一块高地上。然后大地平坦，你愉快地走了一段，直到出现另一段上坡路，地势更加难以攀爬。如果你想登上顶峰，除了继续前进之外，别无选择。

在这最后一章中，我们要讨论每天的养育旅程以及似乎突然冒出来的曲折反复——足以让最勤勉的父母感觉彻底失败。因为我无法预测你的家中会出现什么样的"正当……"的时刻，因此提供一些分析方法。然后，我会告诉你如何把那些指导原则运用到"正当……"的情况中。有些话题在其他地方没有涉及到，还有些话题与睡眠、进食以及行为问题有关——这些问题我已经深入讨论过了——如果你已经从头读到了这里，你应该对这些问题都很清楚了。但是，这里的重点是讨论这些问题的复杂性以及更多的情形。

12 个基本问题

我在引言中已经说过，我过去几年的生活已经从"宝宝耳语专家"变成了"解决问题太太"。每个家长也要有足够的信心成为解决问题先生或解决问题太太——你只是需要一点指导。解决问题的前提是提出正确的问题，只有这样，你才能弄明白孩子不高兴的原因，搞清楚她新出现的行为的原因，然后提出解决问题的方案或者学习如何接受新情况。

"但是它无缘无故地就冒出来了。"父母常常这样说。不，亲爱的，无论任何时候，意料之外的事情的发生，几乎总是有一个理由的。夜醒、进食习惯的改变、鲁莽无礼、不愿意跟其他孩子玩或者合作——不管是什么新的行为或者态度，这些事情很少是"无缘无故地冒出来的"。

因为在这些"正当……"的时刻，父母容易感到受阻、沮丧，因此我想出了一个办法来帮助你回顾并分析你的家庭、你的生活中、你的孩子发生了什么事：这就是 12 个基本问题。在整本书中，我已经提出了很多问题帮助你理解我是如何处理某个难题的，并指导你像我一样思考。但是，我在这里把问题缩减成我认为的关键问题——你

最先要问的问题——因为它们反映了行为突然变化的最常见的原因。在很多"正当……"的情况中，几个因素——孩子的发育、你做了（或者没做）什么事情、每日常规程序的改变或者家庭环境的改变——是同时起作用的。有时候，要弄清楚发生了什么或者该先处理什么不是那么容易的。回答所有这些问题——即使有些问题你认为没关系——会帮助你更好地发现问题、解决问题。

我建议你把这些问题复制一份，至少是在你刚开始学习如何解决问题的时候，要实事求是地写下答案。提醒一句：当你回答这些问题

12个基本问题

1.孩子是不是要达到一个新的身体发育水平了——学会坐直、走路、说话——或者正经历某个发育阶段，这个阶段可能会造成这种新的行为吗？

2.这种新的行为和孩子的个性相符吗？如果是，你能确认都是哪些因素（发育上的、环境的或者父母的）可能加剧了这种行为吗？

3.你的日常程序改变了吗？

4.孩子的饮食改变了吗？

5.孩子有任何新的活动了吗？如果是，新的活动是否符合她的年龄和脾性？

6.孩子的睡眠模式——白天或晚上——改变了吗？

7.你们出门比平时多了吗？你们去旅行或者全家度假了吗？

8.孩子长牙了吗？刚从一次事故中（哪怕是很小的一次）或者疾病或者手术中恢复过来吗？

9.你或者跟孩子亲近的其他成年人是不是病了、特别忙或者正经历情感上的一段困难时期？

10.家里还发生了什么可能会影响孩子的事情——父母吵架、新来的保姆、工作变动、搬家、家人生病或者过世？

11.你最近有没有因为其他方法"不管用"而尝试了新的养育方法？

12.你有没有总是不断地让步，从而无意中强化了这种行为？

的时候，你可能会感到内疚，因为有些回答指出了父母的责任。相信我，我建议你回答这些问题不是为了让你得出这样的结论："哦，不，我才是小约翰尼像旋风一样在屋子里横冲直撞的原因。"内疚，正如我之前强调过的，对任何人都没有好处。用不着反省和自责，而是要努力弄明白为什么，然后采取措施改变这种状况。回到起点，任何问题都可以解决，**只要你知道问题出在哪里**。

在下面的几节内容中，我们要更细致地讨论这些问题——以及现实生活中的事例，在这些例子中，回答上述问题能够帮助父母解决各种"正当……"之类的问题。

注意发育的影响

第一个问题反映了发育上的变化：

1. 孩子是不是要达到一个新的身体发育水平了——学坐、走路、说话——或者正经历一个会引起新行为的发育阶段？

发育变化当然是不可避免的。没有父母能够逃避它们。你也不会想要阻止发育的进程。但变化真快啊！更让人惊奇的是孩子常常一夜之间就真的变了。我记得一天晚上我把我的小女儿索菲放到床上时她还是个天使，但是——我发誓——第二天早上醒来时她就变成了恶魔。我们以为有人把真正的索菲给绑架走了。她突然之间变得非常倔强，更加顽固、独立。我们遇到的这种情况肯定不算反常，我没法告诉你我收到过多少个邮件，接到了多少个电话，父母们说孩子睡觉的时候肯定有外星人爬了进来，把他们的孩子变成了一个小淘气鬼！

应付孩子发育变化的诀窍是沉着冷静、从容应对。当父母被一种新的行为弄得不知所措时，他们常常忘了坚持常规程序，而在混乱时常规程序又往往显得无比的重要。让事情更糟的是，他们还采取了无规则养育。在"多利安困境"（第 385~389 页）中——一个真实的事例——这个例子中造成"正当……"问题的不仅有身体发育上的原因，

372

还有其他几种因素——你会看到孩子很自然地会在最亲近的人也就是父母身上试验他们习得的新技能。当我们做出反应时，他们就意识到了自己有影响力，这给了他们力量，也强化了他们的这种行为。

有时候你只好咬紧牙关，等这个阶段过去。把这种新的行为看做孩子探索世界、坚持自我的需要，而不是对某个人的攻击（尽管感觉上像是后者！），对你会有帮助。除非你的孩子有危险，或者他的行为影响了其他人，无视他的行为常常是最好的做法。但是，有时候孩子身体发育的变化要求你做出调整。例如，如果你的孩子以前能自己开心地玩，但是，现在更多地要求你陪她，那可能是因为她的大脑发育使得她意识到她需要你。也可能是因为她长大了，旧玩具已经不够玩了。一旦孩子知道了一个玩具是如何运作的，并且掌握了它，那么她就准备好接受更有挑战性的任务了。

父母常常意识不到一个看上去像是行为问题的问题实际上是身体发育发生了变化，需要他们调整常规程序或者采取措施以适应孩子的新的需要和新的能力发展。还记得杰克吗？他的妈妈朱蒂关心如何教儿子不要碰贵重的东西、不要打人（见第 329 页）。实际上，杰克所谓的问题都是身体发育上发生了变化。每当我听说一个婴儿突然之间"对任何东西都感兴趣"时，我就知道他的父母必须做出某种或者某些改变以适应身体发育更加成熟的孩子了。我建议朱蒂在房子里做好防护，这样妈妈和儿子就不会总是争执不休，杰克也就不会被妈妈无休止的"不许"和"不要碰"的禁令弄得沮丧不已了。一旦她创造的安全空间不能使杰克自由地活动手脚，那她不得不随时干预、警惕，等待这个特殊的发育阶段过去。如果她不注意、不关心，杰克的攻击行为可能会升级。那也不是什么丢脸的事，因为这个"正当……"的问题的真正原因是杰克正在长大，并正在变得更加独立。

了解你自己的孩子

第二个问题跟我在全书中以及和所有父母的谈话中一直强调的首要原则有关：了解你自己的孩子。

2. 这个新的行为和孩子的个性相符吗？如果是，你能确认都是哪些因素（身体发育上的、环境的或者父母的）可能加剧了这种行为吗？

父母会对我说："当然了，我知道她是个独立的人，我必须尊重她的独特性。"但是，真正地接受孩子的脾性远比口头上说说要困难得多（详见第 53 页"为什么有些父母看不到"）。随着孩子的成长，特别是随着他们进入社会，并且和其他孩子一起玩耍、融入新的社会环境，父母良好的意图经常会半途夭折。

以苏珊为例，她是休斯顿一个能干的律师，我第一次在洛杉矶我的新书签售会上见到了她。艾玛出生后，苏珊缩短了工作时间，以便能有更多的时间来陪伴女儿。但是，与活跃、健谈的妈妈相比，艾玛远没有那么擅长交际。当艾玛 22 个月左右时，苏珊不得不面对现实。尽管艾玛喜欢音乐，但当苏珊说"今天我们要去上第一堂音乐课了"时，艾玛却躲到了沙发后面。起初，苏珊以为艾玛在闹着玩儿，以为艾玛躲起来和音乐毫无关系，因此她就没有把这个行为当回事。当她们一起去听课时，艾玛开始闹，苏珊想当然地认为（并且告诉其他妈妈）："艾玛肯定昨晚没睡好。"最后，苏珊在接下来的几个星期里一再遇到这种情况，于是她给我打了电话。

在回答了 12 个基本问题之后，苏珊意识到事实上艾玛从出生起就很敏感，但是妈妈总是以为——希望——她的女儿长大就好了。她不断地让女儿接触很多社交场合，希望社交性活动会帮助她摆脱害羞的脾性。女儿越是抗拒，妈妈越是敦促。"在金宝贝早教班上，她总是想爬到我的腿上来，但是我不让。我总是说：'去吧，宝贝，去跟其他孩子玩。'我是说我们去那儿的目的不就是那个吗，要不她还怎么学呢？"艾玛所谓的突然抗拒自始至终都存在着，但苏珊没有留意到孩子的信号。然而，现在随着艾玛身体的发育，一切都表现了出来。艾玛快 2 岁了，明白得更多，更善于坚持自己，因此她让苏珊知道：*嗨，妈妈，这对我来说太多了！*

在这个例子中，回到起点意味着在她们的日常冲突中苏珊必须考虑艾玛的敏感性。她需要给艾玛充足的时间来适应新的情况，适应和一群孩子一起玩耍，而不是逼得她害怕、紧张。"我们应该退出音乐课吗？"苏珊问。我告诉她绝对不要退出，这会教会艾玛当遇到吓人、困难或者令人灰心的事情时就停止尝试。我建议她继续上音乐课，向艾玛保证她可以坐在妈妈的腿上，直到她准备好摆弄乐器并跟其他孩子一起玩耍。即使要花费几个星期的时间，甚至要等到整个课程结束，妈妈也必须坚持下去。

不过，与此同时，苏珊可以向老师索要一张他们课上唱歌的曲目单（很多音乐课也出售可以带回家的 CD），在家时跟艾玛一起唱。害羞的孩子一旦知道大人对他们的期望，并且自己也想要赶上其他孩子时，就会表现得最好。妈妈还可以考虑借或者买一件乐器——三角玲、小手鼓或者响葫芦，就像他们在班上用的那些——这样艾玛可以练习，更熟悉它们。如果几节课之后，艾玛对参与活动表现出哪怕有一点点的兴趣，苏珊就应该和她一起坐到地板上。"她绝对不可能离开你的左右，但是那没有关系。"我强调说，"如果你给她需要的时间，我保证最终她会自己去尝试的。"

留意破坏常规程序的因素

下面几个问题与你的日常程序以及可能会影响日常程序的事件和/或者环境有关。

3. 你的日常程序改变了吗？

4. 孩子的饮食改变了吗？

5. 孩子参加任何新的活动了吗？如果有，新的活动符合她的年龄和脾性吗？

6. 孩子的睡眠模式——白天或晚上——改变了吗？

7. 你们出门比平时多了吗？你们去旅行或者全家度假了吗？

8. 孩子长牙了吗？刚从一次事故中（哪怕是很小的一次）或者疾病或者手术中恢复过来吗？

常规程序是家庭生活稳定的基石。这本书中，我用了很多篇幅讨论如果没有常规程序或者缺乏一致性时产生的问题。但有时候，即使最有条理、最清醒的父母也会禁不住偏离他们的常规程序。孩子长牙、生病、旅行可能会打乱家里的正常秩序，从而改变 E.A.S.Y.程序中的任一字母——新的饮食（E）、活动（A）、睡眠习惯的改变（S）、你自己生活中的某些事情（Y）的改变。但是，不管是什么事情干扰了你们的常规程序，一旦你意识到了，总是可以恢复"正常"的。

要采取一切措施回到常规程序上来。例如，如果睡眠模式被打乱了，就运用抱起－放下法让孩子回到正常轨道上来（见第 6 章）。又比如你回去上班了，你的孩子送日托，或者由另一个人在家照顾。如果他不乖，可能是因为日托护理者没有坚持你的常规程序。要把你的方案详细地介绍给她，并且写下来。你跟孩子在一起时也一定要坚持。

"正当……"的变化也可能表示孩子的需要不同了，表示她更独立了，因此可能需要一个新的常规程序——例如每隔 4 小时进食而不是 3 小时（见第 21 页方框），或者停止上午的小睡（见第 283~284页）。不要试图开倒车，要让孩子好好成长。如果她正在从液体食物过渡到固体食物（见第 4 章），那么她可能会肚子痛，因为她不适应新的食物，但是，这并不意味着你要回到液体饮食，而是要更缓慢地加入新的食物。

破坏常规程序的因素中最棘手的是那些涉及孩子身体不适的问题。当孩子长牙、疼痛或者生病时，"可怜孩子"综合症就会大行其道（第 389 页有具体的例子）。突然间，父母允许孩子晚点儿睡，或者更糟，把孩子带到他们的床上。他们没有考虑这样做的长期后果，几个星期后，他们慌了："我的女儿怎么了？她睡觉不正常，进食也不好，比以前更爱哭了。"哦，亲爱的，那是因为最近的变化扰乱了她的常规程序，你为她难过、不再规定限制，现在她不知道接下来会发生什么。当孩子受到病痛折磨时，请务必给她特别的爱和关注并照顾她，但是，也请尽量坚持原来的常规程序。

有些常规程序的改变是可以预测的。例如，如果你们要去旅行，那么你要做好心理准备，孩子回家后可能会有几天至一周时间的退步。特别是年幼的婴儿，如果度了两三个星期的假，因为她无法保持那么长时间的记忆，因此会奇怪："现在我在哪儿啊？"如果你在此期间做了某些无规则养育的事情，那么情况当然就会更糟了。"真是个灾难，"玛西娅和她 18 个月大的孩子贝瑟尼去巴哈马群岛度假回来后回忆说，"酒店广告说他们那儿有婴儿床，但是，等到了那儿，他们给我们一个非常简陋的便携式婴儿床，更像是一个婴儿围栏，贝瑟尼在里面睡不着，因此她最后跟我们夫妻俩一起睡。"

玛西娅回家后必须做几晚上的抱起–放下法，让贝瑟尼重新习惯原来的就寝程序，帮助她重新学会独自睡觉的技能。但是，如果你**提前做好准备**，那么可以让重新学习的过程变得相对容易一些。不管是住在亲戚那里，还是住酒店，都要先打个电话，问问他们那里都有哪些装备。如果是便携式游戏围栏，而孩子不习惯睡在里面，那就先向朋友借一个，出发前让孩子在里面小睡一次。如果孩子太大，在游戏围栏里睡不下，就问问主人能否从邻居那里借一张婴儿床，或者联系当地的租赁公司。当你为旅行整理行装时，要带上孩子最喜欢的玩具、衣服和令其能想起家里的物品。在旅行途中，即使是在陌生的环境中，也要保持平时的习惯——尽量让进餐和就寝时间跟平时接近。这样，等你们回家后，需要做的调整就会少一些。

保护家庭环境

下面的这两个问题涉及较大的、常常也更持久的家庭环境变化。

9. 你或者跟孩子亲近的其他成年人是不是病了、特别忙或者正经历情感上的一段困难时期？

10. 家里还发生了什么可能会影响孩子的事情——父母吵架、新来的保姆、工作变动、搬家、家人生病或者过世？

就像海绵有很强的吸水能力一样，孩子也能够感受到身边的一切事物的微妙变化。有研究显示，即使婴儿也能感受到父母的情感状态以及环境中的其他变化。如果你不高兴，你的孩子也会不高兴。如果家庭气氛很混乱、无序，他也会觉得好像被裹进了旋风里。当然，所有的成年人在生活中都会经历艰难的时刻和重大的变化——我们有自己的"正当……"的时刻。虽然我们不能阻止生活中的这种转变，但是，至少可以认清这些变化对家里年幼成员的影响。

布丽奇特是一个在家工作的版画艺术家，她的母亲在和骨癌痛苦地抗争了一段时间之后过世了，那时，布丽奇特的儿子迈克尔3岁。布丽奇特和母亲关系非常亲密，母亲的去世对她无疑是个沉重的打击。母亲过世后好几个星期，黑暗中布丽奇特躺在床上，时而呜咽，时而痛哭。"我母亲去世的时候，迈克尔刚刚开始上幼儿园。"她解释说，"因此至少每天上午有3个小时他不在家。当我不得不去接他时，我努力打起精神。几乎与此同时，我意识到自己怀孕了。"

后来，布丽奇特接到了迈克尔老师的电话。老师反映说迈克尔打其他孩子，还对他们说："我要弄死你。"当布丽奇特问自己12个基本问题时，她怀疑迈克尔是受到了她的悲痛情绪的影响。"但是，"她问我，"那又能怎么样呢？我需要时间来悲痛，不是吗？"

我安慰布丽奇特，说她当然需要。但是，她也需要考虑迈克尔的情绪。他也失去了一个外婆，尽管布丽奇特以为自己去学校接他时"打起了精神"，但是，一个3岁的孩子能够注意到她红肿的眼睛，更重要的是，他能感觉到她悲痛的情绪。迈克尔不仅承受着母亲的悲伤，而且还感觉好像他的母亲消失了。我对布丽奇特解释说，要想阻止迈克尔在学校的攻击性行为，我们必须提出一个改善家庭环境的方案。

布丽奇特开始跟迈克尔谈论她的母亲，在此之前她从来没有真正这样做过。她向他承认她最近很难过，因为她想念外婆罗斯。她鼓励迈克尔也说出自己的情绪。他说他也想念外婆。布丽奇特明白了继续谈论她的母亲、回忆过去和母亲在一起的美好时光对他们两个人都有好处。"或许我们可以到公园里的旋转木马那儿去，或者去外婆以前带你去喂鸭子的那个湖边，"她建议道，"可以让我们感觉离她更近些。"

也许最重要的是，布丽奇特开始关心起自己的情感需要。她加入了一个伤心治疗小组，这样她就可以和其他成年人谈论自己的感受。随着布丽奇特的心情开始好转，能够对儿子诚实地说出自己的情绪——并且要与儿子的年龄相适应——迈克尔也变回到了原来那个平静、合作的孩子。

对无规则养育采取损失控制措施

最后两个问题和无规则养育有关：

11.你最近有没有因为其他方法"不管用"而尝试了新的养育方法？
12.你有没有不断让步从而无意中强化了孩子的行为？

如果父母前后不一致，对孩子不断改变"规则"，那就会发生无规则养育的情形——例如，某一天晚上让孩子爬到他们的床上和他们一起睡，第二天晚上又随她哭着独自睡去；或者孩子出现新的行为问题时，父母采取权宜之计——用道具帮助孩子入睡，她一哭就抱她起来，而不是深吸一口气，找出问题的症结所在。

正如我在书中已经指出的，无规则养育可能是某个问题的主要原因，或者在"正当……"的情况中，它可能会使得问题拖延下去。权宜之计从来不能真正地解决任何问题，它就像在伤口上贴一个创可贴，却不给患者抗生素以去掉病根，伤口可能不会再流血，甚至会愈合，但是不会完全康复，因为感染依然存于体内，最后可能会导致产生更加严重的后果。"正当……"的问题可以说是一样的。有些会很快消失，就像它们突然出现一样，但是有些被父母误解或者错误地处理，导致出现更加严重的问题。

有些父母没有意识到这一点，他们不断地使用创可贴——让步，哄骗，允许孩子越界——最后不知怎么的，孩子就不肯睡在自己的床上了，并且会行为反常，试图完全按照自己的要求控制家里的成年人。

还有些父母，特别是那些读了我的头两本书的父母，极度苦恼地意识到了无规则养育是如何开始的。他们会对我说："我们知道不应该摇晃她，但是……"或者"我们给你打电话是因为我们知道我们需要一个最后不会让我们后悔的方法。"但是，他们要么还是做了（"就一晚上"），要么在盛怒之下忘了他们美好的预期目标。

下面这封有趣的邮件就说明了无规则养育是如何开始的，又是如何使得"正当……"的问题变得更加复杂的：

> 我们 13 个月大的女儿丽贝卡晚上很难入睡，这种情况大概开始于一个月前。她和我去了一趟远在加利福尼亚的我哥哥的家。回来后，我丈夫和我一致认为她应该停止使用安抚奶嘴了。在此之前，她也只在小睡和晚上睡觉的时候用，白天从来不用。我们开始不给她安抚奶嘴，她不高兴了，但是我们随她哭，努力鼓励她用她自己的毯子自我安慰。后来，她感冒了大约两个星期。有三个晚上，她开始像以前那样自己睡觉了。但是，现在她开始长第一颗白齿，我们无计可施了。每天晚上睡觉前她都会哭至少 1 个小时。没有了安抚奶嘴她似乎就不知道如何让自己入睡，但是夜间她一般不会醒。我们应该继续让丽贝卡自己想办法呢，还是进去安慰她（但是不摇晃着她睡觉）？我们需要帮助。

你或许已经猜到了，这对儿疲倦的父母说到了一大堆足以能够干扰他们的常规程序的事情——旅行、生病，以及正当他们以为女儿恢复正常时，她又开始长牙了。对此，丽贝卡的父母也应该负有一定的责任。如果他们在拿走丽贝卡的安抚奶嘴前等几个星期，而不是刚从加利福尼亚回来就拿走，那么他们可能会减少女儿（以及他们自己）即将出现的一些问题。当他们旅行回家后，孩子需要父母像往常一样的支持，这有助于帮助他们回到原来的常规程序上去。丽贝卡的安抚奶嘴不是道具，因为她不依赖父母给她——她已经长大，安抚奶嘴从嘴里掉出来时，她能够自己放回去，白天时她也不衔着安抚奶嘴四处走。换句话说就是，那个时候没有必要急着让她放弃安抚奶嘴。尽管如此，我不认为拿走丽贝卡的安抚奶嘴导致她"忘了"如何自己重新入睡。原因是他们在外面的时候，妈妈可能没有或者不能坚持他们正常的就寝时间，常规程序的其他方面也很可能受到了干扰。

紧接着，让事情更糟糕的是，丽贝卡的父母采取了"随她哭"的应对方式，在我看来，他们似乎是在用控制哭泣的方法来让孩子入睡。这个孩子以前有很好的睡眠习惯，现在她的常规程序受到了干扰，他们不仅拿走了她的安抚奶嘴，还改变了规则。当然了，感冒最终会让丽贝卡病倒，但是至少不会让她觉得受到了双重打击。

这个例子中的方案涉及到重新回到起点。丽贝卡的父母可能必须采用抱起–放下法来帮助女儿重新获得睡眠的技巧，他们不应该"随她哭"，尽管是为了让她更加独立。还有一点很重要，那就是父母要意识到，有时候孩子只需要纯粹、简单的抚慰。如果孩子因为疼痛、害怕以及不寻常的环境而失常，那么她需要的只是父母在身边陪着她。

设计一个方案：解决问题的 12 个基本原则

当你面临一种"正当……"的情况时，首先，要深吸一口气，问问自己 12 个基本问题，以客观父母的眼光看待已经出现的问题（见第 309~312 页）。然后，在设计行动方案时要考虑解决问题的 12 个基本原则。如果你从头读了这本书，那么你就会很熟悉书中所讲的大多数原则。这并不是高深的火箭科学，只需要运用常识，把事情仔细想清楚。

解决问题的 12 个基本原则

1. 确认问题的某个或多个根源。

2. 弄清楚要先处理什么。

3. 回到起点。

4. 接受你无法改变的事情。

5. 判断解决方法是否长期有效。

6. 当孩子需要的时候安慰他。

7. 保持主导地位。

8. 去孩子身边，而不是让他到你身边来。

9. 坚持你的方案。

10. 做一个 P.C. (耐心和清醒) 父母。

11. 照顾好自己。

12. 汲取经验教训。

---

1. 确认问题的某个或多个根源。问问自己 12 个基本问题。如果你诚实地回答了它们，那么最终你就应该了解是什么影响了你的孩子。

2. 要弄清楚先处理什么。弄清楚先处理什么常常是最迫切的问题。举例来说，如果孩子连续三个晚上夜醒，这可能是因为他正在长牙，或者患上了感冒或胃肠疾病，也可能是他正在形成不好的睡眠习惯。但是，你首先必须为他止痛。同样，如果你试过控制哭泣的方法，以至于孩子一看到婴儿床就大哭，那么在解决她不知道如何让自己重新入睡这个问题之前，你必须重建信任 (见第 186~190 页)。

在有些情况下，先处理最容易解决的问题以免其碍事是有一定的道理的。比方说，如果你们带着孩子去了父母海边的度假小屋度假 (每年夏天全家人都会到那里聚一聚)，在那里你的孩子每晚都在 9 点或 10 点钟才睡觉。现在回家了，他希望能继续这样下去。另外，他跟比他大的表哥、表姐一起玩耍，从中学会了如何更有攻击性，以及如何搞恶作剧，现在他把这些应用在玩耍小组的玩伴身上。面对出现的这种种问题，你当然不能坐视不管。但是，你首先要做的是让孩子重新回到较早的就寝时间，因为这做起来要相对简单一些。

3. 回到起点。有时候你必须回到起点。只要你仔细分析了出现的问题，就会知道你为什么会偏离最初的方案，又是如何偏离的。新方案要以纠正错误的路线为基础。如果你忽略了孩子的脾性，那么你应该适时调整方案，以适应孩子的天性；如果你偏离了常规程序，那就回忆一下 E.A.S.Y.程序；如果你以前已经采用了抱起－放下法来教孩子如何自己入睡，几个星期后睡眠问题又莫名其妙地出现了，那就回到已知的有效方法上。

4. 接受你无法改变的事情。很多"正当……"的情形需要你接受。你的孩子不高兴，因为你刚离开家回去工作了，每次你离开的时候他都会大闹一场……但是你需要出去挣钱养家。你很失望孩子不如你擅长交际……但是你的孩子就是那样。你厌倦了只有你自己对孩子说"不"，你努力了好几次想让你的爱人更多地参与进来……但他是工作狂，而你待在家里。你的孩子突然开始撞头……但是你的儿科医生叫你不要管它。这些情形都不容易接受——你想介入，想做点什么。但是，有时候你必须后退，让时间来解决。

5. 判断解决办法是否长期有效。如果你开始时没有当真，那么你很可能会开始无规则养育。如果一个解决办法更多的是创可贴似的权宜之计，而不是长期有效的，或者对你的要求超过对孩子的要求（例如你不得不整晚不停地跑进孩子的房间把安抚奶嘴放回她的嘴里），那么你可能需要重新考虑一下。

6. 当孩子需要的时候安慰他。在任何"正当……"的情形中，孩子可能需要你给予更多的关爱。特别是在生长突增期，孩子活动能力增强，开始接触社会，长牙，感冒——任何一方面的改变都可能会让孩子偏离正常的常规程序。不匆忙采用无规则养育的方法固然很重要，但是孩子也需要知道当他跌倒的时候你会在他身边扶持他。安慰是一种富有同情心的行为，可以给孩子安全感。

7. 保持主导地位。即使你还不太清楚该怎么办，也不要让孩子成为家庭的主宰。如果你的孩子在生病，你为她感到难过、担心，这都是可以理解的。正如我在上面强调过的，你要多给她一点安慰。但是不要过分，不能她想要什么就给她什么，不要放任她控制全家。要是那样的话，你肯定会后悔的，因为你的家会变得一团乱。更糟的是，她可能会变成其他家长和孩子尽量疏远的那种孩子。

8. 尽量去孩子身边，不要让孩子到你身边来。如果孩子病得很厉害，你很担心，那就带一张充气床去他的房间（参见第 279 页以及从第 281 页开始的艾略特的故事）。我也认识有些父母睡在婴儿床旁边的地板上。相信我，这几个晚上的不舒服比起花几个星期或者几个月的时间来改掉孩子的坏习惯要好得多。

9. 坚持你的方案。如果你的方案似乎没有马上奏效，或者孩子突然倒退到原来的模式或者行为，不要放弃。我见过很多这样的情形：父母总是想要尝试新的事情。那样不仅会让孩子糊涂，也极少有效。

10. 做一个 P.C.父母。耐心和清醒是坚持方案到底的关键。特别是如果你的方案包含有好几个组成部分——比方说你在处理一个睡眠问题和一个进食问题——每一步都要慢慢来，不能仓促行事。

11. 照顾好自己。想想在飞机上机组乘务员检查安全程序时的指示："如果你带着小孩，请你自己先戴上氧气罩，然后再照顾孩子。"日常养育工作也同样。如果你没法呼吸，又如何能照顾、指导好你的孩子呢？

12. 汲取经验教训。"正当……"的情形常常会反复出现，尽管每次会有所不同。记住发生过的问题，以及你是如何处理它们的。最好是把它们全都记录下来。你或许开始看到某种模式——例如，当你没有让孩子做好充分的准备应对即将发生的事情时，你常常会遇到麻烦，或者在某个玩耍日之后孩子总是会心情不好。这并不意味着你要时时刻刻待在家里，而是要：（1）下次的时候采取措施做好充分的准备，从而把干扰减到最少；（2）缩短和其他孩子见面的时间，为孩子挑选性格更加随和的玩伴。

在最后这一章中，我会举例说明如何把这 12 个解决问题的基本原则运用到日常的养育困境中。你会看到在有些"正当……"的情形中，只有三四个原则起作用。不过，第一个例子"多利安的困境"几乎要求运用每一个基本原则（会在正文中用小方框标示出来）。请对我有点耐心，亲爱的：有点长、有点繁杂，但是，这个例子说明了我处理过的很多问题的复杂性，以及为什么有些父母常常不知道从哪里开始着手的原因。

多利安的困境："突然之间不断反抗"

尽管很多"正当……"的问题感觉像是"一夜之间"出现的，但总是会有多种因素掺杂在一起。多利安的邮件起初是发给一个在线母亲小组的，这封邮件正说明了问题的复杂性：

> 我们 20 个月大的儿子安德鲁以前总是很活跃、很勇敢，但是这几天似乎有了极大的改变。突然之间，他只说"不！"。他想要自己做一切事情，如果我想帮他，他会很不高兴，不断地进行反抗。他把食物扔在地板上，或者朝我们扔东西，这些也是新出现的行为。倒不是说他以前没有这样做过，只是说他现在做的时候似乎更坚决、更有力。他完全知道他在做什么，即使我们叫他停止，他还是会继续。他不断地向我们发起挑战。我发这封邮件是因为我被自己的反应吓着了。前几天，我第一次冲他发火，事后觉得自己情绪失控了。部分原因是我刚刚发现自己又怀孕了，怀疑这是不是一切的原因（我还没有告诉儿子，因为还在怀孕早期）。我有种感觉，这些都是"恼人的 2 岁"即将到来的典型早期信号，但是变化如此之突然又让我很费解。我想知道你们有没有人经历过这种情况，你们是如何保持冷静的呢？

妈妈是对的：安德鲁正接近一个非常重要的发育阶段——2 岁期。违拗和顽固是这个阶段的自然表现（见第 303 页）。而且这种变化是会在一夜之间就发生的，正像她描述的那样。而且，我怀疑安德鲁的

找到问题的某个或
多个根源

父母可能没有研究过儿子的脾性。尽管多利安描述安德鲁时，说他"总是很活跃、很勇敢"，但是又承认说"倒不是说他以前没有这样做过"，因此她可能没有意识到安德鲁就是这样的孩子——这正是她要解决的。当你有个像安德鲁那样活跃型的孩子时，父母以慈爱、温柔的方式保持主导地位比其他任何时候都要来得重要。但是，如果父母安抚、哄骗一个让人费心费力的孩子，并且最终让步，不管是以保持安宁还是让孩子快乐的名义，那都是一种无规则养育的形式。他们的反应只会强化孩子的试探行为，当2岁期到来时，对整个家庭来说，他就会变成龙卷风似的灾难。如果他们还对他的古怪行为发笑——可能是因为他第一次固执已见时他们觉得"可爱"——那么他们就在无意中奖赏了他。即使只发生过一次，孩子也会一天重复表演好几次，希望再赢得大人的一次大笑。但是，这个时候就没有人觉得那很好玩了。

仔细阅读那封邮件，很显然，有几个因素导致了安德鲁的"新"行为：他身体上的发育、父母对他脾性的反应以及无规则养育。当然，母亲多利安的怀孕，这一即将发生的家庭环境的变化，也是一个不容忽视的因素。安德鲁或许还不知道婴儿的事，但是，他绝对感觉到了母亲的焦虑。而且她对他行为的反应也因为怀孕带来的精神和身体上的变化而强化了。因此，处理这个"正当……"危机的方案必须考虑所有这些因素，以消除在此之前无规则养育带来的不良后果。

弄清楚先处理什么

安德鲁的"新"行为显然是主要问题，因此不难想出解决问题的方案应该从哪里开始。他的失控不仅仅是因为他快2岁了，还因为（凭我的直觉）多利安和她的丈夫都没有对儿子设定前后一致的限制。如果真是这样，那么现在要控制安德鲁就困难多了——但是肯定不是毫无可能（而且要比等到他十几岁容易多了！）。即使这非常耗人精力，父母也都必须坚持下去。

回到起点

安德鲁的父母需要把自己看做孩子的第一任老师，不要把"管教"看做惩罚，而应看成是帮助孩子的一种方式，帮助他理解什么是对，什么是错；什么

是可以接受的，什么是不可以接受的。只要他的冲动
行为没有危害到他自己或者他身边的任何人，他们就

保持主导地位

不应该因为关注这种行为而实际上对其进行奖励。例
如，如果他冲多利安尖叫，她要用平静的语调说："你再这样嚷嚷我
就不跟你说话了。"但是她必须当真——证明给他看，不理他，直到
他能好好地跟她说话为止。同样，如果安德鲁坐在高脚椅上开始扔食
物，每次他这么做的时候，父母必须马上把他抱出来，说："不许扔
食物。"等几分钟后再把他放回去。在他回到高脚椅上之后，如果他
再次扔食物，他们必须再把他抱出来。如果安德鲁扔玩具，他们必须
告诉他那是不对的。如果他发脾气，多利安应该温柔地握住他的手，
让他坐在她的腿上，或者坐在她前面，背朝着她，说："我会坐在这
儿陪着你，直到你冷静下来。"即使安德鲁变本加厉地踢她、打她，
更大声地尖叫，她都不能让步。

此前，安德鲁的父母一直借用权宜之计度日，可
现在他们必须要有长远的眼光。诚然，考虑到安德鲁

判断该方法是否长
期有效

不断地挑战他们的权威，这对他们来说确实有点困
难。但是，他们必须鞭策自己，即使实在太累而无力管教时也要如
此；当他们筋疲力尽，觉得让步比较容易时，要给自己鼓劲；即使当
他们觉得这"正当……"的情形永远不会改变时，也要继续着眼于未
来考虑。

因为安德鲁生来就那样——他的脾性不会有大的
改变——因此，他的父母必须创造适宜于儿子天性的

接受你不能改变的
事情

环境：为他创造大量的可以进行安全、剧烈活动的机
会。例如带他到外面，让他奔跑、玩耍，释放出旺盛的精力；或者约
定日期，让他和其他活跃、固执的孩子一起玩耍。不要安排需要他安
静地坐着的外出活动。

安德鲁的父母还必须设法预测和阻止儿子将来可
能会发生的一些状况。他们应该知道他失控的诱因是

汲取经验教训

什么，在他快要失控前看起来会是什么样子，有什么
反常行为等。他们需要保证不让他太饿，尤其是不要太累。傍晚，应

该让他放松下来，这样晚上上床睡觉时他就不会觉得太累。活跃型的孩子在受到过度刺激或者感到过度劳累时往往行为表现最糟糕（父母也是一样的）。

因为安德鲁的不端行为至少有一部分是为了吸引父母的关注，特别是母亲的关注的，因此，多利安必须让儿子知道他可以采取积极的

孩子需要的时候安慰他

方式获取她的关注。我建议她回想一下她真正陪伴他的时间有多少，以及没有电话铃音、没有电视的声音、妈妈不忙着做家务的时间究竟有多少。当我们没有真正在"那儿"时，孩子会感觉得到。她可以专门安排一些完全属于安德鲁的时间，并要让他知道。要重视这段专属于他的"妈妈和我"的时间——当新生儿出生时，这也非常重要。多利安需要工作（另一件她无法改变的事情），她的时间已经极为紧张，但是如果她在早上挤出点时间，或者下班回家后真正花点时间陪陪安德鲁，那么他可能会在其他时间好很多。父母都应该努力看到安德鲁的好的表现，并且及时赞扬他。尤其是当他控制住自己的情绪时，更要赞扬他（"你冷静下来了，做得很好，安德鲁"）。

坚持你的方案

如果父母真的做到了始终如一，安德鲁肯定会明白：父母说的话是当真的，他们迟早会言出必行。多利安和她的丈夫在遇到安德鲁退步时必须坚强些。有时候安德鲁会更合作，而有时候他似乎倒退了一大步。这都是可以预料得到的。

做 P.C.父母

父母还必须注意自己的行为，特别是多利安，她承认这种"正当……"的情形差点逼得她行为失控。我并不奇怪她对儿子失去耐心，因为她自己就有一大堆事情需要处理：全职工作、一个幼儿、一个即将诞生的婴儿。尽管如此，她还是需要留意安德鲁这些身体发育上的起伏变化。如果她了解儿子的脾性，适时地调整她的方法，最大程度地发挥他的长处，轻描淡写地对待他的短处，那么，到安德鲁 3 岁时，他的叛逆行为和攻击性行为多数都会消失。她还需要让自己更加清醒一些。对于活跃型的孩子来说，在事情发生之前通常都会有明显的信号——孩子说话的声音越来越大，或者开始嚷嚷，变得更加激动或者生气，开始抢东西。

她需要在孩子情绪失控前、更具有攻击性之前就察觉出他的迹象（见第325～334页）。通过仔细观察安德鲁，分散他的注意力，给他提供她认为合适的选择，多利安或许可以像人们说的那样将问题拦腰斩断。

最后，多利安必须反省一下自己。考虑到她暴躁的脾性，以及她对安德鲁的担心，她会"失去冷静"就不足为怪了。问题是她的怒气会让安德鲁更

照顾好自己

加难以应付，如果你希望事态冷静下来，就不要以暴制暴。多利安必须同样重视 E.A.S.Y.程序中的 Y（你自己的时间），如同其他方面一样，请自己的丈夫、父母或者朋友帮忙，让自己每天能够稍微休息一下，哪怕只有几分钟的时间也能让自己喘口气，从而更加谨慎地回应安德鲁的行为。否则，她会养成一种非常消极的模式，陷入和安德鲁不断的意志之争中。

恢复后的忧郁："我们无法恢复正常"

当孩子生病或者发生了意外时，必须有人护理，直至孩子康复。之后，父母们常常发现自己很难重获之前的地位。疾病、手术和事故常常是最累人的"正当……"的情形。你自然会同情孩子，希望安慰他。你会担心他永远不会康复，哪怕他只是在长牙。你将面临着严峻的挑战：照顾他，同时不要让自己成为"可怜宝宝"综合症的受害者，后者几乎总是会导致无规则养育。等危机结束，你不仅被孩子的"新"行为和坏习惯所缠身，而且还不知道如何重建常规程序，"回到原来的方式中去"，就像琳达——10 个月大的斯图亚特的妈妈——向我求助时说的那样。

最近，我在一次回家途中遇到了琳达和她的丈夫乔治亚，这是来自约克夏的一对可爱夫妻。琳达说斯图亚特 8 个月大时开始长牙。和很多长牙的孩子一样，他流鼻涕、拉稀，白天通常很难受，晚上经常醒。琳达每晚抱着他走来走去，摇晃着他睡觉。等几个星期后他的第一颗牙齿长出来时，斯图亚特已经习惯了每次爸爸或妈妈试图把他放到婴儿床时都要抱着他走动、摇晃，他会死命地抓紧他们。她开始为

斯图亚特的黏人行为找借口："他本来不是这样的"或"他在长牙"。与此同时，她自己正逐渐地变成了自己家里的"囚犯"。

因为斯图亚特突然之间似乎变得害怕起婴儿床来，但只是在晚上，因此琳达就认为他害怕晚上。我问："当他刚开始长牙时，你做了什么？"琳达不假思索地就回答说："哦，那个可怜的小家伙，开始时我甚至没有意识到他在长牙，我以为他感冒了、睡眠不足，才这么不乖、心情不好的。但是，后来他非常不高兴，看上去像是在害怕什么东西。"

我马上就知道了琳达患有"可怜宝宝"综合症（见第 246 页），她因为没有早点意识到斯图亚特在长牙而感到后怕，还以为自己是个"坏妈妈"。尽管有些 10 个月大的孩子会做噩梦，但是，我相当肯定这个例子是长牙困难（有些孩子长牙比其他孩子困难）和妈妈内疚的问题。对乔治亚来说，他对妻子每晚在儿子房间外面走来走去感到厌烦不已。"我们没有属于我们两个人的夜晚，"他抱怨说，"因为即使斯图亚特睡着了，她也会竖起耳朵听，担心他会醒。"

在这个例子中，首先要做的是减轻斯图亚特的疼痛，这并不困难。我让父母给他服用小儿 Motrin①，敷长牙乳膏麻醉他的齿龈。等他舒服点儿之后，我们就可以让他的睡眠重回正轨了。要想重新回到起点，我建议采用抱起–放下法，并强调由乔治亚来做。当妈妈患有"可怜宝宝"综合症时，我几乎总是宁愿她置身事外，让爸爸采用抱起–放下法，至少开始时由他来做。因为这样不仅可以让妈妈得到休息，而且爸爸也会觉得自己非常重要（确实是），我们不能冒妈妈会屈服的风险，她可能会为那小东西感到难过。

乔治亚运用抱起–放下法时，一丝不苟地按照我的建议来做，尽管第一个晚上痛苦不堪——斯图亚特每隔 2 小时就会醒——爸爸坚持住了。"我简直不敢相信他有多棒，"第二天，琳达惊讶地说道，并且承认如果是她，斯图亚特一抓住她她就会让步。"乔治亚累坏了，但是非常高兴。"那天晚上以及第二个晚上，琳达观察了丈夫怎么做

---

①药名，中文一般译作"美林"，用于镇热解痛。——译注

（我建议夫妻俩每隔两晚轮流使用抱起－放下法来处理睡眠问题，见第256~258 页），这使得琳达有了坚持抱起－放下法的勇气。一个星期之内，斯图亚特又能安睡整晚了。

和类似情况中的很多妈妈一样，琳达问我："等他长第二颗牙时，我必须再这样来一次吗？"我告诉她也许要，但是她应该汲取经验教训，因为如果斯图亚特病了或者受了伤，她可能要面临同样的困境。"如果你求助于过去的道具，"我警告她说，"你会马上回到你开始的地方。"

突如其来的恐惧："她害怕浴缸"

玛雅打电话给我，因为 11 个月大的杰德无缘无故地开始不肯洗澡。"她以前喜欢水，"玛雅强调，"从她还是个小婴儿时就喜欢。现在我一把她放进水里，她就会尖叫，死也不肯坐下。"这是个很常见但并不十分严重的问题。尽管如此，依然让很多父母心烦，因此我在这里说说它。

当孩子突然变得害怕浴缸时，十之八九是因为有什么东西吓着她了：她滑到了水下面，肥皂水进入了她的眼睛，她碰到了很烫的水龙头。她需要时间来重建信任。有几个晚上不要给她洗头发，这样肥皂水就不会再成为问题。（婴幼儿不会很脏！）如果她滑到了水下，那是很吓人的，要试着和她一起洗，这会让她觉得比较安全。如果她不愿意进浴缸，哪怕跟你一起也不愿意，那就在接下来的几个星期只给她擦澡。

如果这种情况不是在你照顾她时发生的，就要跟给她洗澡的人谈谈。可能是因为浴缸对一个小女孩来说太大了，或者她听到了自己声音的回声，这可能会吓着小孩子。如果是那样，你会看到她咿咿呀呀地说着话，然后突然停下，睁大眼睛，好像在说：**那是什么**？

最后，也可能是因为孩子到了洗澡的时候已经太累了，这可能会导致其害怕或者使其更加害怕。随着孩子逐渐长大，跟玩具和人有了更多的互动，在浴缸里洗澡会变成一场"浴缸派对"——一个妈妈在我的网站上这样说——一场狂欢、在浴缸里泼水，把给她洗澡的人弄得浑身湿透。有些孩子能应付这种活动，但对有些孩子来说，这种浴缸派对太过刺激了。如果是那样，最好改变她的常规程序，在她不那么累的时候给她洗澡（见第274~275页卡洛斯的故事）。

如果你不能断定孩子为什么害怕，那就回到起点，慢慢地让她重新接触浴缸。可以给她新的洗澡玩具来诱惑她（不一定要玩具，可以用彩色的杯子和水壶来代替）。如果她真的害怕，开始时可以用一个独立式的婴儿浴盆，让她站在外面玩水，你用海绵给她擦洗，告诉她："你是个婴儿时，我就是在这里给你洗澡的。"如果她愿意，让她坐在浴盆里。当她在卫生间里感到自在一些时，再改用大浴缸给她洗澡，但只能放几英寸高的水，让她站在里面。如果孩子害怕，千万不要强迫她坐在浴缸里。这可能需要几个月的时间，但最终她会克服恐惧心理的。

陌生人焦虑："临时保姆没法安慰他"

肖恩现在9个月大了，在他还是个婴儿的时候，我就认识了他的妈妈维拉。不久前，维拉心急火燎地给我打电话，"特蕾西，我怕他变了，"她说，"我从来没有见过他那样。"

"怎样？"我问，想知道维拉为了什么事情给我打电话。肖恩是个非常乖的小家伙，我们很快就让他按照良好的常规程序作息了，尽管他的妈妈时不时地打个电话来报告一下他的进展情况，但她极少有问题或者担忧。

"昨天晚上我们出去吃饭，把肖恩交给一个临时保姆照看——以前这样做过很多次了，没有发生过任何意外。用餐将近一半时，我的手机响了，是临时保姆打来的，她是个非常有亲和力而且能干的女人，我是在一个朋友家遇到她的，她打电话说肖恩醒了。她试着哄他接着睡，也说了我教给她的话：'没关系，肖恩，接着睡吧。'但是，她说，他看了她一眼，然后更加大声地尖叫起来。她怎么做都不能让他安静下来——摇晃不行，读书不行，甚至打开电视也不行。最后，我们喝完鸡尾酒后就急匆匆地回家了。幸运的是我们只离开了几分钟，当我们到家时，他还是异常激动，一见到我就跳进了我的怀里，很快就安静下来了。

"可怜的格蕾太太，她说这么多年来她带过的这么多婴幼儿中，还没有哪个孩子如此不喜欢她呢。这是怎么回事呢，特蕾西？我知道她是新来的保姆，但是，我们第一次雇佣新人时也不是这样的。你觉得肖恩患了分离焦虑症了吗？"

她的想法很有道理。很多婴儿在这个年龄开始出现分离焦虑（见第68～73页）。可是，当我们仔细检查了12个基本问题后，发现这显然只是个偶然的事件。肖恩并不黏着他的妈妈，他可以自己一个人玩45分钟甚至更久。当维拉离家去买日用品时他也没事，他会待在家里，跟艾丽丝在一起，艾丽丝是一位清洁女工，早在肖恩出生前很久就在家里工作了，现在有时也会临时照看肖恩。然后，我想起来这是格蕾太太第一次替维拉照看孩子。"你出门前肖恩跟格蕾太太有没有在一起待过一段时间？"我问。

"没有，怎么能呢？"她问，没有弄明白我的意思。"我们像平常一样7点钟把肖恩放上床。格蕾太太来了后，我们带她四处看了看。我告诉她如果肖恩醒了该做些什么。不过我想他可能会睡很长时间。"

不过当然了，肖恩最后确实醒了。正当你以为你在外面吃晚饭孩子会好好睡觉时，他却不！让事情更糟的是——也导致了他的恐慌——他醒来后看到的是一张陌生人的脸。或许最初是一个噩梦让他醒来（9个月时是可能的），或者是腿的动作扰乱了他的睡眠（他刚刚开始会慢慢挪动）。不管是什么原因，他万万没有料到睁开眼睛时看到的却是格蕾太太的脸。

"但是以前他从来没有这样过。"维拉说，"我们没有固定的保姆，因此他已经习惯了看到不同的面孔。"我向维拉解释说她的小儿子在成长，当他还是更小的婴儿时，几乎所有大人的脸（除了她的）在他看来都差不多，所以以前醒来时看到一张陌生人的脸不会觉得恐慌，因为他的大脑还没有把这个新来的人记为"陌生人"。但是8个月之后，神经系统开始发育得越来越成熟，使得孩子产生分离焦虑，害怕陌生人。即使格蕾太太对肖恩微笑、拥抱他，她也依然是个陌生人，因此他感到害怕了。

这个故事有三层寓意：第一，把"从不"这个词从你的词汇表中删掉。多少次父母在说了"他**从不醒**"或者"我们在公共场合时她**从不发脾气**"后自食其言？

第二，站在孩子的立场，从孩子的角度来想象某种情形。维拉应该早一点把格蕾太太介绍给肖恩，可以让她先照看他一个下午，甚至只是过来玩一会儿，好让肖恩和她建立起一种关系。那样的话，当他再次见到她时就不会大吃一惊了。

第三，了解孩子的发育阶段。我不相信仅凭着对照一张表格就可以衡量孩子的发展水平，但是这样做对了解孩子的智力和情感能力还是大有好处的。婴幼儿掌握的东西几乎总是比父母想象的要多。因此，父母经常持这样的态度：他们的孩子"只是个婴儿"——他不记得……他不明白……他分辨不出有什么不同。但实际上，他们通常都错了。

星座

现在你已经看完了书中所有的问题和方法，可是你还是弄不明白你的宝宝为什么突然决定要每天凌晨4点钟醒来玩耍，或者为什么你的孩子在吃了一年的麦片粥之后突然拒绝吃了。嘿，亲爱的，我已经回答了你们向我提出的所有问题，不管是你们当面告诉我的，还是通过电话、电子邮件告诉我的。我已经重点强调了在提出一个行动方案之前我会提到的所有问题，我也已经把我所有的育儿秘诀都告诉了你们，如果你们还不知道该如何是好，那就怪星座吧。可能水星逆行了。当然了，有时候就是没有办法解释为什么昨天还极好的解决办法在应对今天的困境时就变得毫无用处了。此外，如果你只是等着它结束，我保证你很快就会面临一个新的、更紧急的问题！

《美国执业儿科医生育儿百科》

一部不可多得的育儿指南，详细介绍 0~5 岁宝宝的成长、发育、健康和行为。

[美] 劳拉·沃尔瑟·内桑森 著
宋苗 译
北京联合出版公司
定价：89.00 元

　　一位执业超过 30 年的美国儿科医生，一部不可多得的育儿指南，详细介绍 0~5 岁宝宝的成长、发育、健康和行为。

　　全书共 4 篇。第 1 篇是孩子的发育与成长，将 0~5 岁分为 11 个阶段，详细介绍各阶段的特点、分离问题、设立限制、日常的发育、健康与疾病、机会之窗、健康检查、如果……怎么办，等等问题。第 2 篇是疾病与受伤，从父母的角度介绍孩子常见的疾病、受伤与处理方法。第 3 篇讨论的是父母与儿科医生之间反复出现的沟通不畅的问题，例如免疫接种、中耳炎、对抗行为等。第 4 篇是医学术语表，以日常语言让父母们准确了解相关医学术语。

《从出生到 3 岁》

婴幼儿能力发展与早期教育权威指南

畅销全球数百万册，被翻译成 11 种语言

[美] 伯顿·L.怀特 著
宋苗 译
北京联合出版公司
定价：39.00 元

　　没有任何问题比人的素质问题更加重要，而一个孩子出生后头 3 年的经历对于其基本人格的形成有着无可替代的影响……本书是唯一一本完全基于对家庭环境中的婴幼儿及其父母的直接研究而写成的，也是惟一一本经过大量实践检验的经典。本书将 0~3 岁分为 7 个阶段，对婴幼儿在每一个阶段的发展特点和父母应该怎样做以及不应该做什么进行了详细的介绍。

　　本书第一版问世于 1975 年，一经出版，就立即成为了一部经典之作。伯顿·L.怀特基于自己 37 年的观察和研究，在这本详细的指导手册中描述了 0~3 岁婴幼儿在每个月的心理、生理、社会能力和情感发展，为数千万名家长提供了支持和指导。现在，这本经过了全面修订和更新的著作包含了关于养育的最准确的信息与建议。

　　伯顿·L.怀特，哈佛大学"哈佛学前项目"总负责人，"父母教育中心"（位于美国马萨诸塞州牛顿市）主管，"密苏里'父母是孩子的老师'项目"的设计人。

[美] 黛博拉·卡莱
尔·所罗门 著
邢子凯 译
北京联合出版公司
定价: 35.00 元

《RIE 育儿法》

养育一个自信、独立、能干的孩子

RIE 育儿法是一种照料和陪伴婴幼儿——尤其是 0 ~ 2 岁宝宝——的综合性方法，强调要尊重每个孩子及其成长的过程……教给父母们在给宝宝喂奶、换尿布、洗澡、陪宝宝玩耍、保证宝宝的睡眠、设立限制等日常照料和陪伴的过程中，如何读懂宝宝的需要并对其做出准确的回应……帮助父母们更好地了解自己的宝宝，更轻松、自信地应对日常照料事物的挑战……让孩子成长为一个自信、独立而且能干的人。

RIE 育儿法是美国婴幼儿育养中心（RIE）的创始人玛格达·格伯经过几十年的实践提出的，并已在全世界得到广泛传播。

[美] 简·尼尔森
谢丽尔·欧文
罗丝琳·安·达菲 著
花莹莹 译
北京联合出版公司
定价: 42.00 元

《0 ~ 3 岁孩子的正面管教》

养育 0 ~ 3 岁孩子的"黄金准则"

家庭教育畅销书《正面管教》作者力作

从出生到 3 岁，是对孩子的一生具有极其重要影响的 3 年，是孩子的身体、大脑、情感发育和发展的一个至关重要的阶段，也是会让父母们感到疑惑、劳神费力、充满挑战，甚至艰难的一段时期。

正面管教是一种有效而充满关爱、支持的养育方式，自 1981 年问世以来，已经成为了养育孩子的"黄金准则"，其理论、理念和方法在全世界各地都被越来越多的父母和老师们接受，受到了越来越多父母和老师们的欢迎。

本书全面、详细地介绍了 0 ~ 3 岁孩子的身体、大脑、情感发育和发展的特点，以及如何将正面管教的理念和工具应用于 0 ~ 3 岁孩子的养育中。它将给你提供一种有效而充满关爱、支持的方式，指导你和孩子一起度过这忙碌而令人兴奋的三年。

无论你是一位父母、幼儿园老师，还是一位照料孩子的人，本书都会使你和孩子受益终生。

《3 ~ 6 岁孩子的正面管教》

养育 3 ~ 6 岁孩子的 "黄金准则"

家庭教育畅销书《正面管教》作者力作

[美] 简·尼尔森
谢丽尔·欧文
罗丝琳·安·达菲 著
娟子 译
北京联合出版公司
定价：42.00 元

　　3 ~ 6 岁的孩子是迷人、可爱的小人儿。他们能分享想法、显示出好奇心、运用崭露头角的幽默感、建立自己的人际关系，并向他们身边的人敞开喜爱和快乐的怀抱。他们还会固执、违抗、令人困惑并让人毫无办法。

　　正面管教会教给你提供有效而关爱的方式，来指导你的孩子度过这忙碌并且充满挑战的几年。

　　无论你是一位父母、一位老师或一位照料孩子的人，你都能从本书中发现那些你能真正运用，并且能帮助你给予孩子最好的人生起点的理念和技巧。

《如何培养孩子的社会能力》

教孩子学会解决冲突和与人相处的技巧

简单小游戏　成就一生大能力
美国全国畅销书（The National Bestseller）
荣获四项美国国家级大奖的经典之作
美国 "家长的选择（Parents'Choice Award）" 图书奖

美] 默娜·B. 舒尔
特里萨·弗伊·
迪吉若尼莫 著
张雪兰 译
北京联合出版公司
定价：30.00 元

　　社会能力就是孩子解决冲突和与人相处的能力，人是社会动物，没有社会能力的孩子很难取得成功。舒尔博士提出的 "我能解决问题" 法，以教给孩子解决冲突和与人相处的思考技巧为核心，在长达 30 多年的时间里，在全美各地以及许多其他国家，让家长和孩子们获益匪浅。与其他的养育办法不同，"我能解决问题" 法不是由家长或老师告诉孩子怎么想或者怎么做，而是通过对话、游戏和活动等独特的方式教给孩子自己学会怎样解决问题，如何处理与朋友、老师和家人之间的日常冲突，以及寻找各种解决办法并考虑后果，并且能够理解别人的感受。让孩子学会与人和谐相处，成长为一个社会能力强、充满自信的人。

　　默娜·B. 舒尔博士，儿童发展心理学家，美国亚拉尼大学心理学教授。她为家长和老师们设计的一套 "我能解决问题" 训练计划，以及她和乔治·斯派维克（George Spivack）一起所做出的开创性研究，荣获了一项美国心理健康协会大奖、三项美国心理学协会大奖。

《如何培养孩子的社会能力（II）》

教8～12岁孩子学会解决冲突和与人相处的技巧

全美畅销书《如何培养孩子的社会能力》作者的又一部力作！
让怯懦、内向的孩子变得勇敢、开朗！
让脾气大、攻击性强的孩子变得平和、可亲！
培养一个快乐、自信、社会适应能力强、情商高的孩子

8～12岁，是孩子进入青春期反叛之前的一个重要时期，是孩子身体、行为、情感和社会能力发展的一个重要分水岭。同时，这也是父母的一个极好的契机——教会孩子自己做出正确决定，自己解决与同龄人、老师、父母的冲突，培养一个快乐、自信、社会适应能力强、情商高的孩子——以便孩子把精力更多地集中在学习上，为他们期待而又担心的中学生活做好准备。

本书详细、具体地介绍了将"我能解决问题"法运用于8～12岁孩子的方法和效果。

[美]默娜·B.舒尔 著
刘荣杰 译
北京联合出版公司
定价：35.00 元

《孩子，把你的手给我》

与孩子实现真正有效沟通的方法

畅销美国500多万册的教子经典，以31种语言畅销全世界
彻底改变父母与孩子沟通方式的巨著

本书自2004年9月由京华出版社自美国引进以来，仅依靠父母和老师的口口相传，就一直高居当当网、卓越网的排行榜。

吉诺特先生是心理学博士、临床心理学家、儿童心理学家、儿科医生；纽约大学研究生院兼职心理学教授、艾德尔菲大学博士后。吉诺特博士的一生并不长，他将其短短的一生致力于儿童心理的研究以及对父母和教师的教育。

父母和孩子之间充满了无休止的小麻烦、阶段性的冲突，以及突如其来的危机……我们相信，只有心理不正常的父母才会做出伤害孩子的反应。但是，不幸的是，即使是那些爱孩子的、为了孩子好的父母也会责备、羞辱、谴责、嘲笑、威胁、收买、惩罚孩子，给孩子定性，或者对孩子唠叨说教……当父母遇到需要具体方法解决具体问题时，那些陈词滥调，像"给孩子更多的爱"、"给她更多关注"或者"给他更多时间"是毫无帮助的。

多年来，我们一直在与父母和孩子打交道，有时是以个人的形式，有时是以指导小组的形式，有时以养育讲习班的形式。这本书就是这些经验的结晶。这是一个实用的指南，给所有面临日常状况和精神难题的父母提供具体的建议和可取的解决方法。

——摘自《孩子，把你的手给我》一书的"引言"

[美]海姆·G·吉诺特 著
北京联合出版公司
定价：32.00 元

《孩子，把你的手给我（Ⅱ）》

与十几岁孩子实现真正有效沟通的方法

《孩子，把你的手给我》作者的又一部巨著
彻底改变父母与十几岁孩子的沟通方式

[美] 海姆·G·吉诺特　著
张雪兰　译
北京联合出版公司
定价：26.00 元

　　本书是海姆·G·吉诺特博士的又一部经典著作，连续高踞《纽约时报》畅销书排行榜25周，并被翻译成31种语言畅销全球，是父母与十几岁孩子实现真正有效沟通的圣经。

　　十几岁是一个骚动而混乱、充满压力和风暴的时期，孩子注定会反抗权威和习俗——父母的帮助会被怨恨，指导会被拒绝，关注会被当做攻击。海姆·G·吉诺特博士就如何对十几岁的孩子提供帮助、指导、与孩子沟通提供了详细、有效、具体、可行的方法。

《孩子，把你的手给我（Ⅲ）》

老师与学生实现真正有效沟通的方法

《孩子，把你的手给我》作者最后一部经典巨著
以31种语言畅销全球
彻底改变老师与学生的沟通方式
美国父母和教师协会推荐读物

[美] 海姆·G·吉诺特　著
张雪兰　译
北京联合出版公司
定价：35.00 元

　　本书是海姆·G·吉诺特博士的最后一部经典著作，彻底改变了老师与学生的沟通方式，是美国父母和教师协会推荐给全美教师和父母的读物。

　　老师如何与学生沟通，具有决定性的重要意义。老师们需要具体的技巧，以便有效而人性化地处理教学中随时都会出现的事情——令人烦恼的小事、日常的冲突和突然的危机。在出现问题时，理论是没有用的，有用的只有技巧，如何获得这些技巧来改善教学状况和课堂生活就是本书的主要内容。

　　书中所讲述的沟通技巧，不仅适用于老师与学生、家长与孩子之间的交流，而且也可以灵活运用于所有的人际交往中，是一种普遍适用的沟通技巧。

[美] 约翰·霍特 著
张雪兰 译
北京联合出版公司
定价：30.00 元

《孩子是如何学习的》

畅销美国 200 多万册的教子经典，以 14 种语言畅销全世界

孩子们有一种符合他们自己状况的学习方式，他们对这种方式运用得很自然、很好。这种有效的学习方式会体现在孩子的游戏和试验中，体现在孩子学说话、学阅读、学运动、学绘画、学数学以及其他知识中……对孩子来说，这是他们最有效的学习方式……

约翰·霍特（1923～1985），是教育领域的作家和重要人物，著有 10 本著作，包括《孩子是如何失败的》、《孩子是如何学习的》、《永远不太晚》、《学而不倦》。他的作品被翻译成 14 种语言。《孩子是如何学习的》以及它的姊妹篇《孩子是如何失败的》销售超过两百万册，影响了整整一代老师和家长。

[美] 爱丽森·戴维 著
宋苗 译
北京联合出版公司
定价：26.00 元

《帮助你的孩子爱上阅读》

0～16 岁亲子阅读指导手册

没有阅读的童年是贫乏的——孩子将错过人生中最大的乐趣之一，以及阅读带来的巨大好处。

阅读不但是学习和教育的基础，而且是孩子未来可能取得成功的一个最重要的标志——比父母的教育背景或社会地位重要得多。这也是父母与自己的孩子建立亲情心理联结的一种神奇方式。

帮助你的孩子爱上阅读，是父母能给予自己孩子的一份最伟大的礼物，一份将伴随孩子一生的爱的礼物。

这是一本简单易懂而且非常实用的亲子阅读指导手册。作者根据不同年龄的孩子的发展特征，将 0～16 岁划分为 0～4 岁、5～7 岁、8～11 岁、12～16 岁四个阶段，告诉父母们在各个年龄阶段应该如何培养孩子的阅读习惯，如何让孩子爱上阅读。

[美] 简·尼尔森 著
玉冰 译
北京联合出版公司
定价：38.00 元

《正面管教》

如何不惩罚、不娇纵地有效管教孩子

畅销美国 400 多万册　被翻译为 16 种语言畅销全球

　　自 1981 年本书第一版出版以来，《正面管教》已经成为管教孩子的"黄金准则"。正面管教是一种既不惩罚也不娇纵的管教方法……孩子只有在一种和善而坚定的气氛中，才能培养出自律、责任感、合作以及自己解决问题的能力，才能学会使他们受益终生的社会技能和人生技能，才能取得良好的学业成绩……如何运用正面管教方法使孩子获得这种能力，就是这本书的主要内容。

　　简·尼尔森，教育学博士，杰出的心理学家、教育家，加利福尼亚婚姻和家庭执业心理治疗师，美国"正面管教协会"的创始人。曾经担任过 10 年的有关儿童发展的小学、大学心理咨询教师，是众多育儿及养育杂志的顾问。

　　本书根据英文原版的第三次修订版翻译，该版首印数为 70 多万册。

[美] 简·尼尔森 琳·洛特
斯蒂芬·格伦 著
花莹莹 译
北京联合出版公司
定价：45.00 元

《正面管教 A-Z》

日常养育难题的 1001 个解决方案

家庭教育畅销书《正面管教》作者力作
以实例讲解不惩罚、不娇纵管教孩子的"黄金准则"

　　无论你多么爱自己的孩子，在日常养育中，都会有一些让你愤怒、沮丧的时刻，也会有让你绝望的时候。

　　你是怎么做的？

　　本书译自英文原版的第 3 版（2007 年出版），包括了最新的信息。你会从中找到不惩罚、不娇纵地解决各种日常养育挑战的实用办法。主题目录，按照 A-Z 的汉语拼音顺序排列，方便查找。你可以迅速找到自己面临的问题，挑出来阅读；也可以通读整本书，为将来可能遇到的问题及其预防做好准备。每个养育难题，都包括 6 步详细的指导：理解你的孩子、你自己和情形，建议，预防问题的出现，孩子们能够学到的生活技能，养育要点，开阔思路。

[美] 简·尼尔森
琳·洛特　著
尹莉莉　译
北京联合出版公司出版
定价：35.00 元

《十几岁孩子的正面管教》

教给十几岁的孩子人生技能

家庭教育畅销书《正面管教》作者力作
养育十几岁孩子的"黄金准则"

　　度过十几岁的阶段，对你和你的青春期的孩子来说，可能会像经过一个"战区"。青春期是成长中的一个重要过程。在这个阶段，十几岁的孩子会努力探究自己是谁，并要独立于父母。你的责任，是让自己十几岁的孩子为人生做好准备。

　　问题是，大多数父母在这个阶段对孩子采用的养育方法，使得情况不是更好，而是更糟了……

　　本书将帮助你在一种肯定你自己的价值、肯定孩子价值的相互尊重的环境中，教育、支持你的十几岁的孩子，并接受这个过程中的挑战，帮助你的十几岁孩子最大限度地成为具有高度适应能力的成年人。

[美] 简·尼尔森
玛丽·尼尔森·坦博斯基
布拉德·安吉　著
花莹莹　杨淼　张丛林　林展　译
北京联合出版公司出版
定价：42.00 元

《正面管教养育工具》

赋予孩子力量、培养孩子能力的 49 种有效方法

家庭教育畅销书《正面管教》作者力作
不惩罚、不娇纵养育孩子的有效工具

　　正面管教是一种不惩罚、不娇纵的管教孩子的方式，是为了培养孩子们的自律、责任感、合作能力，以及自己解决问题的能力，让他们学会受益终生的社会技能和人生技能，并取得良好的学业成绩。

　　1981 年，简·尼尔森博士出版《正面管教》一书，使正面管教的理念逐渐为越来越多的人接受并奉行。如今，正面管教已经成了管教孩子的"黄金准则"。其理念和方法已经传播到将近 70 个国家和地区，包括美国、英国、冰岛、荷兰、德国、瑞士、法国、摩洛哥、西班牙、墨西哥、厄瓜多尔、哥伦比亚、秘鲁、智利、巴西、加拿大、中国、埃及、韩国。由简·尼尔森博士作为创始人的"正面管教协会"，如今已经有了法国分会和中国分会。

　　本书对经过多年实际检验的 49 个最有效的正面管教养育工具作了详细介绍。

《教室里的正面管教》

培养孩子们学习的勇气、激情和人生技能

家庭教育畅销书《正面管教》作者力作
造就理想班级氛围的"黄金准则"
本书入选中国教育新闻网、中国教师报联合推荐
2014年度"影响教师100本书"TOP10

　　很多人认为学校的目的就是学习功课，而各种纪律规定应该以学生取得优异的学习成绩为目的。因此，老师们普遍实行的是以奖励和惩罚为基础的管教方法，其目的是为了控制学生。然而，研究表明，除非教给孩子们社会和情感技能，否则他们学习起来会很艰难，并且纪律问题会越来越多。

　　正面管教是一种不同的方式，它把重点放在创建一个相互尊重和支持的班集体，激发学生们的内在动力去追求学业和社会的成功，使教室成为一个培育人、愉悦和快乐的学习和成长的场所。

　　这是一种经过数十年实践检验，使全世界数以百万计的教师和学生受益的黄金准则。

美]简·尼尔森 琳·洛特
斯蒂芬·格伦 著
梁帅 译
北京联合出版公司出版
定价：30.00元

《正面管教教师工具卡》

教室管理的 52 个工具

家庭教育畅销书《正面管教》作者力作

　　该套卡片是将《正面管教》在教室里的运用，以卡片的形式呈现出来。在每张卡片上有对相应工具的简要介绍，以及具体的使用办法和相关示例，在卡片后还配有一幅形象而生动的插图。

　　该套卡片既适合教师单独集中时间学习，也适合与其他教师共同讨论。既可以放置于办公桌上，也可以随身携带，随时使用。它是尼尔森博士为教师量身定制的"工具百宝箱"。

美]简·尼尔森
凯莉·格夫洛埃尔
阿伦·巴考尔
比尔·肖尔 著
张宏武 译
北京联合出版公司出版
定价：35.00元

《正面管教教师指南 A–Z》

教室里行为问题的 1001 个解决方案

家庭教育畅销书《正面管教》作者力作
以实例讲解造就理想班级氛围的"黄金准则"

[美] 简·尼尔森
琳达·埃斯科巴
凯特·奥托兰
罗丝琳·安·达菲
黛博拉·欧文 – 索科奇 著
郑淑丽 译
北京联合出版公司出版
定价: 55.00 元

本书包括两个部分：

第一部分，介绍的是正面管教的基本原理和基本方法，包括鼓励、错误目的、奖励和惩罚、和善而坚定、社会责任感、分派班级事务、积极的暂停、特别时光、班会，等等。

第二部分，是教室里常见的各种行为问题及其处理方法，按照 A–Z 的汉语拼音顺序排列，以方便查找。你可以迅速找到自己面临的问题，有针对性地阅读，立即解决自己的难题；也可以通读本书，为将来可能遇到的问题及其预防做好准备。

每个行为问题及其解决，基本都包括 5 个部分：

● 讨论。就一个具体行为问题出现的情形及原因进行讨论。

● 建议。依据正面管教的理论和原则，给出解决问题的建议。

● 提前计划，预防未来的问题。着眼于如何预防问题的发生。

● 用班会解决问题。老师和学生们用班会解决相应问题的真实故事。

● 激发灵感的故事。老师和学生们用正面管教工具解决相关问题的真实故事。

《单亲家庭的正面管教》

让单亲家庭的孩子健康、快乐、茁壮成长

家庭教育畅销书《正面管教》作者力作
单亲父母养育孩子的"黄金准则"

[美] 简·尼尔森 谢丽尔·欧文
卡萝尔·德尔泽尔 著
杨森 张丛林 林展 译
北京联合出版公司
定价: 37.00 元

单亲家庭不是"破碎的家庭"，单亲家庭的孩子也不是注定会失败和令人失望的，有了努力、爱和正面管教养育技能，单亲父母们就能够把自己的孩子培养成有能力的、满足的、成功的人，让单亲家庭成为平静、安全、充满爱的家，而单亲父母自己也会成为一位更健康、平静的父母——以及一个更快乐的人。

《单亲家庭的正面管教》是家庭教育畅销书《正面管教》作者简·尼尔森的又一力作。自从《正面管教》于 1981 年出版以来，正面管教理念已经成为养育孩子的"黄金准则"，让全球数以百万计的父母、孩子、老师获益。

《单亲家庭的正面管教》是简·尼尔森博士与另外两位作者详细介绍如何将正面管教的理念和工具用于单亲家庭的一部杰作。

《特殊需求孩子的正面管教》

帮助孩子学会有价值的社会和人生技能

家庭教育畅销书《正面管教》作者力作

每一个孩子都应该有一个幸福而充实的人生。特殊需求的孩子们有能力积极成长和改变。

运用正面管教的理念和工具，特殊需求的孩子们就能够培养出一种越来越强的能力，为自己的人生承担起责任。在这个过程中，他们会与自己的家里、学校里和群体里的重要的人建立起深入的、令人满意的、合作的关系，从而实现自己的潜能。

[美] 简·尼尔森 史蒂文·福斯特 艾琳·拉斐尔 著
甄颖 译
北京联合出版公司
定价：32.00 元

《如何读懂孩子的行为》

理解并解决孩子各种行为问题的方法

孩子为什么不好好吃、不好好睡？为什么尿床、随地大便？为什么说脏话？为什么撒谎、偷东西、欺负人？为什么不学习？……这些行为，都是孩子在以一种特殊的方式与父母沟通。

当孩子遇到问题时，他们的表达方式十分有限，往往用行为作为与大人沟通的一种方式……如何读懂孩子这些看似异常行为背后真实的感受和需求，如何解决孩子的这些问题，以及何时应该寻求专业帮助，就是本书的主要内容。

安吉拉·克利福德–波斯顿（Andrea Clifford–Poston），教育心理治疗师、儿童和家庭心理健康专家，在学校、医院和心理诊所与孩子和父母们打交道 30 多年；她曾在查林十字医院（Charing Cross Hospital，建立于 1818 年）的儿童发展中心担任过 16 年的主任教师，在罗汉普顿学院（Roehampton Institute）担任过多年音乐疗法的客座讲师，她还是《泰晤士报》"父母论坛"的长期客座专家，为众多儿童养育畅销杂志撰写专栏和文章，包括为"幼儿园世界（Nursery World）"撰写了 4 年专栏。

[美] 安吉拉·克利福德–波斯顿 著
王俊兰 译
北京联合出版公司
定价：32.00 元

《莫扎特效应》

用音乐唤醒孩子的头脑、健康和创造力

从胎儿到 10 岁，用音乐的力量帮助孩子成长！
享誉全球的权威指导，被翻译成 13 种语言！

在本书中，作者全面介绍了音乐对于从胎儿至 10 岁左右儿童的大脑、身体、情感、社会交往等各方面能力的影响。

本书详细介绍了如何用古典音乐，特别是莫扎特的音乐，以及儿歌的节奏和韵律来促进孩子从出生前到童年中期乃至更大年龄阶段的发展，提高他们的各种学习能力、情感能力和社会交往能力。对于孩子在每个年龄段（出生前到出生，从出生到 6 个月，从 6 个月到 18 个月，从 18 个月到 3 岁，从 4 岁到 6 岁，从 6 岁到 8 岁，从 8 岁到 10 岁）的发展适合哪些音乐以及这些音乐的作用都进行了详细的说明。

[美] 唐·坎贝尔 著
高慧雯 王玲月 娟子 译
北京联合出版公司
定价：32.00 元

唐·坎贝尔，古典音乐家、教育家、作家、教师，数十年来致力于研究音乐及其在教育和健康方面的作用，用音乐帮助全世界 30 多个国家的孩子提高了学习能力和创造性，并体验到了音乐给生活带来的快乐。他是该领域闻名全球、首屈一指的权威。

《孩子顶嘴，父母怎么办？》

简单 4 步法，终结孩子的顶嘴行为

全美畅销书

顶嘴是一种不尊重人的行为，它会毁掉孩子拥有成功、幸福的一生的机会，会使孩子失去父母、朋友、老师等的尊重。

本书是一本专门针对孩子顶嘴问题的畅销家教经典。作者里克尔博士和克劳德博士以著名心理学家阿尔弗雷德·阿德勒的行为学理论为基础，结合自己在家庭教育领域数十年的心理咨询经验，总结出了一套简单、对各个年龄段孩子都能产生最佳效果，而且不会对孩子造成伤害的"四步法"，可以让家长在消耗最少精力的情况下，轻松终结孩子粗鲁的顶嘴行为，为孩子学会正确地与人交流和交往的方式——不仅仅是和家长，也包括他的朋友、老师和未来的上级——奠定良好的基础。

本书包含大量真实案例，可以让读者在最直观而贴近生活的情

[美] 奥黛丽·里克尔
卡洛琳·克劳德 著
张悦 译
北京联合出版公司
定价：20.00 元

境中学习如何使用四步法。

奥黛丽·里克尔博士，美国著名心理学家，既是一名经验丰富的教师，也是一名母亲，终生与孩子打交道。卡洛琳·克劳德博士，管理咨询专家，美国白宫儿童与父母会议主席，全国志愿者中心理事。

以上图书各大书店、书城、网上书店有售。
团购请垂询：010-65868687
Email：tianluebook@263.net
更多畅销经典家教图书，请关注新浪微博"家教经典"（http://weibo.com/jiajiaojingdian）及淘宝网"天略图书"（http://shop33970567.taobao.com）